Alberto Taliercio

Meccanica dei sistemi di travi

SECONDA EDIZIONE

Società Editrice ESCULAPIO

ISBN 978-88-7488-206-9

Società Editrice Esculapio s.r.l.
Via Terracini, 30 – 40131 Bologna
www.editrice-esculapio.com – info@editrice-esculapio.it

Impaginazione: Gabriella Gatti, Giancarla Panigali, Carlotta Lenzi

Società Editrice
ESCULAPIO

INDICE

Capitolo 1
Introduzione

1.1 L'analisi strutturale

Una 'costruzione' è un insieme di elementi atto a svolgere una determinata funzione sopportando determinati carichi (peso proprio, carichi dovuti a persone, sovrastrutture, autoveicoli, vento, neve, sismi, ecc.). Questa definizione comprende non solo gli edifici con finalità abitativa o lavorativa, costruzioni per antonomasia (Fig. 1.1a), ma anche dighe, ponti, aeroplani, navi, ecc. Solitamente, di una costruzione interessa studiare l'*ossatura portante*, o <u>struttura</u>, a cui viene affidato il compito di resistere ai carichi (v. Fig. 1.1b). In gran parte delle costruzioni l'ossatura portante consta principalmente di <u>travi</u>, elementi strutturali assimilabili a monodimensionali (come più avanti precisato): allo studio delle strutture formate da travi verrà data attenzione prioritaria nel seguito.

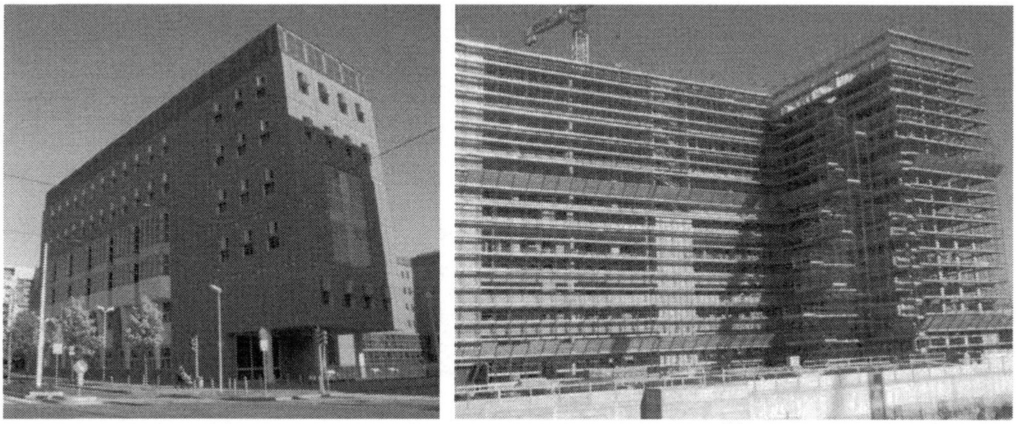

(a) (b)

Figura 1.1 – (a) Esempio di costruzione; (b) ossatura portante di travi di un edificio in cemento armato.

Obiettivo del presente testo è quello di introdurre le nozioni meccaniche fondamentali che stanno alla base dei criteri costruttivi dei sistemi di travi. Tali nozioni vengono solitamente sfruttate in corsi con finalità progettuali, peculiari a ciascun corso di laurea di ingegneria o architettura.

'Analizzare' una struttura vuol dire principalmente calcolare le <u>sollecitazioni</u> al suo interno, per capire se queste siano o meno compatibili con le proprietà resistenti del materiale (o dei materiali) di cui la struttura stessa è costituita: in caso positivo, si dirà che la struttura è 'correttamente dimensionata'. Un aspetto importante dell'analisi strutturale è poi costituito dalla valutazione degli <u>spostamenti</u> subiti dalla struttura, che a loro volta non devono essere eccessivi per non comprometterne la funzionalità.

Il modo di operare per calcolare sollecitazioni e spostamenti in una struttura è concettualmente diverso a seconda che il problema strutturale in esame sia ‘isostatico’ o ‘iperstatico’. Per chiarire il significato di tali definizioni, mostrando al contempo quali siano gli ingredienti necessari per procedere all’analisi strutturale, si farà riferimento a un semplice esempio. La struttura in Fig. 1.2a è costituita da una trave infinitamente rigida, ovvero indeformabile, sospesa al soffitto mediante due fili e soggetta unicamente a un carico verticale P. Per semplicità, si supponga che il peso proprio della traversa sia trascurabile a fronte del carico P. L’analisi della struttura prevede innanzitutto il calcolo delle forze che i fili trasmettono dalla traversa al soffitto; si trascura invece il calcolo delle sollecitazioni nella traversa che, data la robustezza di quest’ultima, si ritengono essere sicuramente sopportabili.

S’immagini di tagliare idealmente i fili ad una generica quota, sostituendone l’azione con due forze, N_1 e N_2 (v. Fig. 1.2b). L’equilibrio della traversa richiede che il sistema delle forze su di essa agenti sia a risultante nullo: nel caso di sistemi piani di forze, è noto dalla Meccanica Razionale che tale condizione si traduce in tre equazioni scalari, che esprimono, ad esempio, l’annullarsi delle componenti orizzontale e verticale[1] della risultante del sistema, oltre che del suo momento rispetto ad un generico polo O del piano. Simbolicamente:

$$\sum X = 0, \quad \sum Y = 0, \quad \sum M_O = 0.$$

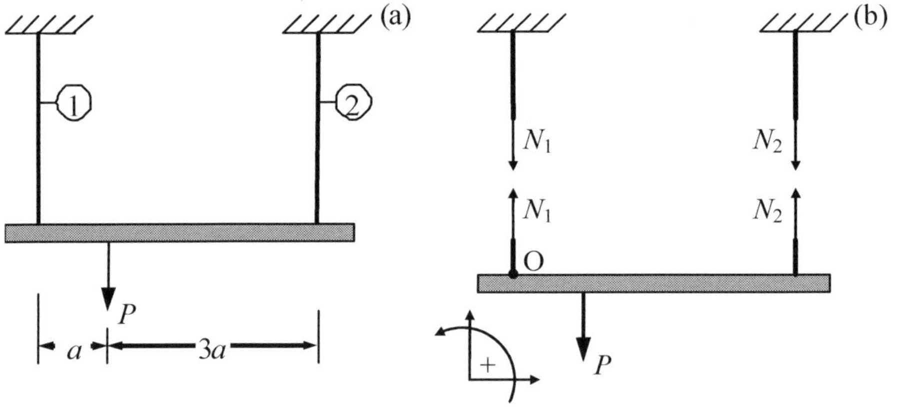

Figura 1.2 – Esempio di problema strutturale isostatico; (b) messa in evidenza delle sollecitazioni nei fili 1 e 2.

Essendo già soddisfatto l’equilibrio in direzione orizzontale, restano da imporre le ultime due condizioni che si scrivono esplicitamente:

[1] Con tali aggettivi s’intendono le componenti della risultante secondo due assi x e y fra loro ortogonali.

$$N_1 + N_2 - P = 0, \qquad N_2 \times 4a - P \times a = 0.$$

Se ne ricava $N_1 = 3/4P$, $N_2 = P/4$.

Dunque, le due equazioni di equilibrio significative hanno consentito di ricavare le due sollecitazioni incognite N_1 e N_2. Per calcolare poi gli allungamenti dei fili δ_1, δ_2 (da cui di può risalire agli spostamenti della traversa), in molti casi pratici è possibile ritenere che esista un legame di proporzionalità diretta fra sollecitazioni ed allungamenti[2]. In tal caso si può porre

$$N_1 = k_1\,\delta_1, \qquad N_2 = k_2\,\delta_2.$$

Le costanti di 'rigidezza', k_1 e k_2, dipendono sia dal materiale di cui sono fatti i fili che dalla loro geometria. Ovviamente, se i fili sono uguali si ha $k_1 = k_2 \equiv k$: in questo caso, $\delta_1 = 3\delta_2 = 3P/(4k)$.

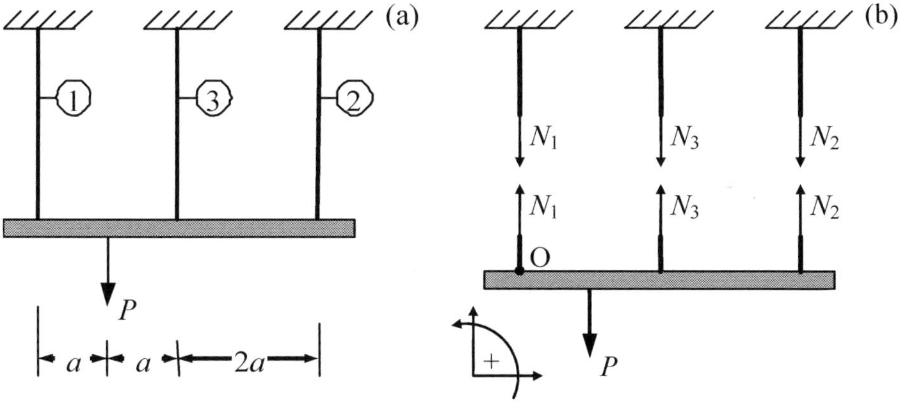

Figura 1.3 – Esempio di problema strutturale iperstatico; (b) messa in evidenza delle sollecitazioni nei fili 1, 2 e 3.

Si supponga ora di collegare alla traversa un terzo filo, ad esempio equidistante da primi due (Fig. 1.3a). Seguendo lo stesso percorso logico di prima, si evidenziano le sollecitazioni nei tre fili (Fig. 1.3b) e s'impone l'equilibrio della traversa:

$$\sum Y = 0 \quad \Rightarrow \quad N_1 + N_2 + N_3 - P = 0;$$
$$\sum M_O = 0 \quad \Rightarrow \quad N_2 \times 4a + N_3 \times 2a - P \times a = 0.$$

Si ottiene così un sistema di due equazioni in tre incognite, che risulta pertanto indeterminato. Per calcolare le sollecitazioni, non si può prescindere dall'analisi del modo di deformarsi della struttura. Si introducono come ulteriori incognite gli al-

[2] Tale assunzione è lecita, ad esempio, nel caso in cui i fili siano d'acciaio e le sollecitazioni N_1 e N_2 non siano eccessive.

lungamenti dei tre fili, δ_1, δ_2 e δ_3 (Fig. 1.4) e si mette in conto la condizione d'indeformabilità della traversa, che stabilisce un legame di proporzionalità lineare fra i tre allungamenti[3]:

$$\delta_3 = \tfrac{1}{2}\,(\delta_1 + \delta_2).$$

Questa condizione di compatibilità geometrica fra gli allungamenti dei fili è anche detta 'equazione di congruenza'.

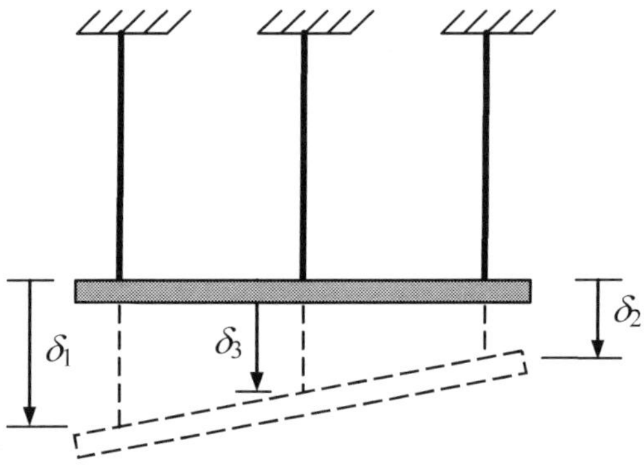

Figura 1.4 – Deformata qualitativa della struttura di Fig. 1.3a nell'ipotesi di spostamenti geometricamente piccoli.

Infine, le sollecitazioni nei fili possono essere legate ai rispettivi allungamenti tramite relazioni lineari del tipo $N_i = k_i\ \delta_i$ (i=1,2,3).

Complessivamente, si è ottenuto un sistema di 6 equazioni (2 di equilibrio, 1 di congruenza e 3 di legame) nelle 6 incognite N_i ed δ_i (i=1,2,3). Il problema è così risolubile e, nel caso in cui tutti i fili siano uguali (ovvero abbiano uguale rigidezza: $k_1 = k_2 = k_3$), si ottiene

$$N_1 = 7P/12, \qquad N_2 = P/12, \qquad N_3 = P/3.$$

La prima struttura analizzata (costituita dalla traversa con due fili) si dice <u>isostatica</u> (o 'staticamente determinata') perché bastano considerazioni di equilibrio per ricavare le sollecitazioni. Il calcolo delle sollecitazioni è disgiunto da quello degli spostamenti. La deformabilità dei fili non interviene nel calcolo delle sollecitazioni: anche se i fili fossero stati infinitamente rigidi, i valori delle sollecitazioni non sarebbero cambiati.

La seconda struttura analizzata (costituita dalla traversa con tre fili) si dice invece <u>iperstatica</u> (o 'staticamente indeterminata'). Per determinare le sollecitazioni

[3] Si suppone che gli allungamenti dei fili siano 'piccoli' di modo che, ad allungamento avvenuto, i fili si mantengono pressoché verticali (come ipotizzato in Fig. 1.4).

si sono dovute anche utilizzare condizioni di tipo geometrico e informazioni sulla natura del materiale di cui sono fatti gli elementi strutturali. Il calcolo delle sollecitazioni non è disaccoppiabile da quello degli spostamenti. Non è possibile prescindere dalla deformabilità degli elementi per determinare le sollecitazioni nella struttura: se i fili fossero infinitamente rigidi, il problema resterebbe indeterminato. Nelle strutture iperstatiche le sollecitazioni dipendono dalle caratteristiche di deformabilità degli elementi; in quelle isostatiche, no.

1.2 Schema del testo

Il presente testo tratta i fondamenti teorici della Meccanica delle Strutture, e più in particolare dei sistemi piani di travi (in campo elastico) che costituiscono la tipologia strutturale più importante in diversi settori dell'ingegneria.

Dopo avere imparato a distinguere i sistemi di travi isostatici da quelli iperstatici mediante l'analisi della loro cinematica (Cap. 2), s'illustrano dapprima i metodi di calcolo delle sollecitazioni nei sistemi isostatici che, alla luce di quanto osservato sopra, possono essere assimilati a sistemi di corpi rigidi (Cap. 3). A tal fine si utilizzeranno concetti di statica dei corpi rigidi, solitamente forniti nei corsi di Fisica, Statica e Meccanica Razionale. Successivamente viene affrontato lo studio dei sistemi di travi deformabili (Cap. 4), nel cui ambito è possibile anche l'analisi delle strutture iperstatiche. Viene infine mostrato come accertare la 'sicurezza' di un sistema di travi in cui siano presenti elementi compressi, imparando a cautelarsi nei riguardi di fenomeni d'instabilità dell'equilibrio (Cap. 5).

Il testo è corredato di numerosi esercizi svolti, o completamente o almeno parzialmente. Nella bibliografia riportata alla fine dei vari capitoli sono inoltre elencati diversi testi di approfondimento dei singoli argomenti trattati.

Capitolo 2
Cinematica dei sistemi di travi

2.1 Travi

Si è già accennato al fatto che l'ossatura portante di una costruzione è spesso composta da 'travi', collegate fra loro e al terreno mediante opportuni vincoli. Si definisce trave un solido tridimensionale, generato da un'area piana che si muove nello spazio mantenendosi perpendicolare alla traiettoria del proprio baricentro (detta anche 'asse' della trave) – v. Fig. 2.1a. Eventualmente, la forma e le dimensioni della sezione generatrice possono essere variabili, purché con continuità. Lo sviluppo lineare e i raggi di curvatura dell'asse geometrico devono essere molto maggiori delle dimensioni in pianta della generica sezione: sotto queste ipotesi, la trave può essere schematizzata semplicemente attraverso la propria linea d'asse e può essere assimilata ad un elemento monodimensionale (v. Fig. 2.1b). Il solido che costituisce la schematizzazione monodimensionale di una trave viene solitamente indicato col nome di asta. Nel seguito, i due termini verranno utilizzati indifferentemente.

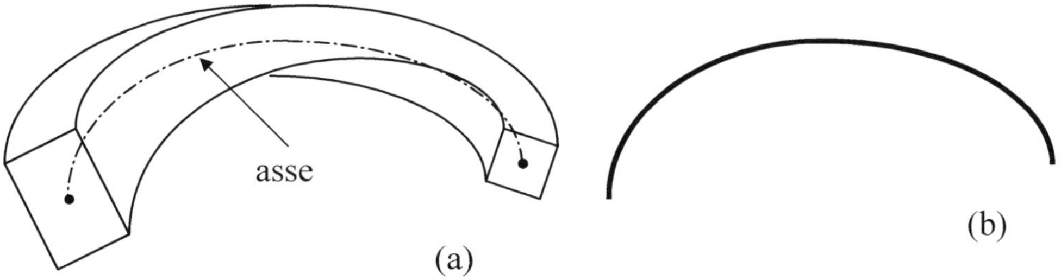

Figura 2.1 – (a) Generica trave e (b) sua schematizzazione monodimensionale.

Se la traiettoria del baricentro è contenuta in un piano e se la sezione generatrice non ruota attorno all'asse, la trave si dice piana: è il caso più diffuso nella pratica ed è quello che verrà trattato nel seguito del testo. Comuni esempi di travi piane ad asse rettilineo sono forniti in Fig. 2.2.

In vista dello studio dei sistemi *isostatici* di travi, a cui è dedicata la prima parte del testo, è possibile prescindere dalla deformabilità delle travi che li costituiscono e assimilarle a corpi rigidi, ossia corpi nei quali le mutue distanze fra i punti non variano per l'intervento delle azioni su di essi agenti. Come corpo rigido, una trave piana possiede tre gradi di libertà (g.l.), nel senso che occorre assegnare tre parametri per individuarne la posizione nel piano in un generico istante. Con riferimento alla trave di Fig. 2.3, si possono ad esempio assegnare le coordinate di uno dei suoi estremi rispetto ad un certo sistema di riferimento cartesiano ortogonale (x_A, y_A) e la pendenza della tangente alla linea d'asse in tale estremo (φ_A).

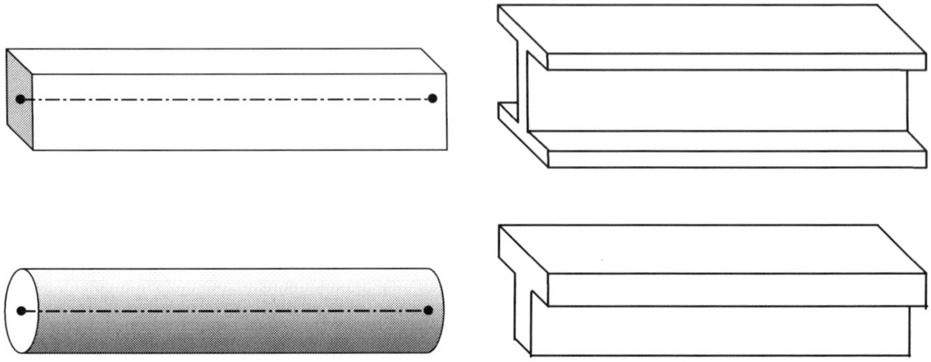

Figura 2.2 – Esempi di travi ad asse rettilineo e sezione costante.

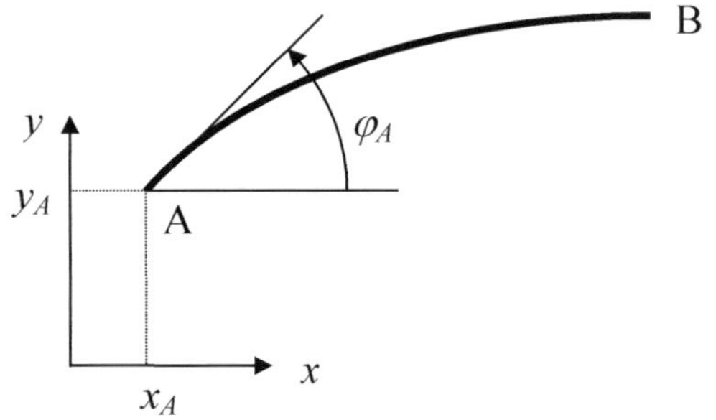

Figura 2.3 – Scelta di tre parametri per fissare la posizione di una trave rigida piana.

2.2 Vincoli esterni ed interni

S'intende per 'vincolo' un elemento che impedisce una o più libertà di movimento di un corpo. Ad ogni libertà di movimento impedita, corrisponde una diminuzione dei gradi di libertà del corpo.

Si descrivono adesso i possibili vincoli che consentono di collegare sia una trave al 'terreno', intendendosi con tale termine un sistema di riferimento fisso (vincoli esterni), sia più travi fra loro (vincoli interni). Successivamente, s'impareranno a calcolare le azioni che le travi trasmettono al terreno o si trasmettono fra loro attraverso tali vincoli quando un sistema di travi viene caricato (Par. 3.2). Nel seguito del testo, tutti i vincoli verranno considerati <u>lisci</u> (ovvero privi d'attrito) e <u>bilateri</u>.

2.2.1 Vincoli esterni

- L'incastro (schematizzato come in Fig. 2.4a) blocca tutte le possibilità di movimento di una trave, privandola di tutti e tre i suoi gradi di libertà. Si dice anche che l'incastro è un 'vincolo triplo', o che fornisce 'tre gradi di vincolo' (3 g.v.). Un tipico esempio di vincolo a incastro è quello fra un pilastro di un edificio e il plinto di fondazione sottostante, che diffonde al terreno le sollecitazioni a cui il pilastro è soggetto.
- La cerniera (Fig. 2.4b) impedisce ad una trave di traslare, permettendole solo di ruotare attorno al proprio perno. Si dice anche che la cerniera è un 'vincolo doppio', o che fornisce 'due gradi di vincolo' (2 g.v.). Tipici esempi di vincoli a cerniera sono talune unioni bullonate nelle costruzioni metalliche, ma anche le connessioni debolmente armate fra elementi di una costruzione in calcestruzzo armato.

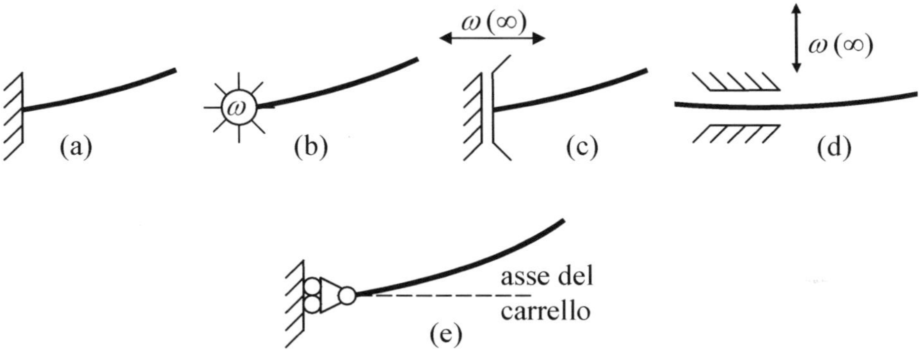

Figura 2.4 – Vincoli esterni per travi piane e corrispondenti centri d'istantanea rotazione (assoluti).

Nota: Un'asta collegata a terra unicamente mediante una cerniera può compiere, a priori, rotazioni di ampiezza arbitraria attorno al suo perno, ω. I punti dell'asta percorrono conseguentemente traiettorie circolari con centro in ω. Come verrà motivato più avanti, gli spostamenti e le rotazioni subite dagli elementi strutturali, nella maggior parte dei casi, possono essere considerati di ampiezza infinitesima (salvo avviso contrario). Un qualunque cambiamento di configurazione verrà assimilato ad un atto di moto[1] a partire dalla configurazione iniziale. Ne consegue che, se un'asta ruota di un angolo infinitesimo attorno ad una cerniera a terra, i suoi punti subiscono spostamenti (infinitesimi) tangenti alla traiettoria reale e perpendicolari alla retta che li congiunge ad ω nella configurazione iniziale (Fig. 2.5). Il centro di rotazione associato ad un cambiamento di configurazione infinitesimo prende solitamente il nome di 'centro d'istantanea rotazione' (c.i.r.).

---

[1] Dalla Meccanica Razionale, s'intende per 'atto di moto' l'insieme delle velocità di un sistema di punti materiali ad un certo istante t (v. ad es. [1]); in questa sede, in maniera del tutto analoga s'intenderà l'insieme degli spostamenti infinitesimi subiti dai punti del sistema fra t e $t+dt$.

- Un pàttino (o incastro scorrevole, Fig. 2.4c) permette le traslazioni parallelamente al proprio piano di scorrimento, mentre blocca sia le traslazioni in direzione normale a tale piano che le rotazioni. Al pari della cerniera è un vincolo doppio (2 g.v.). Poiché una traslazione di ampiezza infinitesima è assimilabile ad una rotazione attorno ad un punto idealmente all'infinito, il c.i.r. ω associato ad un pattino è il 'punto improprio[2]' di tutte le rette del piano perpendicolari al suo piano di scorrimento. Si tratta di un vincolo frequente nelle costruzioni meccaniche, ma il cui principale interesse è probabilmente quello di consentire una comoda schematizzazione di 'vincoli di simmetria' (geometrica e meccanica), come si avrà modo di constatare in seguito.

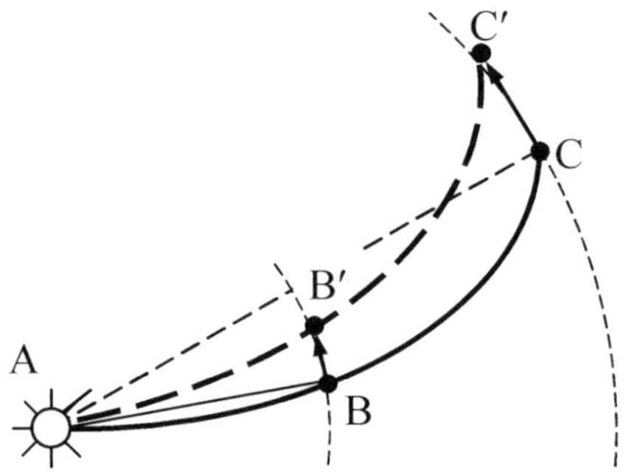

Figura 2.5 – Rotazione di un'asta incernierata in A: in tratteggio, traiettorie reali dei punti B e C; i vettori BB′ e CC′ rappresentano gli spostamenti approssimati dei punti B e C conseguenti ad una rotazione infinitesima.

- Il manicotto (Fig. 2.4d) altro non è che un particolare pattino avente piano di scorrimento tangente all'asse della trave in una certa sezione. È anch'esso un vincolo doppio (2 g.v.).
- Il carrello (Fig. 2.4e) impedisce unicamente le traslazioni in direzione normale al proprio piano di scorrimento, mentre lascia libere sia le traslazioni lungo tale piano, sia le rotazioni. Il carrello offre dunque un solo grado di vincolo: si dice pertanto che è un 'vincolo semplice' (1 g.v.). Tipico esempio di vincoli schematizzabili come carrelli è costituito dagli appoggi delle travi dei moderni ponti e viadotti sulle rispettive pile. Al carrello non è associato un c.i.r. ben preciso, bensì un luogo di c.i.r. che è la retta perpendicolare al piano di scorrimento e passante per il perno del carrello: tale retta è detta 'asse del carrello'.

[2] La nozione di 'punto improprio' (o punto all'infinito) deriva dalla Geometria proiettiva. I lettori che non avessero familiarità con tale argomento possono semplicemente considerare che un punto all'infinito identifica una direzione: tutte le rette fra loro parallele passano per il medesimo punto all'infinito.

Per comprendere quest'ultima affermazione, è opportuno richiamare come si compongono gli atti di moto di un corpo rigido in un piano. Dalla Meccanica Razionale è noto che qualunque atto di moto piano non traslatorio è sempre riducibile a rotatorio (teorema di Chasles)[3]. Ad una rotazione infinitesima corrisponde un 'vettore rotazione' $\underline{\theta}$, normale al piano in cui la rotazione avviene e applicato nel c.i.r. ω, che consente di esprimere lo spostamento infinitesimo del generico punto P come $\underline{s}_P = \underline{\theta} \wedge \omega P$. Ciò premesso, si supponga che i vettori $\underline{\theta}_A$ e $\underline{\theta}_B$ in Fig. 2.6 rappresentino due rotazioni infinitesime di una trave nel piano π attorno a due c.i.r. distinti ω_A e ω_B. Per le regole del calcolo vettoriale, la rotazione risultante è allora rappresentata da un vettore $\underline{\theta}$ anch'esso normale a π, spiccato da un punto, ω, della retta che passa per ω_A e ω_B, che rappresenta il c.i.r. della trave nell'atto di moto rotatorio complessivamente compiuto dal corpo. Per conoscere esattamente ω è necessario precisare le entità delle due rotazioni; in mancanza di tale informazione, si può solo dire che ω è allineato con ω_A e ω_B.

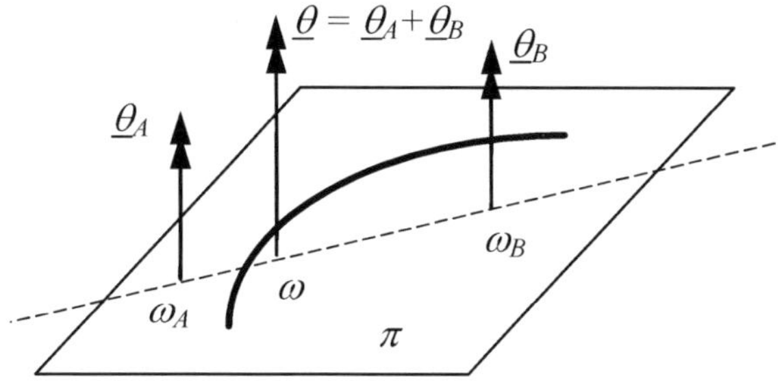

Figura 2.6 – Composizione di due rotazioni infinitesime nel piano π.

Fra i movimenti consentiti da un carrello rientrano una rotazione attorno al suo perno (a cui corrisponde un c.i.r. ω_A in tale punto) e una traslazione infinitesima lungo il suo piano di scorrimento (a cui corrisponde un c.i.r. ω_B all'infinito, comune a tutte le rette perpendicolari a tale piano). Ne consegue che, come anticipato, il c.i.r. ω del più generico atto di moto consentito dal carrello giace sulla retta normale al piano di scorrimento e passante per il perno, cioè sull'asse del carrello.

I c.i.r. associati ai vincoli finora esaminati si dicono assoluti poiché sono centri d'istantanea rotazione fra un corpo rigido e un sistema di riferimento fisso (il 'terreno').

2.2.2 Vincoli interni

I vincoli fra due travi possono essere analizzati mediante considerazioni analoghe a quelle fatte con riferimento ai vincoli esterni.

- Una cerniera fra due travi (Fig. 2.7a) dà due gradi di vincolo (cioè è un vincolo doppio) perché consente solo le rotazioni relative fra di esse. In questo caso, il

[3] Il teorema può estendersi agli atti di moto traslatori utilizzando la nozione di punto improprio.

perno della cerniera è un c.i.r. *relativo* fra le due travi: numerandole come 1 e 2, tale punto verrà indicato con ω_{12}.

- Anche un pàttino (o un manicotto) fra due travi (Fig. 2.7b,c) è un vincolo doppio, poiché consente solo le traslazioni relative fra di esse lungo il proprio piano di scorrimento. Il c.i.r. relativo fra le due travi è il punto all'infinito delle rette perpendicolari al piano di scorrimento del vincolo.
- Un carrello fra due travi (Fig. 2.7d) è un vincolo semplice; l'asse del carrello è il luogo dei possibili c.i.r. relativi fra le due travi.

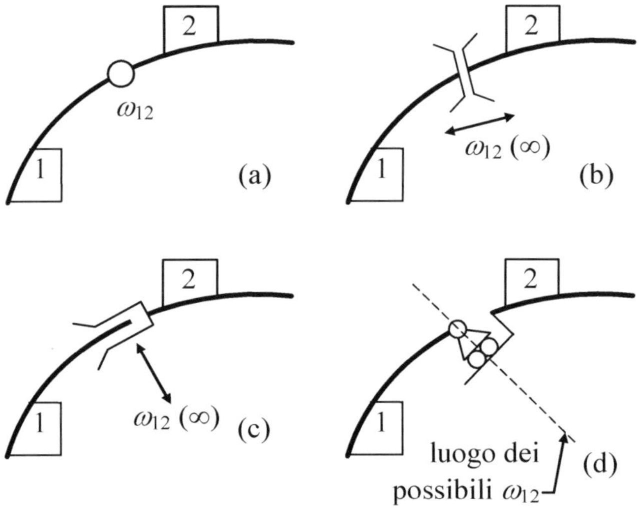

Figura 2.7 – Vincoli interni fra coppie di travi piane e corrispondenti centri d'istantanea rotazione (relativi).

Un discorso a parte merita l'incastro interno. Un incastro salda completamente due travi, privandole di qualunque possibilità di movimento relativo, cosicché il loro insieme si riduce di fatto a un'unica trave (Fig. 2.8a). Ne consegue anche che un anello chiuso, formato da un'unica trave che si richiude su se stessa, presenta tre gradi di vincolo interni: lo si può anche comprendere pensando ad un anello chiuso come formato da due travi unite mediante due saldature (Fig. 2.8b). Come si vedrà nel Cap. 3, a tali gradi di vincolo corrispondono altrettante reazioni incognite, non determinabili attraverso considerazioni di puro equilibrio: pertanto, un'asta richiusa su se stessa risulta internamente tre volte iperstatica.

2.2.3 Cenno ai vincoli multipli

I vincoli sin qui considerati collegano una singola trave al terreno oppure due travi fra loro. Nei sistemi di travi non è peraltro infrequente la presenza di vincoli 'multipli', che collegano più travi al terreno o fra loro.

Il conteggio dei gradi di vincolo forniti da un vincolo multiplo è concettualmente analogo a quello visto nei paragrafi precedenti. Si consideri, a titolo d'esempio, una cerniera che collega fra loro n travi (Fig. 2.9a). Tale vincolo impedisce anzitutto le traslazioni relative fra le travi che formano la prima coppia (fornendo quindi 2 g.v. – v. Fig. 2.9b); quindi, le traslazioni relative fra la terza trave e la prima coppia (ovvero, 2 g.v. aggiuntivi – v. Fig. 2.9c), e così via (Fig. 2.9d). Complessivamente, i g.v. forniti sono dunque $2\times(n-1)$.

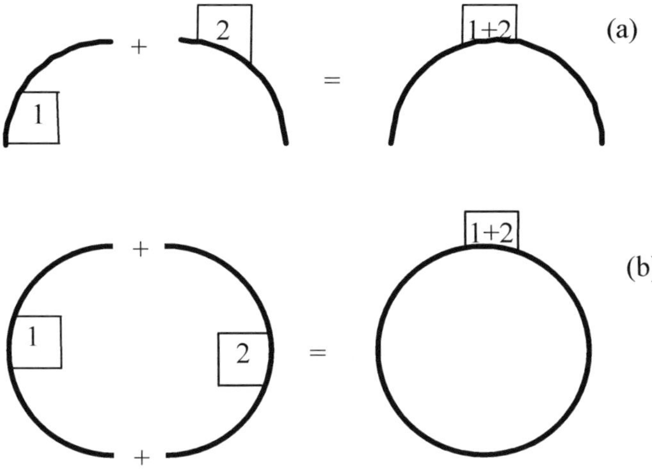

Figura 2.8 – (a) Un incastro interno fra le travi 1 e 2 saldate dà un unica trave; (b) un doppio incastro fra le due travi dà un anello chiuso, contenente tre gradi di vincolo interni.

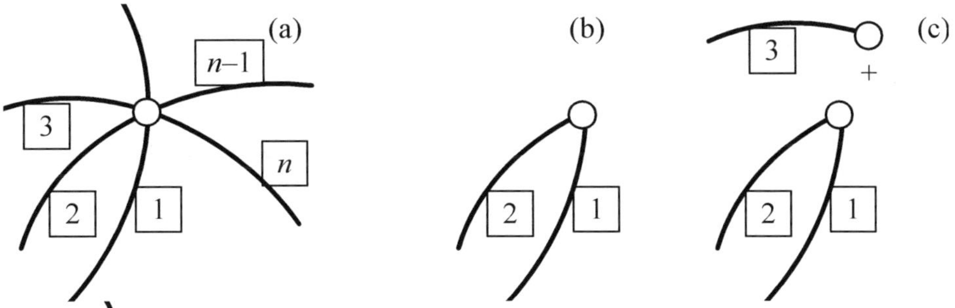

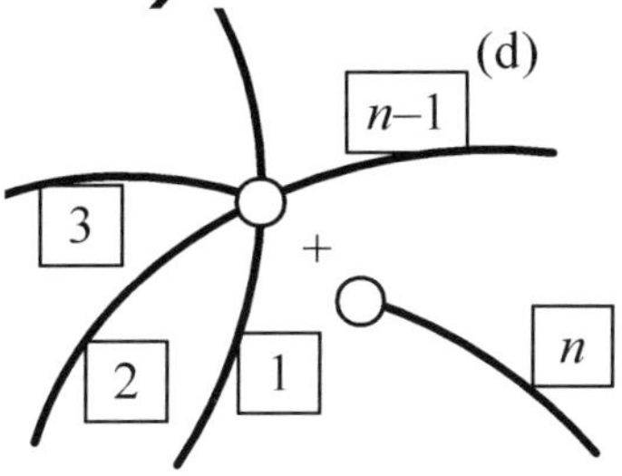

Figura 2.9 – (a) Cerniera multipla fra n travi; (b) collegamento fra le travi 1 e 2; (c) collegamento fra la trave 3 e le prime 2; (d) collegamento fra la trave n e le prime n–1.

Analogamente, se una cerniera collega n travi al terreno (Fig. 2.10a), ai $2\times(n-1)$ g.v. interni alla cerniera multipla, precedentemente identificati, vanno sommati i 2 g.v. corrispondenti alle traslazioni impedite fra il terreno e l'insieme di travi: complessivamente, i g.v. forniti sono quindi $2\times n$.

Se le n travi fossero invece collegate al terreno da un singolo appoggio (Fig. 2.10b), per un ragionamento analogo i g.v. complessivamente forniti dal vincolo multiplo sarebbero $2\times n-1$.

Ragionamenti qualitativamente analoghi consentono di conteggiare i g.v. associati a vincoli multipli diversi da quelli qui trattati a fini esemplificativi.

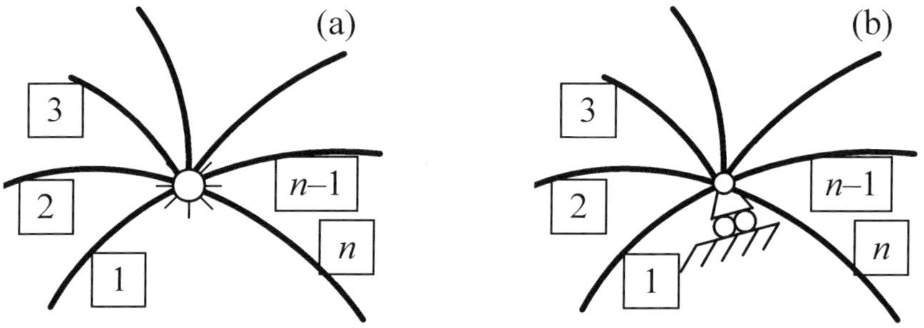

Figura 2.10 – Sistemi di n aste collegati al terreno tramite (a) una cerniera o (b) un carrello.

2.3 L'analisi cinematica

Dato un sistema di n travi, ci si chiede se i vincoli in esso presenti siano sufficienti, per numero e posizione, a privarlo di qualunque possibilità di movimento rigido, anche di ampiezza infinitesima, prescindendo da eventuali carichi su di esso presenti. Rispondere a questa domanda equivale a fare 'l'analisi cinematica' della struttura. Se la risposta è affermativa, il sistema si dirà correttamente vincolato; se la risposta è negativa, ovvero se i vincoli consentono alla struttura nel suo complesso, o a qualche sua parte, la possibilità di compiere moti rigidi, il sistema si dirà labile.

Si consideri una struttura piana formata da n travi: queste, pensate libere, possiedono complessivamente $3\times n$ gradi di libertà. Affinché la struttura non compia moti rigidi sotto l'azione di qualunque sistema di carichi esterni, sarà necessaria la presenza di almeno $3\times n$ gradi di vincolo. Il semplice bilancio fra gradi di libertà e gradi di vincolo non è tuttavia sufficiente a garantire l'assenza di moti rigidi: bisogna che i vincoli siano 'efficaci', ovvero correttamente posizionati nella struttura. Ancor prima di passare all'analisi cinematica dettagliata di alcune tipologie strutturali, questa affermazione può essere chiarita con un semplice esempio: i tre carrelli che collegano a terra la trave di Fig. 2.11, pur fornendo complessivamente 3 gradi di vincolo (in numero quindi pari ai gradi di libertà della struttura), lasciano la trave libera di compiere traslazioni rigide in direzione orizzontale perché sono mal posizionati. La struttura di Fig. 2.11 è dunque labile.

Si esamineranno dapprima strutture formate da una sola trave, discutendo le diverse possibilità di scelta dei vincoli che consentono di collegarle correttamente al terreno. Tali vincoli devono privare la trave di tutti e tre i suoi gradi di libertà[4].

Una mensola è una trave incastrata nel terreno (Fig. 2.12). E' una struttura correttamente vincolata, perché l'incastro blocca tutte le possibilità di movimento della trave.

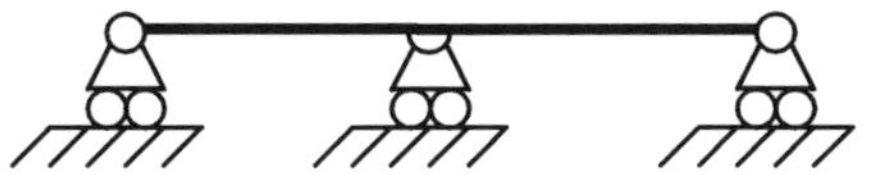

Figura 2.11 – Esempio di trave labile.

Figura 2.12 – Trave a mensola.

Una trave può essere correttamente collegata a terra mediante una cerniera e un carrello (Fig. 2.14a): in questo caso, seppure impropriamente, si parla di trave semplicemente appoggiata. Di fatto, questa espressione andrebbe utilizzata solo in presenza di vincoli (appoggi) la cui capacità di impedire le traslazioni orizzontali della trave sia irrilevante, come nel caso dell'edificio mostrato in Fig. 2.13.

Figura 2.13 – Esempio di edificio per uso industriale in cui sono presenti travi prefabbricate semplicemente appoggiate.

Per capire se i vincoli sono efficaci, si considerino quali sono i movimenti che essi consentirebbero separatamente. Privando la trave del carrello (Fig. 2.14b) si comprende che, se la trave assegnata ammette un c.i.r., questo non può che essere la cerniera a terra. Privando invece la trave della cerniera (Fig. 2.14c), questa è libera di ruotare intorno a un punto qualunque dell'asse del carrello. I movimenti consen-

[4] Accanto ad ogni vincolo, in un cerchietto sarà indicato il numero di gradi di vincolo ad esso associati.

titi separatamente da ciascun vincolo sono pertanto fra loro incompatibili, per cui, quando entrambi i vincoli sono presenti nella struttura, questa risulta correttamente vincolata.

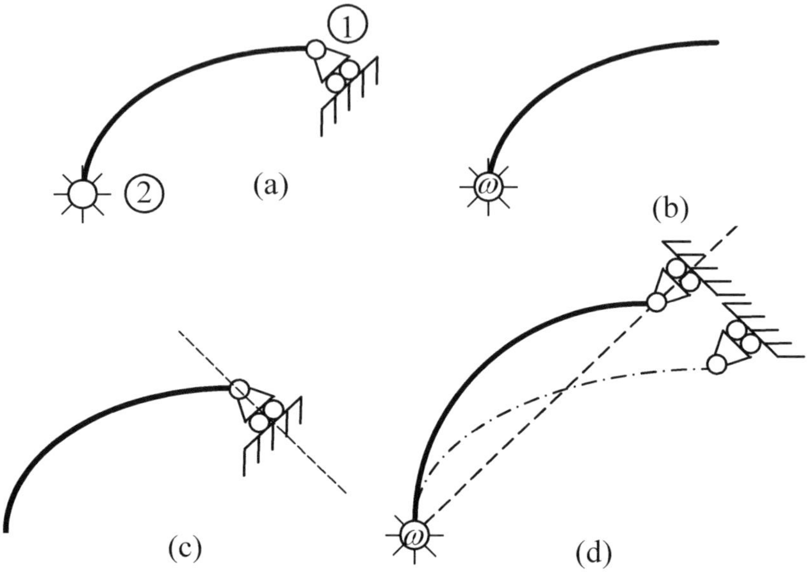

Figura 2.14 – (a) Trave semplicemente appoggiata; (b) c.i.r. associato alla sola cerniera; (c) luogo dei c.i.r. associati al solo carrello; (d) trave labile: a tratto–punto è indicato un possibile atto di moto rigido.

Il ragionamento cade in difetto se l'asse del carrello passa per la cerniera (Fig. 2.14d). In questo caso, i due vincoli lasciano alla trave la possibilità di ruotare (di un angolo infinitesimo) attorno alla cerniera: la struttura risulta allora labile e la cerniera è il suo c.i.r., ω.

Un discorso analogo vale se la cerniera è sostituita da un pattino (Fig. 2.15): la struttura non è labile a patto che i piani di scorrimento dei due vincoli non siano paralleli.

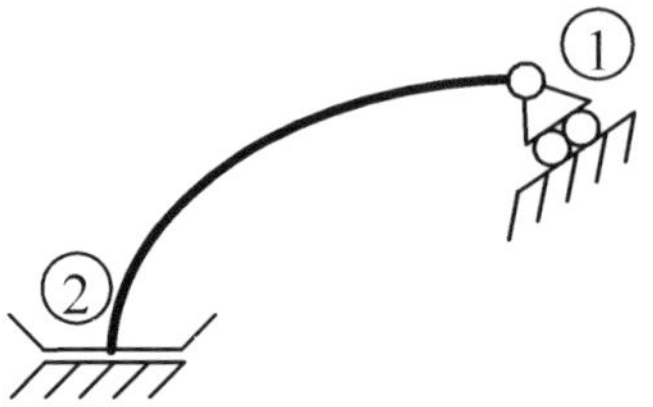

Figura 2.15 – Trave correttamente vincolata a terra mediante un carrello e un pattino.

Un altro modo di collegare correttamente una trave al terreno consiste nel vincolarla con tre carrelli (Fig. 2.16a). Per capire se i vincoli sono efficaci, si supponga di eliminare uno dei tre carrelli (Fig. 2.16b): i due restanti lasciano alla trave la possibilità di ruotare attorno al punto d'intersezione dei loro assi, ω. Da un punto di vista cinematico, i due carrelli possono essere sostituiti da una cerniera ideale posta in ω (Fig. 2.16c). Con un ragionamento analogo a quello fatto con riferimento alla trave semplicemente appoggiata, se ne conclude che una rotazione attorno a ω è incompatibile con i movimenti permessi dal terzo carrello e la struttura risulta correttamente vincolata. Il discorso cade in difetto se gli assi dei tre carrelli convergono tutti in un medesimo punto ω (Fig. 2.16d): i movimenti consentiti da tutti e tre i carrelli comprendono una rotazione attorno a tale punto e la struttura è labile (con c.i.r. ω).

Si passa ora a considerare l'analisi cinematica di strutture formate da più aste. Uno schema strutturale frequentemente utilizzato nella pratica è quello dell'arco a tre cerniere. Si tratta di un sistema di due aste, collegate fra loro e al terreno mediante cerniere (Fig. 2.17a). Il numero dei gradi di libertà del sistema di travi è 3×2 = 6 ed è bilanciato dal numero dei gradi di vincolo (due per ciascuna cerniera).

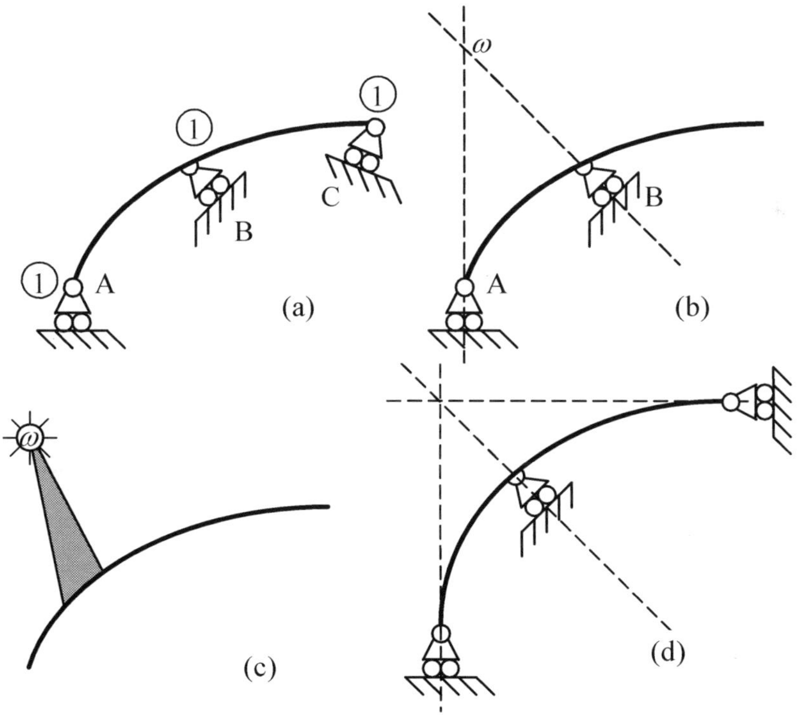

Figura 2.16 – (a) Trave collegata a terra mediante tre carrelli; (b) soppressione del carrello C e c.i.r. della trave; (c) sostituzione dei carrelli A e B mediante una cerniera ideale; (d) caso in cui la struttura vincolata da tre carrelli è labile.

Affinché le aste siano correttamente vincolate, non deve essere possibile alcun moto rigido. Si supponga di privare l'arco di una delle due cerniere a terra, ad esempio B (Fig. 2.17b). La cerniera A è allora il c.i.r. assoluto dell'asta 1 (ω_1) e la cerniera interna C è il c.i.r. relativo fra le due aste (ω_{12}). Per quanto visto a proposito della composizione degli atti di moto, il c.i.r. assoluto dell'asta 2 (ω_2) è allora un punto generico della retta passante per ω_1 e ω_{12}. Nella struttura reale, però, l'asta 2 è incernierata a terra in B: i movimenti che l'asta 1 consentirebbe alla 2 sono dunque incompatibili con le rotazioni permesse da B e né l'asta 2, né di conseguenza la 1, possono compiere moti rigidi. L'arco a tre cerniere di Fig. 2.17 è quindi correttamente vincolato.

Si osservi che, ai fini dell'analisi cinematica, la trave 1 può essere sostituita da un carrello avente per asse la retta passante per ω_1 e ω_{12} (Fig. 2.17c). L'analisi cinematica dell'arco a tre cerniere si riconduce in tal modo a quella della trave cerniera–carrello.

In base ai ragionamenti precedenti, un arco a tre cerniere risulta labile solo quando le tre cerniere (ovvero, i tre c.i.r. ω_1, ω_2 e ω_{12}) sono allineate (v. Fig. 2.18): in tal caso, sono possibili rotazioni rigide infinitesime di ciascuna delle due travi rispetto alla corrispondente cerniera a terra.

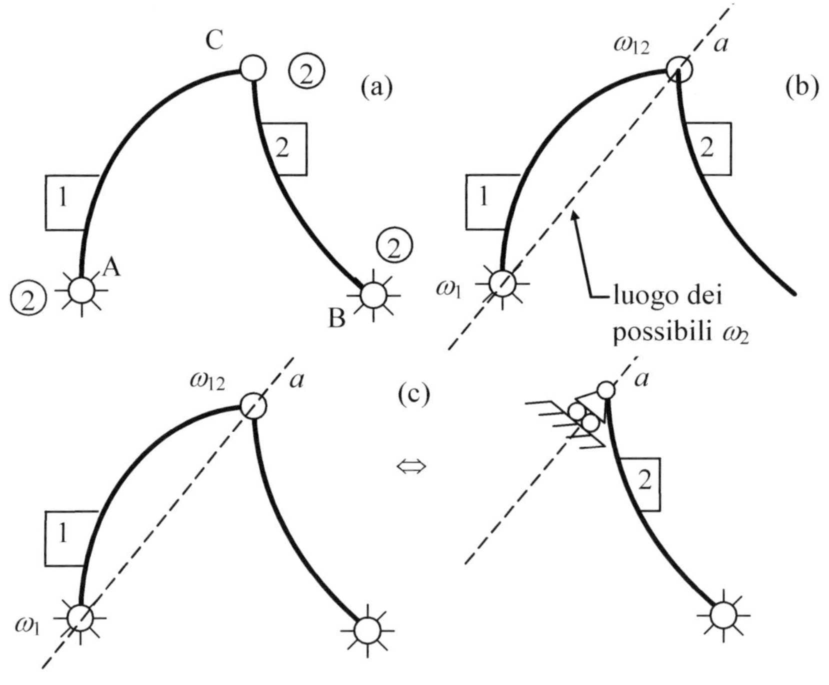

Figura 2.17 – (a) Arco a tre cerniere; (b) soppressione di una cerniera a terra e luogo dei c.i.r. dell'asta 2; (c) sostituzione dell'asta 1 con un carrello ideale.

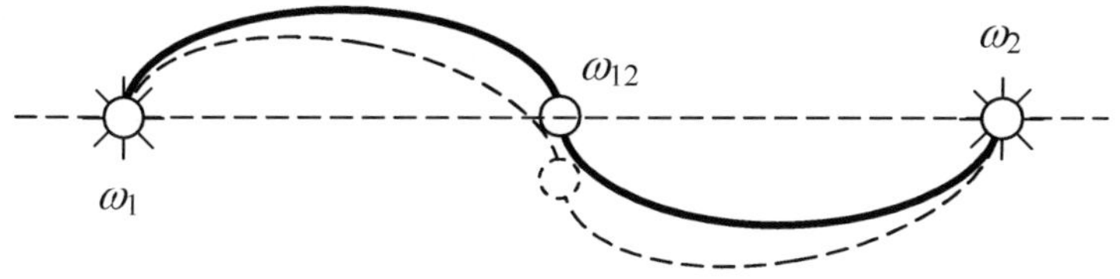

Figura 2.18 – Arco a tre cerniere labile e possibile atto di moto rigido.

Considerazioni analoghe possono ripetersi quando una o più cerniere sono sostituite da altri vincoli doppi, cioè pattini o manicotti (v. Fig. 2.19).

Un altro esempio di schema strutturale relativamente diffuso è il quadrilatero articolato (Fig. 2.20a), formato da quattro aste (che possiedono globalmente 3×4 = 12 g.l.) collegate a terra e fra loro mediante vincoli doppi: nell'esempio di Fig. 2.20a, si tratta di sei cerniere semplici (che forniscono globalmente 6×2 = 12 g.v.)[5].

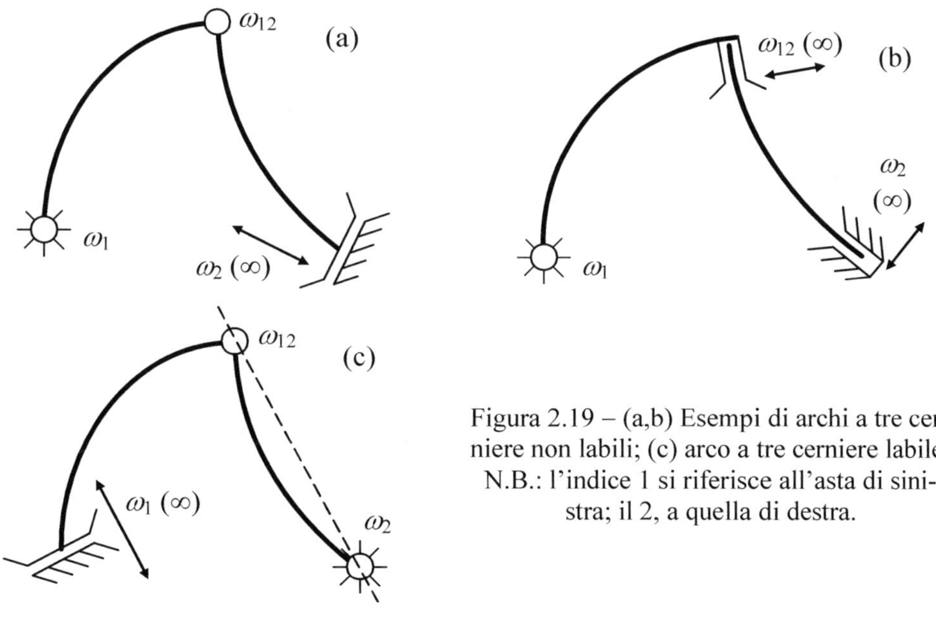

Figura 2.19 – (a,b) Esempi di archi a tre cerniere non labili; (c) arco a tre cerniere labile. N.B.: l'indice 1 si riferisce all'asta di sinistra; il 2, a quella di destra.

Per controllare che i vincoli siano efficaci, si sopprimano idealmente le cerniere a terra (A,B) e si valuti quale movimento relativo si rende possibile fra le travi 1 e 2. Se queste fossero collegate solo dalla 3 (Fig. 2.20b), il loro c.i.r. relativo sarebbe un generico punto della retta *a* passante per ω_{13} e ω_{23}. Viceversa, se le travi 1 e 2

[5] Nelle applicazioni meccaniche il termine 'quadrilatero articolato' indica in realtà un cinematismo a un grado di libertà in cui solo uno dei quattro elementi che lo costituiscono è fisso (le cerniere A e B di Fig. 2.20a vengono a coincidere rispettivamente con C e D). In questa sede, per 'quadrilatero articolato' s'intenderà invece una struttura che, se correttamente vincolata, non ha alcuna possibilità di movimento.

fossero collegate solo dalla 4 (Fig. 2.20c), il loro c.i.r. relativo dovrebbe trovarsi sulla retta *b* passante per ω_{14} e ω_{24}. Nel complesso, l'insieme delle travi 3 e 4 consente dunque alla 1 di ruotare rispetto alla 2 attorno al punto d'intersezione delle rette *a* e *b* (ω_{12} in Fig. 2.20d). In definitiva, l'analisi cinematica del quadrilatero articolato si riconduce a quella di un arco a tre cerniere nel quale la 'cerniera' interna (ω_{12}) si trova all'intersezione delle rette *a* e *b*. Se i potenziali c.i.r. assoluti delle travi vincolate a terra (ω_1 e ω_2, coincidenti con le cerniere A e B nel caso in esame) non sono allineati con ω_{12}, si può concludere che il quadrilatero articolato non è labile.

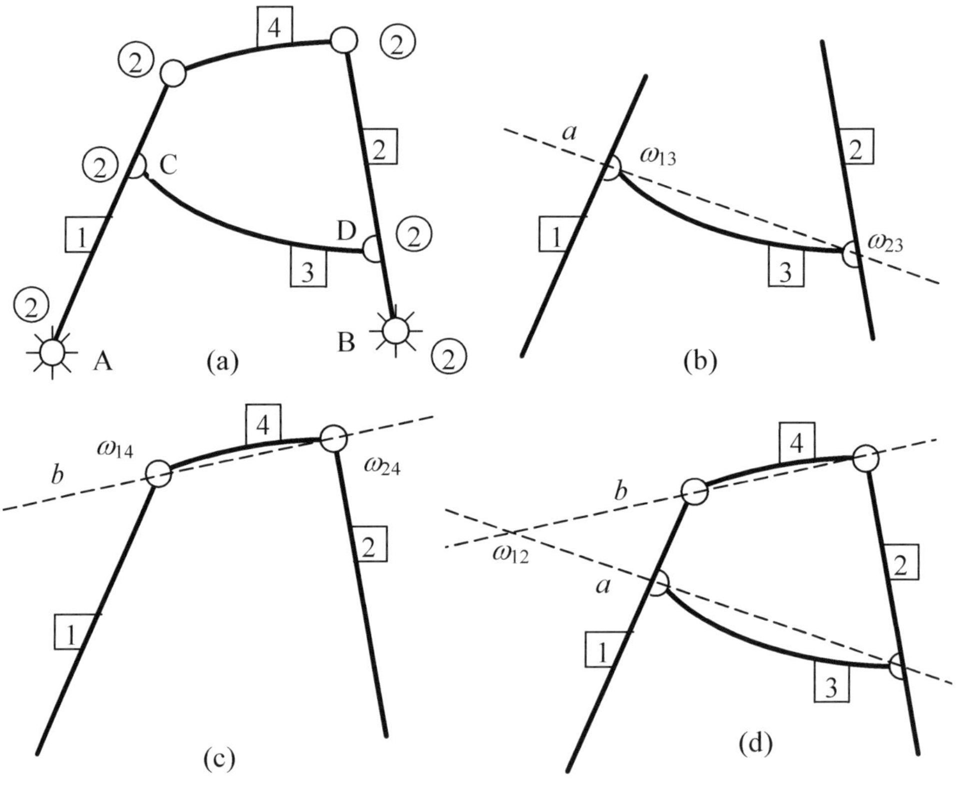

Figura 2.20 – (a) Esempio di quadrilatero articolato: determinazione del c.i.r. relativo fra le aste 1 e 2 considerando (b) solo l'asta 3, (c) solo l'asta 4 e (d) l'insieme delle due aste.

Un esempio di quadrilatero articolato labile è costituito dalla struttura in Fig. 2.21, in cui le due cerniere a terra (ω_1 e ω_2) sono allineate con il punto all'infinito ω_{12}. L'analisi cinematica del quadrilatero articolato non cambia se una o più cerniere sono sostituite da pattini o manicotti.

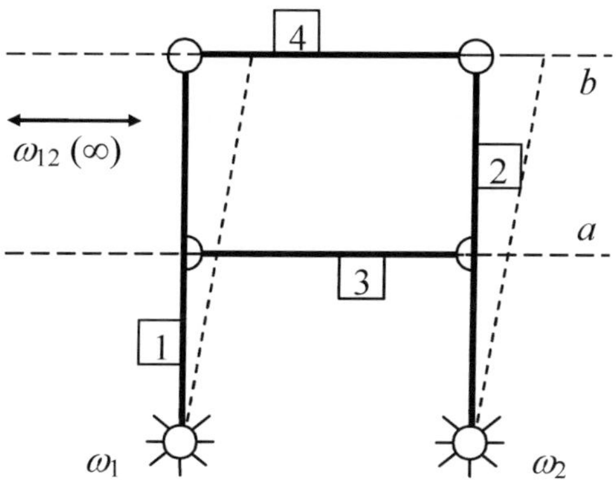

Figura 2.21 – Quadrilatero articolato labile.

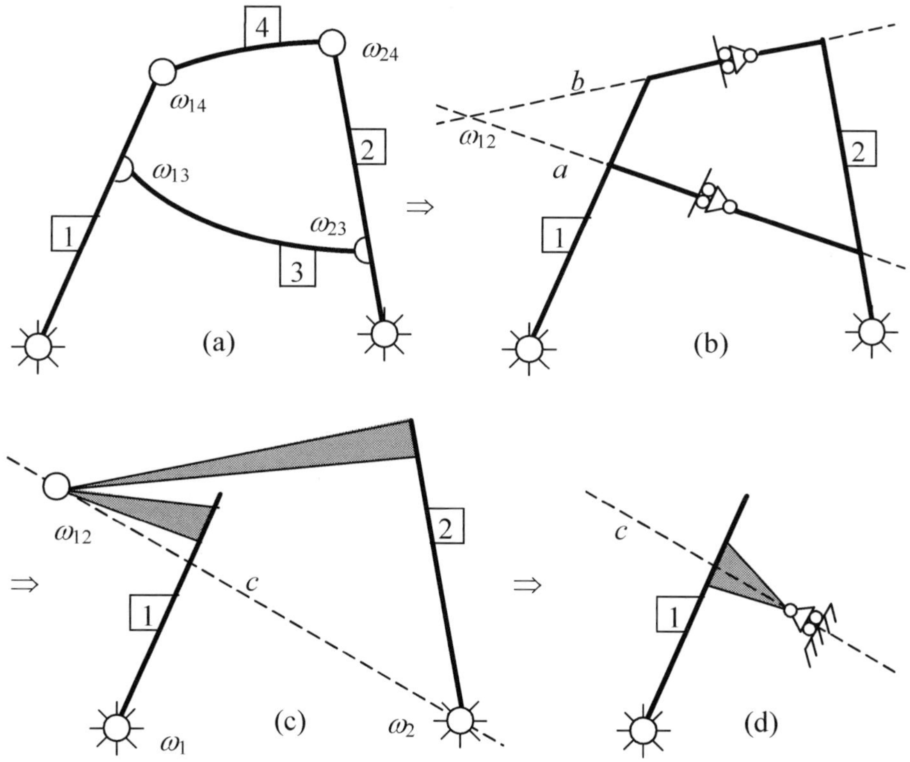

Figura 2.22 – Riduzione del quadrilatero articolato (a) a una trave cerniera-carrello (d) mediante successive semplificazioni cinematiche (b,c).

Nota: Da quanto visto negli esempi sin qui studiati, ai fini dell'analisi cinematica le aste munite di due vincoli doppi negli estremi possono essere sostituite con carrelli aventi per asse la retta che congiunge i c.i.r. associati a tali vincoli[6]. Si è visto inoltre che due carrelli

[6] A volte, le aste di questo tipo vengono chiamate, seppure impropriamente, *bielle*.

che collegano una trave al terreno, o due travi fra loro, sono cinematicamente equivalenti ad una cerniera posta nell'intersezione dei loro assi. Queste regole possono semplificare l'analisi cinematica di una struttura. A titolo di esempio, in Fig. 2.22 si mostra come il quadrilatero articolato già analizzato possa essere ricondotto, mediante successive riduzioni di vincoli, ad una trave cerniera-carrello non labile.

Si discute infine l'analisi cinematica di una struttura semplice, costituita da tre travi collegate fra loro da vincoli doppi (p.es. cerniere) che formano un anello chiuso – v. Fig. 2.23a. I vincoli che collegano a terra l'anello potranno essere presi in considerazione in un secondo momento: ci si preoccupa per ora di verificare soltanto se i vincoli interni all'anello impediscono i movimenti relativi fra le aste che lo compongono. Si può allora immaginare di tenere fissa una delle aste (p.es. la 3), controllando se le rimanenti hanno o meno la possibilità di compiere moti rigidi rispetto ad essa. Tali aste vengono a formare un arco a tre cerniere impostato sulla terza (v. Fig. 2.23b): sfruttando l'analisi cinematica dell'arco a tre cerniere, se ne conclude che l'anello è internamente ben vincolato se i c.i.r. relativi fra le tre aste non sono allineati. Gli anelli mostrati nelle Figure 2.23c,d costituiscono rispettivamente un secondo esempio di anello chiuso ben vincolato e un esempio di anello labile.

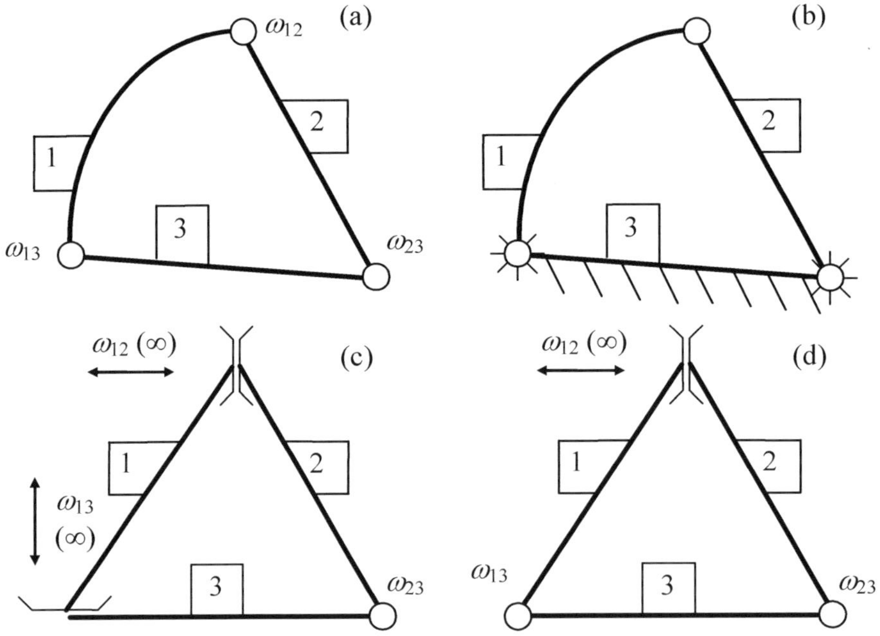

Figura 2.23 – Anelli chiusi formati da tre aste collegate da tre vincoli doppi.

Si osservi che, per un ragionamento analogo, risulta internamente ben vincolato anche un anello chiuso formato da due travi collegate fra loro da una cerniera e un carrello (Fig. 2.24a), a patto che l'asse del carrello non passi per la cerniera (Fig. 2.24b).

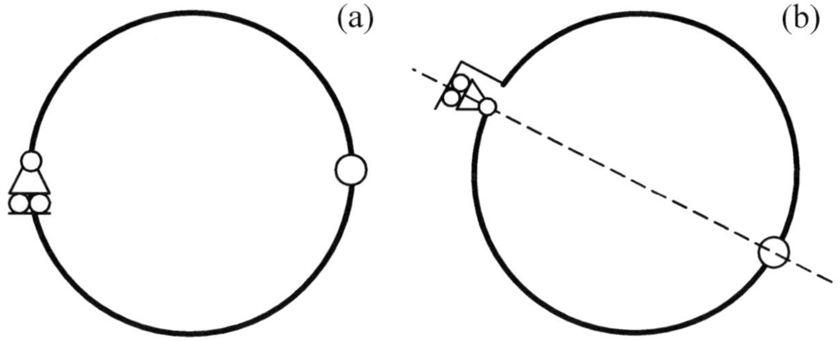

Figura 2.24 – Esempi di anelli chiusi formati da due sole travi collegate da cerniera e carrello. L'anello (a) è correttamente vincolato internamente; l'anello (b) è internamente labile.

Tutte le volte che in una struttura s'individua un anello chiuso non labile, questo può essere sostituito – ai fini dell'analisi cinematica – con un unico corpo rigido (v. Fig. 2.25).

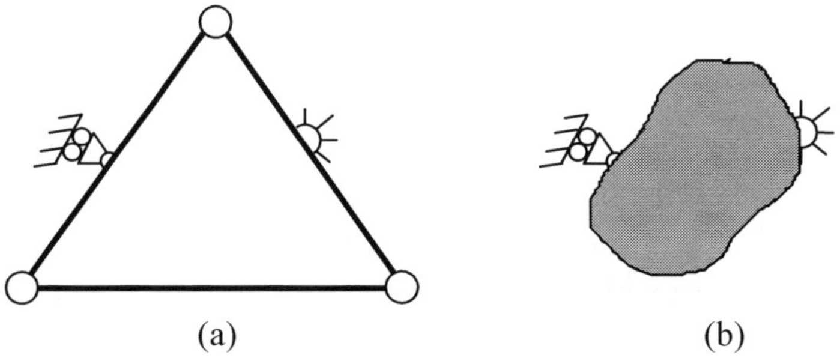

Figura 2.25 – Sostituzione dell'anello chiuso (a) con un unico corpo rigido (b) ai fini dell'analisi cinematica.

Le strutture che l'ingegnere è chiamato a risolvere sono spesso riconducibili agli schemi elementari di cui si è svolta in dettaglio l'analisi cinematica. Si realizzano non di rado strutture, anche complesse, formate dall'assemblaggio di tante sottostrutture semplici delle quali è nota l'analisi cinematica.

Si consideri ad esempio la struttura di Fig. 2.26a: è formata da 7 aste, aventi complessivamente 21 g.l. bilanciati dai 21 g.v. presenti. Per controllare che i vincoli siano correttamente posizionati, si possono effettuare le seguenti semplificazioni:

- l'asta 1 è collegata a terra correttamente tramite un pattino e un carrello: anche la cerniera posta in C è dunque fissa e può essere immaginata vincolata a terra;
- l'asta 7 è una mensola, per cui il suo estremo G può essere immaginato vincolato a terra;

- l'asta 6 è correttamente vincolata a terra tramite il carrello F e la cerniera G: anche la sua sezione E può essere dunque immaginata vincolata al terreno;
- l'insieme delle aste 2+3+4 forma un anello chiuso correttamente vincolato e può essere sostituito con un unico corpo rigido.

A seguito di queste semplificazioni, la struttura è stata ricondotta allo schema più semplice mostrato in Fig. 2.26b. E' lo schema di un arco a tre cerniere non allineate (di cui una all'infinito), composto dall'asta 5 e da una seconda 'asta' corrispondente al corpo rigido formato dalle aste 2,3 e 4. Se ne conclude che anche la struttura di partenza è correttamente vincolata.

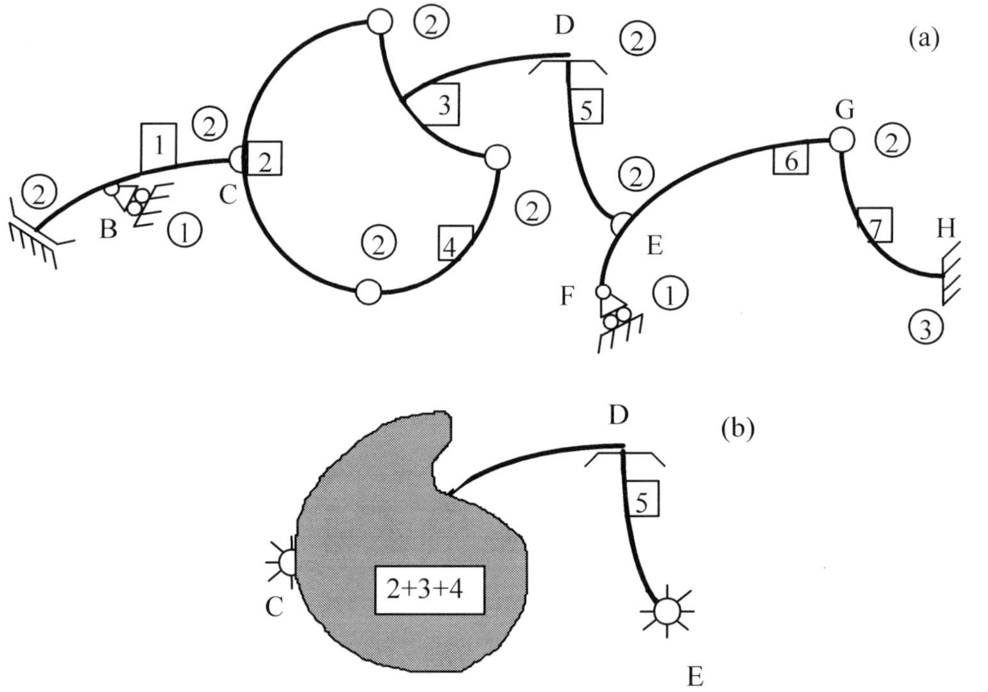

Figura 2.26 – (a) Struttura scomponibile in più sottostrutture elementari; (b) riduzione della parte centrale della struttura (aste 2–5) a un arco a tre 'cerniere'.

<u>Nota</u>: Tutte le strutture correttamente vincolate finora viste possedevano gradi di vincolo in numero strettamente sufficiente ad impedirne i moti rigidi: si vedrà più avanti che tali strutture sono isostatiche. E' possibile che i vincoli siano in numero superiore ai gradi di libertà della struttura (e che la privino di tutte le sue possibilità di compiere moti rigidi). Nelle Fig. 2.27a, b sono mostrati due esempi di strutture correttamente vincolate in cui sono presenti rispettivamente uno o due gradi di vincolo in esubero rispetto ai tre gradi di libertà dell'unica trave. Si vedrà oltre che a tali vincoli sovrabbondanti corrispondono altrettante incognite iperstatiche.

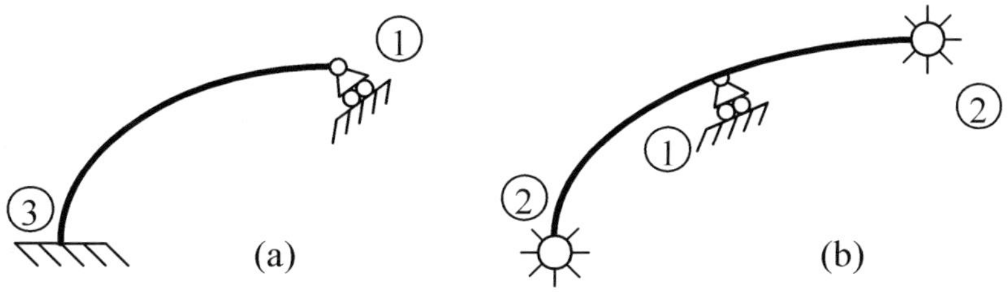

Figura 2.27 – Esempi di strutture formate da un'unica trave in cui sono presenti (a) uno o (b) due gradi di vincolo sovrabbondanti.

A conclusione dell'argomento, vale la pena di insistere sul fatto che il bilancio fra gradi di libertà e gradi di vincolo non è una condizione sufficiente a garantire che i moti rigidi in una struttura siano impediti. Lo si è già visto con riferimento alla trave labile di Fig. 2.11, vincolata a terra con tre carrelli aventi lo stesso piano di scorrimento. Per capire come l'affermazione valga per strutture anche più complesse, si consideri a titolo di esempio la struttura di Fig. 2.28. Pur essendovi tanti gradi di libertà quanti sono i gradi di vincolo (cioè 9), i vincoli sono mal disposti. L'asta 1 è collegata a terra con due cerniere, che forniscono un grado di vincolo in esubero rispetto ai tre che basterebbero per impedirne i moti rigidi. Viceversa, all'insieme delle aste 2 e 3 manca un grado di vincolo per essere correttamente vincolato[7]: dunque, la struttura è internamente labile e può compiere moti rigidi. Per renderla correttamente vincolata, si può ad esempio declassare una delle cerniere a terra a carrello (con asse non passante per la cerniera a terra) e sostituire al carrello interno una cerniera.

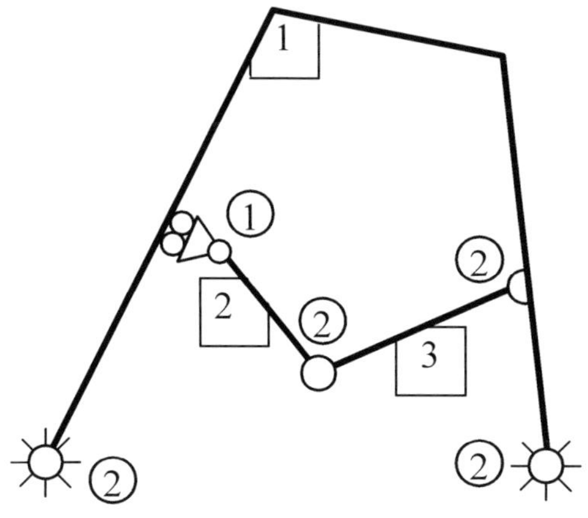

Figura 2.28 – Esempio di struttura in cui il pareggio fra gradi di vincolo e gradi di libertà non garantisce l'assenza di moti rigidi.

[6] Si tratta di un sistema 'biella-manovella', secondo la terminologia della Meccanica Razionale e Applicata.

Bibliografia

[1] P. Biscari, T. Ruggeri, G. Saccomandi, M. Vianello 'Meccanica Razionale per l'Ingegneria', Monduzzi, Bologna, 2007.
[2] M. Capurso 'Lezioni di Scienza delle Costruzioni', Pitagora, Bologna, 1984.
[3] V. Franciosi 'Fondamenti di Scienza delle Costruzioni. Volume 2: teoria della trave', Liguori, Napoli, 1987.
[4] G. Muscolino, G. Falsone 'Introduzione alla Scienza delle Costruzioni: statica e cinematica delle travi', Pitagora, Bologna, 1991.
[5] A. Sollazzo, U. Ricciuti 'Scienza delle Costruzioni. Volume 1: statica dei sistemi rigidi', UTET, Torino, 1983.
[6] S. Timoshenko, D. H. Young 'Engineering mechanics: statics'. McGraw Hill, New York, 1937.
[7] A. Zavelani Rossi 'Problemi di Scienza delle Costruzioni: cinematica e statica', CLUP, Milano,1989.

ESERCIZI

1. Eseguire l'analisi cinematica delle strutture rappresentate in Fig. 2.29, costituite da una sola trave collegata a terra mediante tre gradi di vincolo.

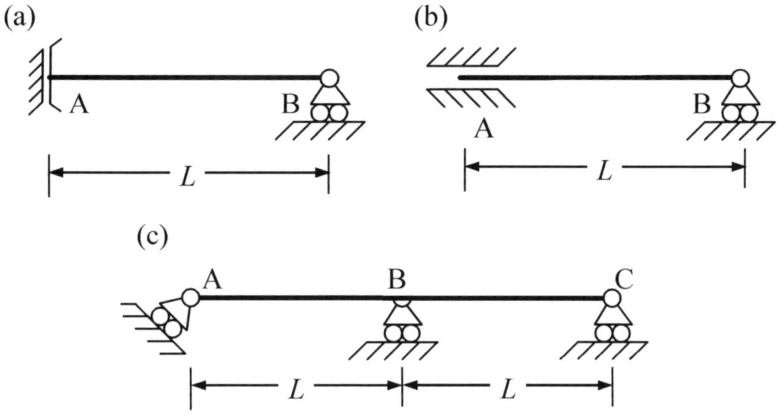

Figura 2.29

Svolgimento:

(a) i piani di scorrimento di carrello e pattino non sono paralleli ⇒ struttura correttamente vincolata;

(b) i piani di scorrimento di carrello e pattino sono paralleli ⇒ struttura labile;

(c) gli assi dei carrelli A,B,C non convergono in uno stesso punto ⇒ struttura correttamente vincolata;

2. Eseguire l'analisi cinematica delle strutture rappresentate in Fig. 2.30, costituite da due travi e assimilabili ad archi a tre cerniere.

Svolgimento:

(a) i c.i.r. associati ai tre vincoli doppi non sono allineati (ω_1 = A, ω_{12} = C, ω_2 = punto improprio delle rette verticali del piano del disegno) ⇒ struttura correttamente vincolata;

(b) idem (ω_1 = punto improprio delle rette orizzontali del piano, ω_{12} = C, ω_2 = punto improprio delle rette verticali del piano del disegno);

(c) i c.i.r. associati ai tre vincoli doppi sono allineati (ω_1 = A, ω_2 = B, ω_{12} = punto improprio delle rette orizzontali del piano del disegno, inclusa AB) ⇒ struttura labile;

(d) i c.i.r. associati ai tre pattini sono punti impropri, 'allineati' sulla 'retta impropria': la struttura è pertanto labile. Per convincersi ulteriormente di tale affermazione, senza avvalersi di concetti di geometria proiettiva, si può osservare che i vincoli presenti nella struttura consentono alle due travi di compiere arbitrarie traslazioni rigide (di ampiezza infinitesima), come mostrato in Fig. 2.31.

Si noti che ciò vale per qualunque inclinazione delle due travi e per qualunque inclinazione dei piani di scorrimento dei pattini.

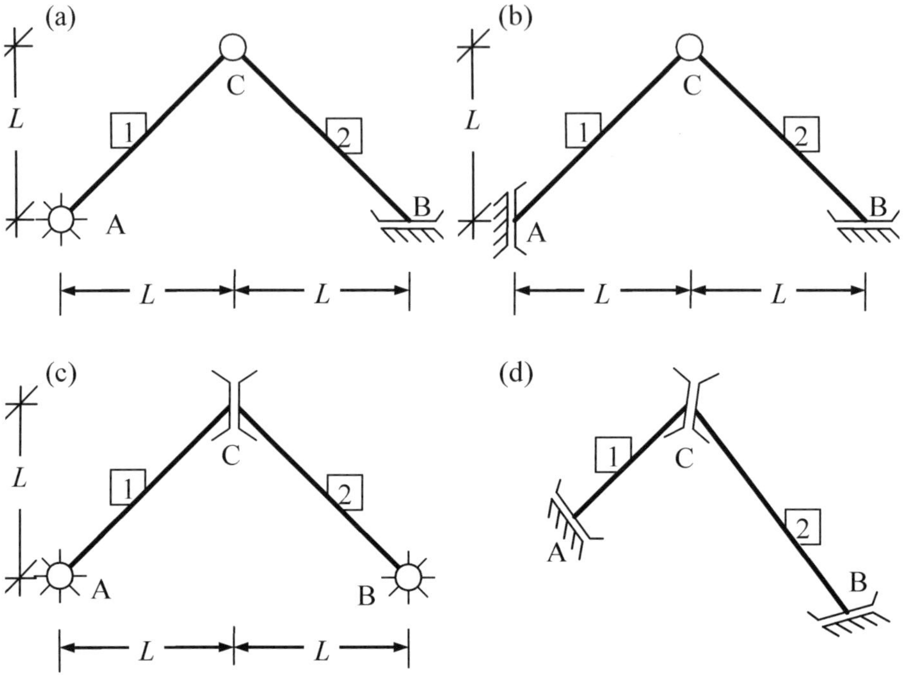

Figura 2.30

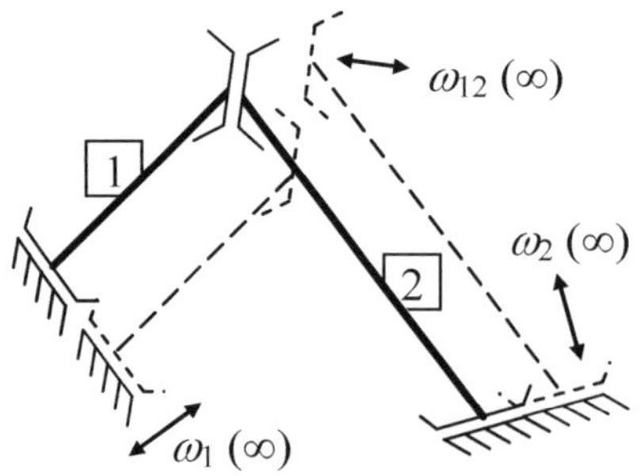

Figura 2.31 – Possibile atto di moto rigido per la struttura di Fig. 2.30d.

3. Eseguire l'analisi cinematica delle strutture rappresentate in Fig. 2.32, nelle quali il numero di gradi di libertà delle aste pareggia sempre il numero di gradi di vincolo presenti.

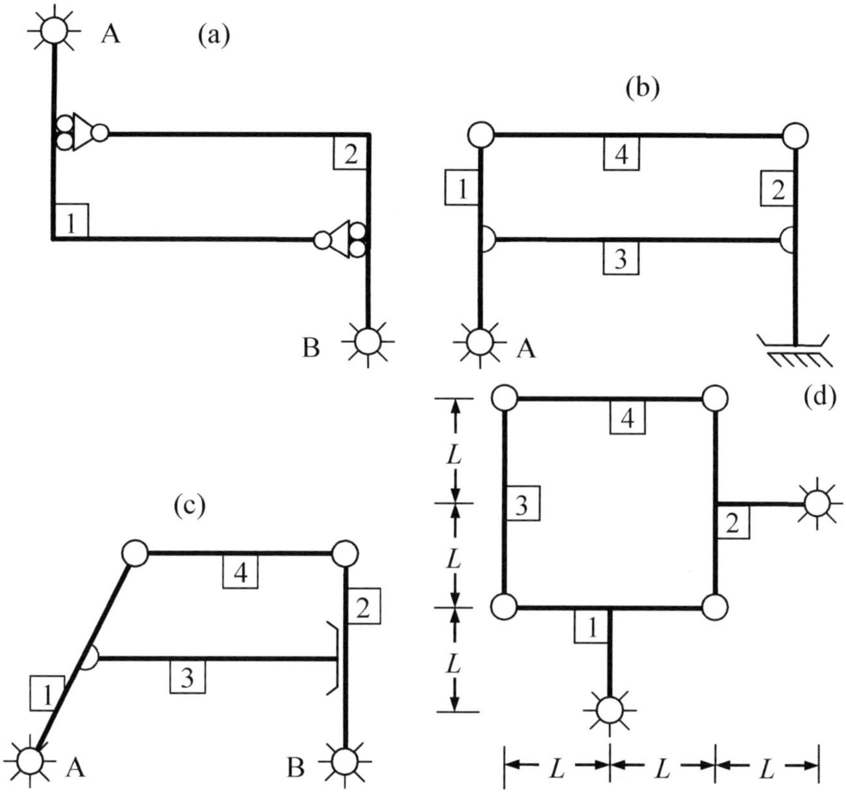

Figura 2.32

Svolgimento:

(a) riconducibile all'arco a tre 'cerniere' non allineate di Fig. 2.33a (ω_1 = A, ω_2 = B, ω_{12} = punto improprio delle rette orizzontali del piano del disegno) $\Rightarrow$ struttura correttamente vincolata;

(b) riconducibile all'arco a tre 'cerniere' non allineate di Fig. 2.33b (ω_1 = A, ω_2 = punto improprio delle rette verticali del piano del disegno, ω_{12} = punto improprio delle rette orizzontali del piano del disegno) $\Rightarrow$ struttura correttamente vincolata;

(c) riconducibile all'arco a tre 'cerniere' allineate di Fig. 2.30c $\Rightarrow$ struttura labile;

(d) l'arco a tre cerniere (non allineate) 3+4 è montato sull'arco a tre cerniere allineate 1+2 $\Rightarrow$ struttura labile.

4. Mostrare che le struttura rappresentata nella Fig. 2.34 è correttamente vincolata. Determinare i c.i.r. assoluti delle aste 1 e 2 qualora si sopprima il carrello in A.

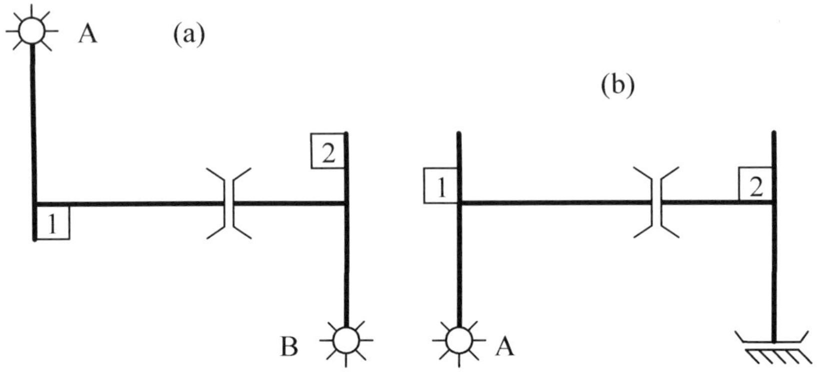

Figura 2.33 – Strutture cinematicamente equivalenti a quelle delle Figg. 2.32a,b.

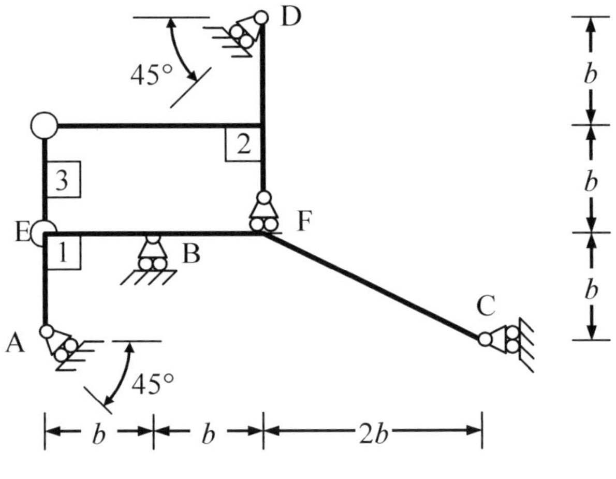

Figura 2.34

Svolgimento:

L'asta 1 è correttamente vincolata a terra dai 3 carrelli A, B, C, i cui assi non s'intersecano in un medesimo punto: gli estremi F dell'asta 2 e E dell'asta 3 possono pertanto essere considerati solidali col terreno. L'asta 3 può essere sostituita con un carrello fittizio con asse verticale che collega l'asta 2 al terreno (Fig. 2.35): in definitiva, anche l'asta 2 è collegata a terra da 3 carrelli con assi non concorrenti, ed è pertanto a sua volta correttamente vincolata.

Sopprimendo il carrello A, la struttura assegnata diviene un cinematismo (Fig. 2.36a). Il c.i.r. assoluto dell'asta 1 è il punto d'intersezione degli assi dei carrelli B, F che la collegano a terra (ω_1 in Fig. 2.36a). Il c.i.r. relativo fra le aste 1 e 2 si trova all'intersezione fra gli assi dei 'carrelli' che collegano tali aste, ovvero il carrello F e il carrello fittizio equivalente alla biella 3 mostrato in Fig. 2.35: ω_{12} è pertanto il punto improprio delle rette verticali del piano del disegno (v. Fig. 2.36b). L'asta 2 è di fatto collegata a terra dal carrello D e da un carrello fittizio il cui asse passa per i punti ω_1 e ω_{12}: il c.i.r. assoluto dell'asta 2 è il punto d'intersezione di tali carrelli (ω_2 in Fig. 2.36c).

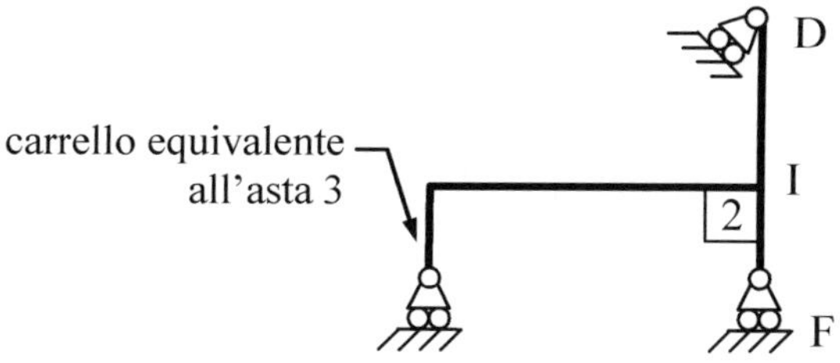

Figura 2.35 – Struttura cinematicamente equivalente alle aste 2+3 di Fig. 2.34.

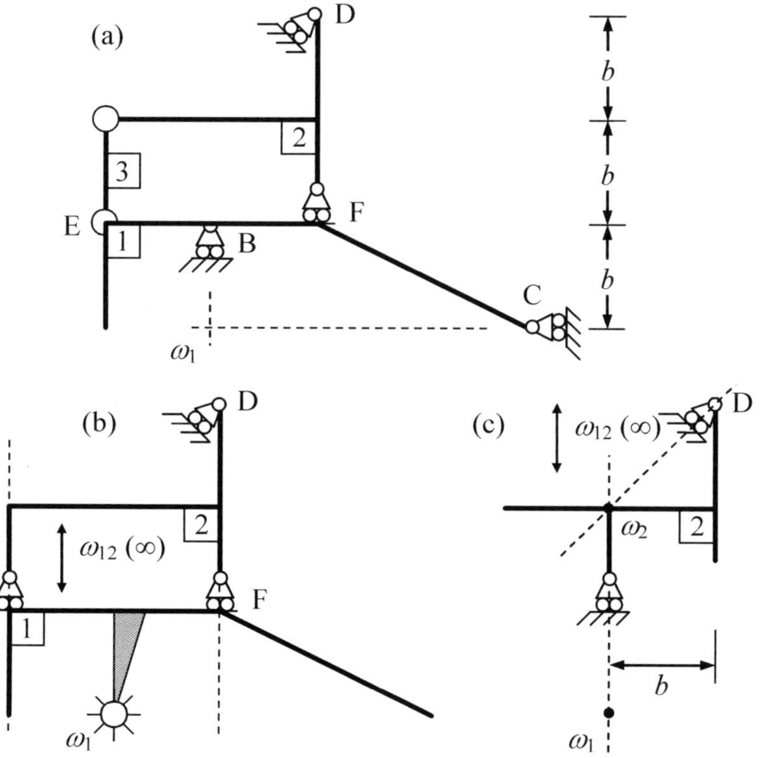

Figura 2.36 – Struttura di Fig. 2.34 privata del carrello A: (a) determinazione del c.i.r. assoluto dell'asta 1; (b) determinazione del c.i.r. relativo fra le aste 1 e 2; (c) determinazione del c.i.r. assoluto dell'asta 2.

5. Ripetere lo stesso esercizio con riferimento alla struttura di Fig. 2.37. Determinare il c.i.r. dell'asta 1 qualora si sopprima il carrello in H o quello in I.

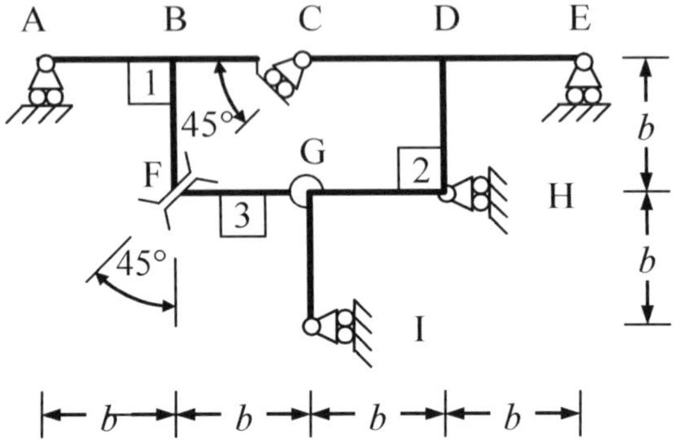

Figura 2.37

Svolgimento:
L'asta 2 è correttamente vincolata a terra dai tre carrelli E, H, I i cui assi non convergono in un medesimo punto. L'estremo C dell'asta 1 e l'estremo G della 3 possono pertanto essere considerati solidali col terreno. Ai fini cinematici, l'asta 3 equivale ad un carrello con asse passante per G e B che collega l'asta 1 al terreno. In definitiva, l'asta 1 è a sua volta collegata a terra da tre carrelli con assi non concorrenti (A, C e quello fittizio equivalente all'asta 3), per cui si può affermare che nessuna parte della struttura è labile.

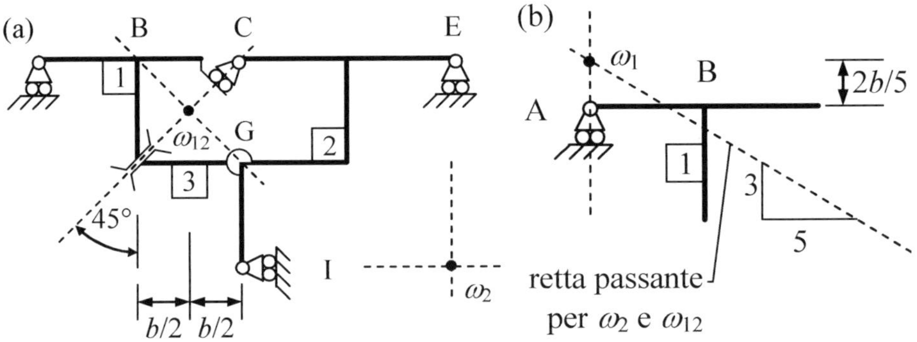

Figura 2.38 – Struttura di Fig. 2.37 privata del carrello H: (a) determinazione del c.i.r. assoluto dell'asta 2 e del c.i.r. relativo fra le aste 1 e 2; (b) determinazione del c.i.r. assoluto dell'asta 1.

Sopprimendo il carrello in H, il c.i.r. assoluto dell'asta 2 è il punto d'intersezione degli assi dei carrelli in E e I (ω_2 in Fig. 2.38a). Il c.i.r. relativo fra le aste 1 e 2 si trova nell'intersezione fra l'asse del carrello C e l'asse del carrello fittizio equivalente all'asta 3, passante per G e B (ω_{12} in Fig. 2.38a). Le aste 2 e 3 consentono dunque alla 1 di ruotare rispetto al terreno attorno ad un qualsiasi punto della retta che congiunge i c.i.r. ω_2 e ω_{12} (v. Fig. 2.38b). Poiché la 1 è collegata al terreno anche dal carrello A, il suo c.i.r. assoluto è il punto ω_1 mostrato in Fig. 2.38b.

Se invece del carrello H si sopprime il carrello I nella struttura di Fig. 2.37, ripercorrendo il medesimo ragionamento si determina che il c.i.r. assoluto dell'asta 1 è il punto ω_1 mostrato in Fig. 2.39.

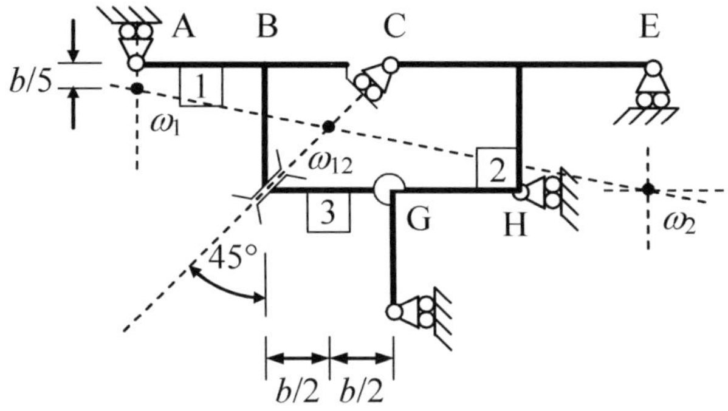

Figura 2.39 – Struttura di Fig. 2.37 privata del carrello I: determinazione del c.i.r. assoluto dell'asta 1.

6. Constatato che nella struttura di Fig. 2.40, ben vincolata, è presente un grado di vincolo sovrabbondante, mostrare almeno una scelta corretta ed una scorretta di tale grado di vincolo.

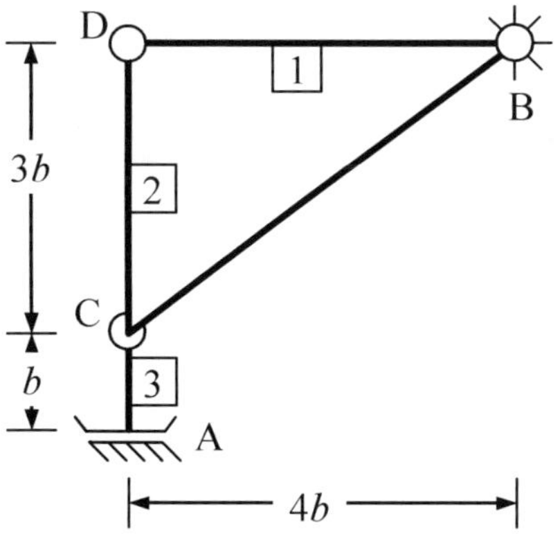

Figura 2.40

Svolgimento:
La struttura può essere vista come composta dall'arco a tre 'cerniere' ACB, correttamente vincolato, al quale è collegata l'asta 1 mediante due vincoli doppi (le cerniere in D e B). E' dunque presente un grado di vincolo in eccesso, poiché basterebbero 3 gradi di vincolo per collegare correttamente l'asta 1 al resto di struttura.

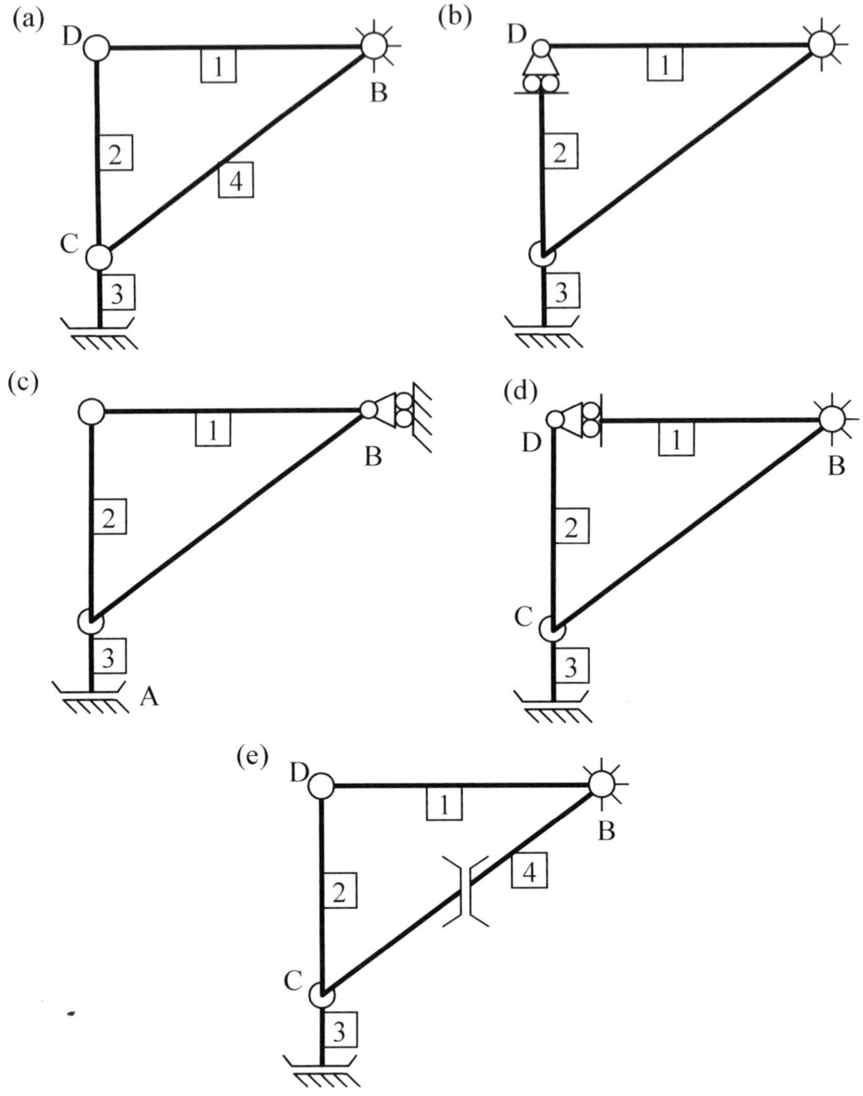

Figura 2.41 – Strutture corrispondenti a scelte corrette (a,b) o scorrette (c,d,e) del grado di vincolo in esubero presente nella struttura di Fig. 2.40.

Scelte corrette del grado di vincolo esuberante sono quelle per cui la struttura, degradata nei vincoli, resta correttamente vincolata. E' evidente che i vincoli esterni non sono sovrabbondanti, poiché, come già osservato, ACB è riconducibile ad un arco a tre cerniere: il grado di vincolo in eccesso è dunque interno all'anello chiuso BCD. Una possibile scelta consiste nel rendere passante la cerniera C (Fig. 2.41a), col che l'anello risulta correttamente vincolato perché le 3 cerniere B, C, D non sono allineate (v. Par. 2.3). In alternativa, si può trasformare la cerniera D in un carrello come in Fig. 2.41b.

Scelte scorrette del grado di vincolo in eccesso sono quelle per cui la struttura, degradata nei vincoli, diviene labile. Qualunque declassamento dei vincoli esterni A, B non è accettabile, per quanto detto in precedenza, in quanto nell'anello chiuso permane un grado di vincolo in eccesso mentre nel suo complesso la struttura diviene un cinematismo (v. ad es. la Fig. 2.41c). Anche la trasformazione della cerniera D in un carrello ad asse orizzontale (Fig. 2.41d) o l'inserimento di un pattino a facce verticali all'interno dell'anello chiuso (Fig. 2.41e) corrispondono a scelte errate del grado di vincolo in esubero, poiché BCD diviene un anello labile.

Capitolo 3
Statica dei sistemi di travi isostatici

3.1 Considerazioni introduttive

Quando una struttura viene sottoposta all'azione di carichi esterni, in corrispondenza di ciascun grado di vincolo nasce in generale una reazione vincolare, a priori incognita, come si vedrà in dettaglio nel paragrafo successivo. Complessivamente, le reazioni incognite sono dunque tante quanti i gradi di vincolo presenti in una struttura. Per ciascuna delle travi che formano una struttura piana, pensata libera, si possono scrivere tre equazioni di equilibrio: complessivamente, per un sistema di N travi si dispone dunque di $3 \times N$ equazioni di equilibrio. Si è già definito 'isostatico' un problema strutturale nel quale le sollecitazioni possono essere calcolate in base a sole considerazioni di equilibrio. Come regola di massima, si può dunque affermare che una struttura è *potenzialmente* isostatica quando il numero dei gradi di libertà delle travi che la compongono eguaglia il numero dei gradi di vincolo. Un eccesso di gradi di vincolo rispetto ai gradi di libertà sta ad indicare che le reazioni vincolari incognite superano le equazioni di equilibrio disponibili: il problema risulta in tal caso 'iperstatico'.

Tali regole costituiscono delle condizioni sufficienti per stabilire se un sistema di travi sia isostatico o iperstatico a patto che la struttura sia correttamente vincolata. Se i vincoli sono disposti male, nel senso che lasciano alla struttura o a qualche sua parte possibilità di moto rigido, anche solo di ampiezza infinitesima, la struttura non è in grado di generare un sistema di reazioni vincolari che faccia equilibrio a carichi esterni generici nella sua configurazione indeformata. In presenza di labilità, una struttura può risultare isostatica, iperstatica, oppure incapace di equilibrare i carichi (ovvero 'ipostatica'), a seconda delle condizioni di carico.

Al calcolo delle reazioni vincolari è dedicato il successivo paragrafo, in cui le precedenti affermazioni verranno chiarite con una serie di esempi.

3.2 Reazioni vincolari

In questo paragrafo ci si propone di imparare a calcolare le azioni che un sistema di travi scambia col terreno una volta caricato, nonché le azioni che le varie travi si scambiano fra loro. Ci si limita per il momento al caso delle strutture in cui il numero di gradi di vincolo è pari al numero di gradi di libertà complessivi delle travi: tali strutture, come accennato nel paragrafo precedente, risultano isostatiche in assenza di labilità. Per tali sistemi, bastano allora considerazioni di equilibrio per determinare le reazioni vincolari. In corrispondenza di ciascun grado di vincolo nasce, in genere, una reazione non nulla con cui il vincolo si oppone ad una certa possibilità di movimento. In Fig. 3.1 sono indicate le reazioni che possono nascere nei vincoli esterni, fra 'terreno' e struttura, già studiati nel Par. 2.2.1. Si osservi che il carrello e il pattino (nonché il manicotto) forniscono reazioni normali al proprio piano di scorrimento poiché, per ipotesi, i vincoli sono lisci. Inoltre, tali reazioni possono avere qualunque verso dato che i vincoli sono ritenuti bilateri.

La Fig. 3.2 mostra invece le reazioni che due travi possono scambiarsi attraverso un vincolo interno (Par. 2.2.2). Riguardo alla direzione e al verso di tali reazioni, valgono le stesse osservazioni fatte per i vincoli esterni.

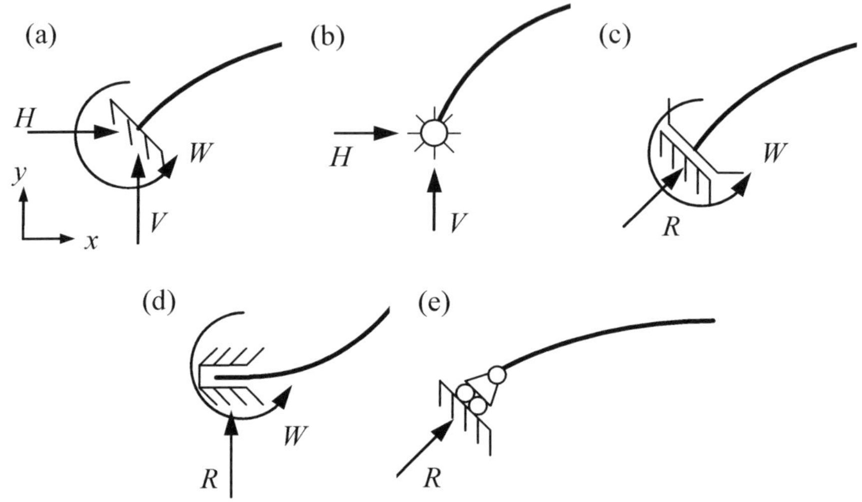

Figura 3.1 – Esempi di vincoli esterni e reazioni vincolari da essi trasmissibili: (a) incastro; (b) cerniera; (c) pattino; (d) manicotto; (e) carrello.

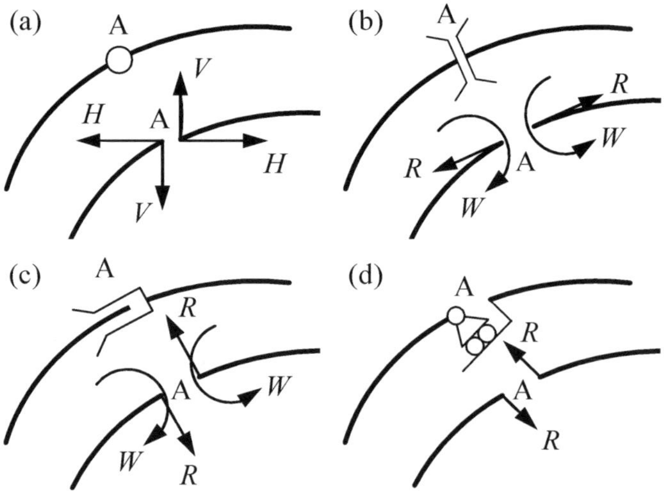

Figura 3.2 – Esempi di vincoli interni e reazioni vincolari da essi trasmissibili: (a) cerniera; (b) pattino; (c) manicotto; (d) carrello.

3.2.1 Calcolo di reazioni vincolari in presenza di carichi concentrati

In tutto il testo, i carichi agenti su una struttura saranno considerati dei <u>dati</u> del problema. Potrà trattarsi di carichi <u>concentrati</u> in un certo numero di sezioni della struttura, o distribuiti su tutta o parte della struttura (come nel caso del peso proprio degli elementi che la costituiscono). Si considerano dapprima strutture formate da un'unica trave e soggette solo a carichi (forze, coppie) concentrati.

La mensola in Fig. 3.3a è soggetta ad un unico carico concentrato P e scambia col terreno tre reazioni (una forza orizzontale, una verticale e un momento d'incastro), che possono essere calcolate con le equazioni cardinali della statica. Si deve in sostanza imporre l'annullarsi di tutte le componenti orizzontali e verticali delle forze (reazioni incluse) agenti sulla struttura e del momento di tali forze rispetto a un generico polo del piano in cui giace la trave (ad esempio, la sezione d'incastro A). Simbolicamente, queste condizioni si traducono nelle equazioni:

$$\sum X = 0; \quad \sum Y = 0; \quad \sum M_A = 0.$$

In forma esplicita, queste tre equazioni si scrivono rispettivamente:

$$H - P\cos\alpha = 0; \quad V - P\sin\alpha = 0; \quad W - Pd = 0.$$

Si noti che, di fatto, l'incastro offre una reazione vincolare uguale e contraria a P, avente la stessa retta di applicazione del carico (Fig. 3.3b). H e V sono semplicemente le componenti orizzontale e verticale di tale reazione. W è il momento che serve a trasportare la reazione P dalla sua retta d'applicazione alla sezione d'incastro della mensola.

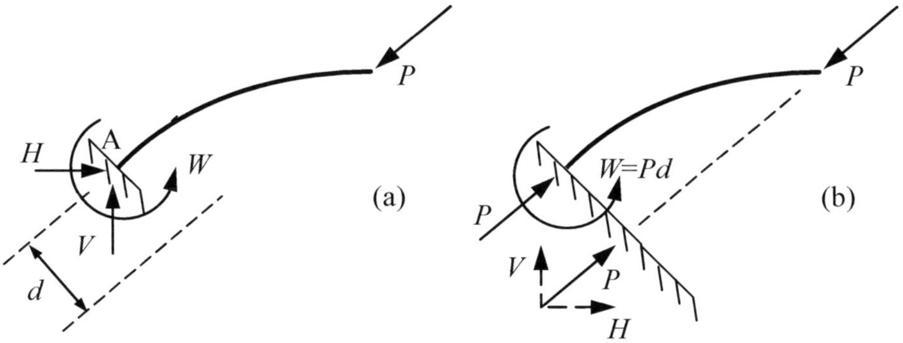

Figura 3.3 – (a) Mensola caricata nell'estremo libero; (b) trasporto della reazione uguale e contraria a P nella sezione d'incastro mediante il momento W.

La trave semplicemente appoggiata di Fig. 3.4a è collegata a terra da un carrello, che fornisce una reazione R_B perpendicolare al proprio piano di scorrimento, e da una cerniera, che fornisce una reazione genericamente inclinata di componenti H_A e V_A. Le tre reazioni possono essere ricavate mediante le tre equazioni di equilibrio globale $\sum X = 0$, $\sum Y = 0$, $\sum M_A = 0$, che risultano però accoppiate fra loro. In alternativa, si possono scrivere tre equazioni di equilibrio alla rotazione attorno a tre punti del piano non allineati. La scelta ottimale dei tre punti è quella per cui ogni equazione contiene una sola incognita, scelta sempre possibile nel caso in cui si debbano determinare tre sole reazioni. Nel caso in esame, riferendosi alla Fig. 3.4b si può scrivere:

$$\sum M_A = 0 \Rightarrow \quad R_B \times d_{BA} - P \times d_{PA} = 0 \quad \Rightarrow \quad R_B = P \times d_{PA} / d_{BA};$$
$$\sum M_C = 0 \Rightarrow \quad H_A \times v_A - P \times d_{PC} = 0 \quad \Rightarrow \quad H_A = P \times d_{PC} / v_A;$$
$$\sum M_D = 0 \Rightarrow \quad -V_A \times h_A + P \times d_{PD} = 0 \quad \Rightarrow \quad V_A = P \times d_{PD} / h_A.$$

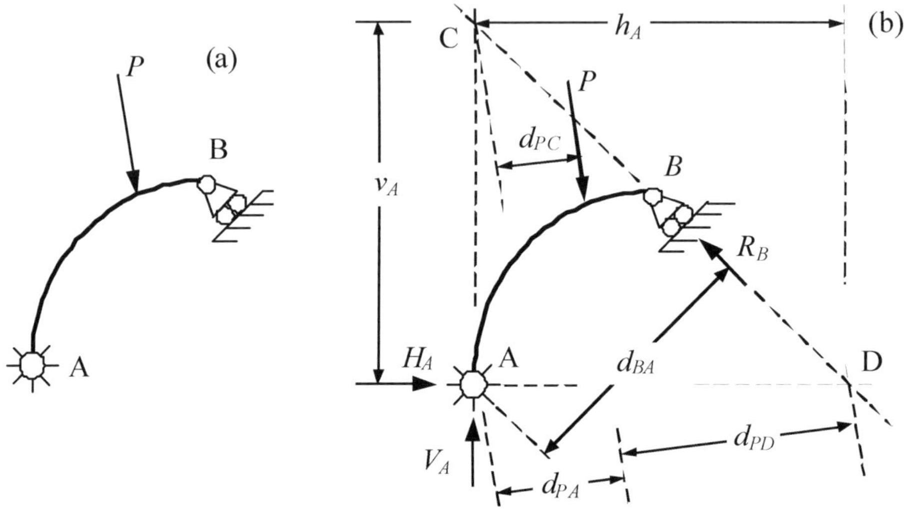

Figura 3.4 – (a) Esempio di trave semplicemente appoggiata; (b) determinazione delle reazioni vincolari mediante equilibrio attorno a A, C, D.

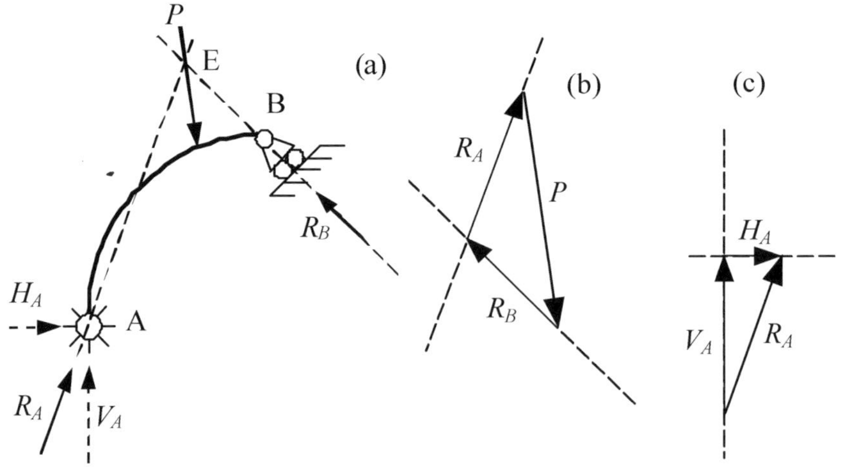

Figura 3.5 – Determinazione grafica delle reazioni vincolari per la trave di Fig. 3.4a.

Il problema del calcolo delle reazioni vincolari per la struttura di Fig. 3.4a potrebbe anche essere risolto per via grafica. Infatti, l'inclinazione della reazione R_A nella cerniera, risultante di H_A e V_A, è nota, poiché l'equilibrio alla rotazione vuole che la retta di applicazione di tale reazione passi per E, punto d'intersezione delle rette di applicazione di P e di R_B (Fig. 3.5a). Garantito così l'equilibrio alla rotazione della struttura, per calcolare R_A e R_B basta imporre che la somma vettoriale di P, R_A e R_B sia nulla, ovvero che il poligono delle tre forze sia chiuso (Fig. 3.5b). Volendo, si possono poi calcolare H_A e V_A come componenti orizzontale e verticale di R_A (Fig. 3.5c).

Si consideri ora un arco a tre cerniere, quale quello mostrato in Fig. 3.6a. Si supponga per generalità che le travi che lo compongono siano entrambe caricate. Le reazioni a terra incognite sono ora quattro: H_A, V_A, H_B, V_B. Per calcolarle, le tre equazioni di equilibrio globali di tutta la struttura non sono sufficienti: è necessaria una quarta equazione che traduca l'equilibrio solo di una sua parte (equazione *ausiliaria*)[1]. S'immagini dunque di separare le due aste, mettendo in evidenza le reazioni incognite, uguali e contrarie, che esse si scambiano attraverso la cerniera intermedia C (Fig. 3.6b). Imponendo l'equilibrio alla rotazione di una delle due aste rispetto a C (p.es. la AC[2]) si ottiene la quarta equazione cercata; tale equazione non contiene ulteriori incognite rispetto alle reazioni a terra, poiché H_C e V_C non danno momento rispetto a C. In definitiva, il sistema che consente il calcolo delle reazioni a terra nell'arco di Fig. 3.6a può scriversi simbolicamente:

$$\Sigma X = 0, \quad \Sigma Y = 0, \quad \Sigma M_A = 0, \quad \Sigma M_C(\text{AC}) = 0.$$

Si noti che, in generale, le equazioni di equilibrio sono tutte accoppiate fra loro.

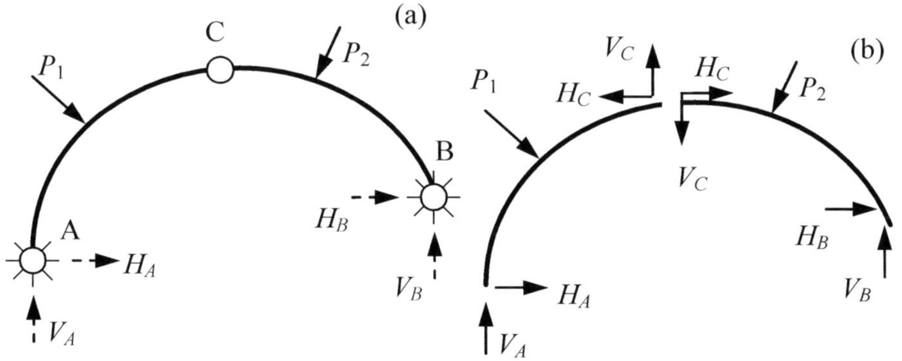

Figura 3.6 – (a) Arco a tre cerniere caricato su entrambe le aste; (b) messa in evidenza delle reazioni vincolari.

Se solo una delle travi che formano l'arco a tre cerniere è caricata (p.es. la AC di Fig. 3.7a), il calcolo delle reazioni vincolari è più agevole. L'equazione di equilibrio ausiliaria appena scritta dice che, per garantire l'equilibrio alla rotazione dell'asta AC attorno a C, la retta di applicazione della risultante (R_A) di H_A e V_A

[1] La quarta equazione non può evidentemente essere un'ulteriore equazione di equilibrio globale, poiché sarebbe invariabilmente una combinazione lineare delle tre già imposte.

[2] E' equivalente imporre l'equilibrio dell'una o dell'altra asta. Si sceglie solitamente l'asta su cui agiscono meno carichi per semplificare i calcoli. Nel caso in esame, la scelta è indifferente.

dev'essere la retta AC (v. Fig. 3.7b). Bastano le tre equazioni di equilibrio globale di tutto l'arco per ricavare H_B, V_B e R_A, essendo ora nota la retta di applicazione di quest'ultima. Ci si riconduce in sostanza al caso dell'asta cerniera-carrello precedentemente studiata. Si possono eventualmente calcolare le reazioni vincolari col metodo grafico visto a tale proposito (Fig. 3.5). Esiste dunque un'analogia fra l'arco a tre cerniere di Fig. 3.7a e l'asta semplicemente appoggiata di Fig. 3.7c non solo in termini cinematici (come già visto nel Par. 2.3, Fig. 2.17c), ma anche in termini di reazioni vincolari. Si noti che tale analogia vale solo se una delle due aste che formano l'arco è scarica.

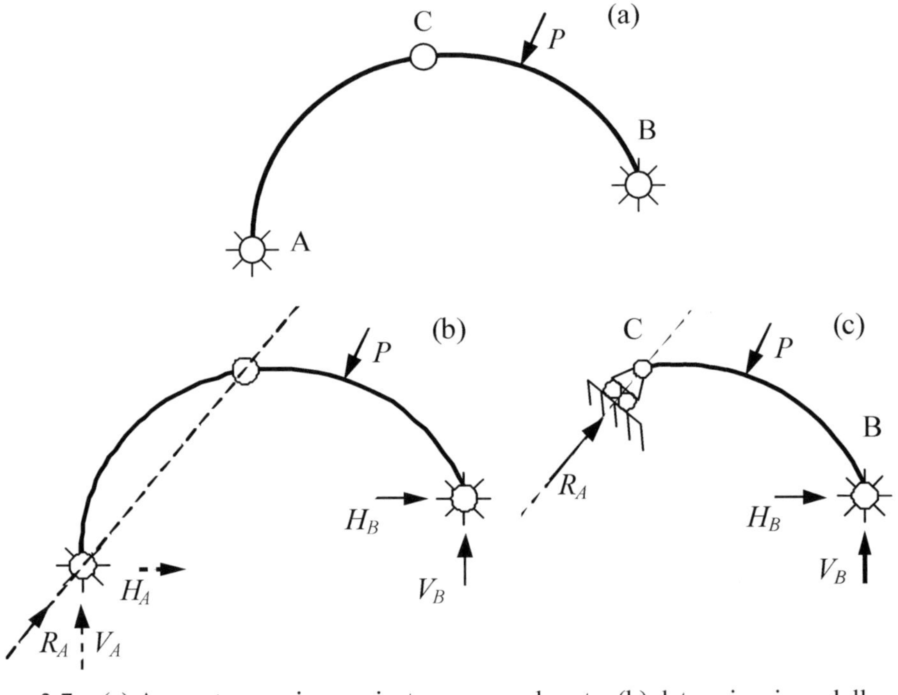

Figura 3.7 – (a) Arco a tre cerniere caricato su una sola asta; (b) determinazione della retta di applicazione di R_A; (c) sostituzione di AC con un carrello fittizio.

Si mostra adesso come possa essere affrontato il calcolo delle reazioni vincolari in un quadrilatero articolato. Si supponga dapprima che tutte le travi che formano il quadrilatero siano caricate (Fig. 3.8a). Le reazioni incognite a terra sono quattro: H_A, V_A, H_B, V_B. Le tre equazioni di equilibrio globale si scrivono ad esempio:

$$\Sigma X = 0, \Sigma Y = 0, \Sigma M_A = 0.$$

Tali equazioni non bastano al calcolo delle quattro reazioni incognite. Si osserva però che, a differenza del caso dell'arco a tre cerniere, non è possibile scrivere equazioni di equilibrio parziale che non contengano ulteriori incognite. S'immagini infatti di aprire l'anello chiuso presente nel quadrilatero in corrispondenza di una delle cerniere, p.es. la D (v. Fig. 3.8b), evidenziando le azioni che le due parti di struttura si scambiano attraverso tale sezione. Per garantire l'equilibrio di tutte le parti della struttura, si deve imporre:

- l'equilibrio alla rotazione di CD rispetto a C; simbolicamente: $\sum M_C(\text{CD}) = 0$;
- l'equilibrio alla rotazione di FB rispetto a F; simbolicamente: $\sum M_F(\text{FB}) = 0$;
- l'equilibrio alla rotazione dell'insieme delle aste EF e FB rispetto a E[3]; simbolicamente: $\sum M_E(\text{EF+FB}) = 0$.

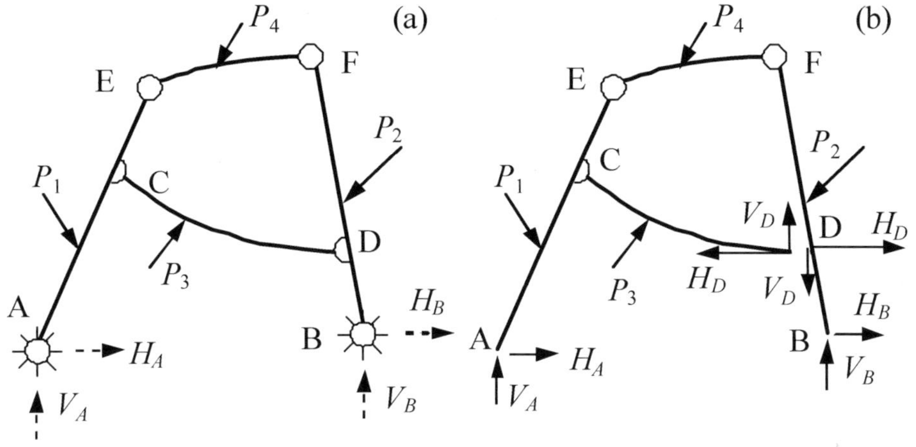

Figura 3.8 – (a) Quadrilatero articolato caricato su tutte le aste; (b) messa in evidenza delle reazioni vincolari.

Le equazioni di equilibrio ausiliarie servono in sostanza ad imporre che le possibilità di movimento acquisite dalle parti di struttura una volta aperto l'anello non devono essere sfruttate dai carichi esterni e dalle reazioni vincolari. Si ottiene così un sistema di 6 equazioni nelle 6 incognite H_A, V_A, H_B, V_B, H_D e V_D.

Molto più semplice è il calcolo delle reazioni se le aste (CD e EF) che collegano fra loro le aste a terra non sono caricate (v. Fig. 3.9a). Infatti, s'immagini di isolare dal resto della struttura una delle aste collegate a terra (p.es. la BF – Fig. 3.9b). Dall'equilibrio alla rotazione dell'asta 3 attorno a C, è immediato constatare che la risultante (R_D) delle reazioni agenti in D dev'essere diretta come la congiungente di C e D. Analogamente, imponendo l'equilibrio alla rotazione dell'asta 4 attorno a E, si ricava che la risultante (R_F) delle reazioni agenti in F è diretta come la congiungente di E e F. Le rette di applicazione di R_D e R_F s'intersecano nel punto ω_{12}, centro d'istantanea rotazione relativo fra le aste a terra pensate scollegate dal terreno, già individuato nel Par. 2.3 (Fig. 2.20d). Se allora si aggiunge alle tre equazioni di equilibrio globale per tutto il quadrilatero l'equazione di equilibrio alla rotazione della sola asta BF attorno a ω_{12}, si ottiene un sistema di quattro equazioni nelle sole quattro reazioni vincolari a terra incognite, in quanto l'equazione ausiliaria non contiene le ulteriori incognite R_D e R_F:

[3] In alternativa, si può imporre l'equilibrio alla rotazione dell'insieme delle aste AE e CD attorno al medesimo polo: $\sum M_E(\text{AE+CD}) = 0$.

$$\Sigma X = 0, \quad \Sigma Y = 0, \quad \Sigma M_O = 0, \quad \Sigma M_{\omega_{12}}(\text{BF}) = 0,$$

dove O è un generico polo del piano.

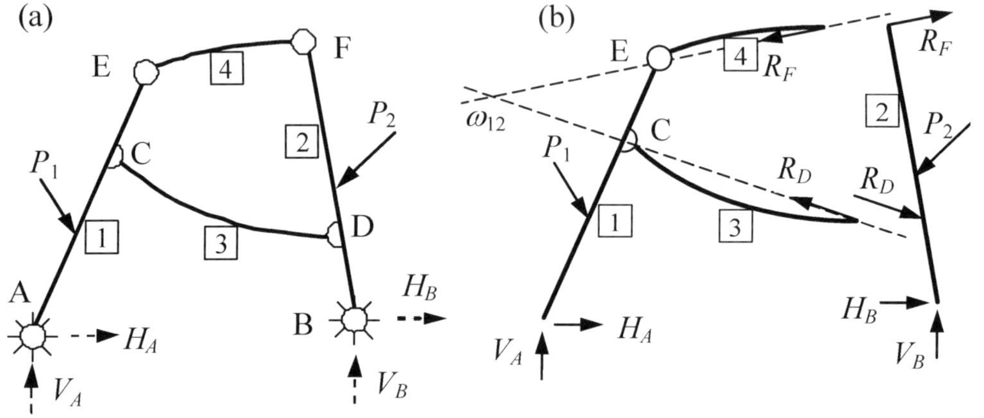

Figura 3.9 – (a) Quadrilatero articolato caricato solo sulle aste a terra; (b) determinazione del punto d'intersezione delle reazioni in D e F.

Esiste dunque un'analogia fra il quadrilatero articolato di Fig. 3.9a e un arco a tre cerniere (con A, B = cerniere a terra, ω_{12} = cerniera interna – v. anche Fig. 2.20d) non solo dal punto di vista cinematico, ma anche statico. Si noti che tale analogia vale solo se le due aste interne al quadrilatero sono scariche.

Le reazioni R_D e R_F potranno essere calcolate separatamente in un secondo momento, qualora si debbano determinare le azioni interne nell'anello chiuso CDEF (v. Par. 3.3).

3.2.2 Calcolo di reazioni vincolari in presenza di carichi distribuiti

Si supponga ora che i carichi agenti sulla struttura siano distribuiti, con una certa legge, su una o più parti di essa. Per il momento, ci si limita a strutture formate da travi ad asse rettilineo, caricate normalmente al proprio asse. Per fissare le idee, si consideri una mensola lunga L (Fig. 3.10a) e si supponga che il generico tratto infinitesimo di mensola, di lunghezza dx, sia soggetto ad un carico elementare dQ. In generale, ogni tratto è soggetto ad un diverso carico elementare, per cui $dQ = dQ(x)$.

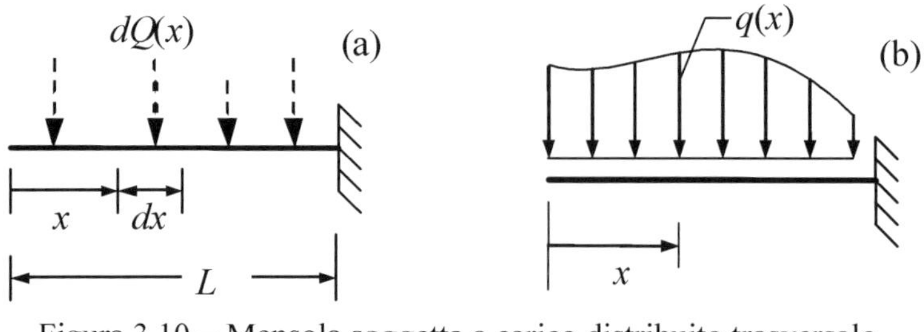

Figura 3.10 – Mensola soggetta a carico distribuito trasversale.

Il rapporto $q(x) = dQ/dx$ è detto l'intensità del carico distribuito ed è dimensionalmente una forza per unità di lunghezza (esprimibile ad esempio in kN/m).

Il diagramma della funzione $q(x)$ prende il nome di 'diagramma di carico' (Fig. 3.10b); tale diagramma sarà ritenuto un dato del problema. I casi più frequenti e di maggior interesse pratico sono:

a) il caso di un carico uniformemente distribuito sulla trave: $q(x) = q_0$ (= costante) – Fig. 3.11a; è il caso del peso proprio di una trave omogenea a sezione costante;
b) il caso di un carico d'intensità variabile linearmente da 0 a un valore massimo q_1: $q(x) = q_1 \times (x/L)$ – Fig. 3.11b; è il caso della spinta dell'acqua su di una paratia, o di quella del terreno su di un muro di sostegno, che variano pressoché linearmente con la profondità x.

Combinando i casi a) e b), si ottengono carichi variabili linearmente con legge generica (diagramma del carico a trapezio – v. Fig. 3.11c): con tale legge si schematizzano, ad esempio, le azioni dovute al vento su edifici alti.

Per calcolare le reazioni nell'incastro s'impone al solito l'equilibrio della mensola, mettendo in conto, oltre alle reazioni stesse, gli infiniti carichi elementari che formano il carico distribuito. Con riferimento alla Fig. 3.12, e osservando che H = 0, si ha:

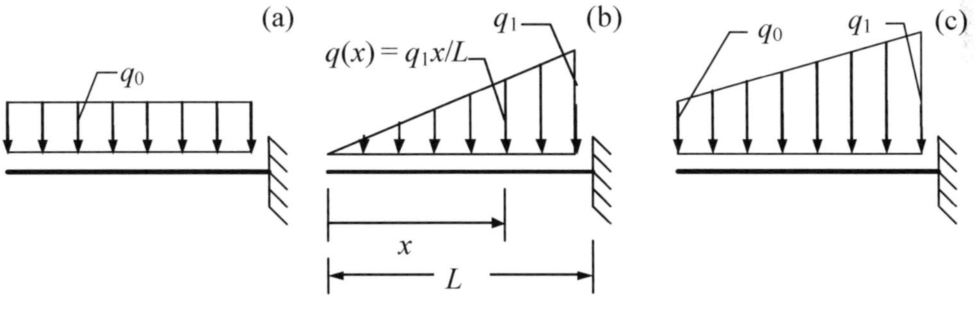

Figura 3.11 – Mensola soggetta a (a) carico uniformemente distribuito; (b) carico variabile linearmente da 0; (c) diagramma di carico trapezio.

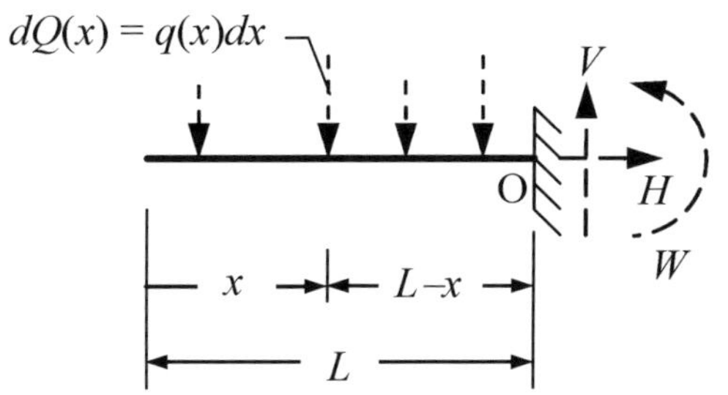

Figura 3.12 – Calcolo delle reazioni vincolari prodotte da un generico carico distribuito trasversale.

$$\sum Y = 0 \Rightarrow \qquad V = \int_0^L dQ(x) = \int_0^L q(x)dx\,,$$

$$\sum M_O = 0 \Rightarrow \qquad W = -\int_0^L dQ(x)\times(L-x) = -\int_0^L q(x)\times(L-x)dx\,.$$

La prima di queste due equazioni traduce l'uguaglianza fra la reazione d'incastro e la risultante del carico distribuito, rappresentata geometricamente dall'area del diagramma di carico di Fig. 3.10b.

Specializzando il calcolo delle reazioni al caso della mensola uniformemente caricata, si ha:

$$V = \int_0^L q_0 dx = q_0 L;$$

$$W = -\int_0^L q_0 \times (L-x)dx = -\tfrac{1}{2}\, q_0 L^2 \; (= -q_0 L\times(L/2)).$$

Nel caso di carico uniforme, le reazioni possono dunque essere calcolate sostituendo al carico distribuito la sua risultante ($q_0 L$) applicata a metà del tratto caricato (v. Fig. 3.13).

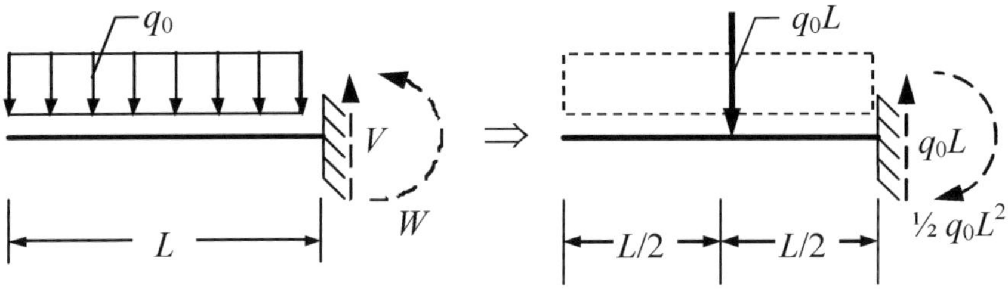

Figura 3.13 – Sostituzione di un carico uniformemente distribuito con la sua risultante posta a metà del tratto caricato.

Le reazioni nell'incastro della mensola soggetta a carico triangolare valgono invece:

$$V = \int_0^L q_1 \frac{x}{L} dx = \tfrac{1}{2}\, q_1 L;$$

$$W = -\int_0^L q_1 \frac{x}{L}\times(L-x)dx = -q_0 L^2/6 \; (= -\tfrac{1}{2}\, q_1 L\times(L/3))$$

e possono pertanto essere calcolate sostituendo al carico distribuito la sua risultante ($\frac{1}{2} q_1 L$) applicata a un terzo della lunghezza del tratto caricato a partire dall'estremo dove il carico è massimo (v. Fig. 3.14).

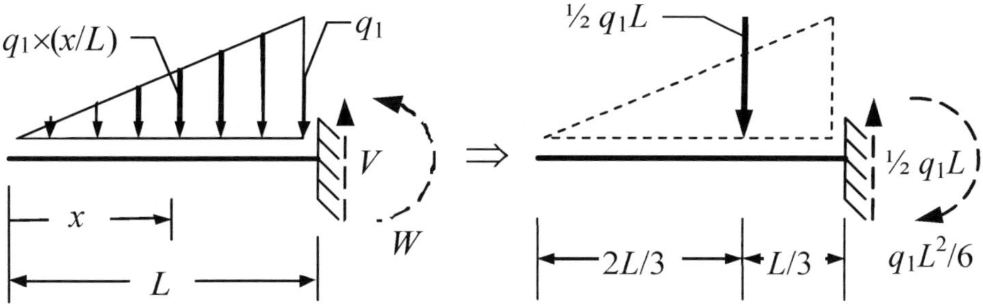

Figura 3.14 – Sostituzione di un carico linearmente distribuito con la sua risultante.

3.2.3 Cenno al caso delle strutture labili

Può essere istruttivo osservare cosa succede quando si cerca di calcolare le reazioni vincolari in una struttura labile. Si consideri al proposito la struttura di Fig. 3.15a, immaginando dapprima che sia soggetta ad un carico P di direzione arbitraria. Si supponga di voler calcolare le reazioni vincolari mediante le tre equazioni di equilibrio globale, scritte simbolicamente nella forma:

$$\sum X = 0, \sum Y = 0, \sum M_A = 0.$$

Poiché nessuna delle reazioni vincolari dà momento rispetto al polo A, l'ultima equazione si scrive esplicitamente $P \times d = 0$: tale condizione non può evidentemente essere soddisfatta se il carico ha direzione arbitraria ed intensità non nulla. In altre parole, non è possibile determinare un sistema di reazioni vincolari che consenta l'equilibrio di una struttura labile soggetta a carichi generici.

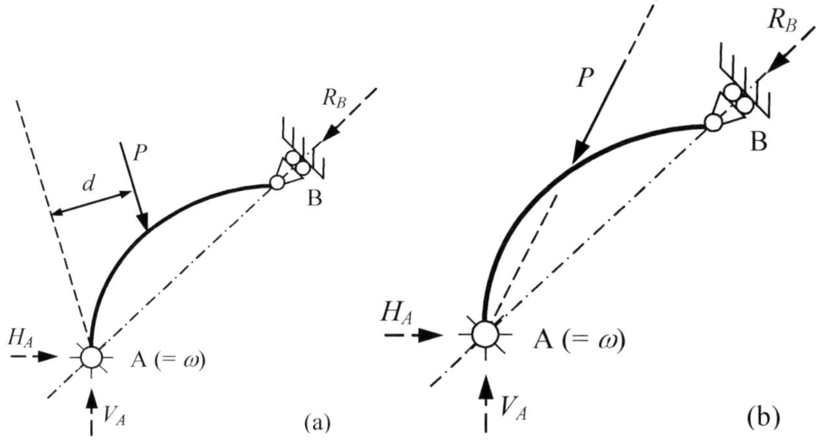

Figura 3.15 – Struttura labile caricata (a) da un carico generico o (b) da un carico che non ne sfrutta la labilità.

Si supponga ora che la medesima struttura labile sia soggetta ad un carico P la cui retta di applicazione passa proprio per il c.i.r. della struttura, ω (Fig. 3.15b). In questo caso, poiché il carico non dà momento rispetto ad A, la terza equazione di equilibrio ($\sum M_A = 0$) è identicamente soddisfatta e non conduce più ad un assurdo come nel caso di carico genericamente inclinato. L'equilibrio della struttura è dunque possibile, in quanto il carico non ne sfrutta la labilità intrinseca: infatti, il carico non ha braccio rispetto al c.i.r. della struttura e non tenta quindi di promuoverne la rotazione, a priori consentita dai vincoli. Peraltro, le restanti due equazioni di equilibrio non sono sufficienti a determinare univocamente le tre reazioni incognite H_A, V_A e R_B e la struttura risulta iperstatica. In sostanza, ogni volta che una struttura labile è soggetta a carichi particolari, che non ne sfruttano la labilità, si può idealmente pensare di inserire nel computo dei gradi di vincolo anche le possibilità di moto rigido (o *labilità*) non sfruttate. Nel caso in esame, sommando ai tre gradi di vincolo offerti dalla cerniera A e dal carrello B un 'grado di vincolo ideale', equivalente alla labilità non sfruttata, si hanno in totale 4 g.v., ovvero uno in esubero rispetto ai 3 g.l. della struttura. A tale g.v. ridondante corrisponde una reazione vincolare iperstatica, non determinabile attraverso considerazioni di puro equilibrio.

Un discorso analogo può essere applicato alla struttura di Fig. 3.16. La struttura ha solo 2 g.v. offerti dai carrelli; la sua labilità consiste nella possibilità di traslare orizzontalmente. Se la struttura è soggetta solo ad un carico verticale P che non promuove tale movimento, la labilità non sfruttata equivale ad un terzo g.v. ideale. I tre gradi di vincolo complessivi compensano i tre gradi di libertà della struttura, che risulta in definitiva isostatica. Esiste cioè un sistema di reazioni vincolari che equilibrano il carico e che si calcolano mediante due equazioni di equilibrio globale. Indicando rispettivamente con a e b le distanze fra la retta di applicazione del carico e gli appoggi di sinistra e destra ($a + b = L$ = lunghezza della trave), è immediato constatare che le due reazioni incognite valgono $V_A = Pb/L$ e $V_B = Pa/L$.

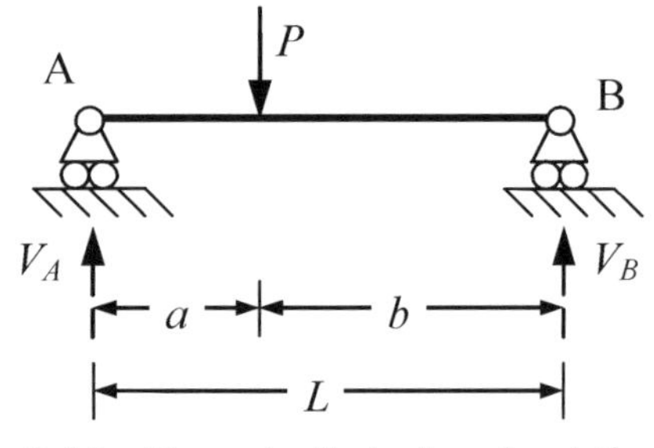

Figura 3.16 – Esempio di struttura isostatica labile.

3.3 Azioni interne

Dopo avere imparato a calcolare le reazioni vincolari in una struttura isostatica, si vogliono ora determinare le componenti delle sollecitazioni che due parti di struttura si scambiano globalmente attraverso una generica sezione, che prendono il nome di azioni interne.

Si consideri, per fissare le idee, la mensola di Fig. 3.17a e s'immagini di dividerla in due parti in corrispondenza di una generica sezione *S*. Le due parti di struttura così ottenute devono mantenersi singolarmente in equilibrio: ciò implica che, attraverso la sezione *S*, le due parti si trasmettano delle azioni uguali e contrarie (in genere non nulle). Nel caso di travi piane, tali azioni agiscono nel piano definito dall'asse della trave e dai carichi[4] e sono riconducibili ad una componente diretta come l'asse della trave (*N*), ad una componente perpendicolare all'asse (*T*) e ad un momento (*M*) – v. Fig. 3.17b: queste tre componenti prendono rispettivamente il nome di azione assiale, azione tagliante (o semplicemente *taglio*) e momento flettente. Si è soliti considerare positive le azioni assiali di trazione e le azioni taglianti che tendono a promuovere una rotazione oraria del generico elemento infinitesimo (o *concio*) di trave. Tali convenzioni di segno si esprimono sinteticamente attraverso lo schema mostrato in Fig. 3.18.

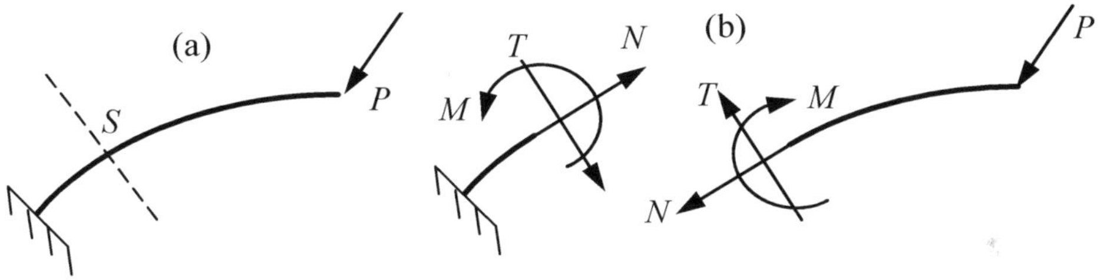

Figura 3.17 – Azioni interne nella generica sezione *S* di una trave piana.

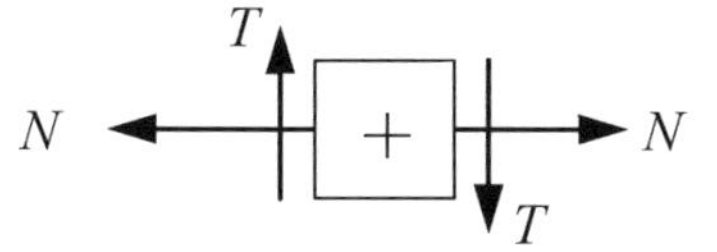

Figura 3.18 – Convenzioni di segno per l'azione assiale e l'azione tagliante.

Riguardo al momento flettente, non si assume a priori alcuna convenzione di segno. Nel tracciare il diagramma del momento flettente agente su di una struttura, si conviene di riportarlo dalla parte delle fibre tese. Per comprendere quali fibre di una trave siano tese e quali compresse, è necessario per un attimo mettere in conto la deformabilità della trave. E' intuibile che l'effetto del momento flettente agente su di un generico concio di trave è quello di allungare certe fibre ed accorciarne altre, secondo lo schema qualitativamente mostrato in Fig. 3.19. A questo schema si farà riferimento nel seguito per stabilire quale sia il lembo teso di una sezione di trave.

[4] Si ipotizza che i carichi agiscano nel piano dell'asse della trave e che la trave abbia sezione simmetrica rispetto a tale piano. Se cade l'ultima ipotesi, anche nel caso di travi piane può nascere un'ulteriore componente di azione interna detta 'momento torcente', che consiste in una coppia agente attorno all'asse della trave.

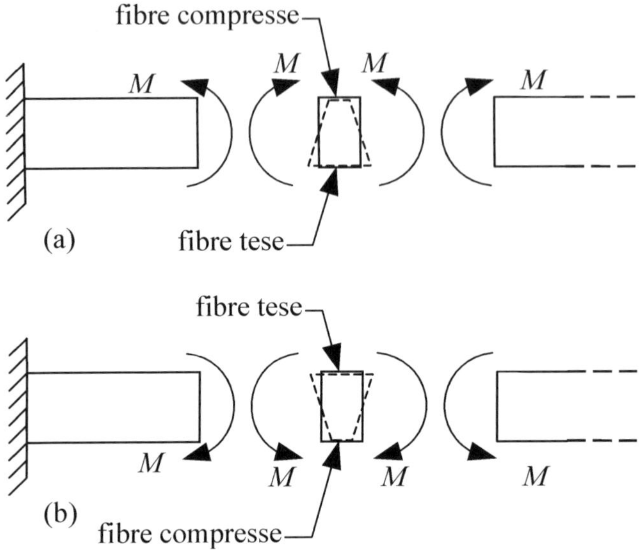

Figura 3.19 – Fibre tese e fibre compresse in un concio di trave soggetto a momento flettente.

3.3.1 Calcolo di azioni interne in presenza di carichi concentrati

Le azioni interne possono essere calcolate imponendo l'annullarsi della somma di tutte le forze agenti su di una delle due parti di struttura separate dalla sezione S. Per non avere un sistema di equazioni accoppiate, conviene in generale imporre:

- l'equilibrio alla traslazione in direzione tangente all'asse della trave in S, da cui si ricava N; simbolicamente: $\sum F_T = 0$.
- l'equilibrio alla traslazione in direzione normale all'asse della trave in S, da cui si ricava T; simbolicamente: $\sum F_N = 0$.
- l'equilibrio alla rotazione attorno al baricentro della sezione S, da cui si ricava M; simbolicamente: $\sum M_S = 0$.

Nel caso della mensola di Fig. 3.17, imponendo l'equilibrio della parte di struttura a destra della sezione S si ottengono le tre equazioni (v. Fig. 3.20):

$$\sum F_T = 0 \Rightarrow N + P\cos\alpha = 0 \Rightarrow N = -P\cos\alpha;$$
$$\sum F_N = 0 \Rightarrow T - P\sin\alpha = 0 \Rightarrow T = +P\sin\alpha;$$
$$\sum M_S = 0 \Rightarrow -M - P\times d = 0 \Rightarrow M = -P\times d.$$

Nell'esempio considerato, l'azione assiale risulta negativa (ovvero, di compressione) e l'azione tagliante positiva (ovvero oraria); il segno meno ottenuto per il momento flettente sta ad indicare che le fibre tese sono quelle superiori, e non quelle inferiori come ipotizzato in Fig. 3.20.

Ad eccezione della trave a mensola, il calcolo delle azioni interne in una struttura generica dev'essere preceduto da quello delle reazioni nei vincoli a terra. Inoltre, in presenza di carichi concentrati (forze o coppie), è necessario valutare separatamente le azioni interne nei diversi tratti di struttura che essi delimitano. A titolo di esempio, si consideri la trave semplicemente appoggiata di Fig. 3.21a. Le reazioni vincolari si calcolano facilmente con le relazioni:

$$\sum X = 0 \Rightarrow H = 0;$$
$$\sum M_A = 0 \Rightarrow V_B = P\times(a/L);$$
$$\sum M_B = 0 \Rightarrow V_A = P\times(b/L)$$

(v. anche l'esempio di Fig. 3.16).

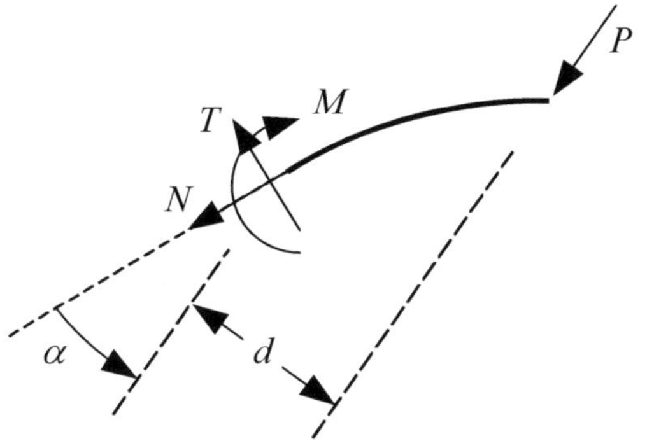

Figura 3.20 – Calcolo delle azioni interne nella mensola di Fig. 3.17.

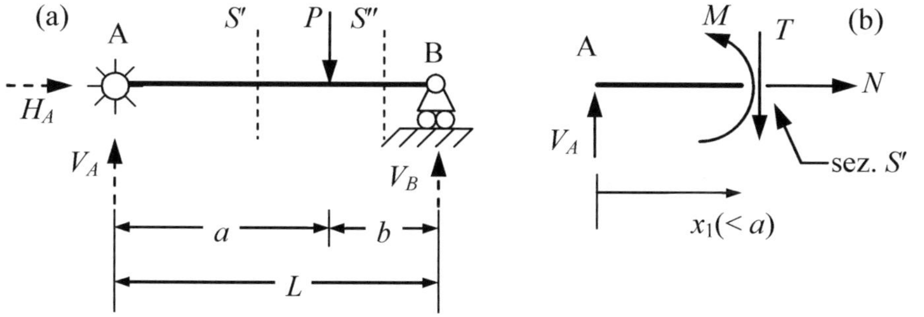

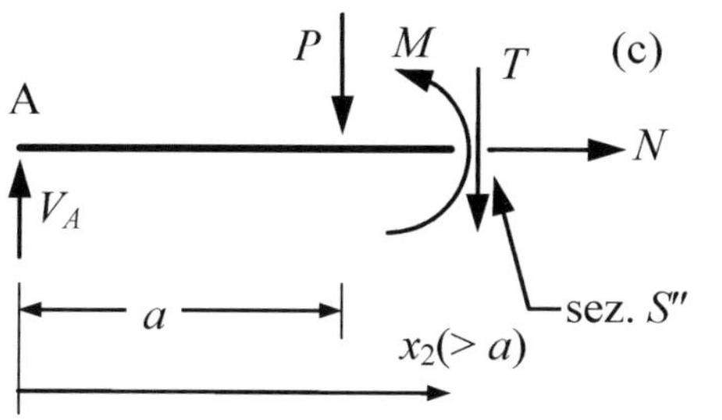

Figura 3.21 – (a) Trave appoggiata soggetta a carico concentrato; azioni interne in una sezione a sinistra (b) o a destra (c) della sezione caricata.

Le azioni interne hanno espressioni diverse a seconda che siano valutate in una sezione a sinistra o a destra del carico concentrato. Si isoli dapprima un tratto di trave di lunghezza x_1 ($0 \le x_1 < a$), compreso tra la cerniera A e una generica sezione S' a sinistra di P (v. Fig. 3.21b). L'equilibrio di tale tratto si traduce nelle equazioni:

$$\sum F_T = 0 \Rightarrow N = 0;$$
$$\sum F_N = 0 \Rightarrow T(x_1) = V_A = P\times(b/L) \text{ (>0, orario e costante);}$$
$$\sum M_{S'} = 0 \Rightarrow M(x_1) - V_A\, x_1 = 0 \Rightarrow M(x) = P\times(b/L)x_1 \text{ (tende le fibre inferiori).}$$

Operando poi una sezione (S'') a destra del carico concentrato (Fig. 3.21c) e imponendo l'equilibrio del tratto di trave, di lunghezza x_2 ($a < x_2 \leq L$), compreso fra la cerniera A e tale sezione[5] si ottiene:

$$\sum F_T = 0 \Rightarrow N = 0;$$
$$\sum F_N = 0 \Rightarrow T(x_2) = V_A - P = -V_B = -P\times(a/L) \text{ (<0, antiorario e costante);}$$
$$\sum M_{S''} = 0 \Rightarrow M(x_2) - V_A\, x_2 + P\times(x_2 - a) = 0$$
$$\Rightarrow M(x_2) = P\times(a/L)\times(L - x_2) \quad \text{(tende le fibre inferiori).}$$

A questo punto, è possibile tracciare i diagrammi delle azioni interne, ciascuno dei quali viene riportato su di uno schema che riproduce la linea d'asse della struttura, senza né vincoli né carichi. A fianco dei diagrammi di N e T si riporta la convenzione di segno utilizzata, mentre il diagramma di M viene riportato, come già detto, dalla parte delle fibre tese della struttura. I diagrammi vengono quotati riportando i valori delle azioni interne agli estremi di ciascun tratto in cui cambia l'espressione dell'azione considerata. I diagrammi che si ottengono nel caso in esame sono mostrati in Fig. 3.22.

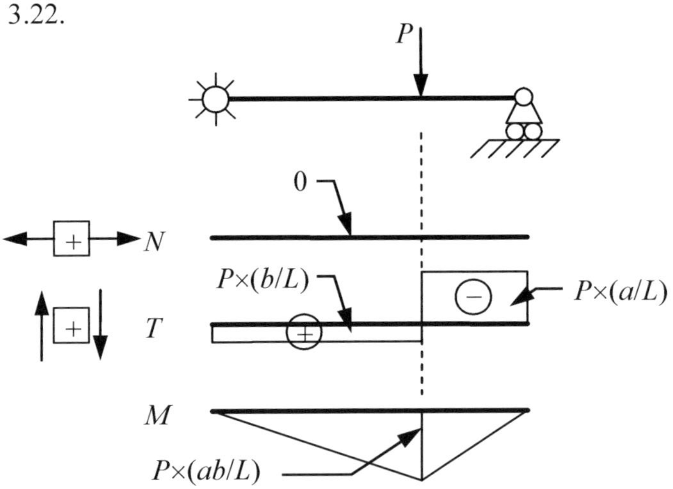

Figura 3.22 – Diagrammi delle azioni interne in una trave appoggiata soggetta a carico concentrato.

Dopo aver tracciato i diagrammi delle azioni interne, è sempre opportuno effettuare una serie di verifiche per controllare la correttezza dei risultati ottenuti. Si verificherà in particolare:

[5] In alternativa, si potrebbe imporre l'equilibrio del tratto compreso fra la sezione S'' e il carrello B; nel caso in esame, tale soluzione consente di ottenere i risultati riportati più avanti con calcoli più semplici.

1) che i valori calcolati siano dimensionalmente forze (nel caso di N e T) o coppie (nel caso di M);
2) che i valori delle azioni interne nei vincoli eguaglino le omologhe componenti delle reazioni vincolari;
3) che il taglio sia discontinuo in presenza di un carico concentrato (nel qual caso, il salto nel valore di T eguaglia l'intensità del carico), mentre il momento si mantiene continuo;
4) che il momento sia discontinuo in presenza di una coppia concentrata (nel qual caso, il salto nel valore di M eguaglia l'intensità della coppia), mentre il taglio si mantiene continuo (si veda al proposito l'esempio successivo).

Con riferimento alla struttura di Fig. 3.22 si osservi in particolare che il diagramma del momento si annulla negli estremi della trave, dove si trovano vincoli (una cerniera e un carrello) che non trasmettono momento. I valori del taglio negli estremi della trave eguagliano in modulo le reazioni vincolari; il segno è legato al fatto che V_A equivale ad un'azione tagliante oraria (> 0) e V_B ad una antioraria (< 0). Il salto del valore di T in corrispondenza del carico concentrato è proprio pari a P, il che si giustifica fisicamente considerando l'equilibrio del concio di trave interessato dal carico concentrato (v. Fig. 3.23). Infine, si osservi che $M(x_1=a) = M(x_2=a) = P\times(ab/L)$, coerentemente con il requisito di continuità della funzione momento in assenza di coppie concentrate.

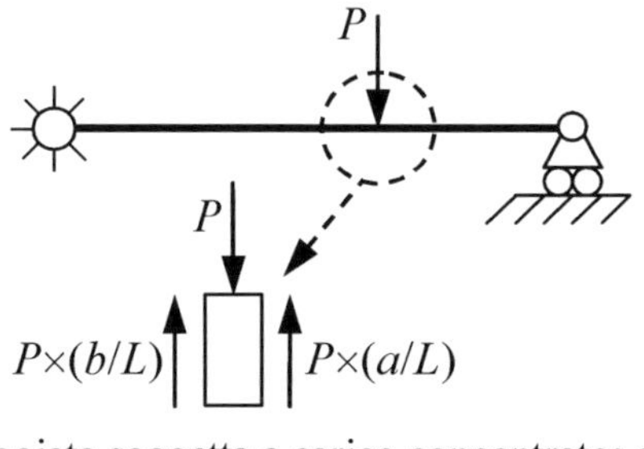

Figura 3.23 – Trave appoggiata soggetta a carico concentrato: equilibrio del concio caricato.

Si lascia come esercizio la risoluzione della medesima struttura, soggetta però ad una coppia concentrata W a distanza a dalla cerniera. Struttura e relativi diagrammi delle azioni interne sono mostrati in Fig. 3.24 (l'azione assiale è nulla ovunque anche in questo esempio).

Nel caso di strutture che presentino al loro interno degli anelli chiusi, come quella mostrata in Fig. 3.25a, il calcolo delle azioni interne richiede preliminarmente quello delle azioni che due parti di struttura si scambiano attraverso una generica sezione di ciascun anello[6]. In sostanza, è necessario aprire tutti gli anelli chiusi pre-

[6] Tale calcolo può non essere necessario per la valutazione delle reazioni nei vincoli a terra: nel caso della struttura di Fig. 3.25 le tre reazioni a terra si calcolano imponendo l'equilibrio dell'intera struttura, senza 'aprirla' in nessuna sezione come si era invece dovuto fare con i quadrilateri articolati delle Figg. 3.7 e 3.8.

senti nella struttura e valutare le azioni incognite nelle sezioni in cui la si è aperta, ottenendo quello che si chiama uno 'schema ad albero'. Partendo dagli estremi dei 'rami' dell'albero, in cui le azioni sono state calcolate, è poi possibile procedere al calcolo delle azioni interne. Lo schema ad albero della struttura di Fig. 3.25a, aperta in corrispondenza della cerniera E, è mostrato in Fig. 3.25b.

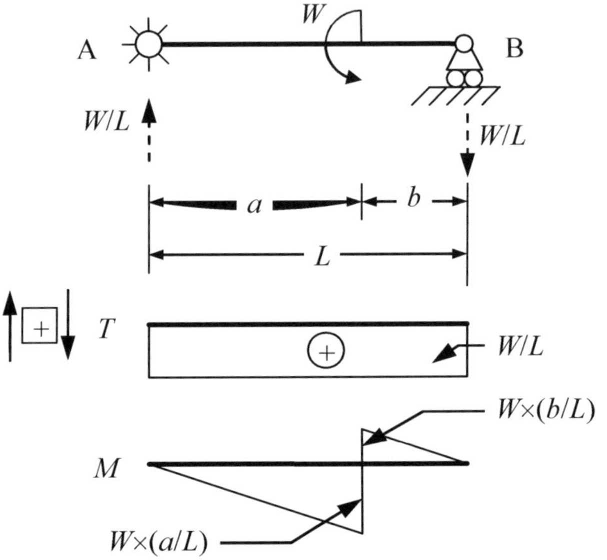

Figura 3.24 – Trave appoggiata soggetta a coppia concentrata: diagrammi delle azioni interne.

E' immediato constatare che le reazioni nei vincoli a terra valgono H_A=0, V_A=V_B=$P/2$. Note tali reazioni, si possono valutare le azioni interne nel tratto AD, secondo lo schema mostrato in Fig. 3.26a. Data la simmetria della struttura (in termini sia geometrici che di carico), i risultati ottenuti nel tratto AD sono estensibili anche al tratto BE[7].

Per procedere nel calcolo delle azioni interne nella restante parte di struttura, è necessario calcolare le azioni che le due parti di struttura si scambiano attraverso una generica sezione dell'anello chiuso CDE, ad esempio attraverso la cerniera E. Con riferimento allo schema ad albero di Fig. 3.25b, è immediato constatare che V_E = 0 (per l'equilibrio alla rotazione dell'asta DE attorno a D), mentre dall'equilibrio alla rotazione dell'asta BC attorno a C si ricava

$$\sum M_C(\text{BC}) = 0 \Rightarrow P/2\times(2L) + H_E\times L = 0 \Rightarrow H_E = -P.$$

[7] Si osservi però che l'azione tagliante T_{BE} eguaglia T_{DA} a meno del segno.

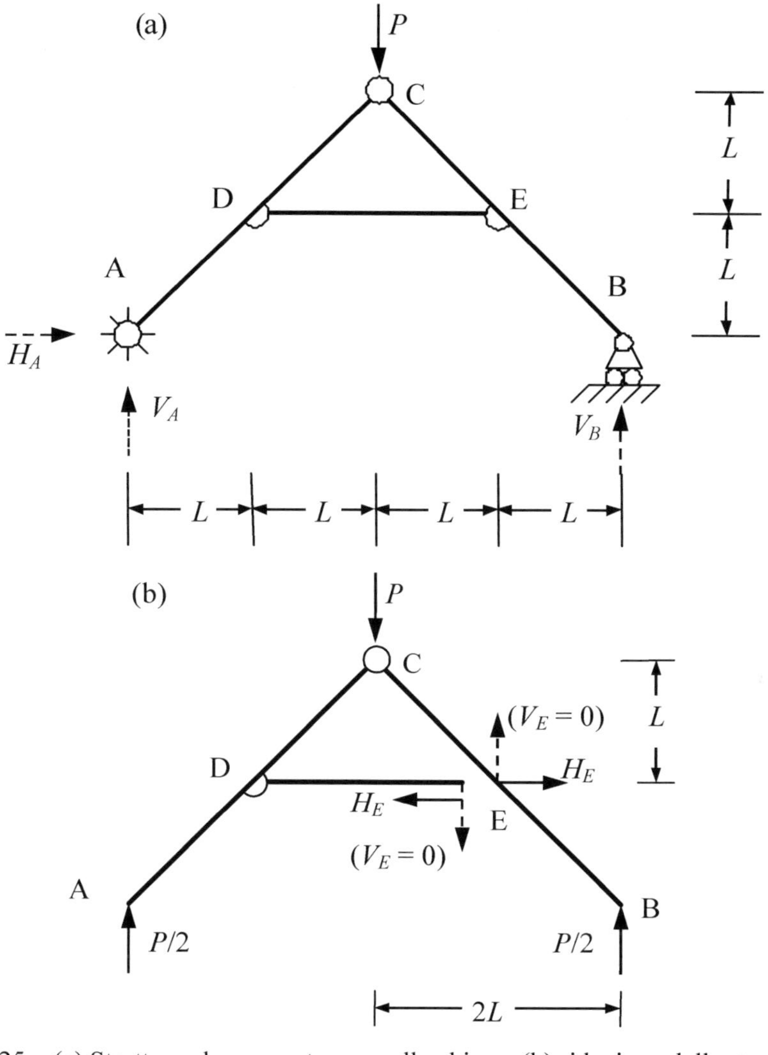

Figura 3.25 – (a) Struttura che presenta un anello chiuso; (b) riduzione della struttura allo schema 'ad albero'.

Il calcolo delle azioni interne può ora procedere considerando il tratto DC, facendo riferimento allo schema di Fig. 3.26b. Per simmetria, i risultati ottenuti in questo tratto valgono anche nel tratto CE[8].

Infine, riguardo all'asta DE, è immediato constatare che risulta soggetta esclusivamente ad un'azione assiale di trazione $N_{DE} = P$. In generale, tutte le volte che in una struttura è presente un'asta ad asse rettilineo, incernierata negli estremi e non soggetta a carichi applicati lungo il suo asse, essa non risulta soggetta né a taglio, né a momento flettente, ma solo ad azione assiale: una trave di questo tipo prende il nome di biella.

[8] Riguardo al segno del taglio T_{CE}, valgono le stesse avvertenze della nota precedente.

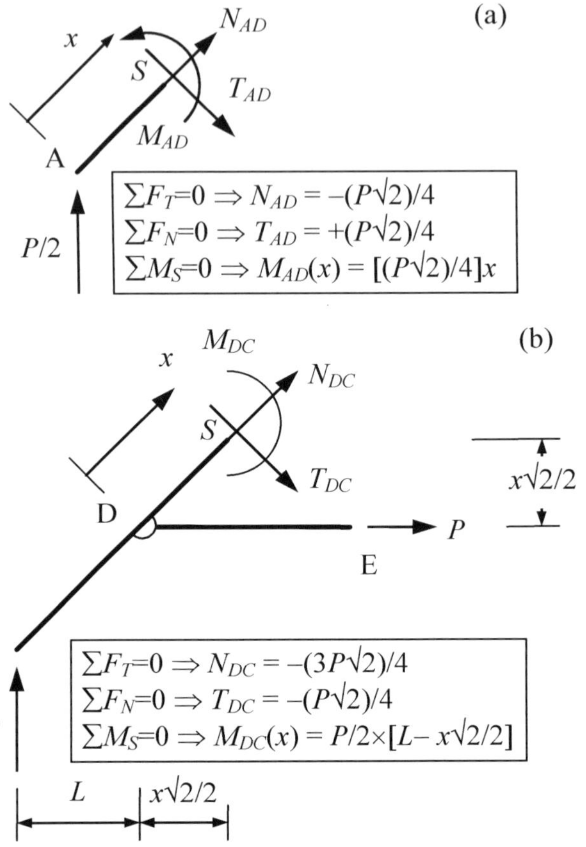

Figura 3.26 – Determinazione delle azioni interne nella struttura di Fig. 3.25a: (a) tratto AD; (b) tratto DC.

I diagrammi delle azioni interne nella struttura ora studiata sono riportati in Fig. 3.27.

3.3.2 Calcolo di azioni interne in presenza di carichi distribuiti

Si discute ora il problema del calcolo delle azioni interne in presenza di carichi distribuiti. Si consideri a tal fine la mensola riportata in Fig. 3.28a, soggetta ad un generico carico distribuito d'intensità $q(x')$. Il calcolo delle azioni interne in una generica sezione S di ascissa x procede in maniera sostanzialmente analoga a quello delle reazioni vincolari in presenza di carichi distribuiti, affrontato nel Par. 3.2.2, imponendo l'equilibrio di un generico tratto compreso fra l'estremo libero e la sezione in esame (Fig. 3.28b). Si ottiene quindi, nel caso di carico distribuito con legge generica:

$$\Sigma F_N = 0 \Rightarrow T(x) = -\int_0^x q(x')dx' \,;$$

$$\sum M_S = 0 \Rightarrow M(x) = -\int_0^x q(x') \times (x - x')dx'.$$

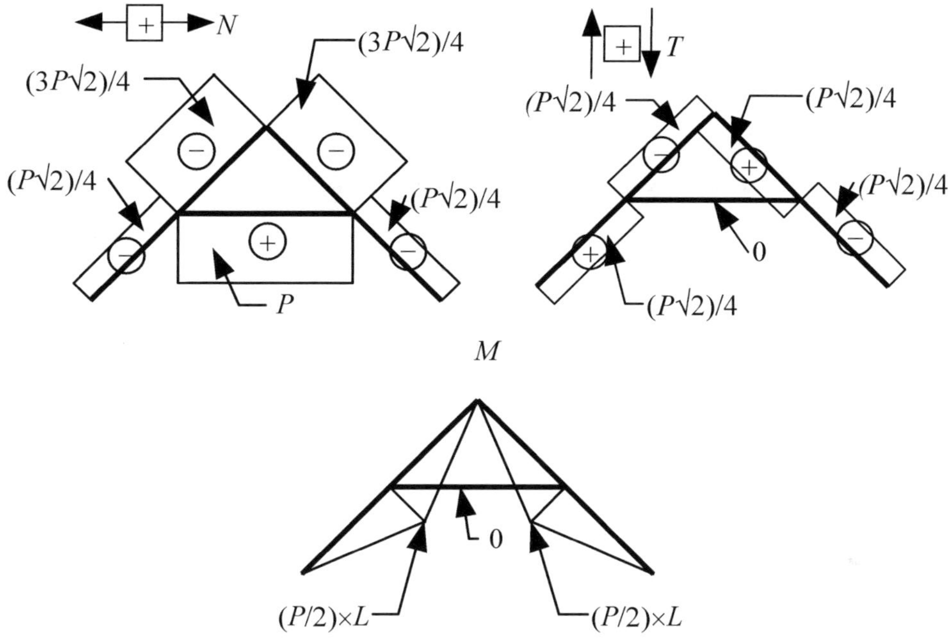

Figura 3.27 – Diagrammi delle azioni interne nella struttura di Fig. 3.25a.

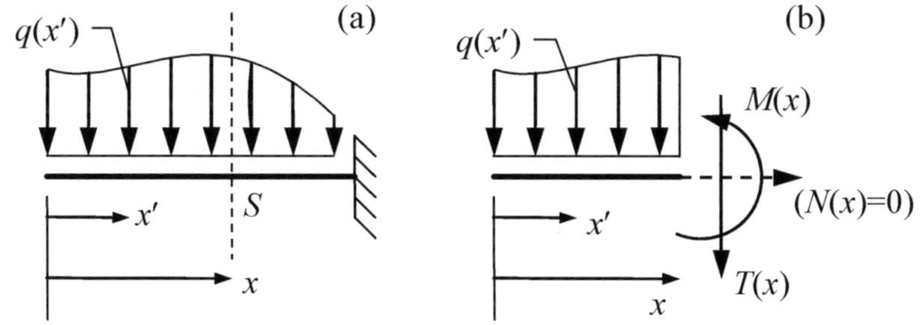

Figura 3.28 – (a) Trave soggetta a un carico distribuito con legge qualunque; (b) azioni interne in una generica sezione.

Il calcolo delle azioni interne si può effettuare più semplicemente sostituendo al carico distribuito su un generico tratto di lunghezza x la sua risultante che, nei casi d'interesse pratico più rilevante, è nota a priori in intensità e posizione. Le Figg. 3.29a e 3.30a mostrano rispettivamente una mensola soggetta a carico uniforme e a carico triangolare. Con riferimento alle Figg. 3.29b e 3.30b, si ha allora:

- nel caso di carico uniformemente distribuito:
  $T(x) = -q_0 x$ (lineare), $M(x) = -\frac{1}{2} q_0 x^2$ (quadratico);

- nel caso di carico triangolare:
  $T(x) = -q_1x^2/(2L)$ (quadratico); $M(x) = -q_1x^3/(6L)$ (cubico).

I diagrammi delle funzioni $T(x)$ e $M(x)$ per i due casi di carico esaminati sono riportati rispettivamente in Fig. 3.29c e in Fig. 3.30c.

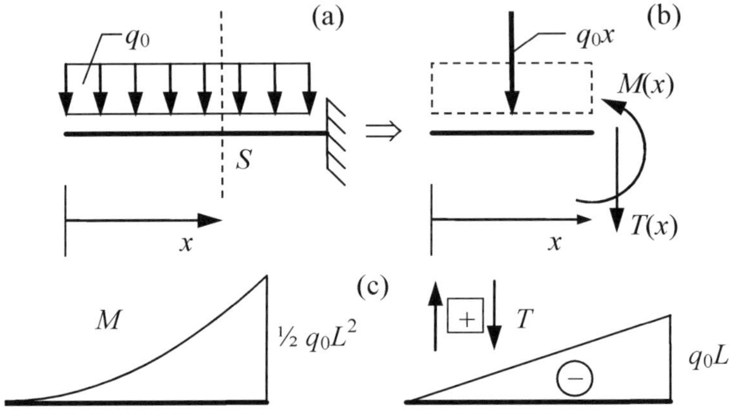

Figura 3.29 – (a) Mensola soggetta a carico uniformemente distribuito; (b) risultante del carico su di un tratto di lunghezza x; (c) diagrammi delle azioni interne.

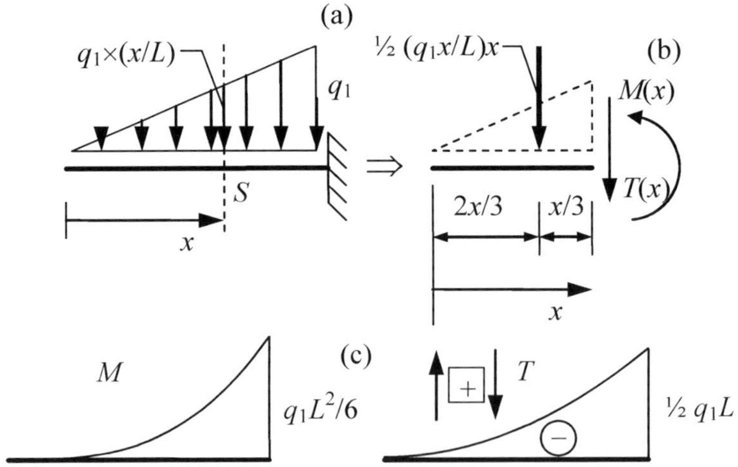

Figura 3.30 – (a) Mensola soggetta a carico distribuito con legge lineare; (b) risultante del carico su di un tratto di lunghezza x; (c) diagrammi delle azioni interne.

3.3.3 Azioni interne nelle travi ad asse curvilineo

Per concludere l'argomento, si illustra come affrontare il calcolo delle azioni interne in travi ad asse curvilineo.

Si consideri, a titolo d'esempio, l'arco a tre cerniere di Fig. 3.31a la cui linea d'asse è una semicirconferenza di raggio R. Sull'asta BC sia applicato un carico distribuito, la cui intensità è uniforme se riferita alla proiezione dell'asta sull'orizzontale: tale tipo di carico può, ad esempio, schematizzare una colonna di autoarticolati che percorre la campata destra di un ponte sorretto dall'arco, oppure il peso della neve[9] caduta su parte dell'arco.

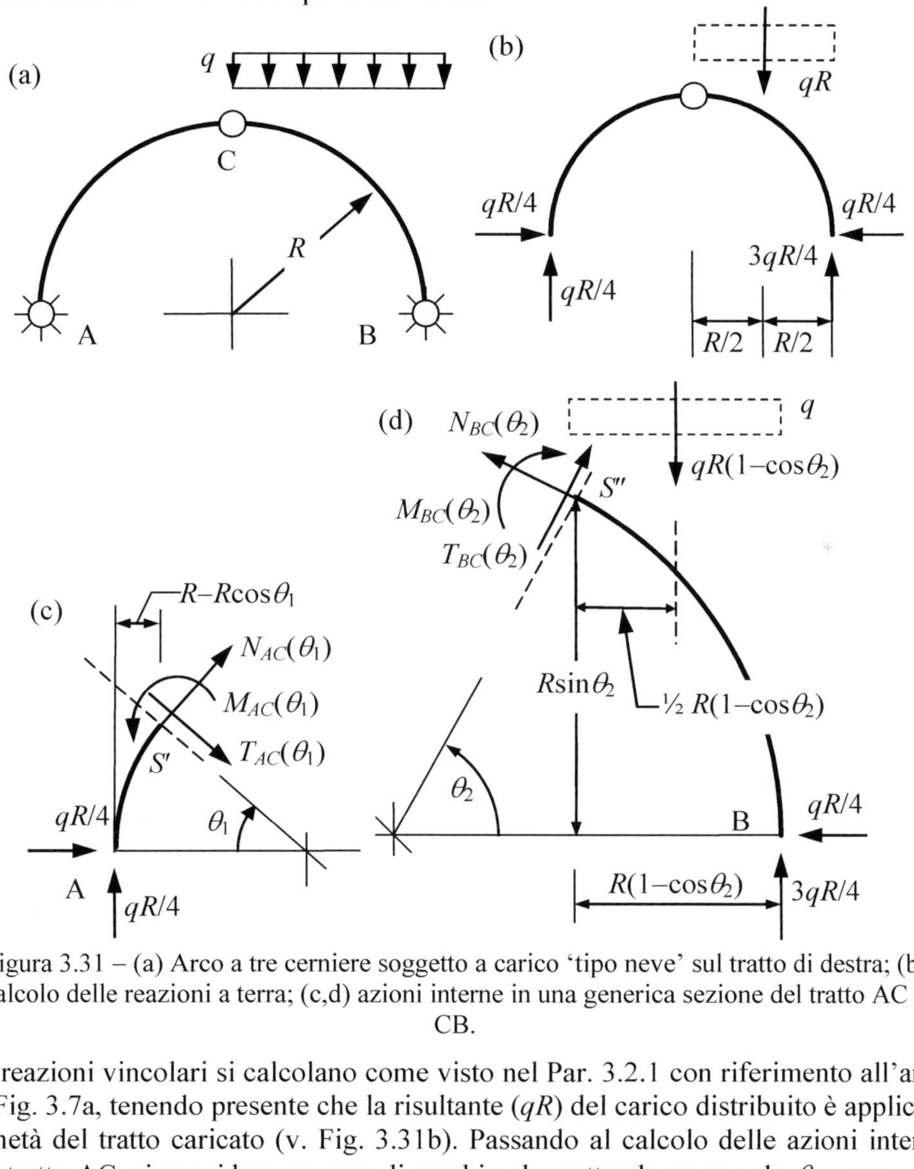

Figura 3.31 – (a) Arco a tre cerniere soggetto a carico 'tipo neve' sul tratto di destra; (b) calcolo delle reazioni a terra; (c,d) azioni interne in una generica sezione del tratto AC o CB.

Le reazioni vincolari si calcolano come visto nel Par. 3.2.1 con riferimento all'arco di Fig. 3.7a, tenendo presente che la risultante (qR) del carico distribuito è applicata a metà del tratto caricato (v. Fig. 3.31b). Passando al calcolo delle azioni interne nel tratto AC, si considera un arco di cerchio che sottende un angolo θ_1, compreso tra l'imposta A e una generica sezione S' (v. Fig. 3.31c) e se ne impone:

- l'equilibrio lungo la tangente all'asse in S':

[9] Si parla infatti di 'carico tipo neve'.

$(\Sigma F_T =)\ N_{AC}+(qR/4)\times\cos\theta_1+(qR/4)\times\sin\theta_1 = 0$
$\Rightarrow N_{AC} = -(qR/4)\times(\cos\theta_1+\sin\theta_1)\ (< 0\ \forall\theta_1);$

- l'equilibrio lungo la normale all'asse in S':
  $(\Sigma F_N =)\ -T_{AC}+(qR/4)\times\sin\theta_1-(qR/4)\times\cos\theta_1 = 0$
  $\Rightarrow T_{AC} = (qR/4)\times(\sin\theta_1-\cos\theta_1);$

- l'equilibrio alla rotazione attorno al baricentro della sezione S':
  $(\Sigma M_{S'} =)\ M_{AC}-(qR/4)\times(R-R\cos\theta_1)+(qR/4)\times R\sin\theta_1 = 0$
  $\Rightarrow M_{AC} = (qR^2/4)\times[1-(\sin\theta_1+\cos\theta_1)]\ (\leq 0\ \forall\theta_1).$

In particolare, l'ultima relazione ottenuta mostra che lungo tutto il tratto AC sono tese le fibre dell'estradosso dell'arco.

Per calcolare le azioni interne nel restante tratto BC, conviene considerare un arco di cerchio compreso fra l'imposta B e una generica sezione S'', che sottende un angolo θ_2 (Fig. 3.31d). S'impone quindi:

- l'equilibrio lungo la tangente all'asse in S'':
  $(\Sigma F_T =)\ -N_{BC}-(3qR/4)\times\cos\theta_2-(qR/4)\times\sin\theta_2 +[qR\times(1-\cos\theta_2)]\times\cos\theta_2 = 0$
  $\Rightarrow N_{BC} = -(qR/4)\times(\sin\theta_2-\cos\theta_2+4\cos^2\theta_2)\ (< 0\ \forall\theta_2);$

- l'equilibrio lungo la normale all'asse in S'':
  $(\Sigma F_N =)\ T_{BC}+(3qR/4)\times\sin\theta_2-(qR/4)\times\cos\theta_2 -[qR\times(1-\cos\theta_2)]\times\sin\theta_2 = 0$
  $\Rightarrow T_{BC} = (qR/4)\times(\sin\theta_2+\cos\theta_2-4\sin\theta_2\cos\theta_2);$

- l'equilibrio alla rotazione attorno al baricentro della sezione S'':
  $(\Sigma M_{S''} =)\ -M_{BC}+(3qR/4)\times(R-R\cos\theta_2)-(qR/4)\times R\sin\theta_2$
  $-[qR\times(1-\cos\theta_2)]\times[\tfrac{1}{2}R(1-\cos\theta_2)] = 0$
  $\Rightarrow M_{BC} = (qR^2/4)\times(1-\sin\theta_2+\cos\theta_2-2\cos^2\theta_2).$

Si osservi in particolare che tutto l'arco è compresso ($N_{AC} < 0\ \forall\theta_1$; $N_{BC} < 0\ \forall\theta_2$).

I diagrammi delle azioni interne ora calcolate sono riportati in Fig. 3.32.

3.4 Equazioni indefinite di equilibrio per travi piane

Fin qui, la legge di variazione delle azioni interne lungo un generico tratto di struttura è stata ricavata imponendo l'equilibrio di una parte di struttura di lunghezza finita. Per avere informazioni di carattere generale su tale legge in travi soggette a carichi distribuiti conviene peraltro ragionare in maniera diversa, e precisamente imponendo l'equilibrio di un generico concio di trave, di lunghezza infinitesima, soggetto alla quotaparte di carico che gli compete e alle azioni che esso scambia con i conci adiacenti. Le equazioni così ottenute prendono il nome di 'equazioni di equilibrio indefinito' della trave.

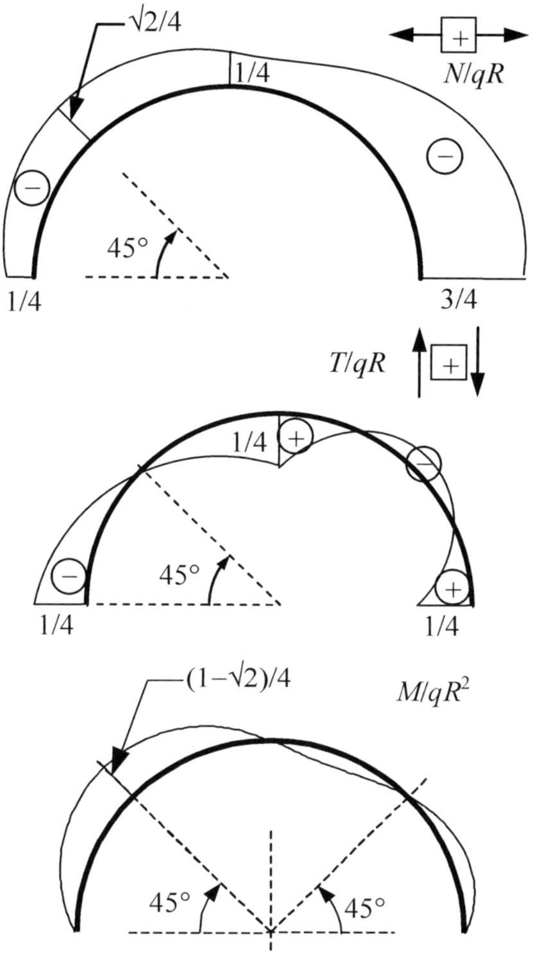

Figura 3.32 – Diagrammi delle azioni interne nell'arco di Fig. 3.31a.

3.4.1 Travi ad asse rettilineo

Si consideri dapprima una trave ad asse rettilineo, soggetta a carichi distribuiti lungo il proprio asse. Per generalità, si considera la trave soggetta a un carico agente normalmente al suo asse, di intensità $q(x)$, a un carico assiale distribuito, d'intensità $p(x)$, e a coppie distribuite agenti attorno a un asse normale al piano del disegno, d'intensità $m(x)$ per unità di lunghezza (v. Fig. 3.33a). In Fig. 3.33b è mostrato un generico concio di trave, di lunghezza dx, soggetto ai carichi elementari e a tutte le azioni che esso scambia con le restanti parti di trave. Si osservi che, in generale, le azioni agenti su una delle facce del concio differiscono di una quantità infinitesima da quelle agenti sulla faccia opposta.

L'equilibrio del concio in direzione assiale si scrive:

$$(\Sigma F_T =) -N(x) + [N(x) + dN] + p(x)dx = 0 \Rightarrow dN/dx = -p(x).$$

In particolare, $p(x)\equiv 0$ implica che l'azione assiale sia costante sulla trave. Ne deriva che nelle travi ad asse rettilineo, soggette solo a carichi trasversali al proprio asse (oltre che ad azioni agenti ai loro estremi), l'azione assiale è sempre costante. E' questo il caso più frequente nella pratica[10]. L'azione assiale non risulta costante, ad esempio, nella trave di Fig. 3.34a, poiché il carico distribuito possiede anche una componente parallela all'asse della trave che provoca una variazione dell'azione assiale. Nel caso della trave pesante di Fig. 3.34b (ipotizzata omogenea e a sezione costante), indicando con γ il peso specifico del materiale di cui è costituita la trave e con A la sua area, risulta $p = \gamma A$ e si ha il diagramma dell'azione assiale lineare mostrato in Fig. 3.34c.

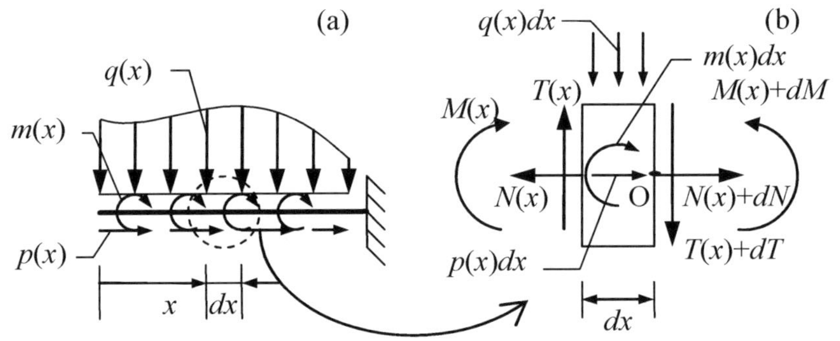

Figura 3.33 – (a) Mensola soggetta a carichi distribuiti con legge qualunque; (b) concio di trave infinitesimo.

L'equilibrio del concio in direzione trasversale all'asse della trave si scrive poi:

$$(\Sigma F_N =)\ T(x) - [T(x) + dT] - q(x)dx = 0 \Rightarrow \qquad dT/dx = -q(x).$$

Ne discende che la derivata del taglio è pari all'intensità del carico distribuito trasversale. In particolare, come si era potuto osservare con riferimento agli specifici esempi studiati in precedenza:

- nei tratti di struttura non soggetti a carichi trasversali distribuiti, il taglio è costante;
- se $q(x)$ è costante, il taglio varia con legge lineare;
- se $q(x)$ è lineare, il taglio varia con legge quadratica.

Infine, dall'equilibrio alla rotazione del concio attorno al baricentro della sua faccia di destra (O – v. Fig. 3.33b) si ha:

$$(\Sigma M_O =)\ -M(x) + [M(x) + dM] - T(x)dx - m(x)dx$$
$$+ [q(x)dx]\times(dx/2) = 0 \Rightarrow dM - T(x)dx - m(x)dx + \tfrac{1}{2}\, q(x)dx^2 = 0.$$

[10] V. gli esempi delle Figg. 3.22, 3.24, 3.25, 3.29 e 3.30.

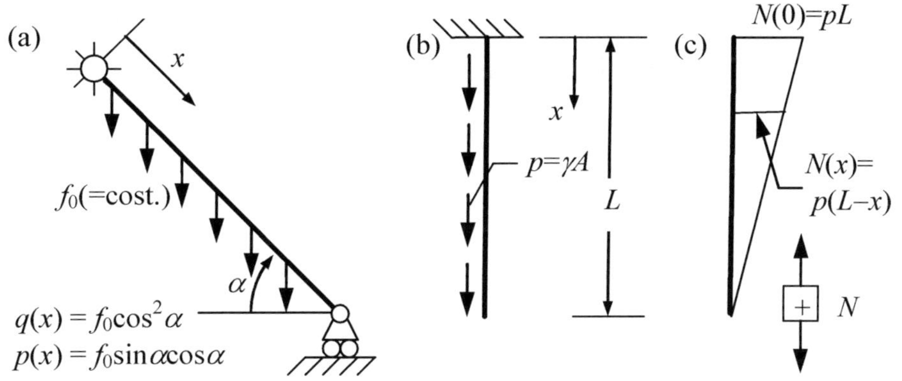

Figura 3.34 – Esempi di travi soggette ad azione assiale variabile: (a) trave inclinata soggetta a carico verticale; (b) trave verticale soggetta al peso proprio e (c) relativo diagramma dell'azione assiale.

L'ultimo termine a sinistra dell'uguale è un infinitesimo del second'ordine, trascurabile rispetto ai restanti termini. Si ottiene pertanto:

$$dM/dx = T(x) + m(x).$$

In particolare, se non vi sono coppie distribuite lungo l'asse della trave, come avviene nella maggior parte dei casi pratici, si ha più semplicemente

$$dM/dx = T(x)$$

e ne discende che <u>la derivata del momento flettente è pari all'azione tagliante</u>. Ciò implica che, in assenza di coppie distribuite, ai punti di nullo del diagramma del taglio corrispondano punti di stazionarietà nel diagramma del momento. E' anche interessante osservare che, combinando l'ultima relazione ottenuta con quella derivante dall'equilibrio del concio in direzione trasversale all'asse, si ha:

$$d^2M/dx^2 = dT/dx = -q(x)$$

e quindi <u>la derivata seconda del momento flettente è pari all'intensità del carico distribuito trasversale</u> (a meno del segno). In particolare, come già osservato negli esempi studiati in precedenza:

- nei tratti di struttura non soggetti a carichi trasversali distribuiti, M varia con legge lineare (o è costante, se T=0);
- se $q(x)$ è costante, il momento varia con legge quadratica;
- se $q(x)$ è lineare, il momento varia con legge cubica.

Il segno meno nell'ultima relazione trovata sta ad indicare che, riportando il diagramma del momento dalla parte delle fibre tese, la concavità del diagramma ha verso opposto a quello del carico. E' come se il diagramma del momento tendesse ad 'abbracciare' il carico distribuito, come mostrato negli esempi di Fig. 3.35.

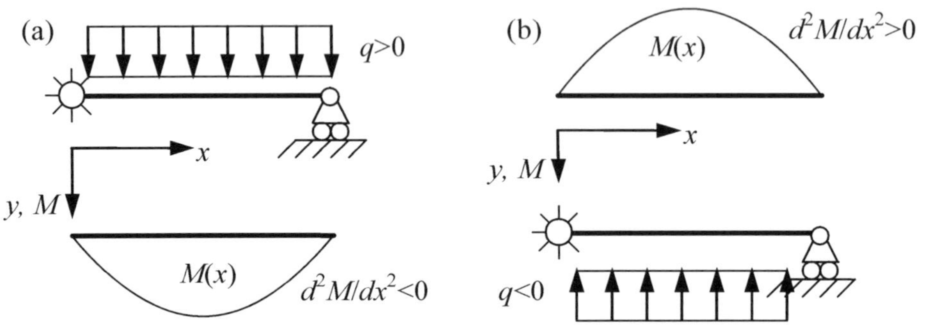

Figura 3.35 – Diagrammi dei momenti flettenti in travi appoggiate soggette a carico distribuito (a) verso il basso o (b) verso l'alto.

Le equazioni di equilibrio indefinito possono essere utilizzate per la determinazione delle azioni interne, in alternativa all'approccio seguito nel Par. 3.3. Si consideri ad esempio la trave semplicemente appoggiata di Fig. 3.36a soggetta a carico uniformemente distribuito d'intensità q_0. Integrando due volte l'equazione differenziale $d^2M/dx^2 = -q_0$ si ottiene successivamente:

$$dM/dx = -q_0x + T_0\ (= T(x)) \Rightarrow M(x) = -\tfrac{1}{2}\, q_0x^2 + T_0x + M_0.$$

Le costanti d'integrazione T_0 e M_0 si ricavano imponendo le condizioni al contorno sui valori del momento agli estremi della trave, ovvero

$$M(0) = 0; \qquad M(L) = 0.$$

Si ricava così

$$M_0 = 0; \quad -\tfrac{1}{2}\, q_0x^2 + T_0L = 0 \Rightarrow T_0 = \tfrac{1}{2}\, q_0L.$$

Le equazioni delle azioni interne si scrivono quindi esplicitamente:

$$T(x) = q_0(L/2 - x); \qquad M(x) = \tfrac{1}{2}\, q_0x(L - x)\ (\geq 0\ \forall x)$$

e i loro diagrammi sono rappresentati in Fig. 3.36b. In particolare, il valore massimo del momento flettente (che si ha in mezzeria della trave) è

$$M_{max} = M(L/2) = q_0L^2/8.$$

Inoltre, dall'espressione del taglio si ricavano i valori delle reazioni negli appoggi:

$$V_A = T(0) = \tfrac{1}{2}\, q_0L; \qquad V_B = -T(L) = \tfrac{1}{2}\, q_0L.$$

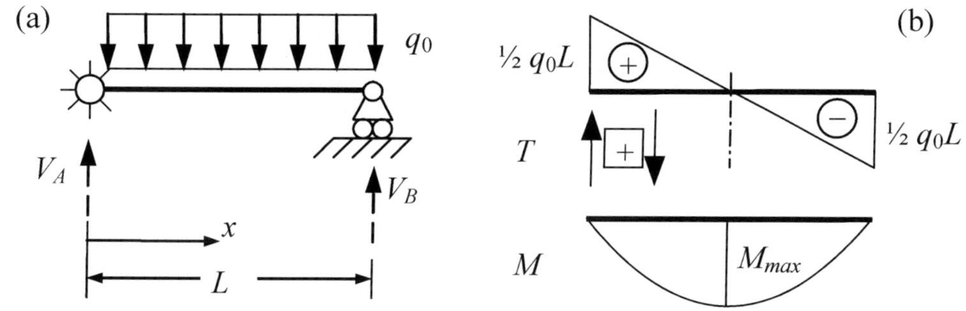

Figura 3.36 – (a) Trave semplicemente appoggiata soggetta a carico trasversale uniforme; (b) diagrammi delle azioni interne.

Le condizioni al contorno vengono stabilite in base ai valori (noti) del momento flettente o del taglio. Ad esempio, nel caso della trave di Fig. 3.37 si dovrà integrare l'equazione differenziale $d^2M/dx^2 = -q_0$ con le condizioni al contorno:

$$M(0) = 0; \qquad T(L) = (dM/dx)_{x=L} = 0.$$

Nella pratica, risulta più conveniente eseguire il calcolo delle azioni interne mediante considerazioni di equilibrio globale, e non integrando le equazioni di equilibrio del concio infinitesimo. Queste ultime danno peraltro utili informazioni sulla legge di variazione delle azioni interne, che risulta prevedibile sulla sola base della legge di variazione dei carichi distribuiti.

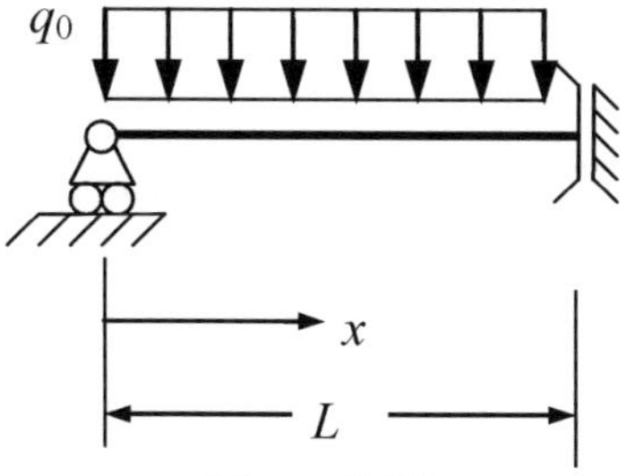

Figura 3.37

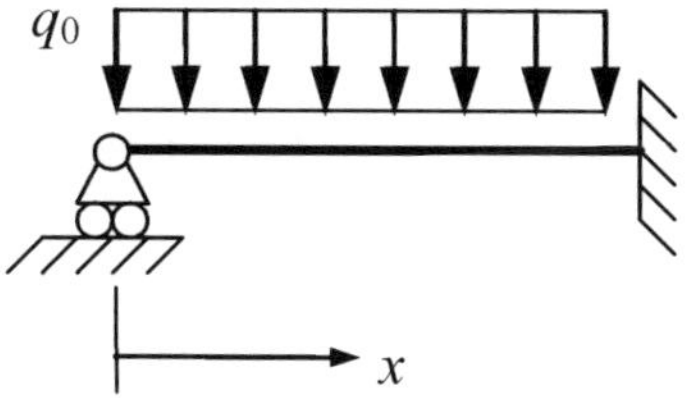

Figura 3.38 – Esempio di struttura iperstatica.

Nel caso di una struttura iperstatica, le condizioni al contorno di tipo statico risultano insufficienti alla determinazione delle azioni interne. Ad esempio, con riferimento alla struttura di Fig. 3.38, dall'integrazione dell'equazione $d^2M/dx^2 = -q_0$ si ottiene ancora un'espressione del tipo $M(x) = -\frac{1}{2} q_0x^2 + T_0x + M_0$. L'unica condizione al contorno che si può imporre sulla base dei valori noti delle azioni interne nei vincoli è $M(0) = 0$, da cui consegue $M_0 = 0$. L'altra costante d'integrazione resta invece indeterminata sulla base della sola statica del problema: l'indeterminatezza residua corrisponde ad un'incognita 'iperstatica', determinabile solo mettendo in conto la deformabilità della struttura, come si vedrà nel Capitolo successivo.

3.4.2 Travi ad asse curvilineo

Si consideri ora una trave ad asse curvilineo, soggetta a carichi distribuiti in direzione sia tangente che normale al proprio asse, d'intensità rispettiva p_θ e p_r; per semplicità, si trascura la presenza di eventuali coppie distribuite. S'immagini di percorrere la linea d'asse della struttura con un'ascissa curvilinea s: in generale, si avrà $p_\theta = p_\theta(s)$ e $p_r = p_r(s)$. Si consideri, per fissare le idee, la mensola curvilinea di Fig. 3.39a. Si isoli un concio di trave, compreso tra due sezioni generiche che formano un angolo infinitesimo $d\theta$ (v. Fig. 3.39b). L'equilibrio del concio in direzione tangenziale si scrive:

$$(\Sigma F_T =)\ -N\times\cos(d\theta/2)+(N+dN)\times\cos(d\theta/2)-T\times\sin(d\theta/2)$$
$$-(T+dT)\times\sin(d\theta/2) + p_\theta\times ds = 0,$$

dove, detto R il raggio di curvatura locale della linea d'asse, si ha $ds = Rd\theta$. Tenendo conto che per angoli infinitesimi risulta $\cos(d\theta/2) \approx 1$, $\sin(d\theta/2) \approx d\theta/2$, la precedente equazione diviene

$$dN - T\times d\theta - dT\times d\theta/2 = -\, p_\theta\times Rd\theta.$$

Trascurando gli infinitesimi di ordine superiore al primo si ha in definitiva

$$dN/ds - T/R = -p_\theta(s).$$

L'equilibrio del concio in direzione radiale si scrive poi:

$$(\Sigma F_N =)\ T\times\cos(d\theta/2) - (T+dT)\times\cos(d\theta/2) - N\times\sin(d\theta/2)$$
$$-(N+dN)\times\sin(d\theta/2) - p_r\times ds = 0.$$

Operando semplificazioni analoghe a quelle precedentemente eseguite, si ottiene l'equazione

$$dT/ds + N/R = -p_r(s).$$

Infine, dall'equilibrio alla rotazione attorno al polo O in cui s'incontrano le tangenti all'asse della trave passanti per i baricentri delle sezione che delimitano il concio (v. Fig. 3.39b) si ricava[11]

$$(\Sigma M_O =)\ -M(s) + [M(s) + dM] - T(s)\times R\mathrm{tg}(d\theta/2) - [T(s)+dT]\times R\mathrm{tg}(d\theta/2) = 0$$

ed essendo $\mathrm{tg}(d\theta/2) \approx d\theta/2$ si ha

$$dM/ds = T(s).$$

L'ultima equazione è formalmente analoga a quella ottenuta per travi ad asse rettilineo nel Par. 3.4.1: in assenza di coppie distribuite, la derivata del momento flettente lungo la linea d'asse della trave è pari all'azione tagliante, anche per travi ad asse curvo. Le altre due

[11] Rispetto a tale polo non danno momento né le azioni assiali agenti sulle facce del concio, né le risultanti dei carichi distribuiti (a meno di infinitesimi).

equazioni mostrano invece come sia l'azione tagliante, sia l'azione assiale collaborino ad equilibrare i carichi radiali e tangenziali distribuiti lungo l'asse della trave: non si ha quindi un disaccoppiamento del ruolo delle due azioni interne ai fini dell'equilibrio, a differenza del caso delle travi ad asse rettilineo.

Si può osservare che i risultati ora ottenuti si riconducono a quelli relativi alle travi ad asse rettilineo per $R \to \infty$, mantenendo al contempo finito il prodotto $Rd\theta = ds$ ($\equiv dx$).

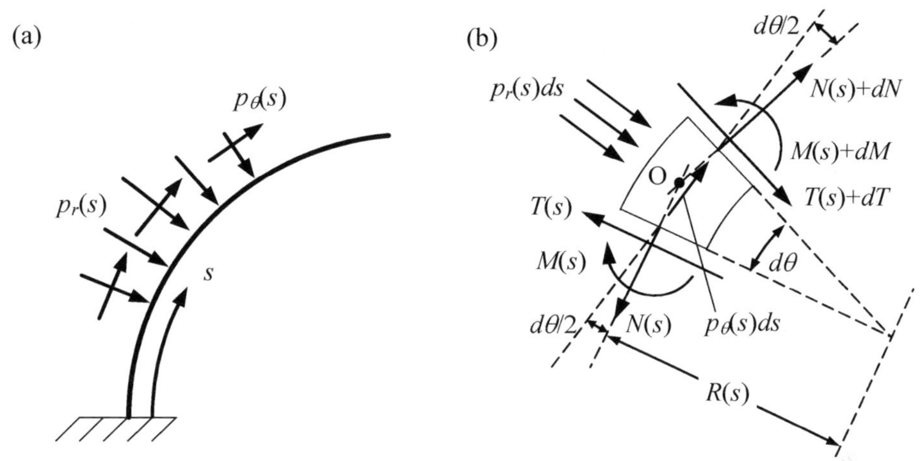

Figura 3.39 – (a) Trave ad asse curvilineo soggetta a carichi radiali e tangenziali; (b) equilibrio di un concio infinitesimo.

A titolo di esempio, si applichino le equazioni di equilibrio indefinito per travi ad asse curvilineo ora ottenute all'analisi dell'arco semicircolare mostrato in Fig. 3.40, soggetto a carico verticale d'intensità uniforme per unità di lunghezza in proiezione orizzontale (carico 'tipo neve'). Nel caso in esame, R = costante.

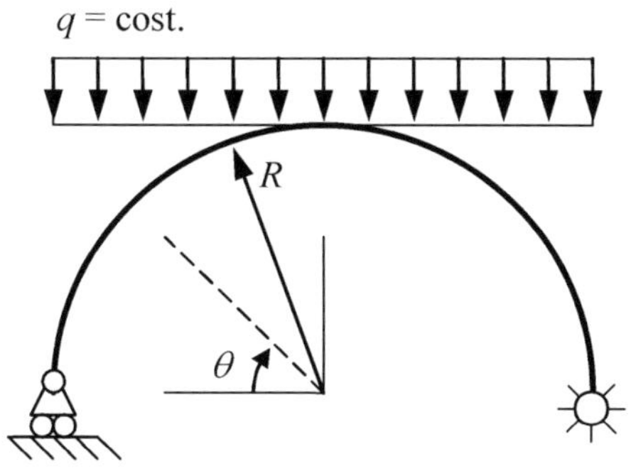

Figura 3.40 – Arco semicircolare soggetto a carico uniforme 'tipo neve'.

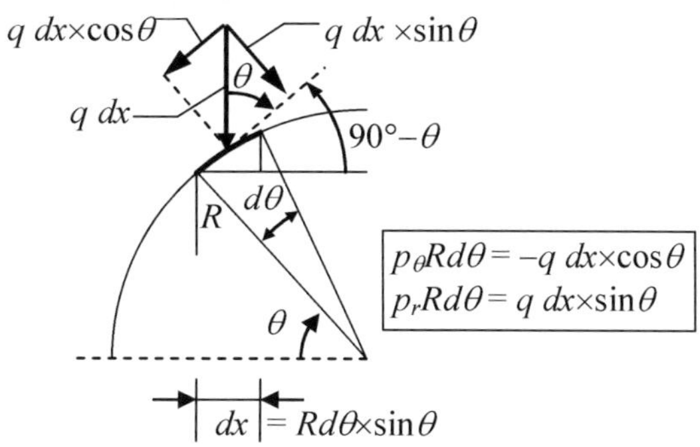

Figura 3.41 – Determinazione delle componenti radiale e tangenziale del carico distribuito sull'arco di Fig. 3.40.

Per determinare le espressioni di $p_\theta(\theta)$ e $p_r(\theta)$, si deve calcolare il rapporto fra le componenti radiale e tangenziale della forza elementare agente su un tratto di arco di lunghezza $ds = Rd\theta$ e la lunghezza dell'arco stesso. Facendo riferimento allo schema di Fig. 3.41, si ottiene

$$p_\vartheta(\theta) = -\, q \sin\theta\cos\theta, \qquad\qquad p_r(\theta) = q \sin^2\theta,$$

da cui

$$dN/d\theta - T = \tfrac{1}{2}\, qR\sin 2\theta, \quad dT/d\theta + N = -\, qR\sin^2\theta.$$

Da questo sistema di equazioni differenziali del primo ordine si ricava

$$d^2N/d\theta^2 + N = \tfrac{1}{2}\, qR(3\cos 2\theta - 1)$$
$$\Rightarrow \qquad N(\theta) = A\cos\theta + B\sin\theta - \tfrac{1}{2}\, qR(1+\cos 2\theta);$$
$$T(\theta) = -A\sin\theta + B\cos\theta - \tfrac{1}{2}\, qR\sin 2\theta.$$

Le costanti d'integrazione si ricavano dalle condizioni al contorno:

$$N(0) = -\tfrac{1}{2}\, qR \text{ (opp. } N(\pi) = -\tfrac{1}{2}\, qR) \Rightarrow A = 0;$$
$$T(0) = 0 \text{ (opp. } T(\pi) = 0) \Rightarrow B = 0,$$

da cui

$$N(\theta) = -\tfrac{1}{2}\, qR(1+\cos 2\theta), \quad T(\theta) = -\tfrac{1}{2}\, qR\sin 2\theta.$$

Infine, il momento flettente è dato da

$$dM/d\theta = RT(\theta) = -\tfrac{1}{2}\, qR^2 \sin 2\theta \Rightarrow M(\theta) = \tfrac{1}{4}\, qR^2 \cos 2\theta + C;$$

la costante d'integrazione C si ricava dalla condizione al contorno

$$M(0) = 0 \text{ (opp. } M(\pi) = 0) \Rightarrow C = -\tfrac{1}{4}\, qR^2,$$

da cui

$$M(\theta) = -\tfrac{1}{4}\, qR^2 (\cos 2\theta - 1).$$

In Fig. 3.42 sono riportati i diagrammi delle azioni interne nell'arco ora studiato.

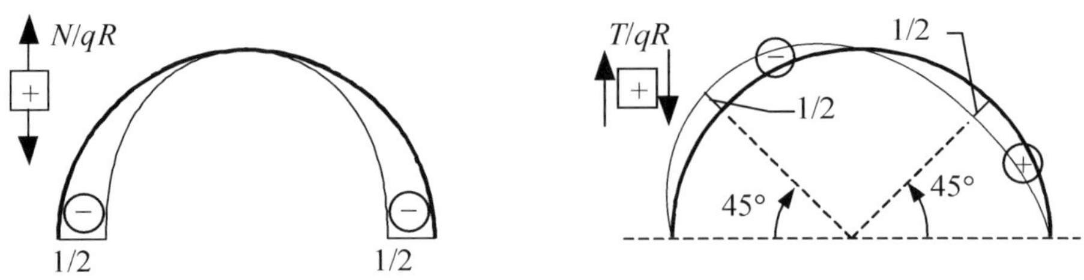

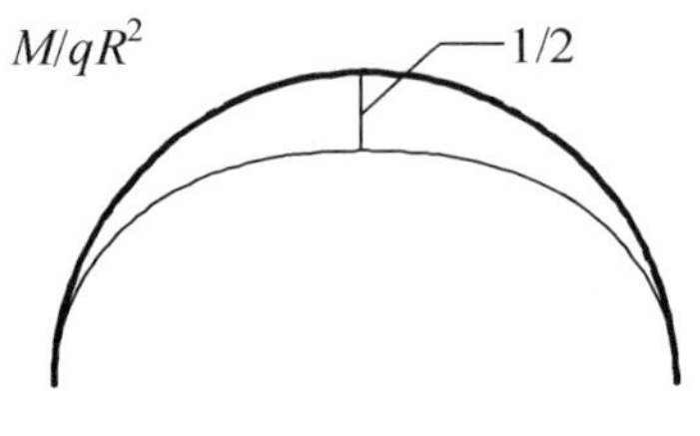

Figura 3.42 – Diagrammi delle azioni interne nell'arco di Fig. 3.40.

3.5 Travature reticolari

Un'importante categoria di strutture è costituita dalle cosiddette 'travature reticolari'. Si tratta di strutture formate da aste rettilinee, tutte incernierate fra loro e caricate solo nelle cerniere (dette anche nodi della travatura): le aste risultano dunque delle *bielle*, soggette esclusivamente ad azione assiale (M=T=0 ovunque). Un esempio di travatura reticolare è mostrato in Fig. 3.43. Il principio di funzionamento statico di tali è illustrato dagli esercizi a fine Capitolo.

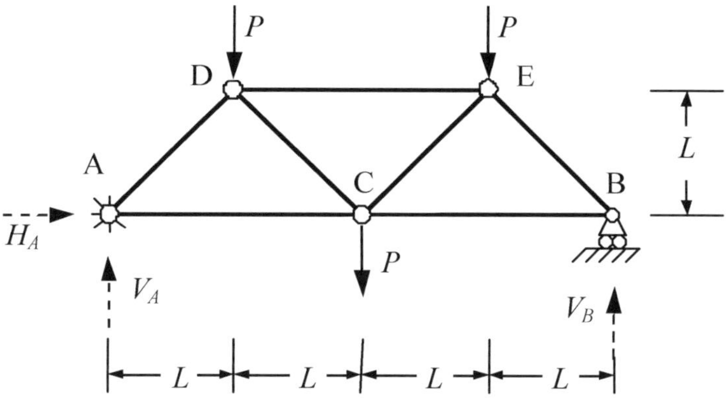

Figura 3.43 – Schema di travatura reticolare.

Fra le principali applicazioni di tale tipologia strutturale si possono citare la realizzazione di coperture (per superare grandi luci in presenza di carichi modesti), ponti e passerelle pedonali (di luce media e grande), nonché controventi per l'adeguamento sismico degli edifici (v. Fig. 3.44).

(a) (b)

Figura 3.44 – Esempi di travature reticolari: (a) copertura di un edificio industriale; (b) passerelle metalliche.

Il computo dei gradi di libertà e dei gradi di vincolo nelle travature reticolari può essere effettuato in maniera alternativa a quella vista in precedenza. Ogni nodo, pensato come punto materiale nel piano, possiede due gradi di libertà. Ogni asta, pensata rigida, costituisce un vincolo per una coppia di nodi che non possono mutare la loro distanza relativa. Ai vincoli interni, costituiti dalle aste, vanno poi aggiunti i vincoli a terra. In definitiva, nel caso della travatura di Fig. 3.43 formata da 5 nodi collegati da 7 aste, si ha:

numero gradi di libertà: 2×5 nodi = 10;
numero gradi di vincolo: 7 aste + 3 g.v. a terra = 10.

Per controllare che i vincoli siano efficaci, si osserva innanzitutto che la struttura è internamente assimilabile ad un corpo rigido: sull'anello chiuso ACD (correttamente vincolato), è montato l'arco a 3 cerniere non allineate CED che forma un unico corpo rigido con ACD; su di esso è poi montato un altro arco a 3 cerniere CBE. Infine, il corpo rigido risultante è collegato a terra correttamente dalla cerniera A e dal carrello B, il cui asse non passa per A.

Accertata l'isostaticità della struttura, si calcolano le reazioni a terra. Nel caso in esame, si ha semplicemente $H_A = 0$; $V_A = V_B = 3P/2$.

Esistono metodi di calcolo delle azioni interne analisi concepiti appositamente per questa categoria di strutture. Il primo è detto metodo dell'equilibrio ai nodi e consiste nell'imporre l'equilibrio alla traslazione dei nodi della travatura. Si parte da un nodo in cui non convergono più di due aste (p.es. il nodo A) e se ne impone l'equilibrio per via analitica o grafica. La Fig. 3.45a mostra il nodo A soggetto alla reazione vincolare V_A e alle azioni assiali incognite trasmesse al nodo dalle aste AC e AD. Chiudendo il poligono delle forze V_A, N_{AC} e N_{AD}, si ricava

$$N_{AD} = -3\sqrt{2}P/2; \qquad N_{AC} = 3P/2.$$

Dopodiché si percorrono successivamente l'uno dopo l'altro i nodi della travatura, in modo che in ciascun nodo considerato convergano non più di due aste in cui l'azione assiale è ancora incognita. Nel caso in esame, si può ad esempio passare al nodo D, poiché solo nelle due aste DE e DC è incognita l'azione assiale. Non si può invece passare direttamente al nodo C, poiché in esso convergono quattro aste ed è nota, fino a questo momento, solo l'azione assiale nella AD. Le Figg. 3.45b,c,d mostrano rispettivamente i nodi D, C ed E e i valori delle azioni assiali calcolabili imponendo l'equilibrio di ciascun nodo. Si può verificare che l'equilibrio dell'ultimo nodo (il B) risulta automaticamente soddisfatto.

E' conveniente mettere sempre in evidenza le azioni assiali incognite come se 'tirassero' il nodo: se risultano positive, si tratta di trazioni e la biella tesa prende il nome di tirante[12]; se risultano negative, si tratta di compressioni e la biella compressa prende il nome di puntone[13].

Il metodo ora illustrato non è direttamente applicabile ad una struttura del tipo mostrato in Fig. 3.46a. In questo caso, infatti, in ogni nodo convergono almeno tre aste. Si può allora utilizzare un secondo metodo di risoluzione per travature reticolari, detto metodo delle sezioni (o di Ritter). Calcolate preliminarmente le reazioni

[12] in inglese, *tie*
[13] in inglese, *strut*

nei vincoli a terra, s'immagini di dividere in due la struttura operando una sezione ideale che intersechi non più di tre aste in cui l'azione assiale è incognita, non convergenti tutte nel medesimo nodo. Con riferimento alla Fig. 3.46b, si può ad esempio operare la sezione s_1–s_1; non è invece corretto operare la sezione s_2–s_2, in quanto le tre aste da essa intersecate concorrono tutte nel nodo B.

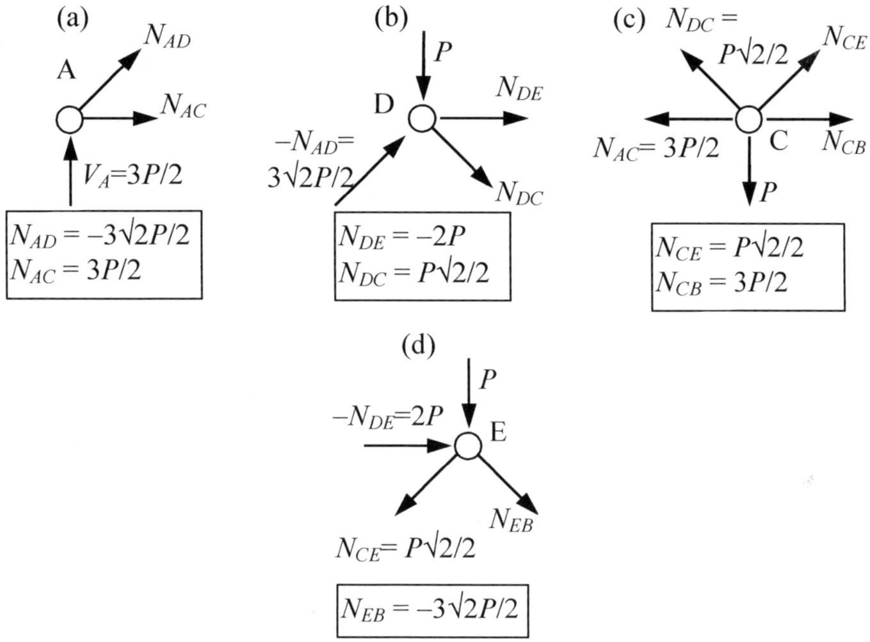

Figura 3.45 – Equilibrio dei nodi della travatura di Fig. 3.43.

Si considera quindi una delle due parti di struttura ottenute (p.es. quella a sinistra della sezione s_1–s_1 – v. Fig. 3.46c), mettendo in evidenza le azioni assiali che 'affiorano' nelle aste interessate dalla sezione operata. S'impone quindi l'equilibrio della parte di struttura considerata annullando i momenti di tutte le forze su di essa agenti attorno ai punti d'intersezione delle rette di applicazione delle azioni assiali incognite prese a coppie. Ciascuna delle equazioni così scritte fornisce immediatamente il valore dell'unica azione assiale incognita la cui retta di applicazione non passa per il polo considerato.

Nel caso in esame si ha[14] (v. Fig. 3.46c):

$$\sum M_C = 0 \Rightarrow N_{AB}\times(2L\times\cos(30°)) + P\times(L/2) - V_A\times L = 0 \Rightarrow N_{AB} = P/\sqrt{3};$$
$$\sum M_A = 0 \Rightarrow N_{FC}\times(2L\times\sin(15°)) - P\times(L/2) = 0$$
$$\Rightarrow N_{FC} = P\times(1+\sqrt{3})/(2\sqrt{2});$$
$$\sum M_O = 0 \Rightarrow -N_{DC}\times(d\times\cos(30°)) - 3P/2\times d + P\times(d - L/2) = 0$$
$$\Rightarrow N_{DC} = -P\times(4+\sqrt{3})/(2\sqrt{3}),$$

[14] Si tenga presente che sin(15°) = (√3–1)/(2√2), cos(15°) = (√3+1)/(2√2), tg(15°) = 2–√3.

essendo $d = L - 2L\times\cos(30°)\times\mathrm{tg}(15°) = 2L\times(2-\sqrt{3})$.

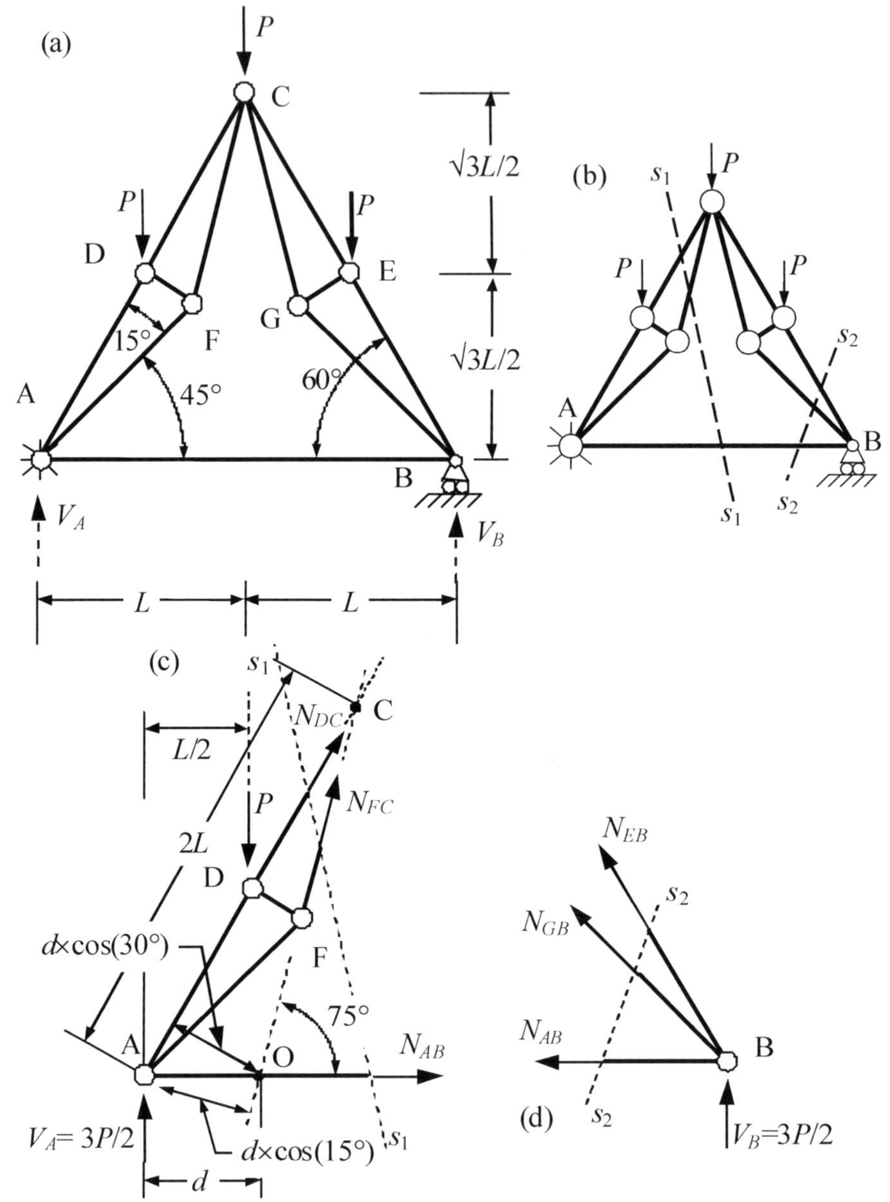

Figura 3.46 – (a) Esempio di travatura reticolare, risolta col metodo delle sezioni; (b) modo corretto e modo scorretto di sezionare la travatura; (c) calcolo delle azioni assiali nelle tre aste intersecate da s_1–s_1; (d) impossibilità di calcolare le azioni assiali nelle aste intersecate da s_2–s_2 con un equilibrio alla rotazione.

Si procede quindi operando ulteriori sezioni, in modo da non intersecare mai più di tre aste in cui l'azione assiale sia incognita e che non convergano nel medesimo nodo.

Il motivo per cui il metodo richiede che le rette di applicazione delle tre azioni assiali incognite non convergano in un medesimo nodo è evidente dalla Fig. 3.46d: isolando la parte di struttura a destra della sezione s_2–s_2 ed imponendone l'equilibrio attorno al polo B, si ottiene semplicemente un'identità a zero.

3.6 Applicazione del Principio dei Lavori Virtuali alla risoluzione di strutture isostatiche

Si consideri un sistema articolato di corpi rigidi, soggetto ad un insieme di carichi $\underline{P}_i$ ($i = 1 \ldots n_P$) ed un generico cambiamento di configurazione del sistema, infinitesimo e compatibile con i vincoli (ovvero virtuale), caratterizzato da spostamenti infinitesimi $\delta\underline{s}_i$ dei punti di applicazione delle forze[15]. Si definisce 'lavoro virtuale' del sistema di forze lo scalare

$$\delta^* L = \textstyle\sum_i \underline{P}_i \cdot \delta\underline{s}_i .$$

I carichi possono essere sia forze che coppie: in quest'ultimo caso, $\delta\underline{s}_i$ sono da intendersi come rotazioni (virtuali). Per semplicità, si è immaginato che la struttura sia soggetta solo a carichi concentrati, ma l'espressione del lavoro è facilmente generalizzabile al caso in cui siano anche presenti carichi distribuiti: $\underline{P}_i$ sono in tal caso le loro risultanti su ciascun corpo rigido e $\delta\underline{s}_i$ gli spostamenti virtuali dei punti di applicazione di tali risultanti.

In alternativa, la precedente espressione può riscriversi facendo intervenire i moduli dei carichi (P_i) e le componenti degli spostamenti virtuali secondo la retta di applicazione dei carichi stessi (δU_i), positive se concordi con i carichi:

$$\delta^* L = \textstyle\sum_i P_i \, \delta U_i .$$

Si suppone che i vincoli cinematici presenti nel sistema siano lisci, ovvero privi di attrito, e bilateri. Quest'ultima caratteristica si traduce nella reversibilità degli spostamenti $\delta\underline{s}_i$: un vincolo si dice infatti 'bilatero' se impedisce sia lo spostamento $\delta\underline{s}_i$ che lo spostamento $-\delta\underline{s}_i$; in caso contrario, si dice 'monolatero'.

Il Principio dei Lavori Virtuali (PLV) afferma che 'condizione necessaria e sufficiente per l'equilibrio di un sistema articolato di corpi rigidi, soggetto a vincoli lisci e bilateri, è che sia nullo il lavoro virtuale delle forze attive per ogni cambiamento di configurazione infinitesimo e congruente'. Sinteticamente:

$$\delta^* L = 0, \ \forall \delta\underline{s}_i \Leftrightarrow \text{equilibrio}.$$

[15] I concetti brevemente richiamati in questo paragrafo sono solitamente trattati in dettaglio nei testi di Meccanica Razionale (v. ad es. [2]).

In presenza di vincoli monolateri, l'equilibrio corrisponde alla non positività del lavoro virtuale. Il principio può anche essere esteso al caso di vincoli scabri, a patto di considerare anche il lavoro delle forze d'attrito.

Il principio ora richiamato può essere utilizzato per la determinazione di reazioni vincolari o di azioni interne incognite nei sistemi di travi isostatici. L'idea di base è quella di privare la struttura di uno dei gradi di vincolo in essa presenti, in modo da trasformarla in un cinematismo ad un grado di libertà, mettendo al contempo in evidenza la componente incognita che si vuole calcolare e trattandola formalmente come un carico esterno.

Si osservi che i cambiamenti di configurazione da considerarsi nell'equazione dei lavori virtuali vanno presi a partire dalla configurazione di cui si vuole 'saggiare' l'equilibrio, che in generale può essere anche di molto discosta da quella iniziale (o indeformata) del corpo. Nel caso di sistemi articolati di corpi rigidi ben vincolati, la configurazione di equilibrio è quella indeformata. Di conseguenza, negli esempi riportati nel resto del paragrafo i cambiamenti di configurazione considerati saranno impressi alla struttura a partire dalla sua configurazione indeformata.

Si supponga dapprima di voler calcolare la reazione vincolare nell'appoggio A nella struttura di Fig. 3.47a sfruttando il PLV. A tal fine, si sopprime il carrello A e si determinano i centri d'istantanea rotazione delle varie aste nel cambiamento di configurazione (infinitesimo) che si è reso possibile (Fig. 3.47b), completamente caratterizzato, ad esempio, dalla rotazione virtuale $\delta\theta$ dell'asta 1 attorno al suo c.i.r. $\omega_1 \equiv$ B. Il lavoro virtuale dei carichi agenti sulla struttura, ivi compresa la reazione incognita V_A, è

$$\delta^* L = V_A \times (\delta\theta\, L/2) + qL \times 0 + qL \times (\delta\theta\, L/2).$$

Imponendo l'annullarsi di tale lavoro $\forall\ \delta\theta$, si ricava $V_A = -qL$.

Se invece si fosse cercato il momento nel pattino D, si sarebbe dovuto declassare tale vincolo a carrello con asse orizzontale (Fig. 3.47c): l'unica asta che acquista possibilità di movimento è allora la 2, in quanto il movimento dell'asta 1, che potrebbe tutt'al più traslare orizzontalmente, è impedito dal carrello in D. Si ha quindi

$$\delta^* L = -W_D \times \delta\theta + qL \times (\delta\theta\, L/2) = 0\ \forall\ \delta\theta \Rightarrow W_D = ½\, qL^2.$$

Un procedimento sostanzialmente analogo si segue qualora si vogliano calcolare componenti delle azioni interne. In questo caso, si deve idealmente estrarre dalla struttura il concio di trave nel quale si vuole calcolare una certa azione interna, trasformandolo in un vincolo che consenta alle due parti di trave da esso collegate lo spostamento relativo cinematicamente duale all'azione desiderata. Trattandosi di un vincolo interno, si avrà l'accortezza di mettere in evidenza, sulle due parti di trave collegate dal vincolo fittizio, delle azioni uguali e contrarie.

Si voglia ad esempio calcolare il momento flettente (M_D) nella sezione D della struttura di Fig. 3.48a. Si trasforma innanzitutto il concio a cavallo della sezione D in una cerniera e si mette in evidenza il momento che, nella realtà, le campate DC e DE si trasmettono attraverso tale concio (Fig. 3.48b).

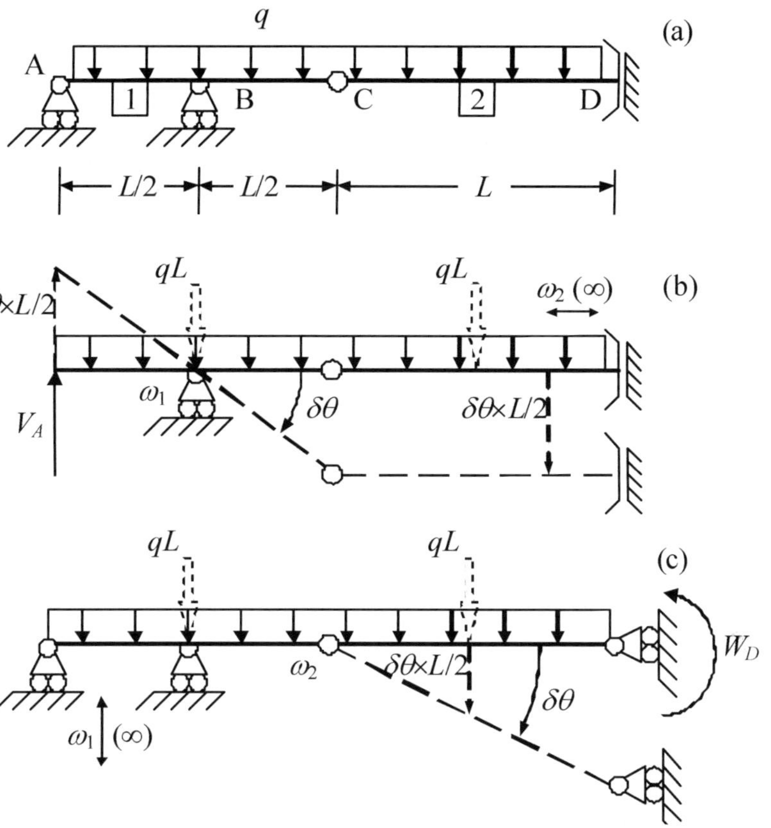

Figura 3.47 – Determinazione delle reazioni vincolari nella struttura isostatica (a) mediante PLV: (b) calcolo di V_A; (c) calcolo di W_D.

Si osserva che l'unico cinematismo consentito dai vincoli presenti sulla struttura così ottenuta prevede una rotazione uguale delle campate BC e CD, poiché il pattino in C ne impedisce le rotazioni relative; le rimanenti campate non possono spostarsi, essendo l'una correttamente vincolata (la AB) e l'altra (la DE) impossibilitata a compiere l'unico spostamento rigido consentito a priori dai suoi vincoli (ovvero, una traslazione orizzontale). Indicando con $\delta\theta$ l'angolo di rotazione delle due campate BC e CD si ha:

$$\delta^* L = -M_D \times \delta\theta + qL \times (\delta\theta\, L/2) = 0\ \forall\ \delta\theta \Rightarrow M_D = ½\, qL^2.$$

Infine, si supponga di voler calcolare l'azione tagliante (T_{DE}) in una generica sezione della campata DE. A tal fine, s'introduce un pattino fittizio in tale sezione e s'impone alla struttura cinematicamente degradata una spostata rigida, come mostrato in Fig. 3.48c. Notando che, analogamente a quanto appena osservato, tutte le campate della struttura ruotano di angoli uguali (ad eccezione della AB che rimane fissa), si ottiene:

$$\delta^* L = T_{DE} \times (\delta\theta\, x) + T_{DE} \times [\delta\theta(L-x)] + qL \times (\delta\theta\, L/2) = 0 \;\forall\; \delta\theta$$
$$\Rightarrow T_{DE} = \tfrac{1}{2}\, qL \text{ (indipendente da } x\text{)}.$$

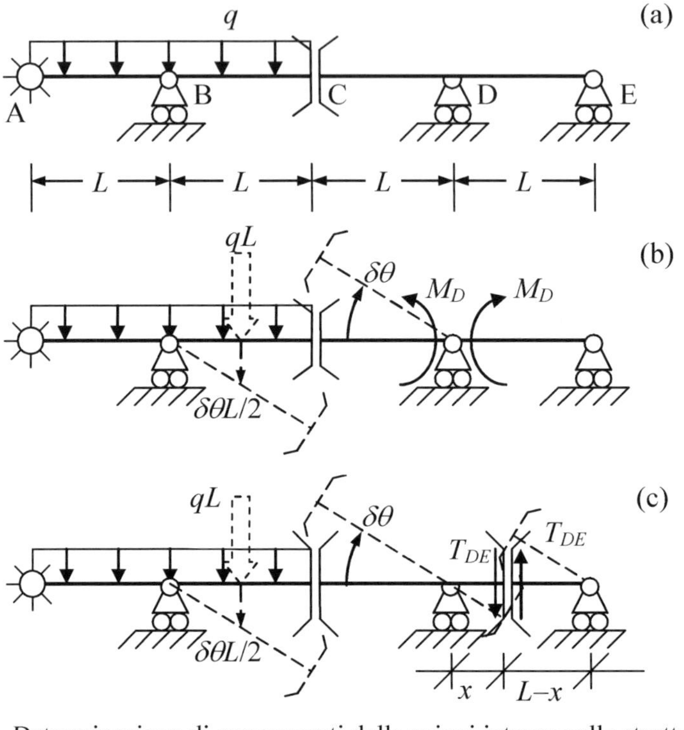

Figura 3.48 – Determinazione di componenti delle azioni interne nella struttura isostatica (a) mediante PLV: (b) calcolo di M_D; (c) calcolo di T_{DE}.

Si accenna solo al fatto che, volendo calcolare con l'approccio visto l'azione assiale in una trave, bisogna inserire nella sezione in esame un manicotto fittizio, come mostrato qualitativamente in Fig. 3.49.

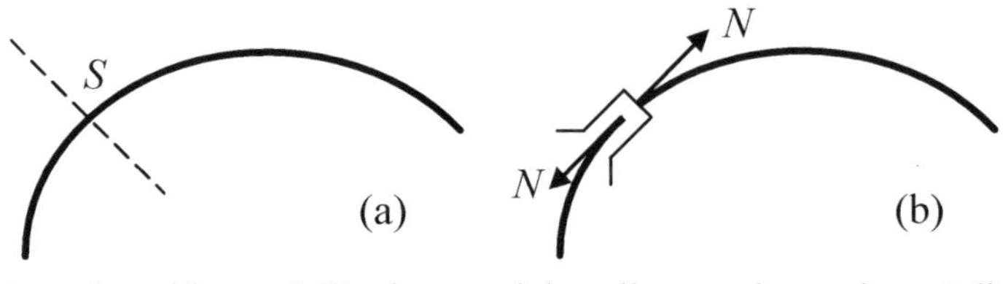

Figura 3.49 – Messa in evidenza dell'azione assiale nella generica sezione S di una trave (a) mediante introduzione di un manicotto fittizio (b).

3.7 Influenza dell'ipotesi di piccoli spostamenti. Il principio di sovrapposizione degli effetti

A conclusione dello studio della statica dei sistemi di travi isostatici, vale la pena di sottolineare un'ipotesi che è stata implicitamente assunta nella trattazione e che ha importanti risvolti concettuali.

Si può osservare che le equazioni di equilibrio utilizzate per la determinazione delle sollecitazioni nelle strutture analizzate sono sempre lineari. La loro linearità discende dal fatto che l'equilibrio è stato imposto con riferimento alla configurazione iniziale indeformata della struttura. Ciò è coerente con l'ipotesi di partenza (Par. 3.1) in base alla quale si considerano, in questa parte del testo, sistemi di corpi rigidi correttamente vincolati. Peraltro, a rigore, l'equilibrio di una struttura reale, composta da elementi di rigidezza finita, s'instaura sempre in una configurazione deformata, che sarà più o meno discosta da quella iniziale a seconda della deformabilità di tali elementi. In sostanza, in quanto fin qui visto si è implicitamente assunto che gli spostamenti subiti della struttura per portarsi nella configurazione di equilibrio fossero così piccoli da essere ininfluenti sul valore delle sollecitazioni.

Per chiarire quanto detto, si consideri l'arco a tre cerniere di Fig. 3.50a. Imponendo l'equilibrio del nodo A nella configurazione indeformata della struttura (Fig. 3.50b), si ricava un valore dell'azione assiale nelle aste pari a

$$N_{AC} = N_{BC} = -P/\sqrt{2}.$$

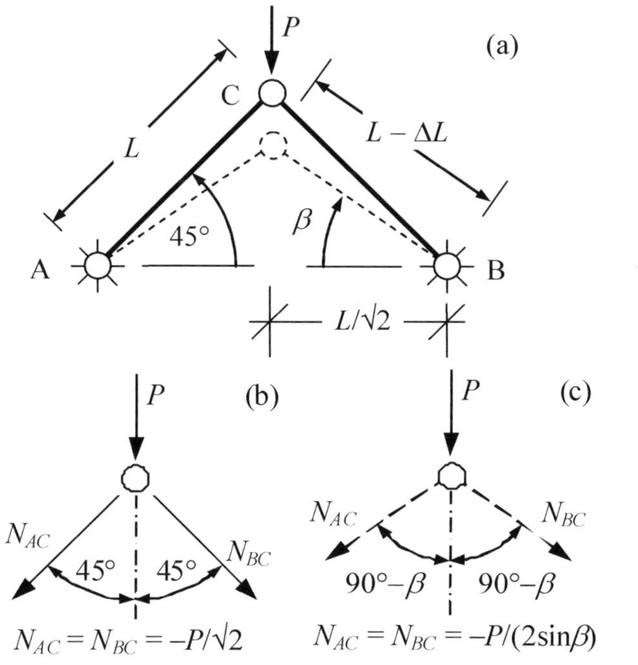

Figura 3.50 – (a) Arco a tre cerniere soggetto a carico verticale in sommità: determinazione delle azioni interne con riferimento (b) alla geometria indeformata o (c) deformata.

Se invece si tenesse conto del fatto che l'equilibrio s'instaura in una configurazione deformata, l'inclinazione delle due aste sull'orizzontale non potrebbe più essere assunta pari a 45°: detta β tale inclinazione incognita ($\beta \leq 45°$), imponendo l'equilibrio del nodo A nella configurazione deformata si ricava (Fig. 3.50c):

$$N_{AC} = N_{BC} = -P/(2\sin\beta).$$

Essendo $\beta = \beta(P)$, si ottiene un legame fra sollecitazioni e carichi non lineare.

A titolo di esempio, si riporta in Fig. 3.51 il diagramma carico–azione assiale che si ottiene ipotizzando che la variazione di lunghezza specifica ($\Delta L/L$) delle aste AC e BC sia linearmente proporzionale all'azione assiale in esse presente attraverso una stessa costante di proporzionalità k_a ('rigidezza assiale' delle aste): $N = k_a\Delta L/L$. Si vede che, per piccoli valori di P/k_a, è lecito supporre che il legame P–N sia lineare, ma che, al crescere di P/k_a, la linearità viene meno. E' chiaro che, quanto più rigide sono le aste (cioè quanto maggiore è k_a), tanto più ampio è l'intervallo di valori del carico P in cui l'ipotesi di linearità è lecita.

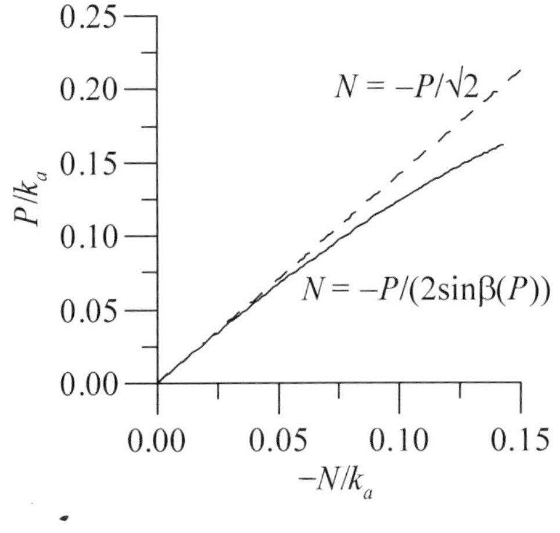

Figura 3.51 – Diagramma carico–azione assiale per l'arco a tre cerniere di Fig. 3.50a con riferimento alla configurazione indeformata (in tratteggio) o a quella deformata (a tratto continuo).

La maggior parte delle strutture d'interesse ingegneristico vengono dimensionate in modo da essere sufficientemente rigide: ciò garantisce automaticamente il soddisfacimento dell'ipotesi di piccoli cambiamenti di configurazione. Tale ipotesi verrà pertanto sottintesa quasi in tutto il testo. Nel Cap. 5 si vedrà peraltro che, in taluni casi, ritenere che gli spostamenti siano ininfluenti sull'equilibrio può condurre ad un'errata valutazione della sicurezza di una struttura in cui siano presenti elementi compressi.

Conseguenza della linearità delle equazioni che governano il problema è la validità del principio di sovrapposizione degli effetti, che si può così enunciare: 'gli effetti prodotti in una struttura da una famiglia di carichi sono pari alla somma degli effetti dei singoli carichi, pensati agenti separatamente sulla struttura'. Nel caso delle strutture isostatiche, basta l'ipotesi di piccoli spostamenti (e quindi, la linearità delle equazioni di equilibrio) a garantire la validità del principio ai fini del calcolo delle sollecitazioni; nel caso delle strutture iperstatiche (e dei solidi tridimensionali in generale), è necessaria la linearità di tutte le equazioni che governano il problema per la sua validità.

A titolo d'illustrazione del principio di sovrapposizione degli effetti, si supponga di dover calcolare le sollecitazioni nella trave isostatica di Fig. 3.52, soggetta sia ad una forza verticale P che ad una coppia concentrata W applicate in una generica sezione a distanza a dall'estremo di sinistra della trave. Senza procedere ad un calcolo esplicito delle reazioni vincolari e delle azioni interne, è possibile trovare la soluzione cercata semplicemente sommando le soluzioni ricavate supponendo la trave soggetta separatamente ad una forza concentrata (Fig. 3.22) e ad una coppia concentrata (Fig. 3.24). In Fig. 3.52 sono riportati i diagrammi del taglio e del momento flettente risultanti, ipotizzando $W = P \times L$. Si sottolinea che tale possibilità viene meno in presenza di non linearità dovute, ad esempio, a *grandi spostamenti* (si veda quanto detto a proposito dell'arco di Fig. 3.50).

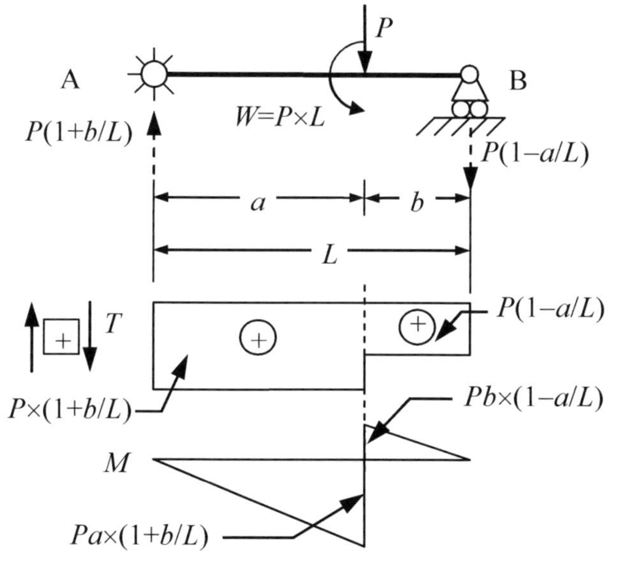

Figura 3.52 – Trave soggetta a una forza e una coppia: determinazione delle azioni interne applicando il principio di sovrapposizione degli effetti ai risultati mostrati nelle Figg. 3.22 e 3.24.

Bibliografia

[1] O. Belluzzi 'Scienza delle costruzioni. Volume 1', Zanichelli, Bologna, 1981.
[2] P. Biscari, T. Ruggeri, G. Saccomandi, M. Vianello 'Meccanica Razionale per l'Ingegneria', Monduzzi, Bologna, 2007.
[3] M. Capurso 'Lezioni di Scienza delle Costruzioni', Pitagora, Bologna, 1984.
[4] A. Carpinteri 'Scienza delle Costruzioni. Volume 1', Pitagora, Bologna, 1992.
[5] C. Comi, L. Corradi 'Introduzione alla meccanica strutturale', McGraw–Hill, Milano, 2003.
[6] V. Franciosi 'Fondamenti di scienza delle costruzioni. Volume 2: teoria della trave', Liguori, Napoli, 1987.
[7] L. Gambarotta, L. Nunziante, A. Tralli 'Scienza delle Costruzioni', McGraw–Hill, Milano, 2003.
[8] A. Sollazzo, U. Ricciuti 'Scienza delle costruzioni. Volume 1: statica dei sistemi rigidi', UTET, Torino, 1983.
[9] S. Timoshenko, D.H. Young 'Engineering mechanics: statics', McGraw Hill, New York, 1937.
[10] A. Zavelani Rossi 'Problemi di scienza delle costruzioni: cinematica e statica', CLUP, Milano,1989.

ESERCIZI

1. Calcolare (a) le reazioni vincolari e (b) le azioni interne nella struttura di Fig. 3.53. Si ponga per comodità $q = P/L$ e $W = PL$.

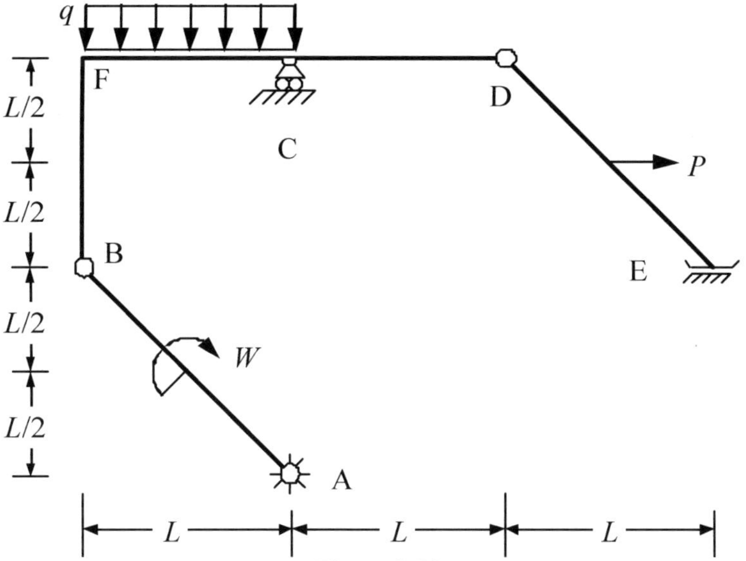

Figura 3.53

Svolgimento:

(a) le 5 reazioni incognite nei vincoli a terra (v. Fig. 3.54a) possono essere calcolate, ad esempio, con le equazioni di equilibrio:

$$\sum X = 0 \quad \Rightarrow H_A + P = 0;$$
$$\sum M_B(\text{AB}) = 0 \quad \Rightarrow V_A \times L + H_A \times L - W = 0;$$
$$\sum M_A = 0 \quad \Rightarrow V_E \times 2L + W_E - W + qL \times (L/2) - P \times (3L/2) = 0;$$
$$\sum M_D(\text{DE}) = 0 \quad \Rightarrow V_E \times L + W_E + P \times (L/2) = 0;$$
$$\sum Y = 0 \quad \Rightarrow V_A + V_C + V_E - qL = 0.$$

Se ne ricava: $H_A = -P$, $V_A = 2P$, $V_C = -7P/2$, $V_E = 5P/2$, $W_E = -3PL$.

(b) note le reazioni vincolari a terra, le azioni interne si calcolano immediatamente partendo da uno degli estremi della struttura (A o E) e percorrendola verso l'estremo opposto. I diagrammi risultanti sono mostrati nelle Figg. 3.54b,c,d. In particolare, utilizzando l'ascissa mostrata in Fig. 3.54a, l'equazione del momento flettente sul tratto uniformemente caricato FC (positivo se tende le fibre inferiori) si scrive:

$$M_{FC} = qL^2 + 2qLx - \tfrac{1}{2}\, qx^2.$$

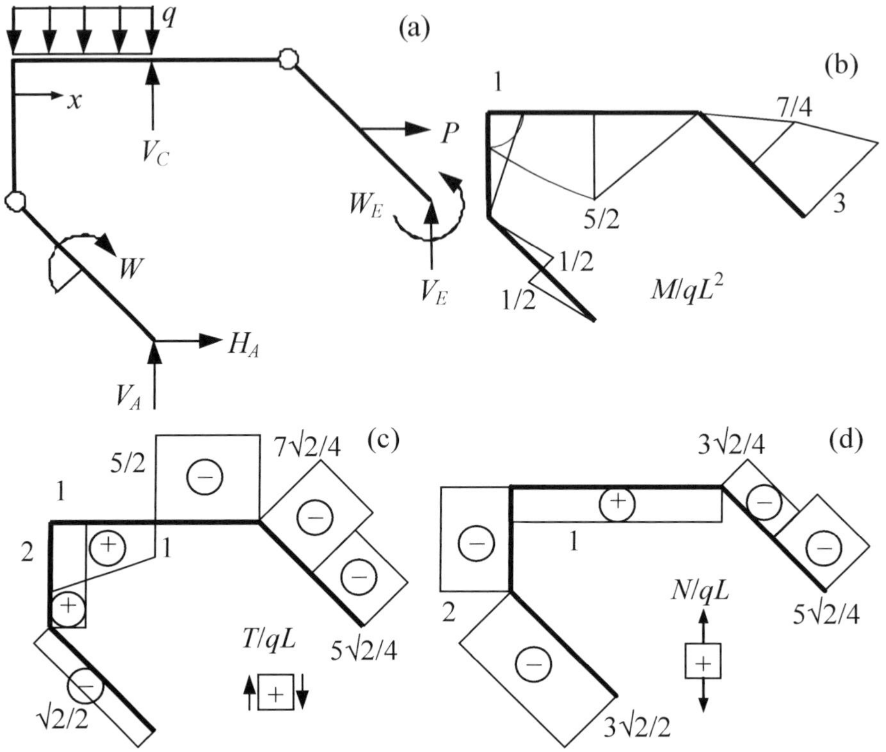

Figura 3.54 – Struttura di Fig. 3.53: (a) reazioni vincolari incognite; (b,c,d) diagrammi delle azioni interne.

2. Calcolare le reazioni vincolari e le azioni interne nella 'trave Gerber' di Fig. 3.55.

Svolgimento:
L'analisi cinematica della struttura mostra come l'asta DEF sia correttamente collegata a terra tramite cerniera (F) e carrello (E). Su di essa s'imposta la sottostruttura ABCD, assimilabile ad un arco a tre 'cerniere' non allineate (e precisamente: A, il c.i.r. relativo fra AB e BCD = punto improprio delle rette orizzontali del piano del disegno e il c.i.r. assoluto di BCD = punto improprio degli assi dei carrelli C e D).

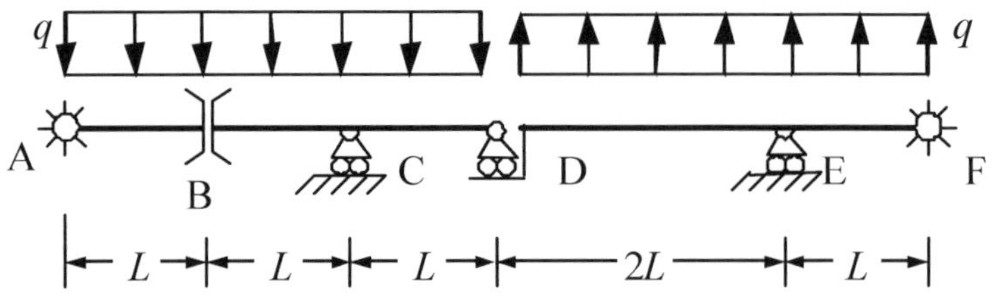

Figura 3.55 – 'Trave Gerber' soggetta a carichi uniformi di verso opposto su due tratti.

Può dunque essere comodo studiare dapprima la sottostruttura ABCD, ricavando le reazioni che essa scambia col terreno e con l'asta DEF attraverso i rispettivi vincoli (Fig. 3.56a). Dopodiché, si analizza l'asta DEF considerando fra i carichi su di essa agenti anche la reazione che le trasmette il tratto ABCD attraverso il carrello D (Fig. 3.56b). I valori delle reazioni incognite sono mostrati in Fig. 3.56.

I diagrammi del momento flettente e dell'azione tagliante nella struttura sono mostrati in Fig. 3.57 (l'azione assiale è manifestamente nulla).

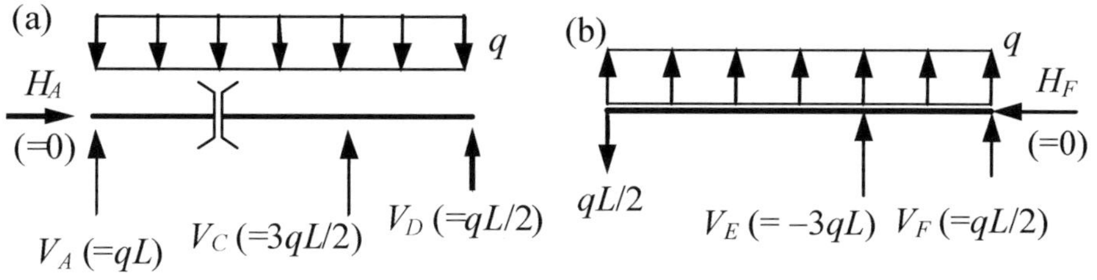

Figura 3.56 – Struttura di Fig. 3.55: calcolo delle reazioni vincolari (a) della sottostruttura ABCD; (b) della sottostruttura DEF.

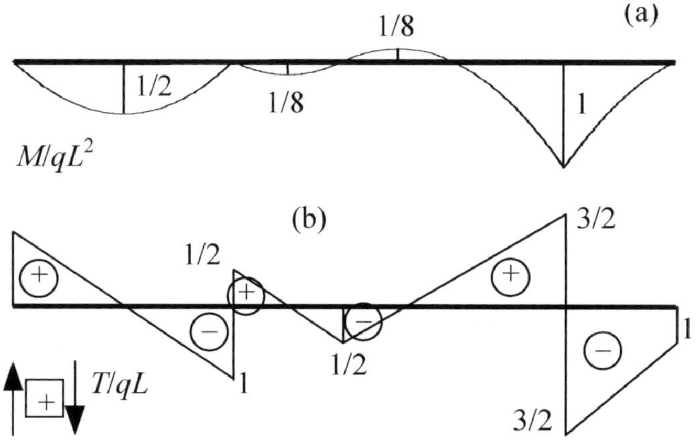

Figura 3.57 – Struttura di Fig. 3.55: diagrammi delle azioni interne.

3. Determinare le reazioni vincolari e le azioni interne nella struttura di Fig. 3.58. I piani di scorrimento dei vincoli obliqui in C e F sono inclinati di 45° sulla verticale. Si ponga per comodità $W = qb^2$.

Svolgimento:
Si calcolano dapprima le reazioni nei vincoli a terra. Si mostra, a titolo di esempio, come sia possibile effettuare il calcolo utilizzando il PLV per sistemi articolati di aste rigide (v. Par. 3.6), in alternativa all'abituale scrittura di equazioni di equilibrio.

Volendo determinare la reazione nel carrello H (H_H), si sopprime idealmente tale vincolo (Fig. 3.59a): i c.i.r. assoluti delle aste 1 e 2 sono quelli già trovati nell'es. 5 del Cap. 2, indicati con ω_1 e ω_2 in Fig. 3.59a. Si imprime quindi alla struttura resa labile una spostata rigida compatibile coi vincoli residui, quale quella visualizzata in Fig. 3.59a: gli angoli di rotazione infinitesimi delle due aste collegate al terreno sono stati indicati con $\delta\theta_1$ e $\delta\theta_2$. Il legame fra questi due angoli si trova imponendo l'uguaglianza fra le componenti dello spostamento dell'estremo comune alle aste 1 e 2 lungo l'asse del carrello C; con i simboli di Fig. 3.59b, deve quindi risultare:

$$\delta s_C^{(1)} \cos(45° - \alpha) = \delta s_C^{(2)},$$

dove $\alpha = \text{acrtcg}(1/5)$; essendo $\delta s_C^{(1)} = (2b/\cos\alpha)\times\delta\theta_1$ e $\delta s_C^{(2)} = 2\sqrt{2}b\times\delta\theta_2$, si ricava $\delta\theta_2 = (3/5)\times\delta\theta_1$.

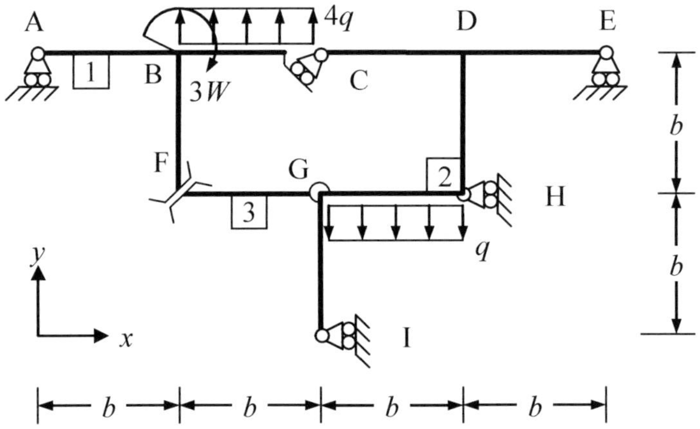

Figura 3.58

Per il PLV il valore della reazione incognita che garantisce l'equilibrio della struttura coi carichi esterni è:

$$\delta^*L \equiv \textstyle\sum_i P_i\, \delta U_i = 0,$$

per ogni sistema di spostamenti virtuali infinitesimi e congruenti coi vincoli. Operativamente, le componenti di spostamento δU_i si calcolano come prodotto della rotazione virtuale dell'asta su cui agisce la forza P_i per il braccio della forza rispetto al c.i.r. dell'asta stessa. Pertanto, nel caso in esame:

$$\delta^*L \equiv -3W\times\delta\theta_1 + 4qb\times(3b/2\times\delta\theta_1) - qb\times(3b/2\times\delta\theta_2) + H_H\times(b\times\delta\theta_2) = 0,$$
$$\forall\ \delta\theta_1 \text{ (con } \delta\theta_2 = 3\delta\theta_1/5)$$

(si veda anche quanto detto nel Par. 3.6 nel caso di coppie e carichi distribuiti). Se ne ricava

$$H_H = -7qb/2.$$

Le altre reazioni a terra si calcolano con procedura analoga: in particolare, per la determinazione della reazione nel carrello I si sfrutteranno i risultati dell'es. 5 del Cap. 2. In definitiva, con ovvio significato dei simboli, si ottiene:

$$V_A = -2qb,\ V_E = -qb,\ H_I = 7qb/2$$

(reazioni positive se concordi con gli assi x, y di Fig. 3.58).

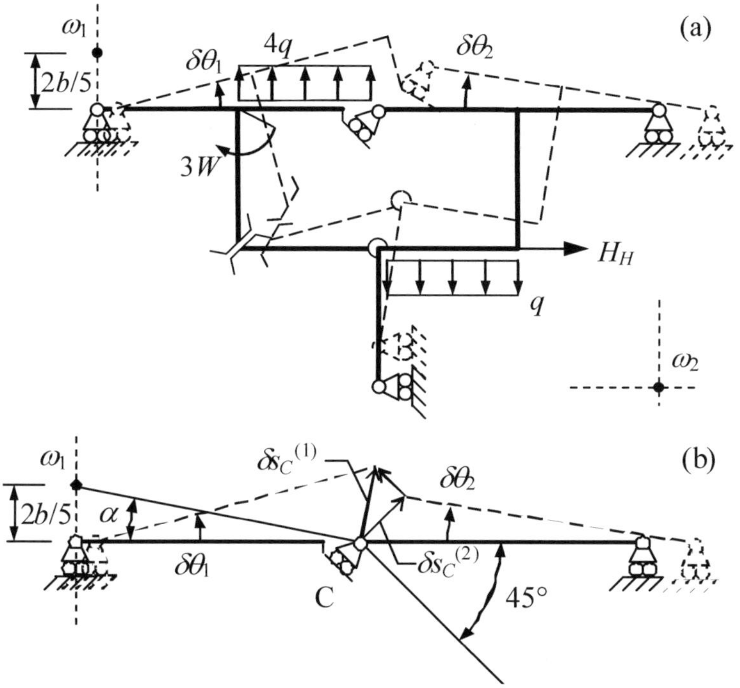

Figura 3.59 – (a) Spostata rigida virtuale per la struttura di Fig. 3.58 privata del carrello H; (b) legame fra le componenti dello spostamento virtuale dell'estremo C delle aste 1 e 2.

Per determinare le azioni interne, è necessario ridurre la struttura ad uno schema 'ad albero': a tal fine, si devono determinare le reazioni che due parti di struttura si scambiano attraverso una generica sezione dell'anello chiuso in essa presente. Ad esempio, si può immaginare di aprire l'anello nella sezione C, sopprimendo idealmente il carrello che collega le aste 1 e 2 ed evidenziando la reazione R_C che tali aste si trasmettono (v. Fig. 3.60). L'asta 2 della struttura privata del carrello C è correttamente vincolata al terreno e quindi non ammette c.i.r. Il c.i.r. assoluto dell'asta 1 (ω_1) si trova sull'intersezione fra l'asse del carrello A e la retta passante per B e G, che è il luogo dei c.i.r. assoluti dell'asta 1 consentiti dall'asta 3 (v. Fig. 3.60).

Assegnata alla struttura una spostata rigida compatibile coi vincoli residui, caratterizzata da una rotazione virtuale $\delta\theta_1$ dell'asta 1 attorno a ω_1 (v. Fig. 3.60), l'equazione dei lavori virtuali che consente la determinazione di R_C è:

$$(\delta^*L \equiv) -3W\times\delta\theta_1 + 4qb\times(3b/2\times\delta\theta_1) + R_C\times(3b\sqrt{2}/2\times\delta\theta_1) = 0 \;\forall\,\delta\theta_1$$

da cui $R_C = -qb\sqrt{2}$.

In Fig. 3.61a sono evidenziate le reazioni nei vincoli a terra e nel vincolo interno C. Da queste, è possibile risalire ai diagrammi delle azioni interne mostrati nelle Figg. 3.61b,c,d.

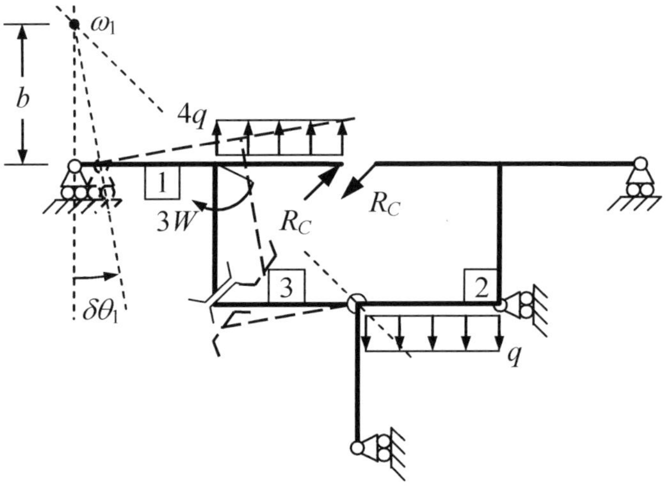

Figura 3.60 – Spostata rigida virtuale per la struttura di Fig. 3.58 privata del carrello C.

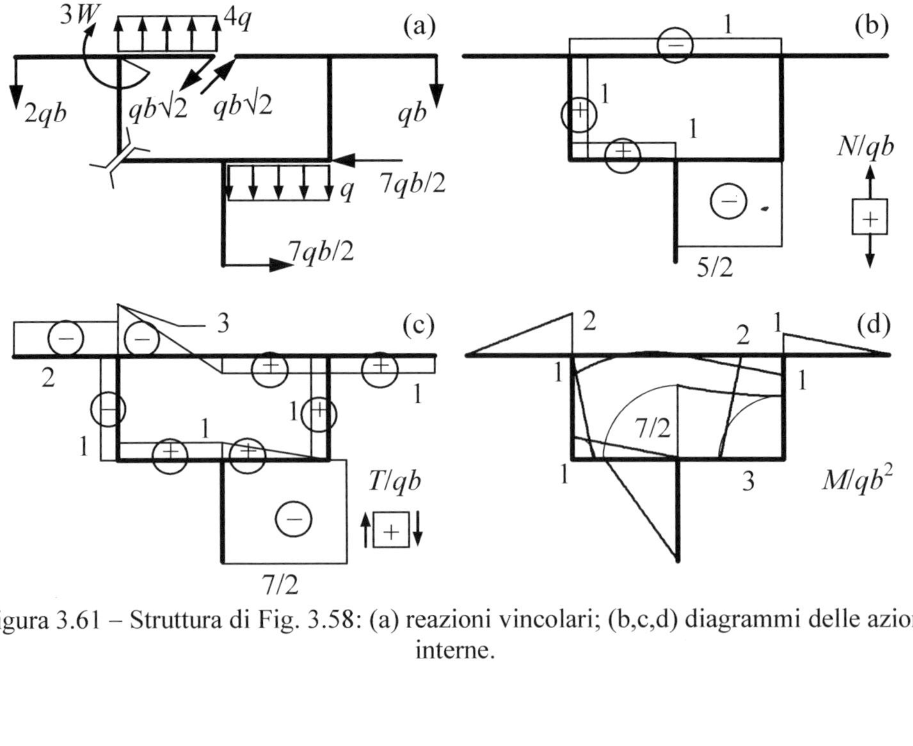

Figura 3.61 – Struttura di Fig. 3.58: (a) reazioni vincolari; (b,c,d) diagrammi delle azioni interne.

4. Determinare le reazioni vincolari e le azioni interne nella struttura di Fig. 3.62.

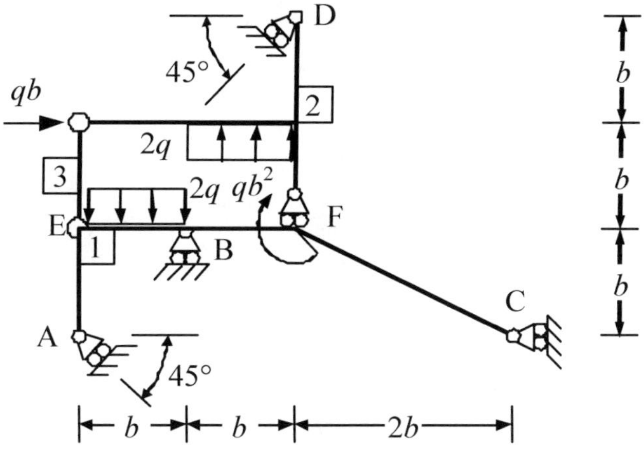

Figura 3.62

Svolgimento parziale:
Analogamente a quanto fatto nell'esercizio precedente, si utilizza il PLV per il calcolo delle reazioni vincolari. Sopprimendo il carrello A, sfruttando quanto visto nell'es. 4 del Cap. 2 e rifacendosi alla Fig. 3.63a si impone:

$$qb^2\times\delta\theta_1 - 2qb\times(b/2\times\delta\theta_1) - 2qb\times(b/2\times\delta\theta_2) + R_A\times(b\sqrt{2}/2\times\delta\theta_1) = 0, \ \forall\delta\theta_1$$
$$(\text{con } \delta\theta_2 = \delta\theta_1),$$

da cui

$$R_A = \sqrt{2}qb.$$

Procedendo in maniera analoga, si ricavano le altre reazioni nei vincoli a terra, mostrate in Fig. 3.64a.

La reazione nel vincolo interno F può essere calcolata considerando il cinematismo di Fig. 3.63b (che interessa solo le aste 2 e 3) attraverso l'equazione dei lavori virtuali:

$$-2qb\times(3b/2\times\delta\theta_2) + qb\times(b\times\delta\theta_3) + R_F\times(2b\times\delta\theta_2) = 0, \ \forall\delta\theta_2 \ (\text{con } \delta\theta_3 = \delta\theta_2),$$

da cui

$$R_F = -qb.$$

E' a questo punto possibile determinare le azioni interne nella struttura, i cui diagrammi sono riportati nelle Figg. 3.64 b,c,d.

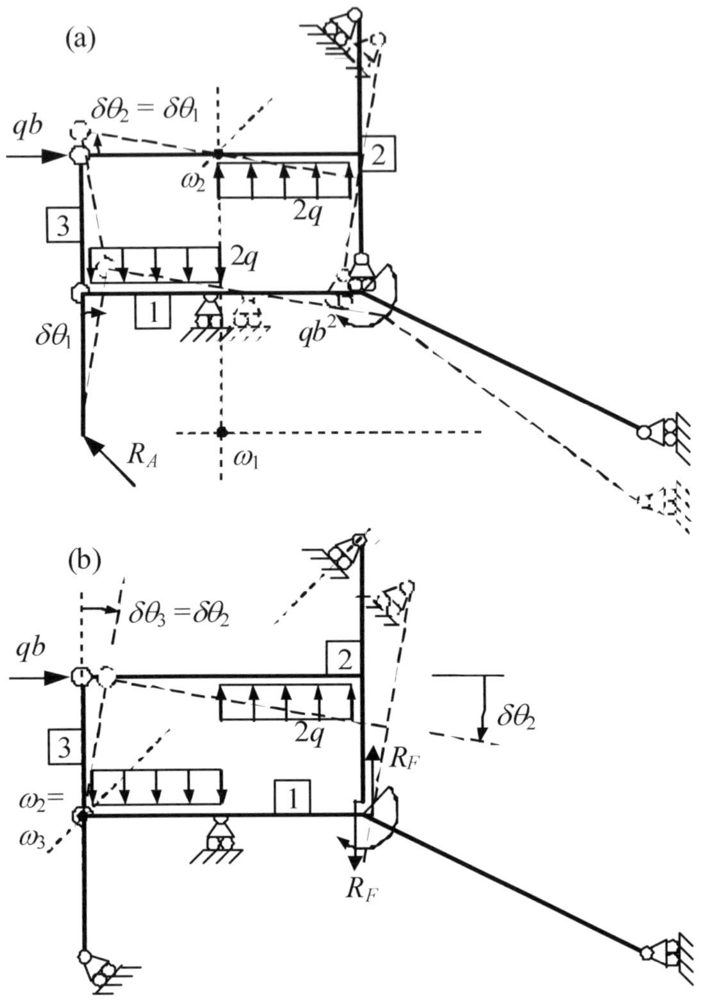

Figura 3.63 – Spostata rigida virtuale per la struttura di Fig. 3.62 (a) privata del carrello a terra A; (b) privata del carrello interno F.

5. Calcolare reazioni vincolari e azioni interne nella struttura di Fig. 3.65. I vincoli in A, H, E hanno tutti piano di scorrimento inclinato di 45° rispetto all'orizzontale. Si ponga per comodità $q = F/b$ e $W = Fb$. L'intensità dei carichi distribuiti è rapportata alla lunghezza delle proiezioni delle aste CE e BG sulla verticale.

Svolgimento:

L'analisi cinematica della struttura mostra che l'anello esterno ABGFCE può essere ricondotto a un quadrilatero articolato correttamente vincolato. Infatti, le aste 1 e 2 sono collegate a terra, rispettivamente, dalla cerniera C e da una cerniera fittizia posta nell'intersezione degli assi dei carrelli A e B (Fig. 3.66a). Le due aste sono poi collegate fra loro dalle due 'bielle' 3 e 4, a cui corrisponde un c.i.r. relativo in F (Fig. 3.66b). Su tale corpo rigido, solidale col terreno, s'imposta poi l'asta 5, che è dunque correttamente vincolata a terra da tre carrelli (D, H, I) con assi non concorrenti (Fig. 3.66c).

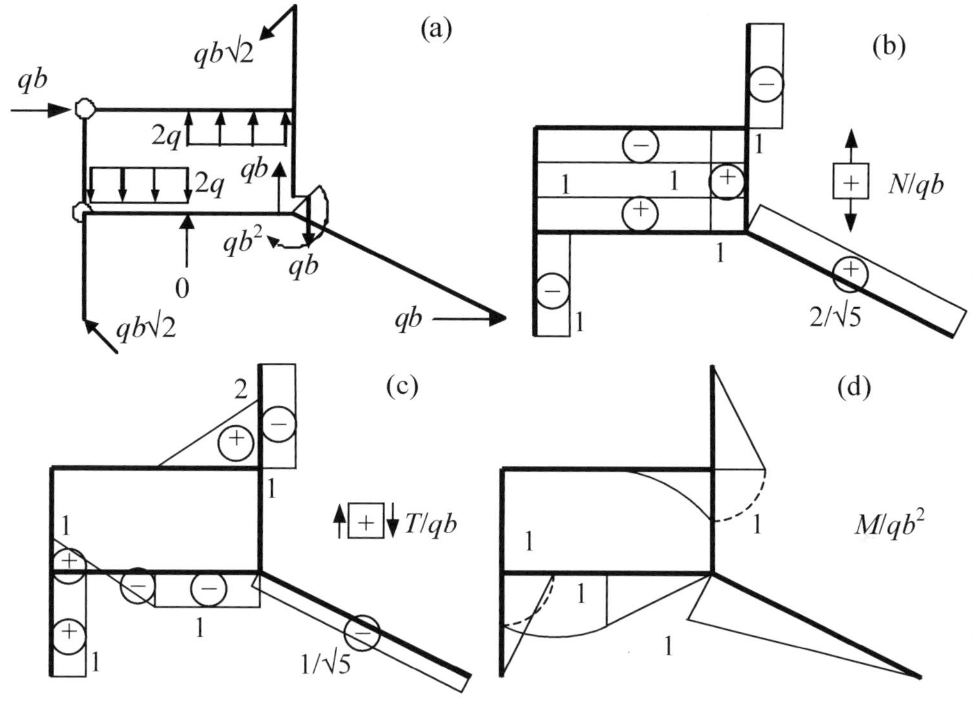

Figura 3.64 – Struttura di Fig. 3.62: (a) reazioni vincolari; (b,c,d) diagrammi delle azioni interne.

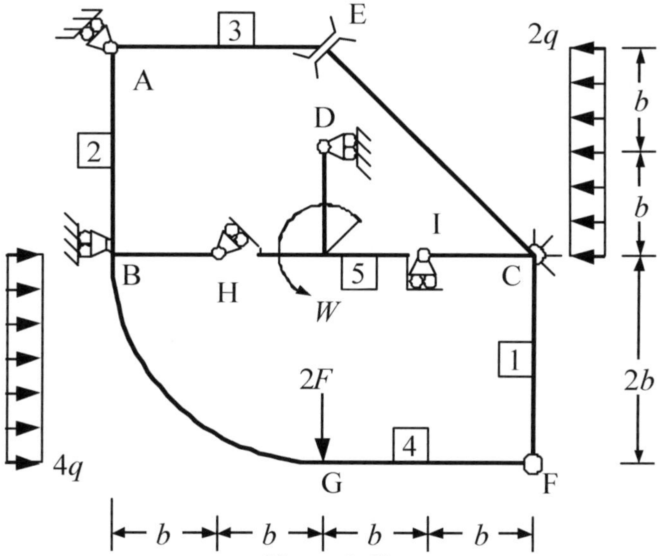

Figura 3.65

Tale analisi suggerisce di adottare anche per questa struttura lo schema di analisi 'per sottostrutture' già utilizzato con riferimento all'es. 2, studiando quindi separatamente dapprima l'asta 5 e poi l'anello esterno, sottoposto, oltre che ai carichi esterni, anche alle reazioni trasmesse in H e I dall'asta 5.

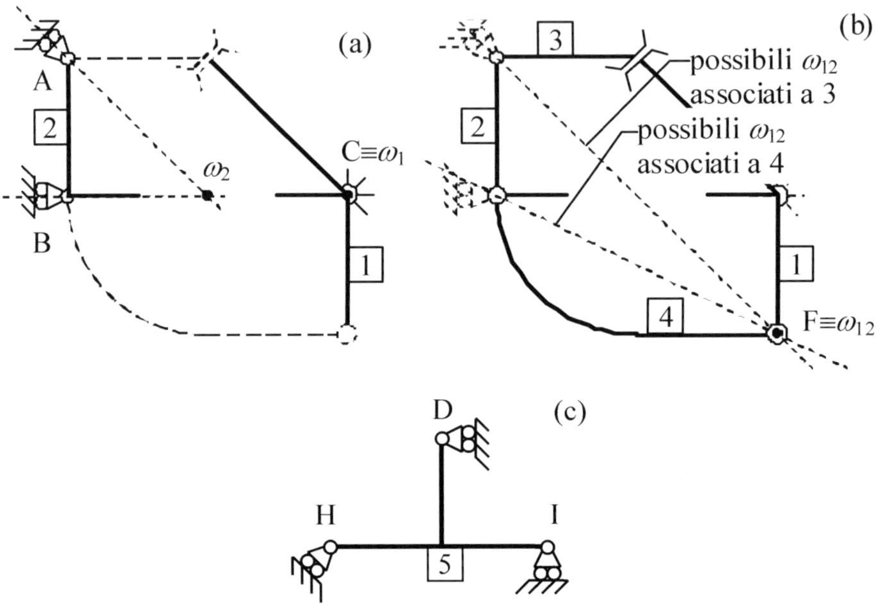

Figura 3.66 – Analisi cinematica della struttura di Fig. 3.65: (a) determinazione dei c.i.r. assoluti delle aste 1 e 2; (b) determinazione del c.i.r. relativo fra le aste 1 e 2; (c) collegamenti 'a terra' dell'asta 5.

Scrivendo tre equazioni di equilibrio per l'asta 5 isolata dal resto (v. Fig. 3.67a), si ottiene facilmente:

$$H_D = -F, \qquad R_H = F\sqrt{2}, \qquad V_I = -F.$$

Il calcolo delle restanti reazioni vincolari a terra (R_A, H_B, H_C, V_C) richiede l'apertura dell'anello chiuso esterno. Torna comodo aprire tale anello nell'estremo sinistro dell'asta 3, in quanto la reazione in tale estremo (R_{AE}) ha direzione nota a priori (v. Fig. 3.67b). Le 5 reazioni incognite si ricavano imponendo ad esempio

- $\sum M_C = 0 \quad \Rightarrow R_A\times(b\sqrt{2}) + F\sqrt{2}\times(3\sqrt{2}b/2) - F\times(b) + 8qb\times(b) + 4qb\times(b) + 2F\times(2b) = 0;$
- $\sum Y = 0 \quad \Rightarrow -R_A\sqrt{2}/2 - 2F + V_C = 0;$
- $\sum M_B(\text{AB}) = 0 \quad \Rightarrow -R_A\times(b\sqrt{2}) - R_{AE}\times(b\sqrt{2}) - F\sqrt{2}\times(b\sqrt{2}/2) = 0;$
- $\sum M_F(\text{FBA}) = 0 \quad \Rightarrow -H_B\times(2b) - 8qb\times(b) + 2F\times(2b) + F\sqrt{2}\times(5\sqrt{2}b/2) = 0;$
- $\sum X = 0 \quad \Rightarrow R_A\sqrt{2}/2 + H_B + 8qb - 4qb + H_C - F = 0.$

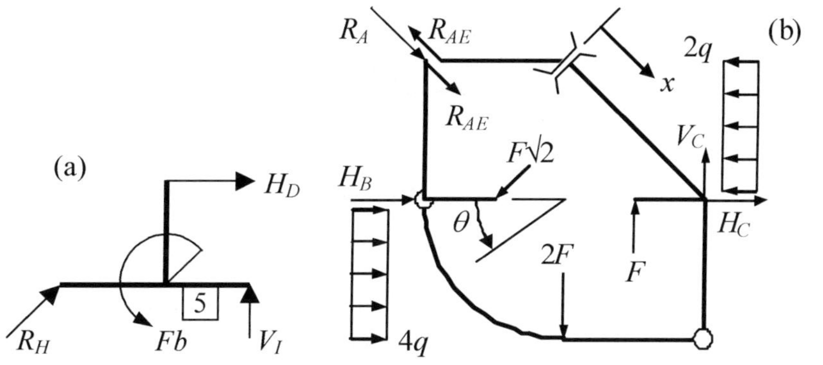

Figura 3.67 – Determinazione delle reazioni vincolari per la struttura di Fig. 3.65: (a) asta 5 isolata; (b) anello esterno isolato.

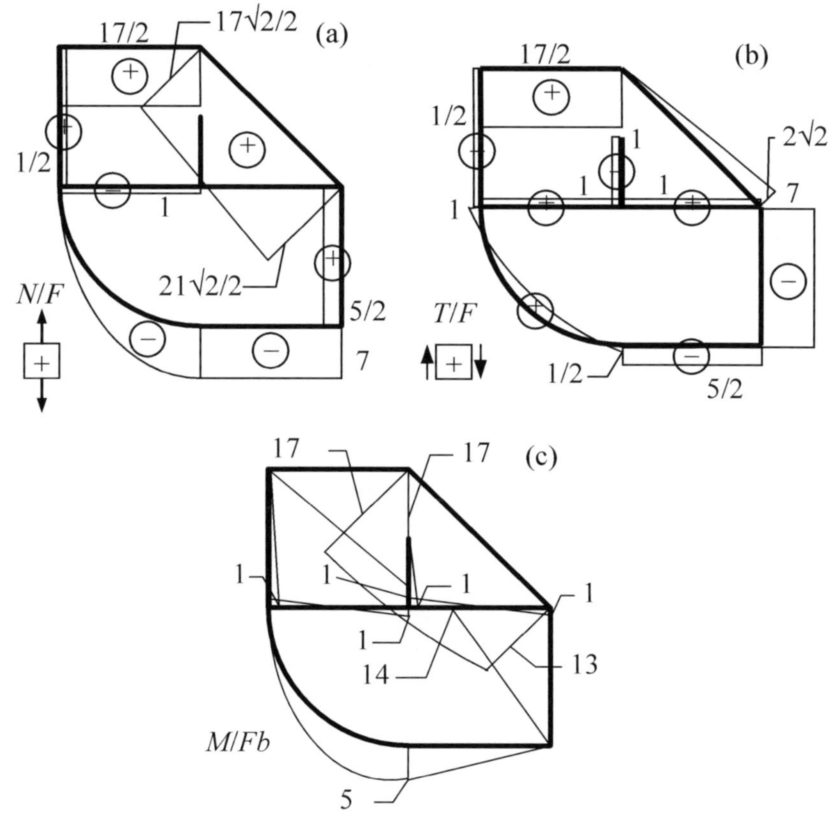

Figura 3.68 – Diagrammi delle azioni interne nella struttura di Fig. 3.65.

Queste 5 equazioni di equilibrio consentono di ricavare in sequenza

$$R_A = -9\sqrt{2}F,\ V_C = -7F,\ R_{AE} = 17\sqrt{2}F/2,\ H_B = F/2,\ H_C = 11F/2.$$

A questo punto è possibile determinare le azioni interne nella struttura: i relativi diagrammi sono mostrati nelle Figg. 3.68a,b,c. Si noti in particolare che l'azione assiale nelle aste soggette a carico distribuito è variabile (si veda quanto detto al proposito nel Par. 3.4): utilizzando le coordinate x e θ mostrate in Fig. 3.67b, le equazioni dell'azione assiale in tali aste si scrivono:

$$N_{EC}(x) = 17\sqrt{2}F/2 + qx \; (\Rightarrow N_{EC} = 17\sqrt{2}F/2 \text{ in E; } 21\sqrt{2}F/2 \text{ in C});$$
$$N_{BG}(\theta) = F(\sin\theta - \tfrac{1}{2}\cos\theta - 8\sin^2\theta) \; (\Rightarrow N_{BG} = -F/2 \text{ in B; } -7F \text{ in G}).$$

L'azione tagliante sulle stesse aste ha equazione:

$$T_{EC}(x) = -qx \; (\Rightarrow T_{EC} = 0 \text{ in E; } -2\sqrt{2}F \text{ in C});$$
$$T_{BG}(\theta) = -F(\cos\theta + \tfrac{1}{2}\sin\theta - 4\sin 2\theta) \; (\Rightarrow T_{BG} = -F \text{ in B; } -F/2 \text{ in G}).$$

Infine, l'equazione del momento flettente sulle aste soggette a carico distribuito (positivo se tende le fibre interne dell'anello ABFCE) si scrive:

$$M_{EC}(x) = 17Fb - \tfrac{1}{2}qx^2 \; (\Rightarrow M_{EC} = 17Fb \text{ in E; } 13Fb \text{ in C});$$
$$M_{BG}(\theta) = Fb(1 - \cos\theta + 2\sin\theta - 8\sin^2\theta) \; (\Rightarrow M_{BG} = 0 \text{ in B; } -5Fb \text{ in G}).$$

6. Calcolare reazioni vincolari e azioni interne nella struttura di Fig. 3.69. Si ponga per comodità $F = qb$. L'intensità del carico distribuito orizzontale è rapportata alla lunghezza delle proiezioni delle aste curve sulla verticale.

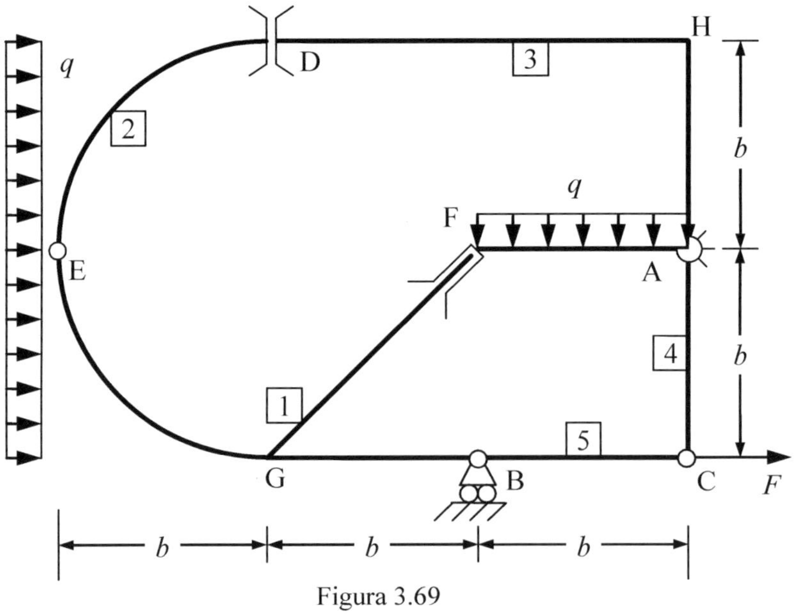

Figura 3.69

Svolgimento:
L'analisi cinematica della struttura mostra che l'anello chiuso AHDEGF può essere ricondotto a un corpo rigido, poiché i tre vincoli doppi in esso presenti (D,E,F)

sono associati a tre c.i.r. relativi fra le aste che collegano non allineati (v. Par. 2.3, Fig. 2.23). A sua volta, questo corpo rigido forma un ulteriore anello chiuso con le aste 4 e 5, che risulta correttamente vincolato in quanto le cerniere A,B,C in esso presenti non sono allineate. In definitiva, la struttura è internamente riconducibile a un unico corpo rigido, correttamente vincolato a terra dalla cerniera A e dal carrello B, il cui asse non passa per A.

Accertato che la struttura è correttamente vincolata, si calcolano le tre reazioni nei vincoli a terra (v. Fig. 3.70a) mediante tre equazioni di equilibrio globale, ad esempio:

- $\sum X = 0 \quad \Rightarrow H_A + q\times(2b) + F = 0;$
- $\sum M_F = 0 \quad \Rightarrow V_A\times b - qb\times(b/2) + F\times b = 0;$
- $\sum M_A = 0 \quad \Rightarrow -V_B\times b + qb\times(b/2) + F\times b = 0;$

Se ne ricava, rispettivamente:

$$H_A = -3F,\ V_A = -F/2;\ V_B = 3/2F.$$

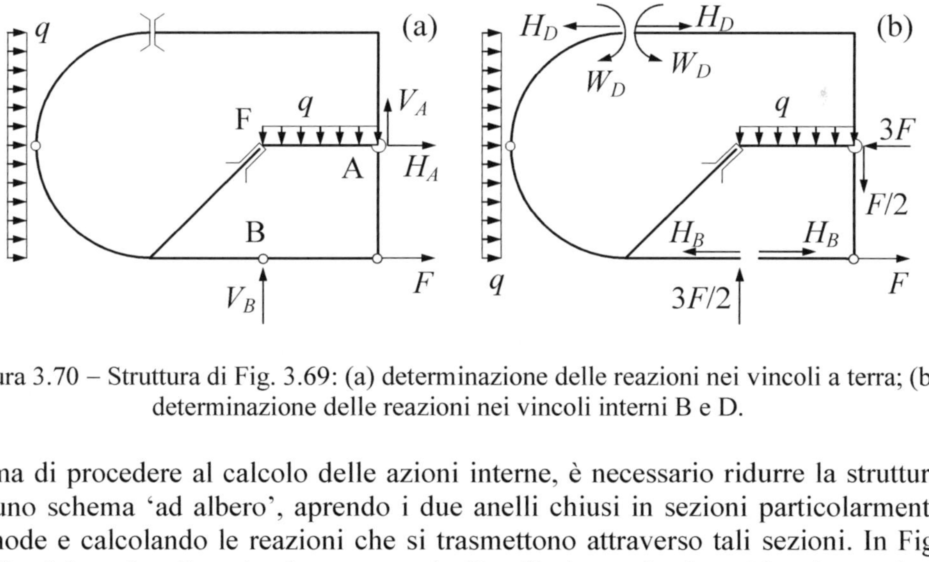

Figura 3.70 – Struttura di Fig. 3.69: (a) determinazione delle reazioni nei vincoli a terra; (b) determinazione delle reazioni nei vincoli interni B e D.

Prima di procedere al calcolo delle azioni interne, è necessario ridurre la struttura ad uno schema ‘ad albero’, aprendo i due anelli chiusi in sezioni particolarmente comode e calcolando le reazioni che si trasmettono attraverso tali sezioni. In Fig. 3.70b si è scelto di aprire la struttura in B e D, in modo da evidenziare solo 3 reazioni incognite.[16] Tali reazioni possono essere determinate mediante equazioni che, idealmente, negano ai carichi esterni la possibilità di sfruttare i gradi di libertà acquisiti dalla struttura aperta internamente. Nel caso in esame, si può scrivere:

- $\sum M_A(\mathrm{ACB}) = 0 \quad \Rightarrow H_B\times b + F\times b = 0;$
- $\sum F_{45°}(\mathrm{FBD}) = 0 \quad \Rightarrow -H_B\times\sqrt{2}/2 - H_D\times\sqrt{2}/2 + 2qb\times\sqrt{2}/2 + 3F/2\times\sqrt{2}/2 = 0.$
- $\sum M_E(\mathrm{ED}) = 0 \quad \Rightarrow H_D\times b - W_D - qb\times(b/2) = 0;$

[16] Si noti che l’asta 5 è scarica e risulta soggetta solo ad azione assiale. Il taglio idealmente praticato nell’asta 5 va pensato immediatamente a destra dell’appoggio a terra B.

Si ottiene così, in sequenza:

$$H_B = -F;\ H_D = 9F/2;\ W_D = 4Fb.$$

A questo punto, è possibile tracciare i diagrammi delle azioni interne nella struttura. Nelle Figg. 3.71a,b sono mostrati gli schemi che consentono la determinazione delle azioni interne nei tratti soggetti a carico distribuito (rispettivamente, AF e DEG). Dall'equilibrio del tratto di struttura riportato in Fig. 3.71a si ricava:

$$\begin{aligned}
&\sum X = 0 && \Rightarrow -N_{\mathrm{AF}} + 9F/2 - 3F = 0 \Rightarrow N_{\mathrm{AF}} = 3F/2;\\
&\sum Y = 0 && \Rightarrow T_{\mathrm{AF}} - F/2 - qx = 0 \Rightarrow T_{\mathrm{AF}} = F(1/2 + x/b);\\
&\sum M_S = 0 && \Rightarrow M_{\mathrm{AF}} + 9F/2 \times b - 4Fb + F/2 \times x + qx^2/2 = 0\\
& && \Rightarrow M_{\mathrm{AF}} = -F/2(b + x + x^2),
\end{aligned}$$

con $0 \le x \le b$. Dall'equilibrio del tratto riportato in Fig. 3.71b si ottiene invece:

$$\begin{aligned}
&\sum F_t = 0 && \Rightarrow N_{\mathrm{DG}} + 9F/2 \times \cos\theta - qb(1-\cos\theta) \times \cos\theta = 0\\
& && \Rightarrow N_{\mathrm{DG}} = -F\cos\theta\,(7/2 + \cos\theta);\\
&\sum F_n = 0 && \Rightarrow T_{\mathrm{DG}} + 9F/2 \times \sin\theta - qb(1-\cos\theta) \times \sin\theta = 0\\
& && \Rightarrow T_{\mathrm{DG}} = -F\sin\theta(7/2 + \cos\theta);\\
&\sum M_S = 0 && \Rightarrow M_{\mathrm{DG}} - 9F/2 \times b(1-\cos\theta) + qb(1-\cos\theta) \times [\tfrac{1}{2} b(1-\cos\theta)]\\
& && + 4Fb = 0 \quad \Rightarrow M_{\mathrm{DG}} = -\tfrac{1}{2} Fb\cos\theta\,(7 + \cos\theta),
\end{aligned}$$

con $0 \le \theta \le \pi$. I diagrammi completi delle azioni interne sono riportati in Fig. 3.72.

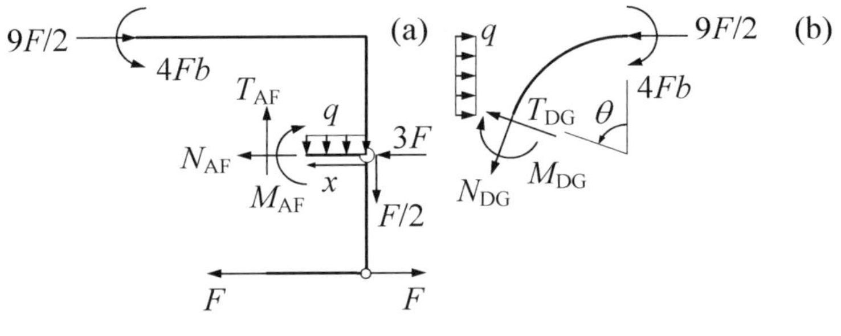

Figura 3.71 – Struttura di Fig. 3.69: determinazione delle azioni interne nei tratti soggetti a carichi distribuiti (a) AF e (b) DEG.

7. Calcolare reazioni vincolari e azioni interne nella struttura di Fig. 3.73. Si ponga per comodità $F = qb$, $W = qb^2$. La coppia W è applicata nell'estremo di sinistra dell'asta 4.

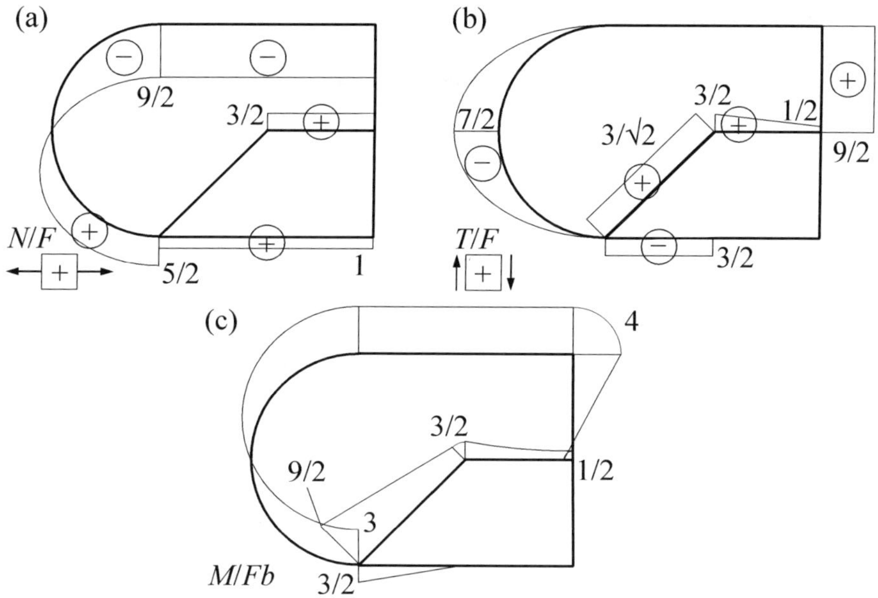

Figura 3.72 – Diagrammi delle azioni interne nella struttura di Fig. 3.69.

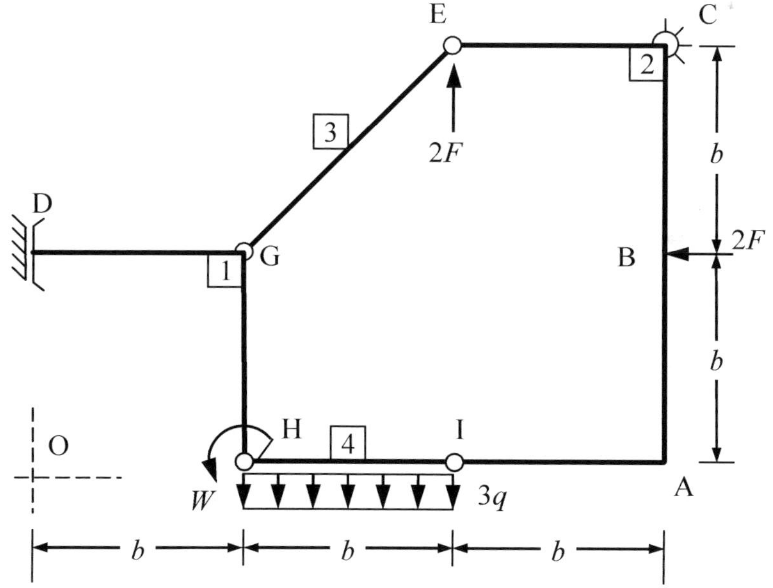

Figura 3.73

Svolgimento:
Dal punto di vista cinematico, la struttura è riconducibile a un arco a tre cerniere. Le aste direttamente vincolate a terra (1 e 2) sono collegate dalle bielle 3 e 4, assimilabili a carrelli con assi concorrenti nel punto O, che rappresenta dunque il c.i.r. relativo ω_{12}. Tale c.i.r. non è allineato con i c.i.r. assoluti delle aste 1 e 2 (ω_1 =

punto improprio delle rette orizzontali del piano; ω_2 = C), col che la struttura risulta correttamente vincolata.

Per la determinazione delle 4 reazioni nei vincoli a terra, è necessario aprire l'anello chiuso presente nella struttura, ad esempio sostituendo la biella 3 con l'azione assiale che essa trasmette (Fig. 3.74). Le 5 incognite (H_C, V_C, H_D, W_D, N_3) possono essere calcolate mediante il sistema di equazioni di equilibrio (3 globali e 2 ausiliarie):

- $\sum Y = 0 \quad \Rightarrow -3qb + 2F + V_C = 0;$
- $\sum X = 0 \quad \Rightarrow -2F + H_C + H_D = 0;$
- $\sum M_C = 0 \quad \Rightarrow H_D \times b + W_D - 2F \times b - 2F \times b + W + 3qb \times (3b/2) = 0;$
- $\sum M_H(\mathrm{DGH}) = 0 \quad \Rightarrow -H_D \times b + W_D - N_3 \sqrt{2}/2 \times b = 0;$
- $\sum M_I(\mathrm{DGHI}) = 0 \quad \Rightarrow -H_D \times b + W_D - N_3 \times (b\sqrt{2}) + W + 3qb \times (b/2) = 0.$

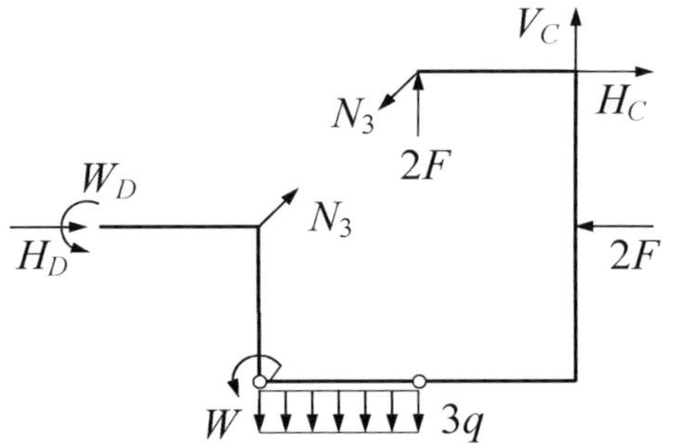

Figura 3.74 – Reazioni vincolari incognite nella struttura di Fig. 3.73.

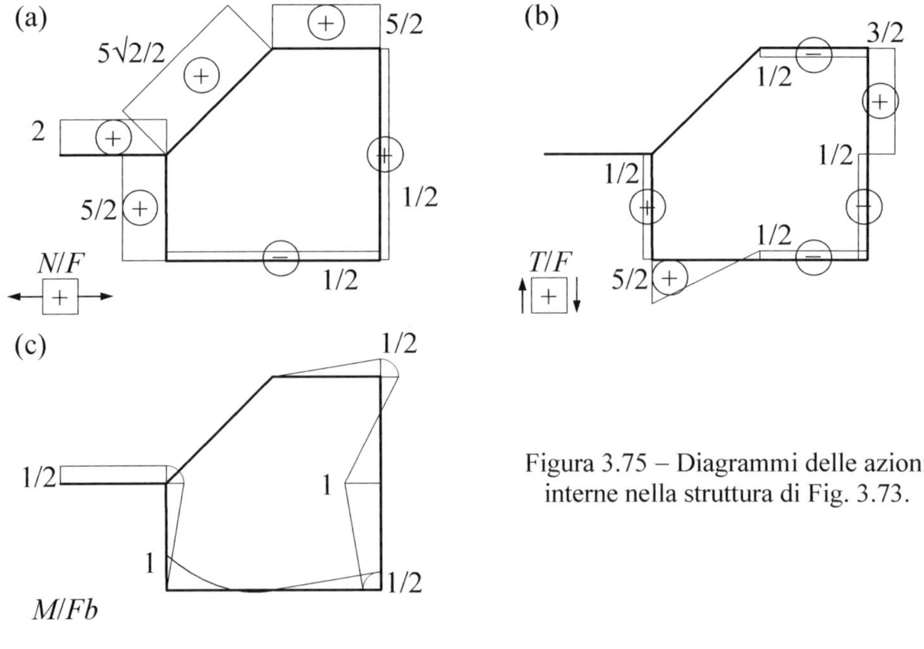

Figura 3.75 – Diagrammi delle azioni interne nella struttura di Fig. 3.73.

Dalla prima si ricava direttamente $V_C = F$. Sottraendo membro a membro le ultime due si ricava $N_3 = 5F\sqrt{2}/2$. Sommando membro a membro la terza e la quarte equazione si ottiene $W_D = Fb/2$. A questo punto è immediato calcolare le ultime due reazioni incognite: $H_D = -2F$, $H_C = 4F$.

Avendo già ridotto la struttura ad uno schema 'ad albero', si può procedere direttamente al calcolo delle azioni interne. I relativi diagrammi sono mostrati in Fig. 3.75.

8. Calcolare reazioni vincolari e azioni interne nella struttura di Fig. 3.76. Si ponga per comodità $F = qb$, $W = qb^2$. La cerniera e il pattino presenti nel nodo D vanno intesi a distanza infinitesima dal nodo stesso.

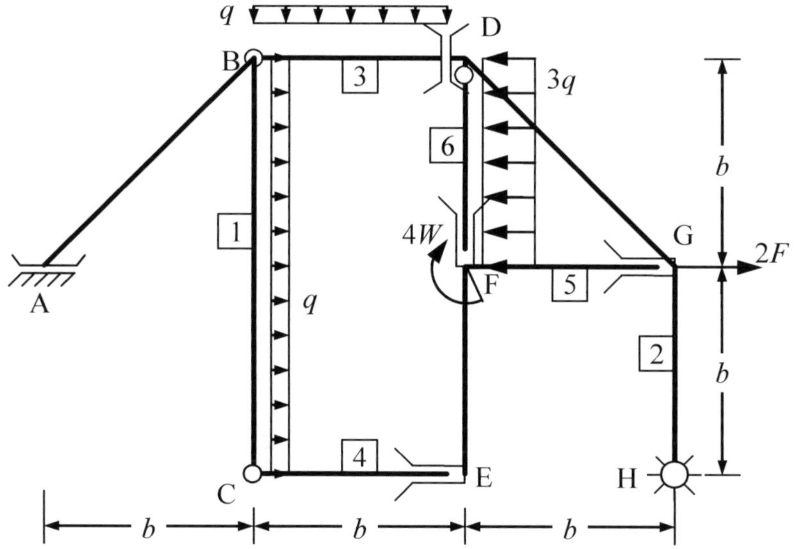

Figura 3.76

Svolgimento:

Per riconoscere che la struttura è isostatica, si può ad esempio osservare che le aste 2, 5 e 6 costituiscono un anello chiuso correttamente vincolato (i c.i.r. relativi fra le aste che lo compongono non sono allineati). Questo blocco rigido ammetterebbe un c.i.r. assoluto ω_2 in H. L'asta 1 ammetterebbe come c.i.r. assoluto il punto improprio delle rette verticali del piano. Il c.i.r. relativo (ω_{12}) fra l'asta 1 e il blocco rigido precedentemente individuato è in B, ove s'incontrano gli assi dei due carrelli cinematicamente equivalenti alle aste 3 e 4 che li collegano. In conclusione, la struttura è riconducibile a un arco a tre 'cerniere' non allineate (in ω_1, ω_2 e ω_{12}).

Le 4 reazioni nei vincoli a terra (Fig. 3.77) possono essere ricavate aggiungendo alle tre equazioni di equilibrio globale per la struttura un'equazione ausiliaria che traduce l'equilibrio alla rotazione attorno a B dell'asta 1, equazione che non fa intervenire la reazione incognita V_C che le aste 1 e 4 si scambiano in C.

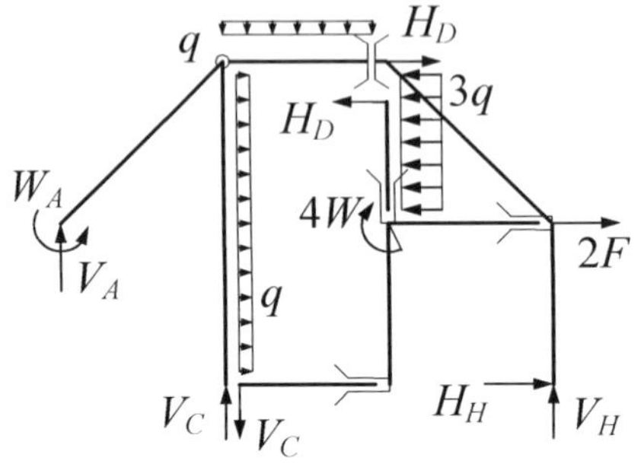

Figura 3.77 – Reazioni vincolari incognite nella struttura di Fig. 3.76.

Esplicitamente:

- $\sum X = 0$ $\Rightarrow 2qb - 3qb + 2F + H_H = 0$;
- $\sum M_H = 0$ $\Rightarrow -V_A\times(3b) + W_A - 2F\times b - 2qb\times b + 3qb\times(3b/2)$ $+ qb\times(3b/2) - 4W = 0$;
- $\sum M_B(\text{ABC}) = 0$ $\Rightarrow -V_A\times b + W_A + 2qb\times b = 0$;
- $\sum Y = 0$ $\Rightarrow -qb + V_A + V_H = 0$.

Se ne ricava $H_H = -F$, $V_A = -2F$, $W_A = -4Fb$, $V_H = 3F$.

Per il calcolo delle azioni interne, è necessario aprire i due anelli chiusi presenti nella struttura, in modo da ridurla ad uno schema 'ad albero'. Può essere comodo tagliare idealmente i due anelli in C (in cui l'unica reazione incognita, come già detto, è quella verticale, V_C, essendo l'asta 4 scarica) e nella cerniera presente nel nodo D (in cui le aste 2 e 6 si scambiano unicamente una reazione orizzontale, H_D, per la presenza del pattino in F) – v. Fig. 3.77.

Le possibilità di movimento acquisite dalle parti di struttura così svincolata non vengono sfruttate dai carichi se sono soddisfatte le equazioni di equilibrio:

- $\sum Y(\text{ABCD}) = 0$ $\Rightarrow V_A + V_C - qb = 0$, da cui $V_C = 3F$;
- $\sum X(\text{CEFDG}) = 0$ $\Rightarrow -H_D - 3qb = 0$, da cui $H_D = -3F$.

Si può a questo punto procedere alla determinazione delle azioni interne. Nelle Figg. 3.78a,b,c sono mostrati gli schemi che consentono il calcolo di M, N e T nelle aste soggette a carichi distribuiti, ovvero BC, DF e BD rispettivamente.

Dall'equilibrio del tratto di struttura riportato in Fig. 3.78a si ricava:

$$N_{\text{BC}} = -3F;\ T_{\text{BC}} = -qx;\ M_{\text{BC}} = qx^2/2.$$

Da quello di Fig. 3.78b si ottiene

$$N_{\text{DF}} = 0;\ T_{\text{DF}} = 3(qx-F),\ M_{\text{DF}} = 3x(qx/2-F).$$

Infine, lo schema di Fig. 3.78c fornisce:

$\sum X = 0 \Rightarrow N_{BD} + 2qb = 0 \Rightarrow N_{BD} = -2F;$

$\sum Y = 0 \Rightarrow -T_{BD} - 2F + 3F - qx = 0 \Rightarrow T_{BD} = F - qx;$

$\sum M_S = 0 \Rightarrow M_{BD} - 4Fb + 2F\times(b+x) - 3F\times x + 2qb\times b + qx^2/2 = 0$

$\Rightarrow M_{BD} = Fx - qx^2/2.$

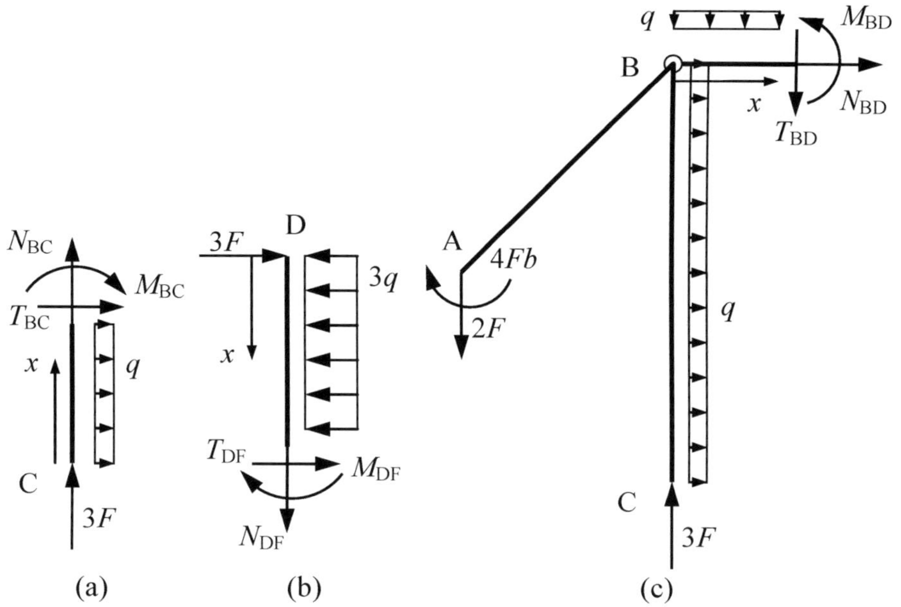

Figura 3.78 – Struttura di Fig. 3.76: determinazione delle azioni interne nei tratti soggetti a carichi distribuiti (a) BC, (b) DF e (c) BD.

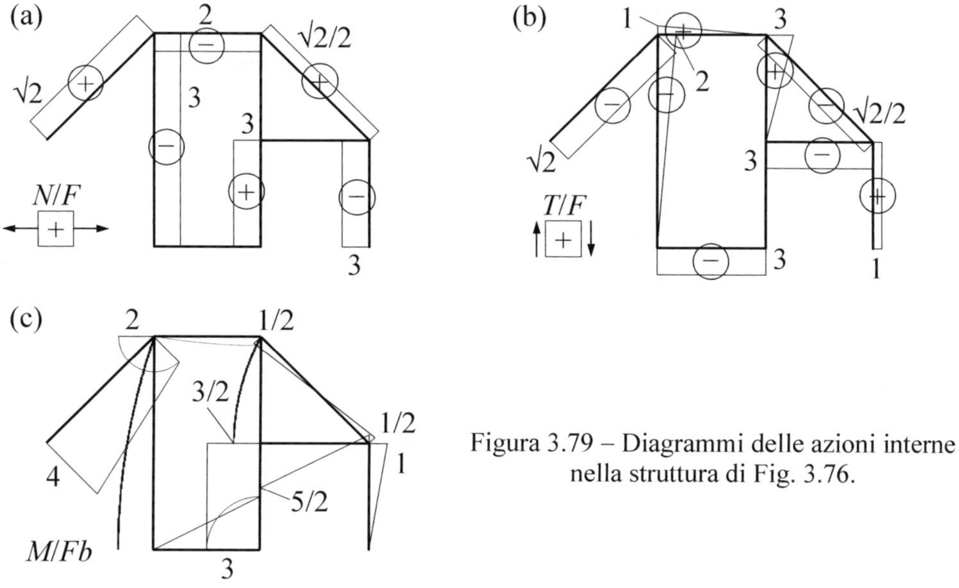

Figura 3.79 – Diagrammi delle azioni interne nella struttura di Fig. 3.76.

I diagrammi complessivi delle azioni interne sono riportati in Fig. 3.79.

9. Calcolare reazioni vincolari e azioni interne nella struttura di Fig. 3.80. Si ponga per comodità $F = qb$, $W = qb^2$. La coppia W è applicata nell'estremo inferiore dell'asta 1.

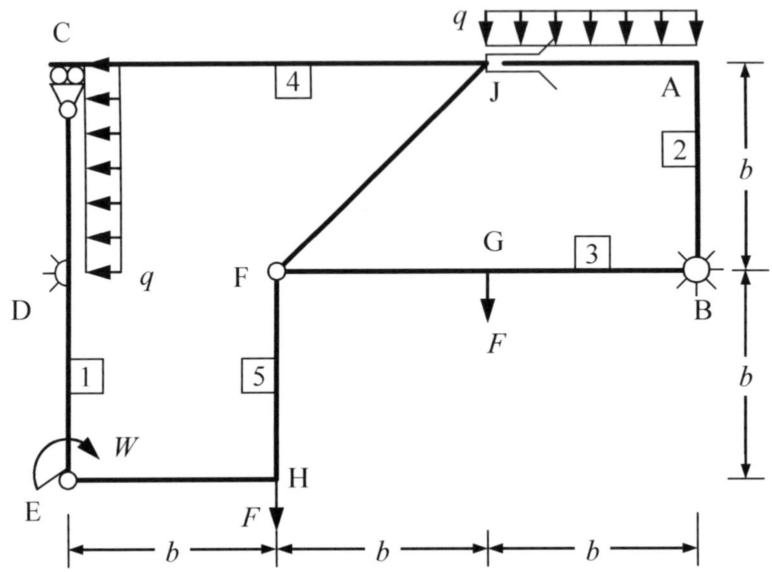

Figura 3.80

Svolgimento:
Dal punto di vista cinematico, la struttura è riconducibile a un arco a tre cerniere non allineate. Infatti, le aste 2, 3 e 4 formano un anello chiuso correttamente vincolato (poiché i loro c.i.r. relativi, ω_{23} = B, ω_{34} = F e ω_{24} = punto improprio delle rette verticali del piano, non sono allineati). Questo corpo rigido è collegato all'asta 1 dal carrello in C e dall'asta 5, cinematicamente equivalente a un secondo carrello con asse EF. Il c.i.r. relativo fra l'asta 1 e il corpo rigido precedentemente individuato è dunque in E. Questo c.i.r. non è allineato con i c.i.r. assoluti dell'asta 1 (cerniera D) e del corpo rigido (cerniera B).

Per il calcolo delle reazioni vincolari a terra (H_B, V_B, H_D, V_D – v. Fig. 3.81), è facile constatare che, aprendo idealmente la struttura nel carrello C, l'equilibrio alla rotazione attorno a E dell'asta 1 costituisce un'equazione ausiliaria che non fa intervenire ulteriori incognite. Le equazioni che consentono il calcolo delle 4 reazioni a terra possono scriversi:

- $\sum M_B = 0 \Rightarrow -V_D\times(3b) - W + qb\times(b/2) + F\times(2b) + F\times b + qb\times(b/2) = 0;$
- $\sum Y = 0 \Rightarrow V_B + V_D - F - F - qb = 0;$
- $\sum M_E(\mathrm{EC}) = 0 \Rightarrow -H_D\times b - W + qb\times(3b/2) = 0;$
- $\sum X = 0 \Rightarrow H_D + H_B - qb = 0.$

Risolvendo le precedenti equazioni in sequenza, si ottiene $V_D = F$, $V_B = 2F$, $H_D = F/2$, $H_B = F/2$.

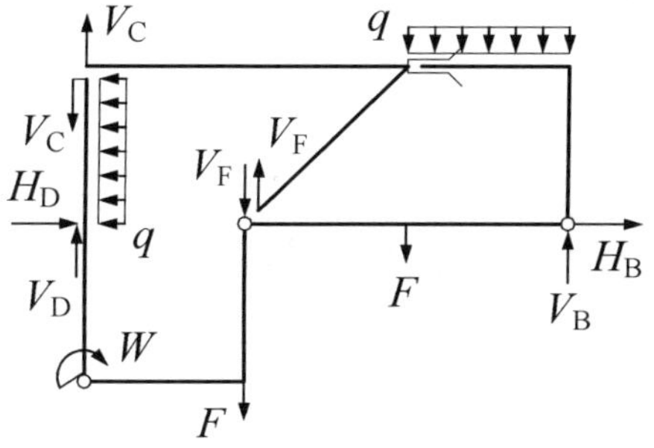

Figura 3.81 – Reazioni vincolari incognite nella struttura di Fig. 3.80.

Per il calcolo delle azioni interne, è necessario aprire idealmente la struttura, riconducendola ad uno schema 'ad albero'. Eseguendo dei tagli ideali nel carrello C e all'estremo F dell'asta 4, si evidenziano due sole nuove incognite V_C e V_F (v. Fig. 3.81): la reazione orizzontale in F è infatti nulla per l'equilibrio alla traslazione orizzontale della sola asta 4. Le due nuove incognite si ricavano imponendo ad esempio:

- $\sum M_F(\text{FEC}) = 0 \quad \Rightarrow V_C \times b - V_D \times b - W + qb \times (b/2) = 0$;
- $\sum M_B(\text{BAJFC}) = 0 \quad \Rightarrow -V_F \times (2b) - V_C \times (3b) + qb \times (b/2) = 0$,

da cui si ottiene $V_C = 3F/2$, $V_F = -2F$.

E' a questo punto possibile determinare le azioni interne in tutte le aste che formano la struttura. I relativi diagrammi sono mostrati in Fig. 3.82.

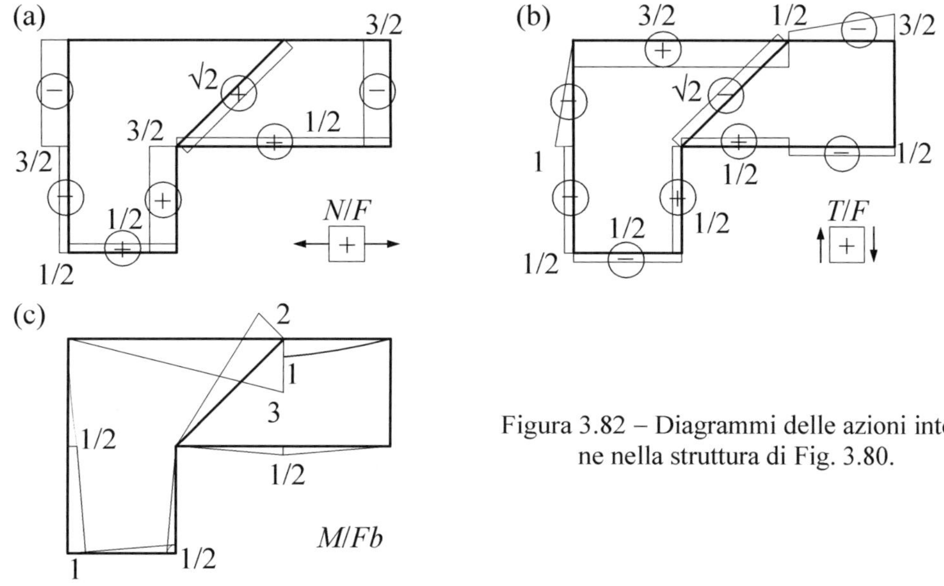

Figura 3.82 – Diagrammi delle azioni interne nella struttura di Fig. 3.80.

10. Calcolare reazioni vincolari e azioni interne nella struttura di Fig. 3.83. Il piano di scorrimento del carrello J è inclinato di 45° sull'orizzontale. Si ponga per comodità $W = qb^2$. La coppia $2W$ è applicata nell'estremo di destra dell'asta 2. L'intensità dei carichi distribuiti è riferita alla proiezione delle aste oblique sulla verticale.

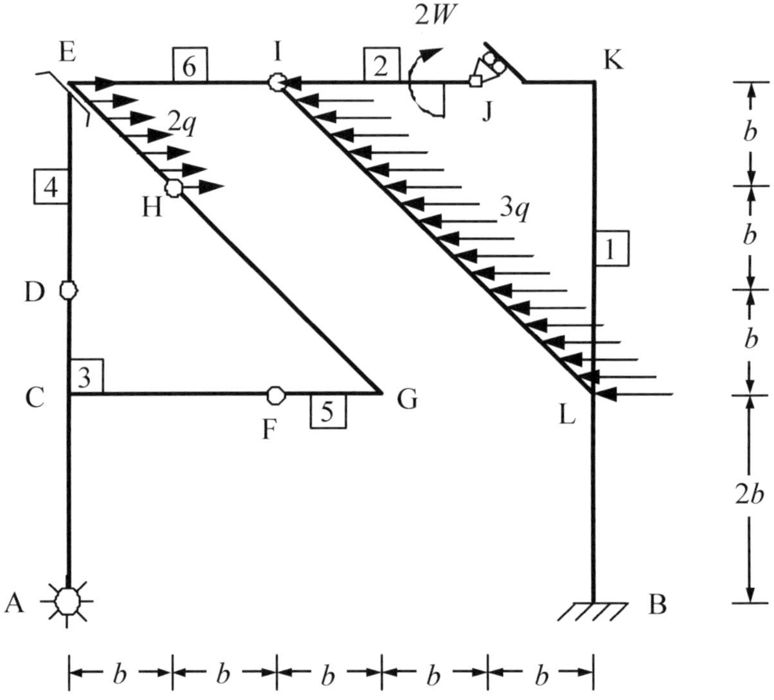

Figura 3.83

Svolgimento:
La struttura può vedersi come composta dalla mensola 1 (correttamente vincolata a terra), su cui è semplicemente appoggiata l'asta 2 (anch'essa solidale col terreno). Le aste 3 e 6 (rispettivamente incernierate 'a terra' in A e in I) sono collegate dalle aste 4 e 5, le quali creano un collegamento cinematicamente equivalente a una cerniera in H ($\equiv \omega_{36}$). Anche il quadrilatero articolato 3,4,5,6 risulta quindi correttamente vincolato.

Per il calcolo delle reazioni vincolari (e quindi delle azioni interne nella struttura), può tornare comodo sfruttare le precedenti considerazioni cinematiche e risolvere separatamente le sottostrutture di cui risulta composta la struttura assegnata. Isolando dapprima il quadrilatero articolato precedentemente individuato (Fig. 3.84a), si ricavano le reazioni in A e in I attraverso le equazioni:

- $\sum X = 0 \quad \Rightarrow H_A + H_I + 2qb = 0;$
- $\sum Y = 0 \quad \Rightarrow V_A + V_I = 0;$

- $\sum M_A = 0 \quad \Rightarrow V_I \times (2b) - H_I \times (5b) - 2qb \times (9b/2) = 0;$
- $\sum M_H(\text{asta } 3) = 0 \Rightarrow -V_A \times b + H_A \times (4b) = 0.$

L'ultima equazione non contiene incognite aggiuntive rispetto a quelle presenti nelle altre tre equazioni poiché le aste 4 e 5 sono scariche. Se ne ricava $V_A = -V_I = 4qb/3$, $H_A = qb/3$, $H_I = -7qb/3$.

Caricando poi l'insieme delle aste 1 e 2 con le reazioni che il resto di struttura trasmette loro in I, oltre che con i carichi su di esse agenti (Fig. 3.84b), si ricavano facilmente le tre reazioni nell'incastro B: $H_B = 20qb/3$, $V_B = -4qb/3$, $W_B = -83qb^2/6$.

Per il calcolo delle azioni interne nella struttura, è necessario 'aprire' i due anelli chiusi in essa presenti. Tagliando idealmente la struttura in D, si può ricavare la reazione R_D che si scambiano le aste 3 e 4 (Fig. 3.84a) con l'equazione di equilibrio

- $\sum M_F(\text{asta } 3) = 0 \Rightarrow H_A \times (2b) - V_A \times (2b) - R_D \times (3\sqrt{2}b/2) = 0,$

che fornisce $R_D = -2\sqrt{2}qb/3$. Infine, la reazione che le aste 1 e 2 si scambiano attraverso il carrello J (v. Fig. 3.84b) si calcola immediatamente imponendo l'equilibrio alla rotazione della sola asta 2 attorno ad I: $R_J = qb\sqrt{2}$.

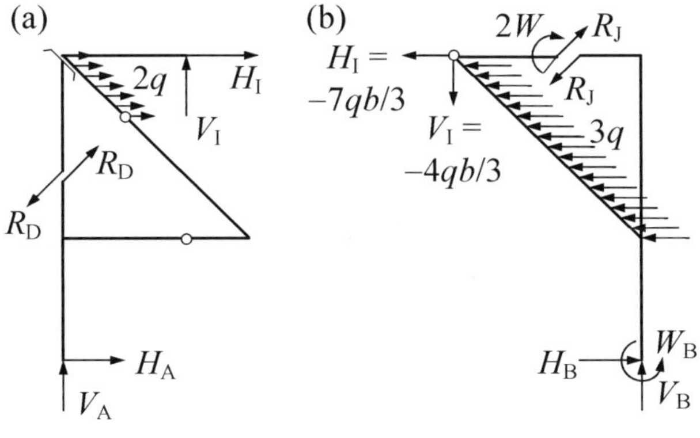

Figura 3.84 – Scomposizione della struttura di Fig. 3.83 in due sottostrutture e relative reazioni negli estremi.

I diagrammi delle azioni interne sono riportati in Fig. 3.86. In Fig. 3.85 sono mostrate delle porzioni delle aste oblique soggette a carichi distribuiti, assieme alle equazioni che consentono la determinazione delle azioni interne in tali aste; con x si è indicata un'ascissa che corre lungo la proiezione verticale del tratto caricato.

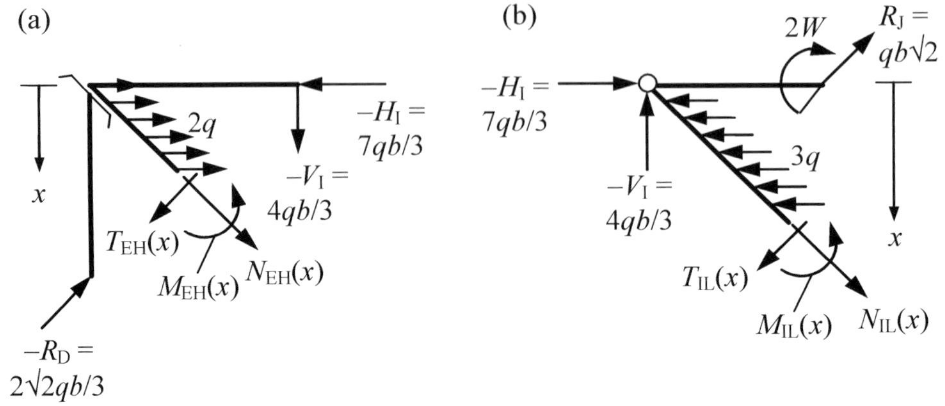

$\sum F_t = 0 \Rightarrow N_{EH}(x) = \sqrt{2}q(b/2 - x)$

$\sum F_n = 0 \Rightarrow T_{EH}(x) = -\sqrt{2}q(7b/6 - x)$

$\sum M_s = 0 \Rightarrow M_{EH}(x) = q(4b^2/3 - 7bx/3 + x^2)$

$(0 \leq x \leq b)$

$\sum F_t = 0 \Rightarrow N_{IL}(x) = \sqrt{2}q(-b + 3x)/2$

$\sum F_n = 0 \Rightarrow T_{IL}(x) = \sqrt{2}q(17b/3 - 3x)/2$

$\sum M_s = 0 \Rightarrow M_{IL}(x) = qx(17b/3 - 3x/2)$

$(0 \leq x \leq 3b)$

Figura 3.85 – Determinazione delle azioni interne nelle aste oblique della struttura di Fig. 3.83 soggette a carichi distribuiti: (a) asta EH; (b) asta IL.

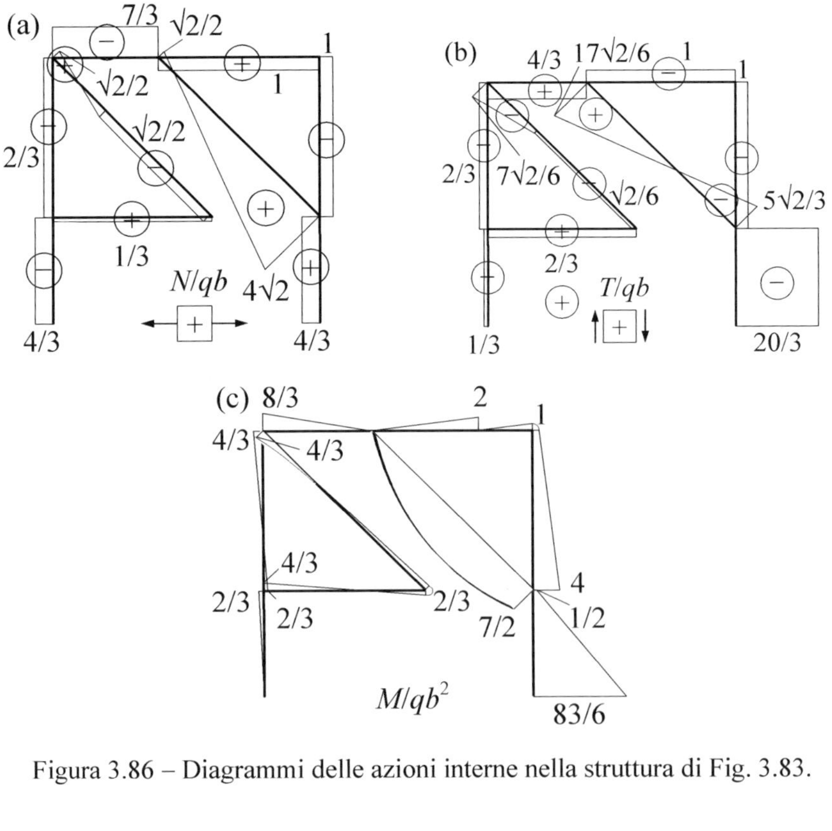

Figura 3.86 – Diagrammi delle azioni interne nella struttura di Fig. 3.83.

11. Calcolare reazioni vincolari e azioni interne nella struttura di Fig. 3.86. I piani di scorrimento del carrello A e dei pattini C, E sono inclinati di 45° sull'orizzontale. Si ponga per comodità $q = F/b$ e $W = Fb$.

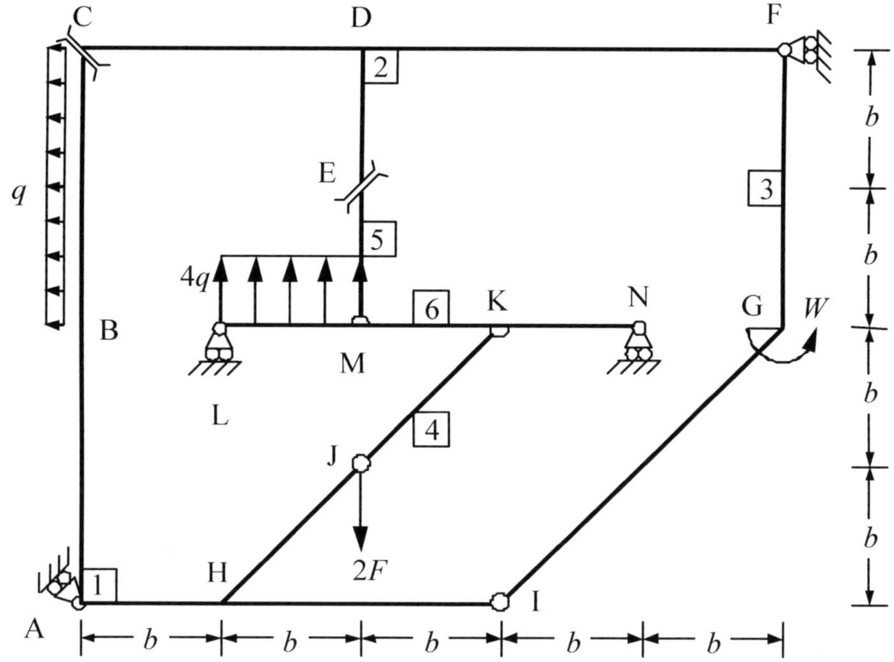

Figura 3.87

Svolgimento:

Si svolga dapprima l'analisi cinematica della struttura. L'anello esterno formato dalle aste 1,2,3 è assimilabile ad un corpo rigido (i c.i.r. relativi ω_{13} = F e ω_{23} = I non sono allineati su una retta inclinata di 45° ortogonale al piano di scorrimento del pattino C). Questo corpo rigido ammetterebbe un c.i.r. assoluto (ω_{cr}) nel punto d'intersezione degli assi dei carrelli in A e F – v. Fig. 3.88. L'asta 6 ammetterebbe come c.i.r. assoluto (ω_6) il punto improprio delle rette verticali del piano. Il collegamento fra il corpo rigido precedentemente individuato e l'asta 6 è costituito dalle aste 4 e 5, cinematicamente equivalenti a una cerniera fittizia nel punto O di Fig. 3.88 (coincidente dunque col c.i.r. relativo fra corpo rigido e asta 6, ω_{cr-6}). Poiché ω_{cr}, ω_6 e ω_{cr-6} non sono allineati, la struttura assegnata è assimilabile a un arco a tre cerniere non allineate.

Tenendo presente il risultato ora stabilito, ed avendo osservato che le aste 4 e 5 sono scariche, le 4 reazioni nei vincoli a terra della struttura (R_A, H_F, V_L, V_N – v. Fig. 3.89) possono essere calcolate risolvendo il sistema di equazioni di equilibrio:

- $\sum X = 0 \quad \Rightarrow H_F + R_A/\sqrt{2} - 2qb = 0;$
- $\sum Y = 0 \quad \Rightarrow V_L + V_N - R_A/\sqrt{2} + 4qb - 2F = 0;$
- $\sum M_{\omega_{cr}} = 0 \quad \Rightarrow V_L\times(5b) + V_N\times(8b) - 2qb\times b + 4qb\times(11b/2) - 2F\times(6b) + W = 0;$

- $\sum M_O(\text{asta } 6) = 0 \Rightarrow -V_L\times(3b/2) + V_N\times(3b/2) - 4qb\times b = 0.$

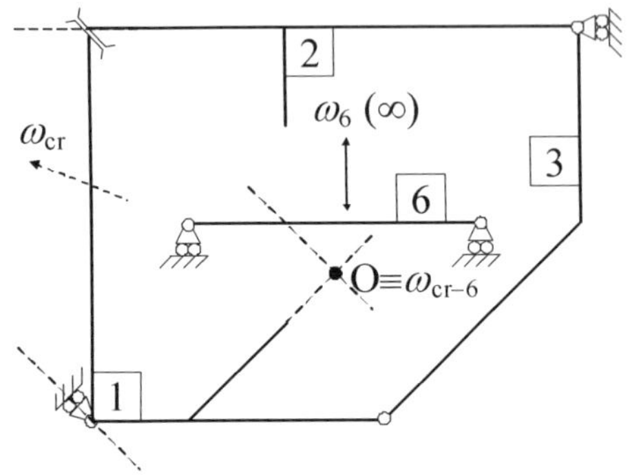

Figura 3.88 – Riduzione della struttura di Fig. 3.87 a un 'arco a tre cerniere' (in ω_{cr}, ω_6 e O).

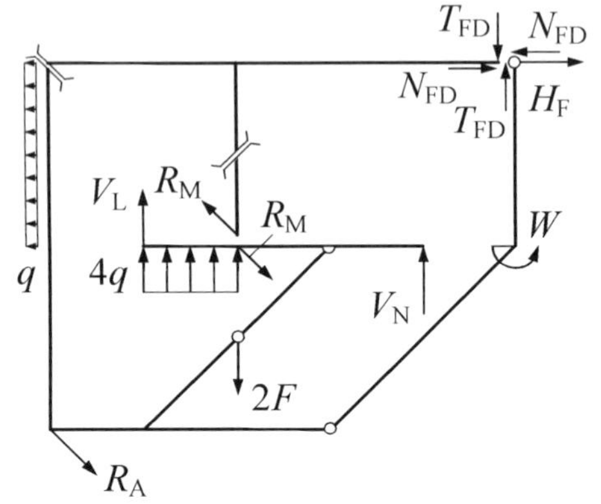

Figura 3.89 – Reazioni vincolari incognite nella struttura di Fig. 3.87.

Risolvendo il sottosistema costituito dalle ultime due equazioni si ricava $V_L = -7F/3$, $V_N = F/3$. Sostituendo poi nelle prime due equazioni si ottiene $H_F = 2F$, $R_A = 0$.

In vista del calcolo delle azioni interne nella struttura, è necessario aprire i due anelli chiusi in essa presenti. Tagliando idealmente la struttura nella semicerniera M e immediatamente a sinistra della cerniera F, si evidenziano tre nuove incognite (R_M, N_{FD} e T_{FD} – v. Fig. 3.89); la retta d'applicazione della reazione in M è inclinata di 45° sull'orizzontale essendo scarica l'asta 5. Dall'equazione di equilibrio

- $\sum M_K(\text{asta } 6) = 0 \Rightarrow -V_L\times(2b) + V_N\times b + R_M\times(b\sqrt{2}/2) - 4qb\times(3b/2) = 0,$

si ricava immediatamente $R_M = F\sqrt{2}$. Infine, dalle due ulteriori equazioni

- $\sum M_I(\text{asta } 3) = 0 \Rightarrow -H_F\times(4b) + N_{FD}\times(4b) + T_{FD}\times(2b) + W = 0,$
- $\sum F_{45°}(\text{asta } 2) = 0 \Rightarrow R_M - N_{FD}\sqrt{2}/2 - T_{FD}\sqrt{2}/2 = 0,$

si ricavano le ultime due incognite $N_{FD} = 3F/2$ e $T_{FD} = F/2$.

I diagrammi delle azioni interne nella struttura sono riportati in Fig. 3.90.

12. Calcolare reazioni vincolari e azioni interne nella struttura di Fig. 3.91. I piani di scorrimento dei carrelli B e I sono inclinati di 45° sull'orizzontale. Si ponga per comodità $q = F/b$ e $W = Fb$.

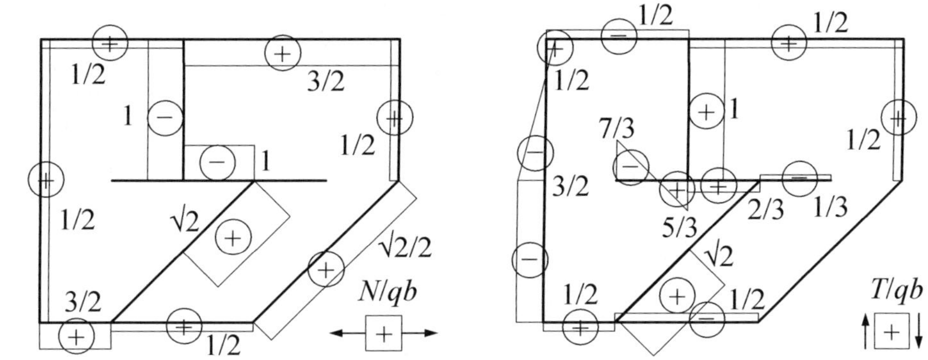

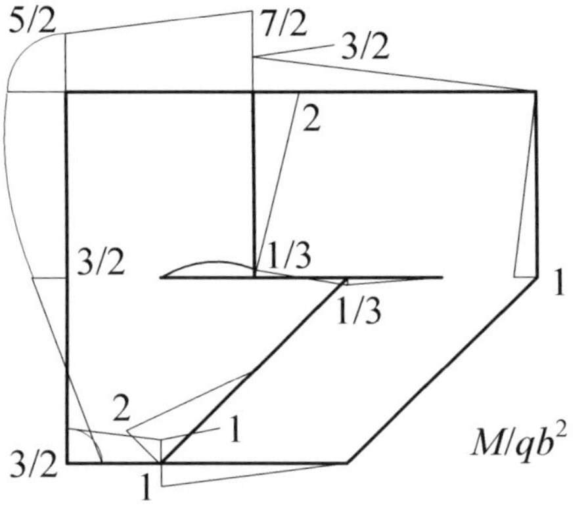

Figura 3.90 – Diagrammi delle azioni interne nella struttura di Fig. 3.87.

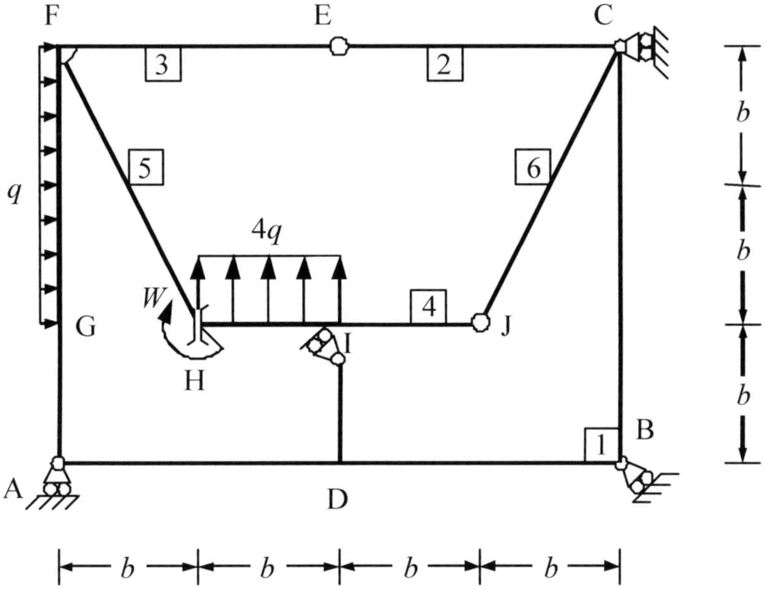

Figura 3.91

Svolgimento parziale:
L'analisi cinematica della struttura suggerisce di considerarla come una serie di sottostrutture correttamente vincolate al terreno e fra loro. Infatti, l'asta 1 è vincolata a terra dai tre carrelli A, B, C con assi non convergenti in un medesimo punto. Su tale struttura s'imposta l'arco a tre cerniere (non allineate: A, E e C) formato dalle aste 2 e 3. Infine, l'asta 4 risulta a sua volta correttamente vincolata al sistema rigido formato dal complesso delle aste 1, 2 e 3 mediante il carrello I e le aste 5 e 6, assimilabili ai carrelli fittizi mostrati in Fig. 3.92.

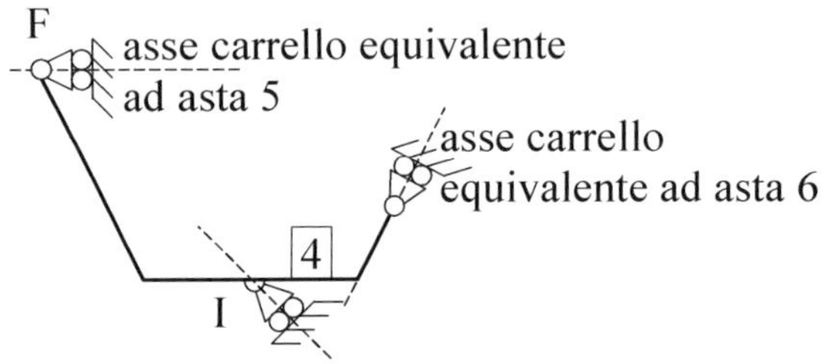

Figura 3.92 – Sostituzione delle aste 5 e 6 di Fig. 3.91 con carrelli ideali che collegano l'asta 4 al 'terreno'.

Per il calcolo delle sollecitazioni nella struttura assegnata, è opportuno sfruttare le indicazioni dell'analisi cinematica e procedere a una risoluzione per sottostrutture. Così facendo, i tre anelli presenti nella struttura vengono automaticamente 'aperti', ottenendo lo schema 'ad albero' da cui partire per la determinazione delle azioni interne.

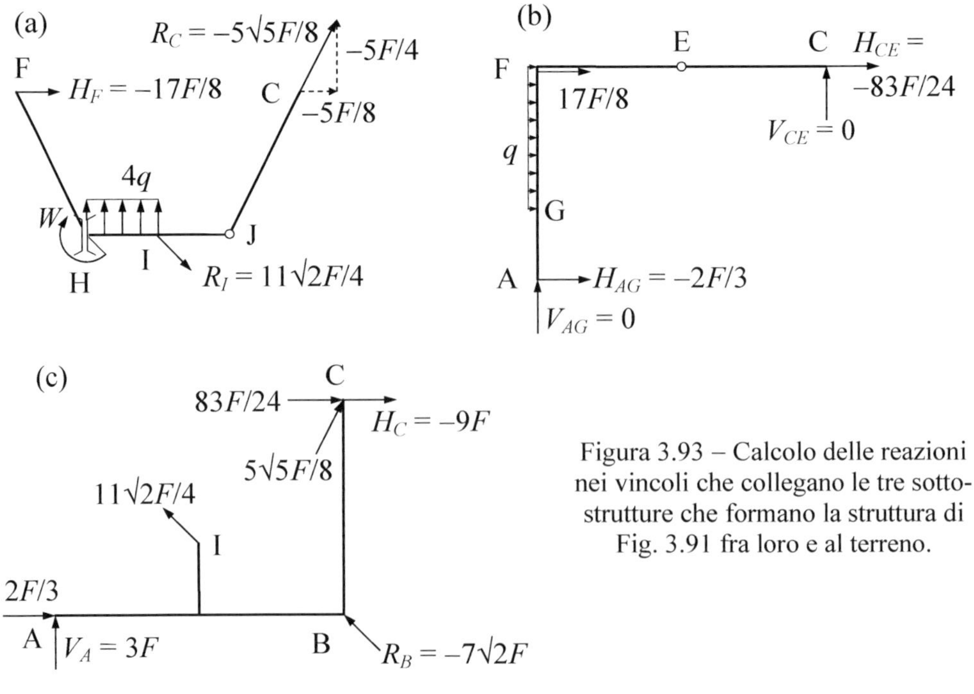

Figura 3.93 – Calcolo delle reazioni nei vincoli che collegano le tre sottostrutture che formano la struttura di Fig. 3.91 fra loro e al terreno.

La Fig. 3.93 mostra le reazioni nei vincoli che collegano ciascuna delle tre sottostrutture alle altre o al terreno. Determinate le reazioni che la sottostruttura più interna scambia in C, F, I con le rimanenti (Fig. 3.93a), queste vengono trattate come ulteriori carichi esterni che sollecitano le due sottostrutture più esterne (Figg. 3.93b,c). E' a questo punto immediato tracciare i diagrammi delle azioni interne nell'intera struttura, riportati in Fig. 3.94.

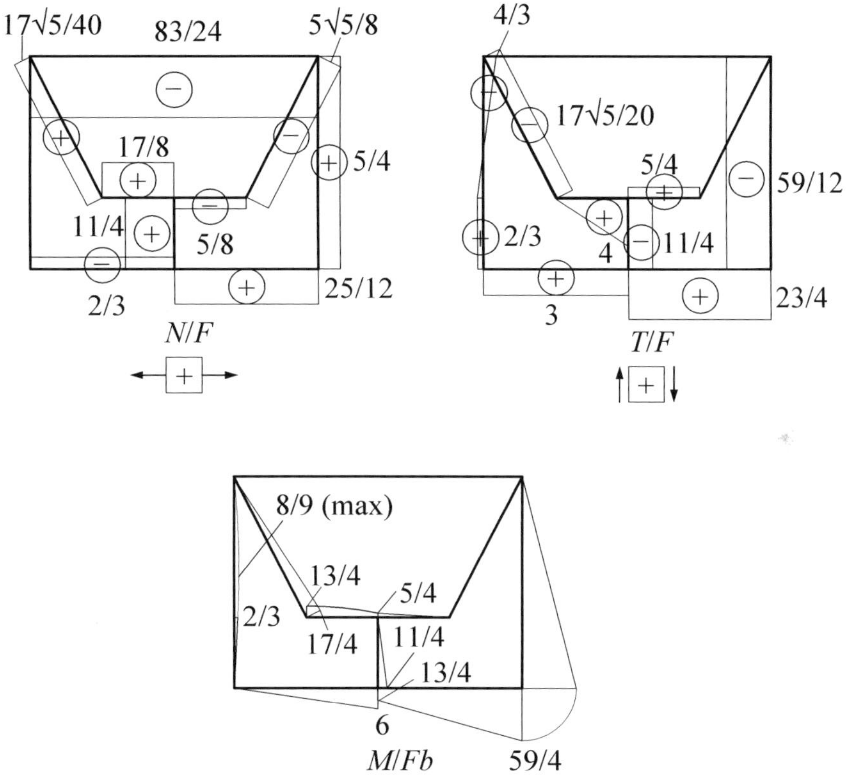

Figura 3.94 – Diagrammi delle azioni interne nella struttura di Fig. 3.91.

13. Calcolare reazioni vincolari e azioni interne nella struttura di Fig. 3.95. Il piano di scorrimento del carrello C è inclinato di 45° sull'orizzontale. Si ponga per comodità $q = F/b$ e $W = Fb$.

Svolgimento parziale:

Da un punto di vista cinematico, l'insieme delle aste 1 e 2 equivale a un unico corpo rigido; questo corpo rigido forma con l'asta 3 un 'arco a tre cerniere' non allineate (i punti impropri associati ai manicotti A e B e la cerniera interna F). L'asta 5 è a questo punto correttamente vincolata a terra da tre carrelli con assi non concorrenti in uno stesso punto: C, L e l'asta 4, equivalente a un carrello con asse verticale passante per I. La struttura è dunque correttamente vincolata.

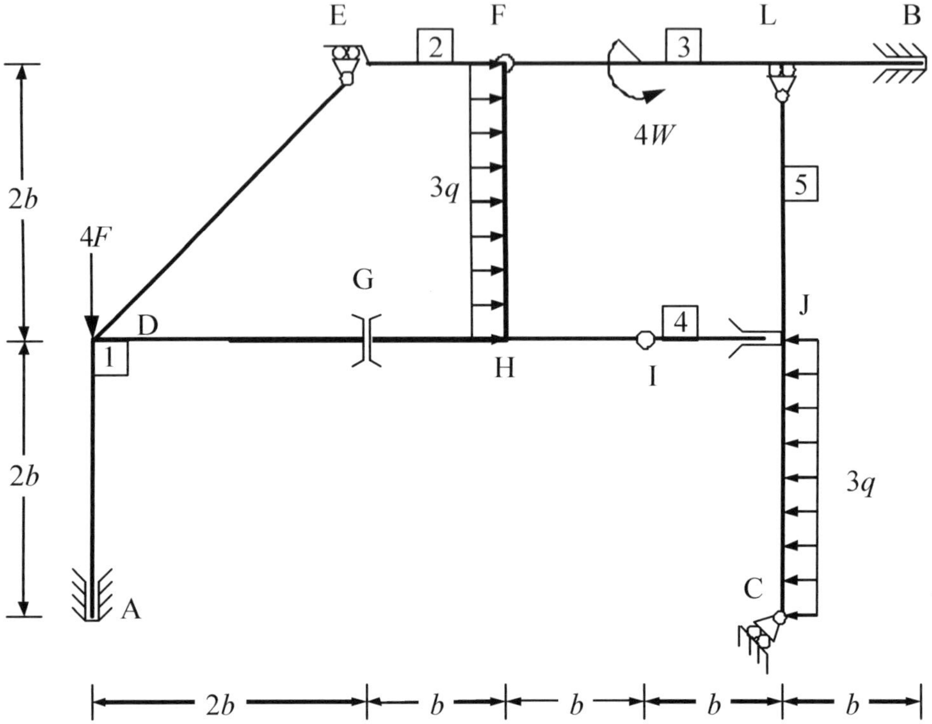

Figura 3.95

Sfruttando l'analisi cinematica, si separano le aste 4 e 5 dal resto di struttura e si calcolano dapprima le reazioni in C, L e I (v. Fig. 3.96a), che valgono

$$R_C = 6\sqrt{2}F,\ V_L = -12F,\ V_I = 6F.$$

Dopodichè si calcolano le reazioni a terra in A e B con le equazioni di equilibrio dell' 'arco a tre cerniere' formato dalle aste 1, 2 e 3 (Fig. 3.96b):

$$\sum X = 0 \Rightarrow H_A = -6F; \qquad \sum Y = 0 \Rightarrow V_B = -2F;$$
$$\sum M_F(\text{aste } 1{+}2) = 0 \Rightarrow W_A = 12Fb; \qquad \sum M_F(\text{asta } 3) = 0 \Rightarrow W_B = -22Fb.$$

Per procedere al calcolo delle azioni interne, occorre aprire l'unico anello chiuso rimasto nella struttura, p.es. nel carrello E (v. Fig. 3.96b): dall'equilibrio alla traslazione verticale dell'asta 1 si ottiene immediatamente

$$V_E = 4F.$$

Ricondotta così la struttura ad uno schema 'ad albero', è possibile tracciare i diagrammi delle azioni interne, riportati in Fig. 3.97.

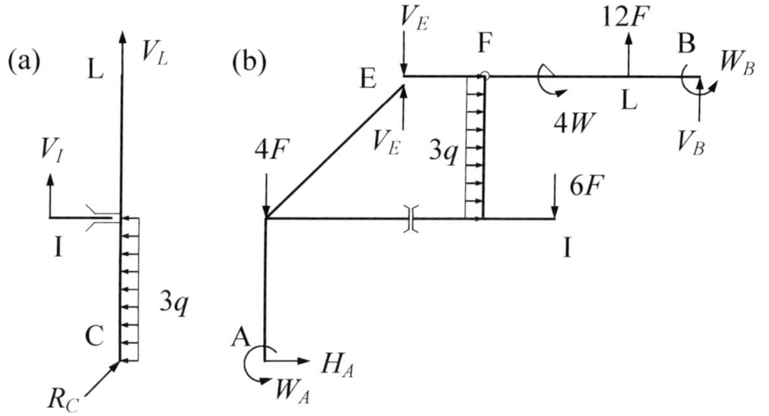

Figura 3.96 – Scomposizione della struttura di Fig. 3.95 in due sottostrutture e determinazione delle reazioni nei loro estremi.

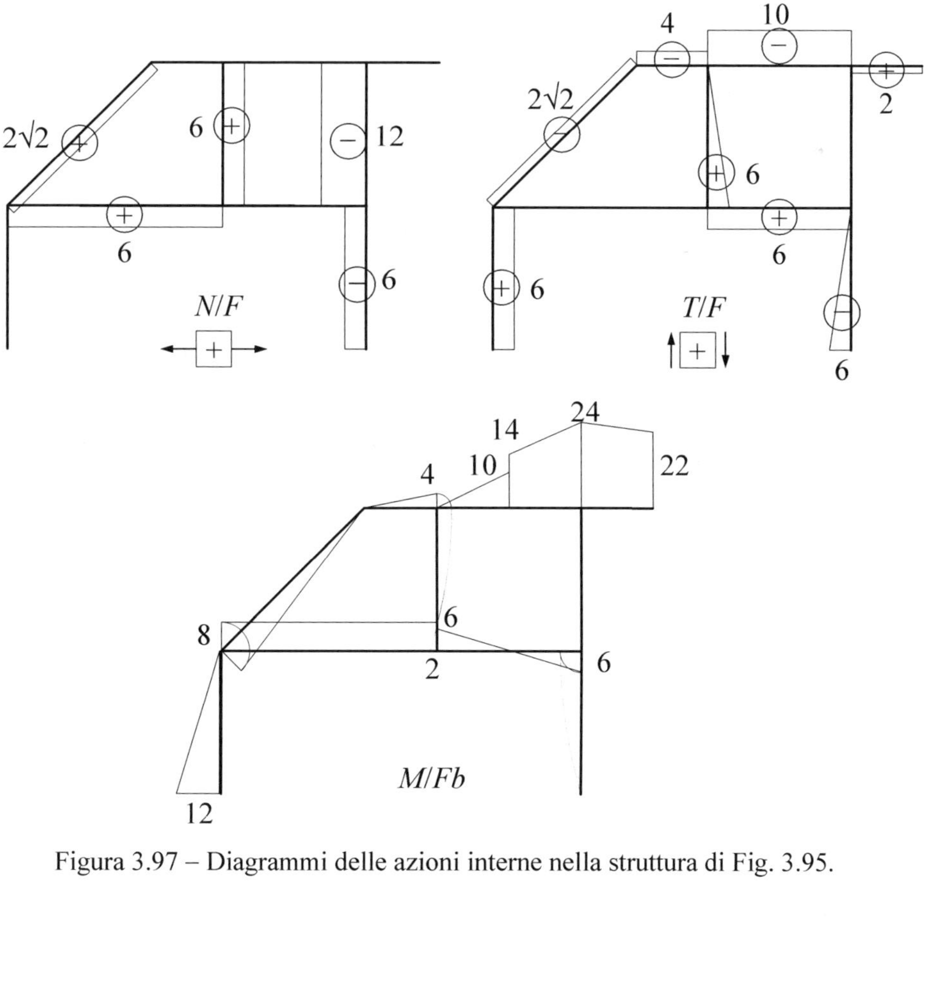

Figura 3.97 – Diagrammi delle azioni interne nella struttura di Fig. 3.95.

14. Calcolare reazioni vincolari e azioni interne nella struttura di Fig. 3.98.

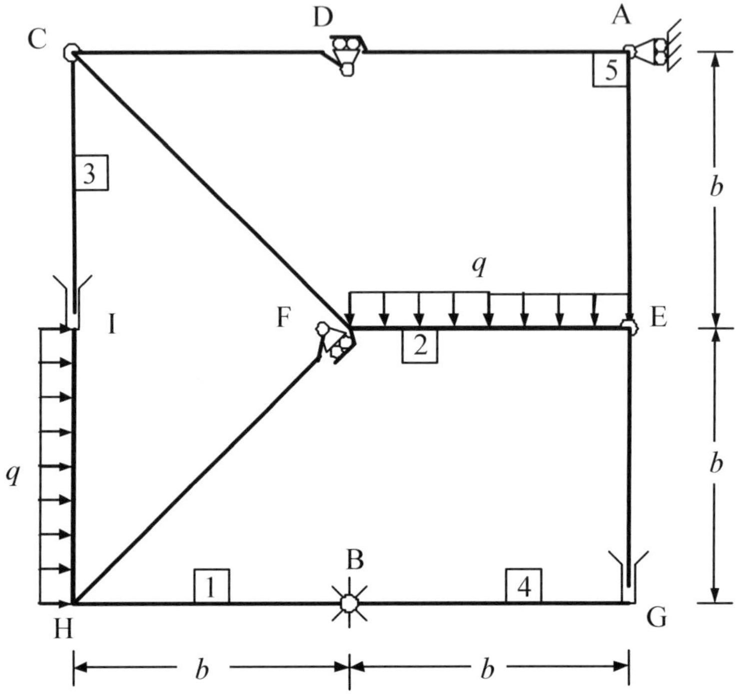

Figura 3.98

Svolgimento parziale:

Internamente, la struttura è riconducibile ad un unico corpo rigido. Infatti, le aste 1 e 2 sono collegate dal carrello F e dalle aste 3 e 4, ciascuna assimilabile, dal punto di vista cinematico, ad un carrello (v. Fig. 3.99a). Poiché gli assi dei tre carrelli non concorrono in uno stesso punto, le aste 1 e 2 non hanno possibilità di muoversi l'una rispetto all'altra. Al corpo rigido così individuato è correttamente vincolata l'asta 5 mediante la cerniera E e il carrello D, formando dunque un unico corpo rigido col precedente. Tale corpo rigido è correttamente vincolato a terra dal carrello A e dalla cerniera B.

Le tre reazioni nei vincoli a terra, riportate in Fig. 3.99b, si calcolano immediatamente con tre equazioni di equilibrio globale. Per ricondurre la struttura ad uno schema ad albero, si possono aprire i tre anelli chiusi in essa presenti, ad esempio, in B[17], F e D, come mostrato in Fig. 3.99b, mettendo in evidenza una sola reazione incognita in ciascun vincolo. Tali reazioni possono essere calcolate con le equazioni di equilibrio parziale

$$\sum M_E(\text{asta } 5) = 0 \quad \Rightarrow V_D = \tfrac{1}{2}\, qb;$$
$$\sum M_C(\text{aste } 1{+}3) = 0 \quad \Rightarrow H_{BG} = 3qb/4;$$
$$\sum Y(\text{asta } 1) = 0 \quad \Rightarrow R_F = qb\sqrt{2}.$$

[17] dall'equilibrio alla traslazione verticale dell'asta 4, si deduce facilmente che su una sezione immediatamente a destra della cerniera B agisce esclusivamente una forza orizzontale H_{BG} (v. Fig. 3.97b).

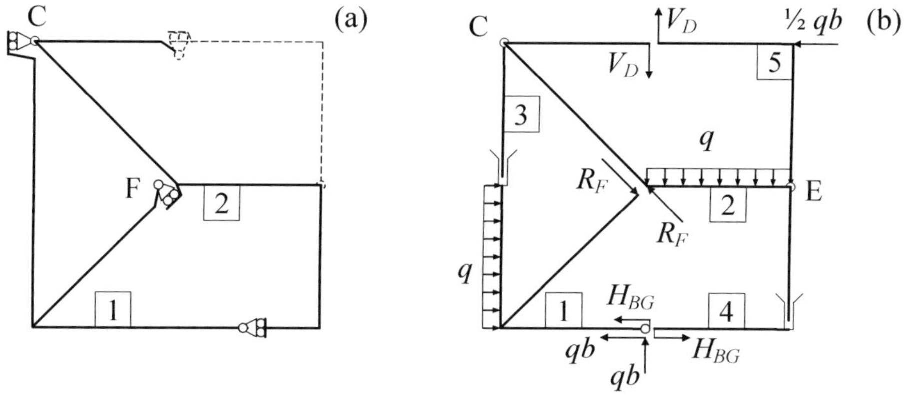

Figura 3.99 – Struttura di Fig. 3.98: (a) sostituzione delle aste 3 e 4 con carrelli cinematicamente equivalenti; (b) reazioni nei vincoli a terra e riduzione della struttura ad un schema 'ad albero'.

A questo punto è immediato tracciare i diagrammi delle azioni interne nella struttura, riportati in Fig. 3.100.

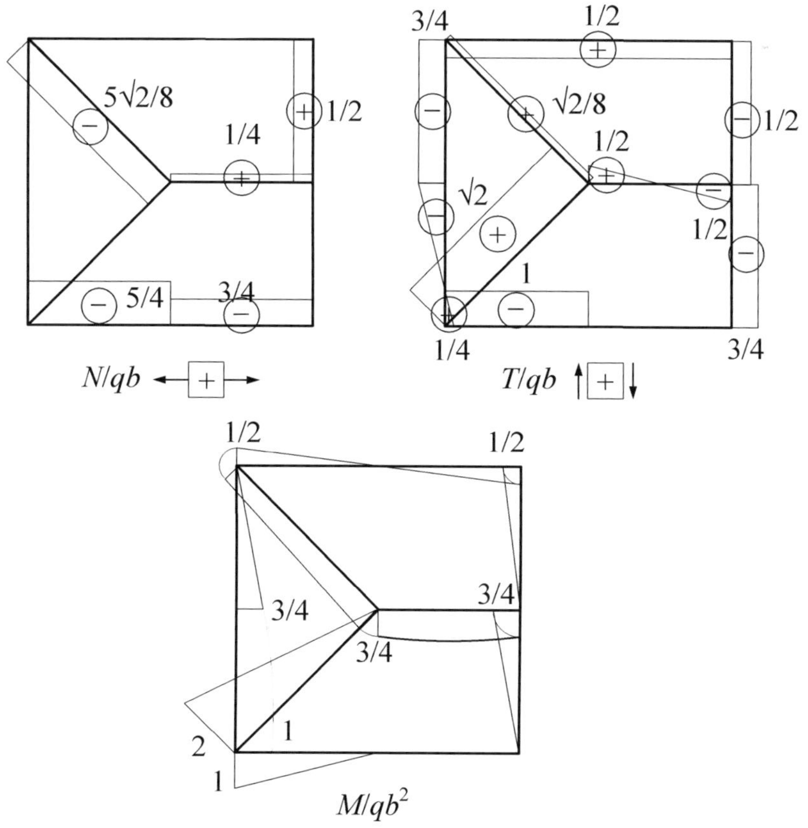

Figura 3.100 – Diagrammi delle azioni interne nella struttura di Fig. 3.98.

15. Calcolare reazioni vincolari e azioni interne nella struttura di Fig. 3.101. Si ponga per comodità $q = F/b$ e $W = Fb$.

Svolgimento parziale:
I due anelli chiusi ACK e BEG equivalgono ciascuno a un corpo rigido e costituiscono dunque un arco a tre 'cerniere' (le due a terra e il c.i.r. relativo fra i due anelli, ovvero il punto improprio associato al manicotto D). Su tale corpo rigido è semplicemente appoggiata l'asta 7. Sul complesso rigido precedentemente individuato s'imposta infine l'arco a tre 'cerniere' formato dalle aste 8 e 9.

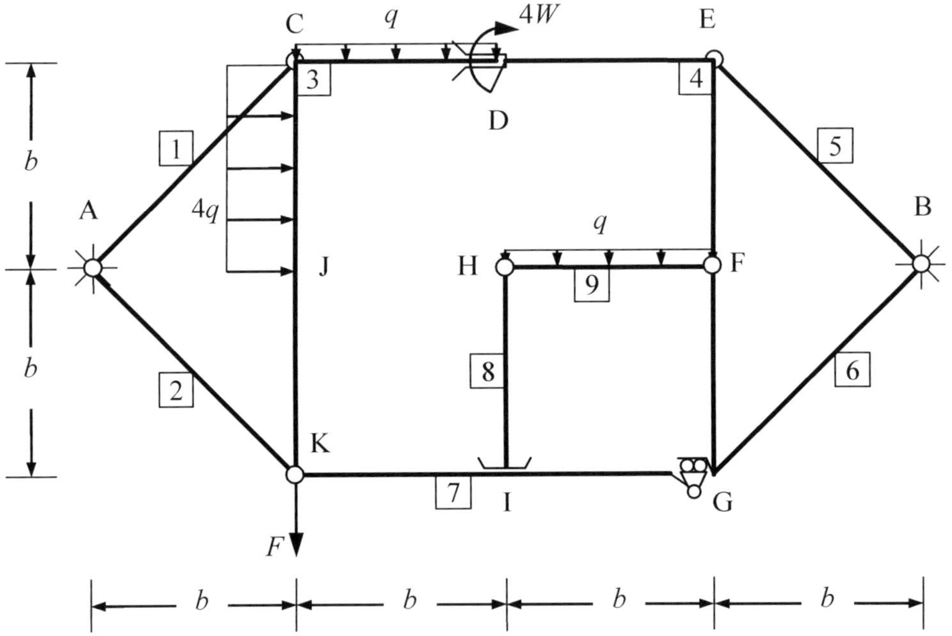

Figura 3.101

Tenuto conto dell'analisi cinematica della struttura, per il calcolo delle reazioni vincolari è opportuno studiare separatamente le diverse sottostrutture che la compongono. Le Figg. 3.102a e b mostrano i valori delle reazioni agli estremi dell'arco a tre 'cerniere' 8+9 e dell'asta appoggiata 7. Trovate le azioni che queste due sottostrutture scaricano sulla restante parte di struttura (Fig. 3.102c), si calcolano facilmente le reazioni a terra in A e B con tre equazioni di equilibrio globali per tale parte, più l'equazione ausiliaria

$$\sum X(\text{aste } 4+5+6) = 0.$$

Se ne ricava

$$V_A = F/4,\ V_B = 11F/4,\ H_A = -4F,\ H_B = 0.$$

Per procedere al calcolo delle azioni interne, non resta che aprire i due anelli chiusi ACK e BEG, calcolando ad esempio le reazioni agli estremi delle bielle 1 e 5 (v. Fig. 3.102c), che si possono ottenere imponendo:

$$\sum M_K(\text{asta } 2) = 0 \Rightarrow N_1 = 15\sqrt{2}F/8;$$
$$\sum M_F(\text{asta } 6) = 0 \Rightarrow N_5 = -11\sqrt{2}F/4.$$

I diagrammi delle azioni interne nella struttura sono riportati in Fig. 3.103.

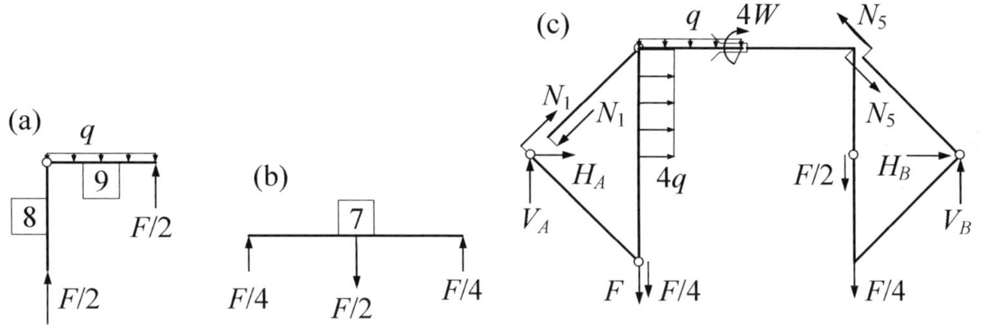

Figura 3.102 – Reazioni nei vincoli delle sottostrutture che compongono la struttura di Fig. 3.101: (a) arco a tre 'cerniere' 8+9; (b) asta 7; (c) restante parte di struttura.

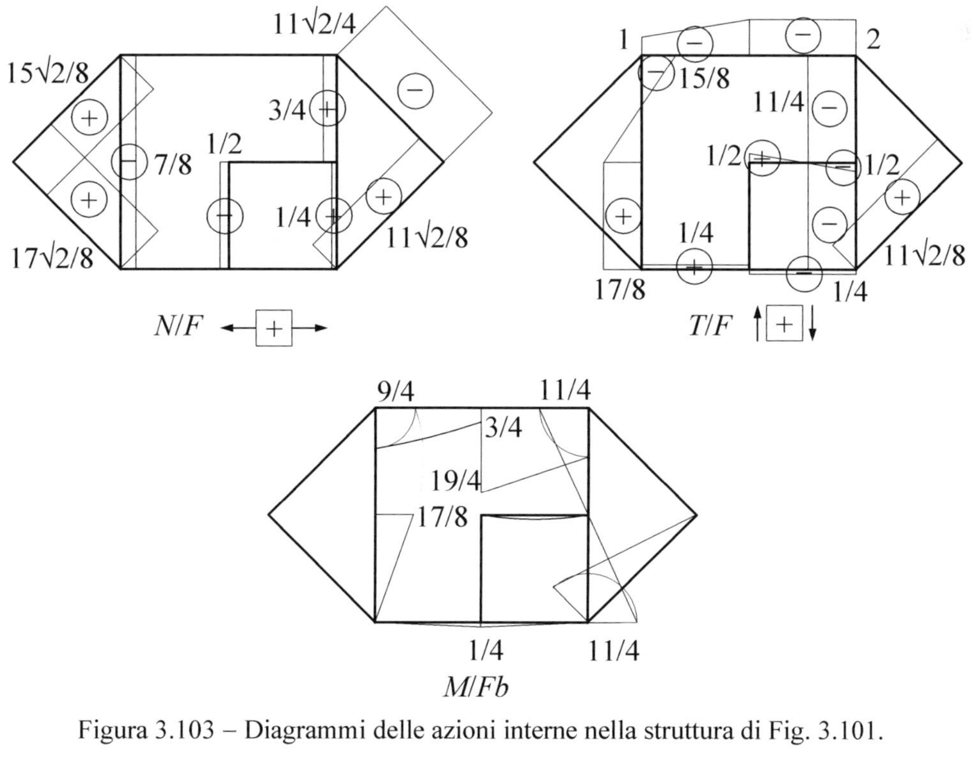

Figura 3.103 – Diagrammi delle azioni interne nella struttura di Fig. 3.101.

16. Determinare le azioni interne nella travatura reticolare di Fig. 3.104 utilizzando il metodo dell'equilibrio ai nodi.

Svolgimento:
Si determinano anzitutto le reazioni nei vincoli a terra imponendo l'equilibrio globale della struttura: è immediato constatare che le reazioni verticali, rivolte verso l'alto, sono pari a metà del carico e che la reazione orizzontale in A è nulla. Imponendo l'equilibrio di ciascun nodo in direzione orizzontale e verticale, si ottiene in successione:

- dall'equilibrio del nodo A: $N_{AB} = -F$, $N_{AC} = 0$ (Fig. 3.105a);
- dall'equilibrio del nodo B: $N_{BC} = F\sqrt{2}$, $N_{BD} = -F$ (Fig. 3.105b);
- dall'equilibrio del nodo C: $N_{CD} = -F$, $N_{CE} = F$ (Fig. 3.105c);
- dall'equilibrio del nodo D: $N_{DE} = F\sqrt{2}$, $N_{DF} = -2F$ (Fig. 3.105d);
- dall'equilibrio del nodo F: $N_{FE} = -2F$ ($N_{FH} = N_{DF}$, Fig. 3.105e).

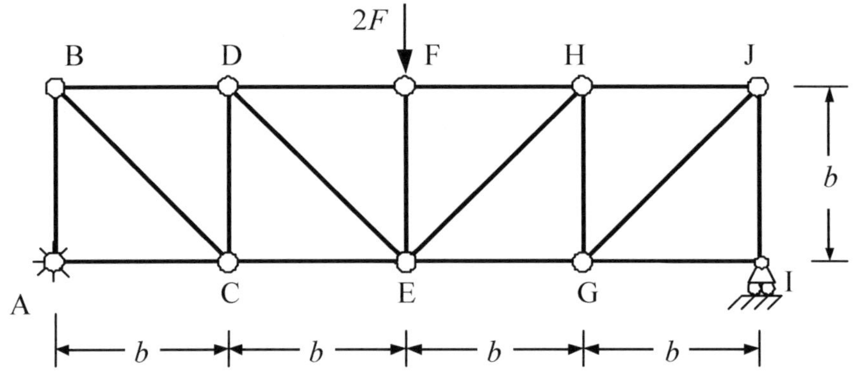

Figura 3.104

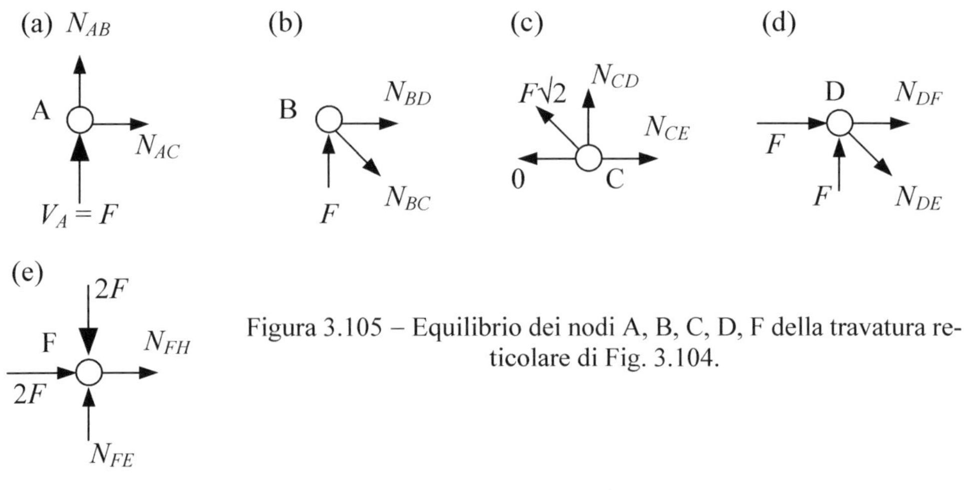

Figura 3.105 – Equilibrio dei nodi A, B, C, D, F della travatura reticolare di Fig. 3.104.

I restanti valori si deducono in base a semplici considerazioni di simmetria. Il diagramma dell'azione assiale nella struttura è mostrato in Fig. 3.106.

E' interessante osservare l'analogia fra il regime statico nella travatura studiata e in una trave semplicemente appoggiata soggetta a carico concentrato in mezzeria, quale quella di Fig. 3.107a. Il momento flettente nella trave appoggiata ne tende le fibre inferiori e ne comprime quelle superiori (Fig. 3.107b): a tale sollecitazione corrisponde la presenza di tiranti nella parte inferiore della travatura e puntoni in quella superiore. L'andamento lineare a tratti del momento flettente nella trave appoggiata è riprodotto approssimativamente dal diagramma 'a scaletta' dell'azione assiale nei tiranti e nei puntoni orizzontali della travatura reticolare. Il diagramma costante a tratti dell'azione tagliante nella trave appoggiata (Fig. 3.107c) è in analogia con la presenza di un'azione assiale costante nelle aste verticali[18] e oblique della travatura reticolare; il cambiamento di segno del taglio nella trave appoggiata corrisponde all'inversione dell'inclinazione delle aste oblique nella travatura.

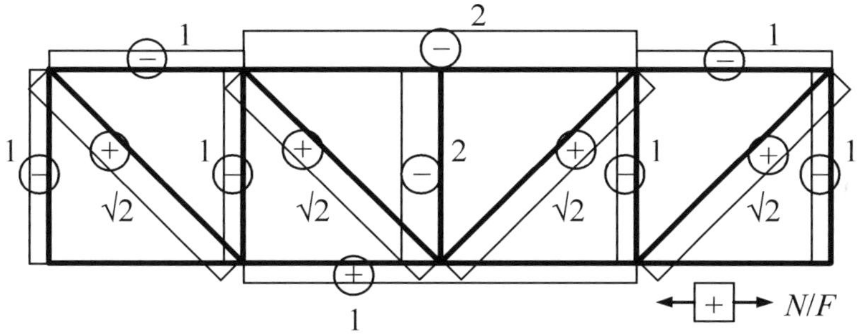

Figura 3.106 – Diagramma dell'azione assiale nella travatura reticolare di Fig. 3.104.

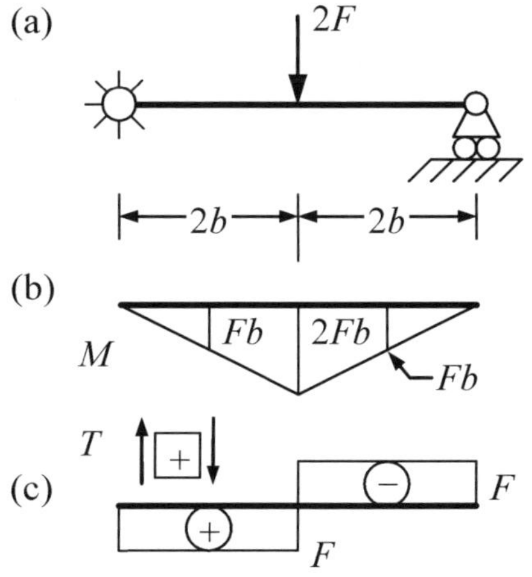

Figura 3.107 – Trave semplicemente appoggiata soggetta a carico concentrato in mezzeria e relativi diagrammi delle azioni interne.

[18] ad eccezione dell'asta EF che, per simmetria, è soggetta ad un'azione assiale doppia rispetto alle altre aste verticali.

17. Ripetere il medesimo esercizio con riferimento alla travatura reticolare di Fig. 3.108.

Svolgimento parziale:
Lo svolgimento è del tutto analogo a quello dell'esercizio precedente. Si riporta in Fig. 3.109 il diagramma dell'azione assiale nella struttura. Anche in questo caso, è interessante osservare l'analogia fra il regime statico nella struttura in esame e quello in una mensola uniformemente caricata, quale quella di Fig. 3.110a. L'andamento dell'azione assiale nelle bielle orizzontali della travatura è in analogia a quello del momento flettente (quadratico) nella mensola, così come l'andamento dell'azione assiale nelle bielle verticali e oblique corrisponde, di fatto, a una discretizzazione del diagramma lineare dell'azione tagliante nella mensola.

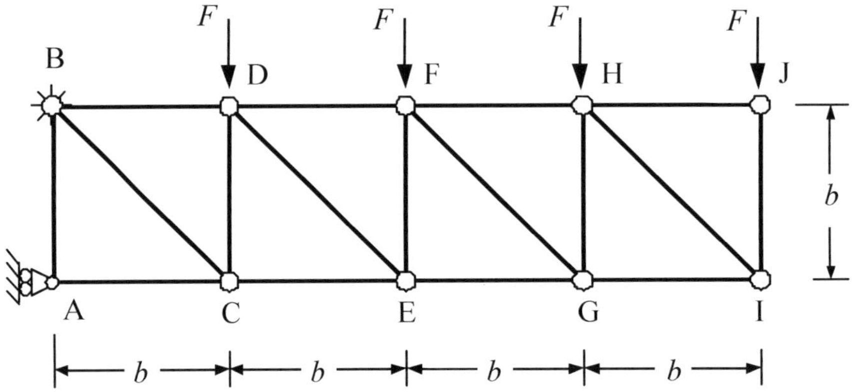

Figura 3.108

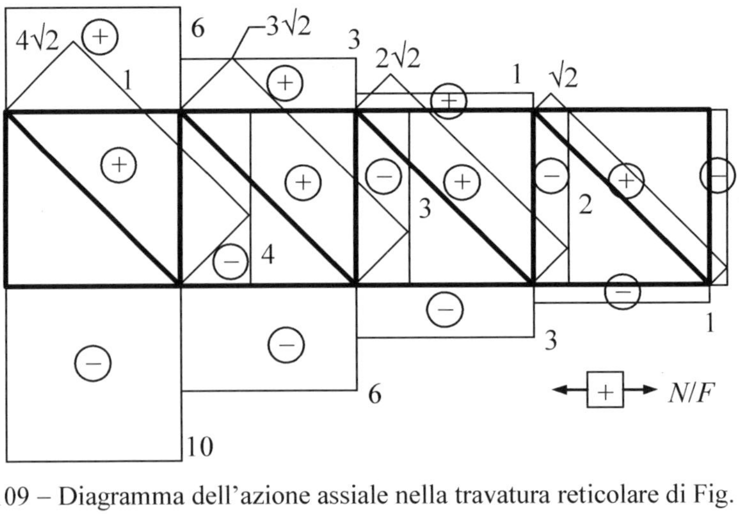

Figura 3.109 – Diagramma dell'azione assiale nella travatura reticolare di Fig. 3.108.

18. Determinare le azioni interne nella travatura reticolare di Fig. 3.111 utilizzando il metodo delle sezioni.

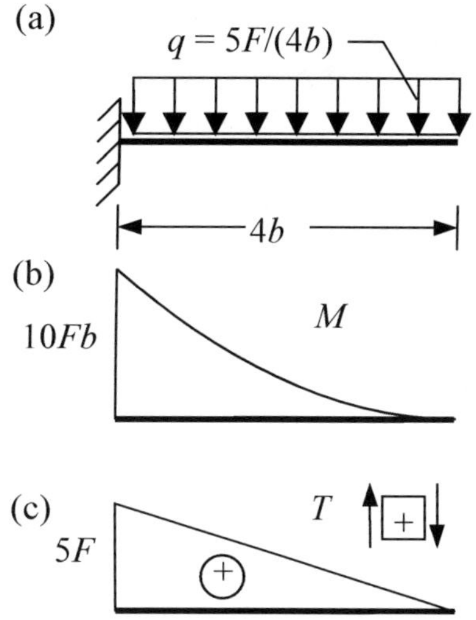

Figura 3.110 – Mensola uniformemente caricata e relativi diagrammi delle azioni interne.

Svolgimento:
L'assenza di nodi in cui convergano meno di tre aste non consente di risolvere la struttura utilizzando il metodo dell'equilibrio ai nodi. Determinate agevolmente le reazioni nei vincoli a terra, si procede applicando il metodo delle sezioni illustrato nel Par. 3.5. Eseguendo una sezione che intercetti le aste (non concorrenti) BC, FC e AE ed imponendo l'equilibrio di una delle parti di struttura così ottenuta attorno ai punti A, C e O (Fig. 3.112a), si ottiene:

- $\sum M_A = 0 \Rightarrow N_{FC}\times(L\sqrt{2}) - P\times L = 0 \quad \Rightarrow N_{FC} = P\sqrt{2}/2;$
- $\sum M_C = 0 \Rightarrow N_{AE}\times(2L) + P\times L - V_A\times(2L) = 0 \Rightarrow N_{AE} = 3P/2;$
- $\sum M_O = 0 \Rightarrow -N_{BC}\times d + P\times(c - L) - V_A\times c = 0,$

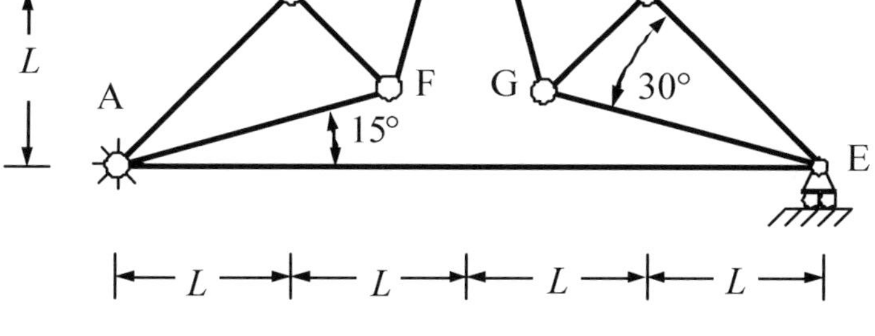

Figura 3.111

dove $d = 2L \times \sin(30°)/\cos(15°) = 2L\sqrt{2}/(1+\sqrt{3})$, $c = d\sqrt{2}$. Dall'ultima equazione si ricava quindi

$$N_{BC} = -P \times (5+\sqrt{3})/(2\sqrt{2}).$$

Si lascia come esercizio il calcolo delle rimanenti azioni assiali, che valgono:

$$N_{AF} = P\sqrt{2}/2,\ N_{BF} = -P\sqrt{2}/2,\ N_{AB} = -P(7+\sqrt{3})/(2\sqrt{2}).$$

Il diagramma dell'azione assiale nella struttura è riportato in Fig. 3.112b.

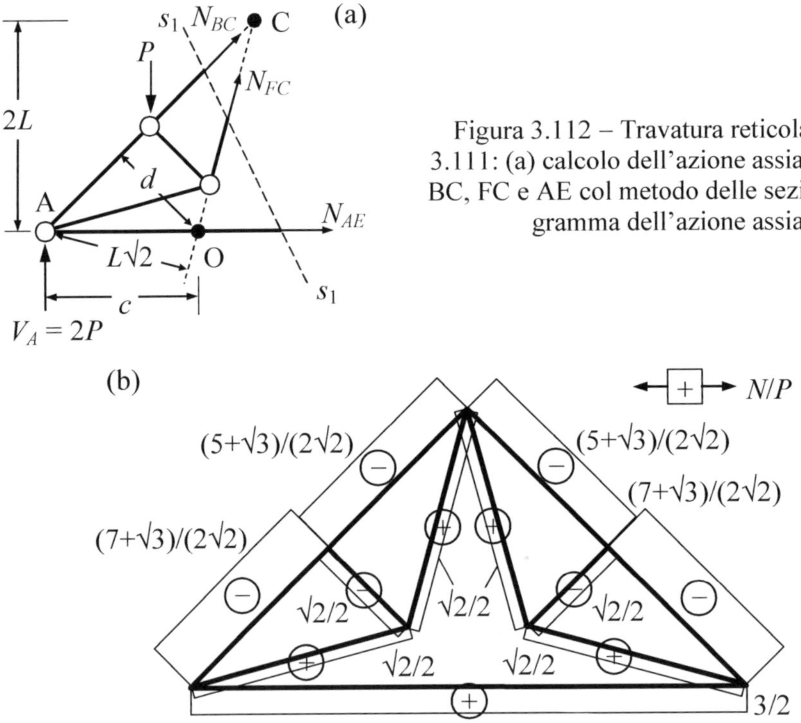

Figura 3.112 – Travatura reticolare di Fig. 3.111: (a) calcolo dell'azione assiale nelle aste BC, FC e AE col metodo delle sezioni; (b) diagramma dell'azione assiale.

19. Determinare le azioni interne nella struttura di Fig. 3.113. Si ponga per comodità $F = qb$.

Svolgimento parziale:

La parte esterna della struttura, costituita dalle aste 1 e 2, è un arco a tre cerniere non allineate A, B, D. La restante parte è una travatura reticolare, del tutto analoga a quella analizzata nell'es. 16, assimilabile a un corpo rigido collegato alle aste 1 e 2 dalla cerniera F e dalla biella 3.

Per il calcolo delle azioni interne, è opportuno sfruttare le considerazioni fatte nell'analisi cinematica della struttura. Si risolve dapprima la travatura reticolare in essa presente, ad esempio col metodo dell'equilibrio ai nodi (v. es. 16), previo calcolo delle reazioni che la travatura trasmette al resto di struttura in F e J (v. Fig. 3.114a) che valgono

$$H_F = F,\ V_F = 2F,\ R_J = -F\sqrt{2}.$$

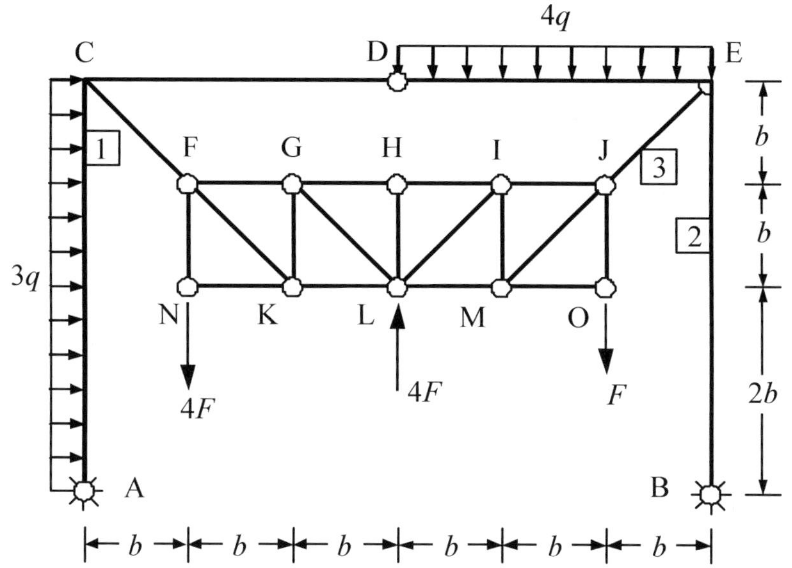

Figura 3.113

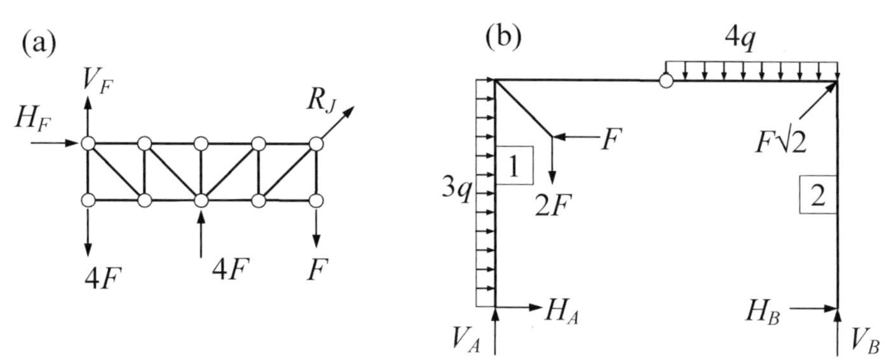

Fig. 3.114 – (a) Reazioni trasmesse dalla travatura reticolare presente nella struttura di Fig. 3.113 all'arco a tre cerniere 1+2; b) reazioni vincolari al piede dell'arco a tre cerniere 1+2.

Si analizza infine l'arco a tre cerniere 1+2 soggetto, oltre che ai carichi distribuiti, alle reazioni trasmesse dalla travatura reticolare (v. Fig. 3.114b). Le reazioni al piede dell'arco valgono

$$V_A = F/2,\ H_A = -51F/8,\ V_B = 25F/2,\ H_B = -45F/8.$$

Si possono infine tracciare i diagrammi delle azioni interne nella struttura, riportati in Fig. 3.115.

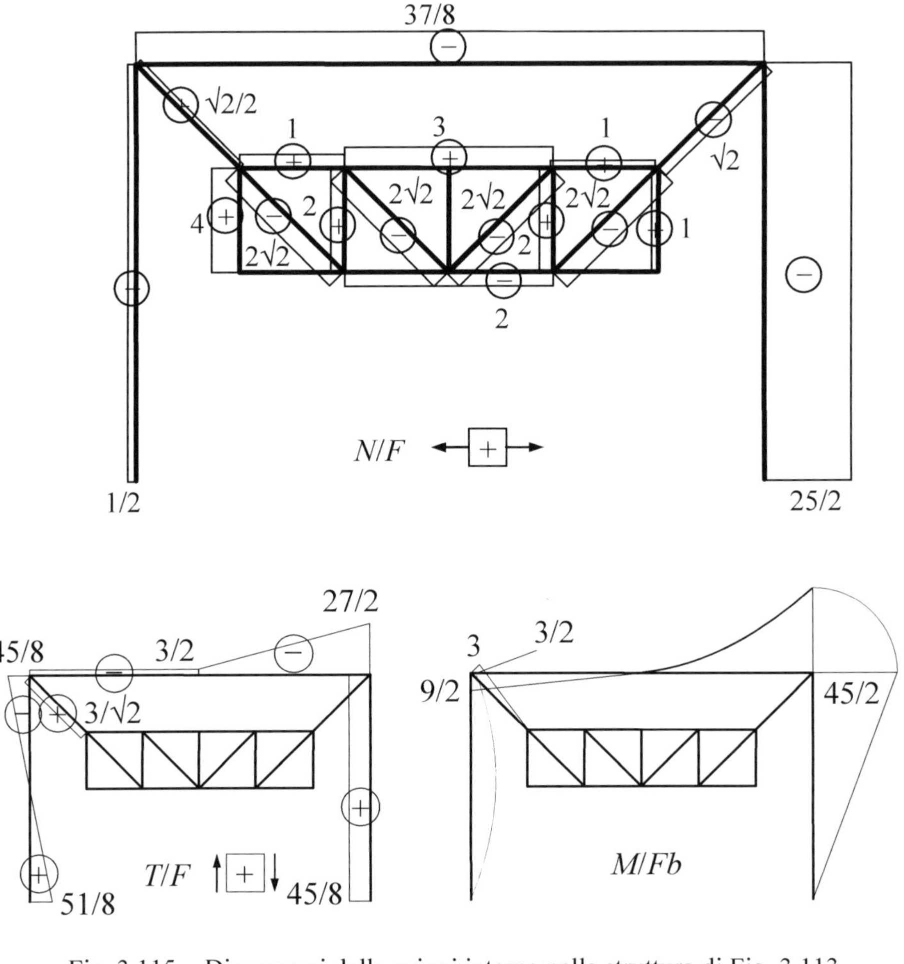

Fig. 3.115 – Diagrammi delle azioni interne nella struttura di Fig. 3.113.

Capitolo 4
Analisi dei sistemi di travi deformabili

4.1 Considerazioni introduttive

Come discusso nell'Introduzione (Cap. 1), la deformabilità di un sistema strutturale va necessariamente messa in conto essenzialmente a due fini:

- nel caso in cui si vogliano determinare gli spostamenti subiti dalla struttura;
- nel caso in cui si voglia analizzare una struttura iperstatica.

Nel primo caso, in presenza di una struttura isostatica il calcolo delle sollecitazioni prescinde dalla deformabilità del sistema e si possono utilizzare a tal fine le procedure illustrate nel Cap. 3. Nel secondo caso, invece, il calcolo delle sollecitazioni richiede necessariamente la messa in conto della deformabilità del sistema, in quanto le equazioni di equilibrio da sole non risultano sufficienti alla determinazione delle sollecitazioni stesse.

Nel presente Capitolo verranno illustrati alcuni fra i principali metodi utilizzati dall'Ingegnere per eseguire l'analisi di un sistema strutturale tenendo conto della sua deformabilità. Sebbene la trattazione venga limitata ai sistemi di travi piani, molti dei concetti presentati sono suscettibili di una generalizzazione ad un contesto molto più ampio: quello dei solidi deformabili tridimensionali[1].

In tutto il Capitolo, si assumerà implicitamente che fra sollecitazioni e deformazioni esista un legame di proporzionalità lineare (<u>ipotesi di elasticità lineare</u>) e che gli spostamenti e le deformazioni subiti dal sistema siano così piccoli da essere assimilabili ad infinitesimi (<u>ipotesi di piccoli cambiamenti di configurazione</u>). La prima ipotesi risulta soddisfatta per numerosi materiali quando le sollecitazioni si mantengono all'interno di un opportuno intervallo, detto 'campo elastico lineare'; in tale intervallo, la risposta deformativa di un elemento di materiale a una data sollecitazione è non solo lineare, ma anche reversibile. Per maggiori dettagli, si rimanda ai testi di Meccanica dei Solidi citati in Bibliografia. Riguardo alla seconda ipotesi, alla fine del Cap. 3 si è già accennato al fatto che le strutture progettate dall'Ingegnere, specialmente in campo civile, sono quasi sempre così rigide da rendere lecita l'ipotesi che i cambiamenti di geometria subiti dalla struttura una volta caricata siano effettivamente molto piccoli, in quanto la funzionalità della struttura stessa potrebbe risultare compromessa da un eccesso di deformabilità. Nel successivo Cap. 5 si avrà peraltro modo di osservare che tale ipotesi può condurre a risultati a sfavore di sicurezza in presenza di travi snelle compresse.

---

[1] Si rimanda al proposito ad un qualunque testo di Meccanica dei Solidi (v. la Bibliografia a fine Capitolo).

Grazie alle ipotesi fatte, l'analisi strutturale dei sistemi di travi deformabili a cui questo Capitolo è dedicato rientra nella più vasta classe dei problemi di elasticità lineare (si veda ad es. [5]).

4.2 La teoria della linea elastica

4.2.1 Fondamenti teorici

Si consideri una trave continua, piana e deformabile, per semplicità ad asse *rettilineo* che si farà coincidere con l'asse x di un sistema di riferimento Cartesiano ortogonale xyz. Si confonda la trave col proprio asse, assimilandola così ad un solido monodimensionale. Per il momento, si tenga conto esclusivamente degli spostamenti trasversali subiti dai punti dell'asse della trave, ipotizzando che le azioni su di essa agenti non ne provochino un'inflessione fuori dal piano (x,y). In un generico cambiamento di configurazione della trave prodotto da azioni esterne qualsivoglia, l'asse della trave si trasforma in una curva piana, di equazione $y = v(x)$, come mostrato qualitativamente in Fig. 4.1. Tale curva prende il nome di linea elastica.

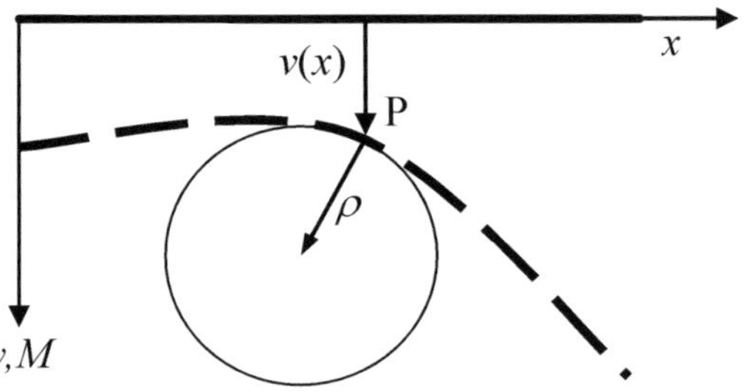

Figura 4.1 – Geometria iniziale e deformata di una generica trave, assimilata a solido monodimensionale; è indicato il cerchio oscuratore all'asse deformato nel punto P.

Dall'Analisi Matematica è noto che è sempre possibile definire (almeno) un cerchio tangente alla curva in un generico punto P, avente in comune con essa, oltre alla derivata prima, anche la derivata seconda[2]: tale cerchio è detto 'cerchio osculatore' (v. Fig. 4.1). Il raggio (ρ) del cerchio osculatore è il raggio di curvatura locale della curva. Si definisce curvatura locale (χ) della curva piana il reciproco del raggio di curvatura: $\chi = 1/\rho$.

Sempre dall'Analisi Matematica, è noto che la curvatura è legata all'equazione della curva $y = v(x)$ dalla relazione

[2] ovvero, un cerchio che ha un contatto (almeno) del second'ordine con la curva in P.

$$\chi\left(=\frac{1}{\rho}\right) = \pm\frac{v''}{[1+(v')^2]^{3/2}},$$

dove si è posto per brevità $v' = dv/dx$, $v'' = d^2v/dx^2$; la scelta del segno nell'espressione di χ verrà giustificata in base alle convenzioni discusse nel seguito.

L'ipotesi formulata dai matematici J. Bernoulli e L. Eulero[3] all'inizio del secolo XVIII è che sussista un legame di proporzionalità lineare fra la curvatura locale dell'asse deformato di una trave e il momento flettente agente sul generico elementino di trave inflesso, ovvero:

$$M(x) = k_f\chi(x).$$

La costante di proporzionalità k_f prende il nome di rigidezza flessionale e dipende, al pari della rigidezza assiale introdotta nel Par. 1.2, dalla geometria della sezione della trave e dalle proprietà meccaniche del materiale di cui la trave è costituita. Accettando i risultati della *teoria di St. Venant* (v. ad es. [1,5,7,8,11]), la costante k_f può essere espressa come prodotto del *modulo elastico* del materiale[4] (E) e del *momento d'inerzia* della sezione della trave, J, attorno all'asse normale al piano in cui avviene la deformazione (z):

$$k_f \equiv EJ.$$

Si ipotizzerà che E e J siano dei dati del problema; in particolare, il secondo si trova tabulato nei profilari e nei Manuali dell'Ingegnere per una vasta gamma di sezioni.

In quanto sopra detto, si è ipotizzato implicitamente che l'asse attorno al quale agisce il momento flettente (z) sia un asse 'principale d'inerzia' per la sezione della trave. Senza entrare nei dettagli, si accenna solo al fatto che ciò si verifica tipicamente nel caso, di gran lunga più importante nella pratica, in cui la trave ha sezione simmetrica rispetto al piano in cui avviene la deformazione. Per maggiori dettagli, si rimanda ai testi che trattino la 'geometria delle masse' (v. ad es. [1,2,11]).

Se il cambiamento di configurazione subito dalla trave è piccolo, la pendenza locale dell'asse deformato è piccola a sua volta e risulta $|v'| << 1$; ne consegue che il denominatore nell'espressione generale di χ può essere confuso con 1 e si ha l'espressione semplificata:

---

[3] Johann Bernoulli: 1667, Basilea – 1748, Basilea.
Leonhard Euler: 1707, Basilea – 1783, S. Pietroburgo.

[4] Il 'modulo elastico' o 'modulo di Young' è una proprietà di un materiale elastico lineare isotropo, che ha le dimensioni di una forza per unità di superficie. Nel caso degli ordinari acciai da costruzione, vale all'incirca 210000 N/mm^2; per il calcestruzzo, si aggira solitamente attorno ai 25000 – 35000 N/mm^2.

$$\chi \approx \pm v''.$$

Con riferimento alle convenzioni di Fig. 4.1, si considerano positivi i momenti flettenti che tendono le fibre inferiori della trave, a cui corrispondono deformate che presentano una concavità rivolta secondo il verso delle y negative (ovvero 'verso l'alto'). Si considerano ovviamente positive le curvature associate a momenti positivi. Tenuto conto di tali convenzioni, nell'espressione della curvatura sopra riportata va scelto il segno meno.

Da quanto detto, nel caso di cambiamenti di configurazione geometricamente piccoli è possibile legare la deformata dell'asse della trave al momento flettente in essa agente attraverso l'equazione differenziale della linea elastica:

$$v''(x) = -\frac{M(x)}{EJ}.$$

Tale equazione vale anche nel caso di travi a sezione variabile, a patto di porre $EJ = k_f(x)$.

Prima di mostrare come l'equazione differenziale ora scritta possa essere utilizzata per l'analisi di sistemi di travi deformabili, si introduce la cosiddetta ipotesi di Navier[5], secondo la quale 'le sezioni della trave ruotano mantenendosi piane e ortogonali all'asse deformato'. Questa ipotesi risulta a rigore soddisfatta solo sotto particolari condizioni (quelle del 'caso di St. Venant della flessione semplice' – si veda ad es. [1,5,7,8,11]), ma è accettabile più in generale per travi snelle in materiale omogeneo. Conseguenza dell'ipotesi di Navier è che la pendenza dell'asse deformato, approssimabile con $v'(x)$ nel caso di piccoli cambiamenti di configurazione, si identifica con la rotazione $\varphi(x)$ subita dalla generica sezione S della trave (v. Fig. 4.2) e si può anche scrivere (a meno del segno) $\chi \approx \pm d^2v/dx^2 = \pm d\varphi/dx$.

Tenuto conto dell'ipotesi di Navier, è possibile individuare le condizioni al contorno cinematiche con cui va integrata l'equazione differenziale della linea elastica, in corrispondenza dei vincoli visti nel Par. 2.2, in termini di spostamenti trasversali (v) o di rotazioni (v'). Tali condizioni sono riassunte in Fig. 4.3 (nel caso di vincoli esterni) e in Fig. 4.4 (nel caso di vincoli interni); in queste figure, $x=a$ indica l'ascissa della sezione della trave in cui la condizione al contorno viene imposta. Ci si limiterà al caso in cui eventuali traslazioni concesse dai vincoli (carrelli, pattini) siano parallele o ortogonali all'asse della trave, escludendo per semplicità il caso di vincoli con piano di scorrimento obliquo rispetto all'asse della trave.

[5] Claude Louis Marie Henri Navier: 1785, Digione – 1836, Parigi.

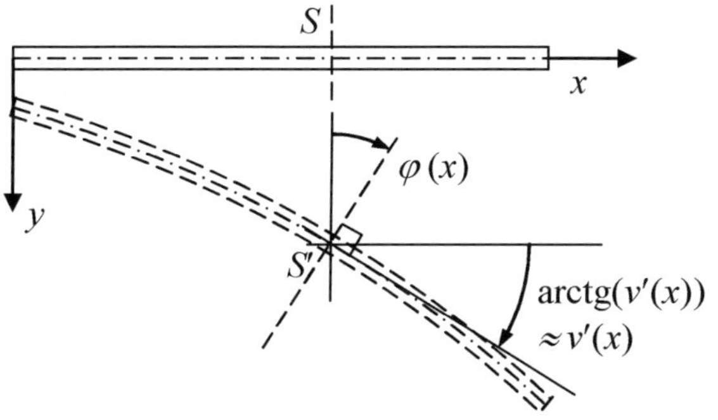

Figura 4.2 – Ipotesi di Navier: la sezione S della trave si trasforma in S' mantenendosi piana e ortogonale all'asse deformato.

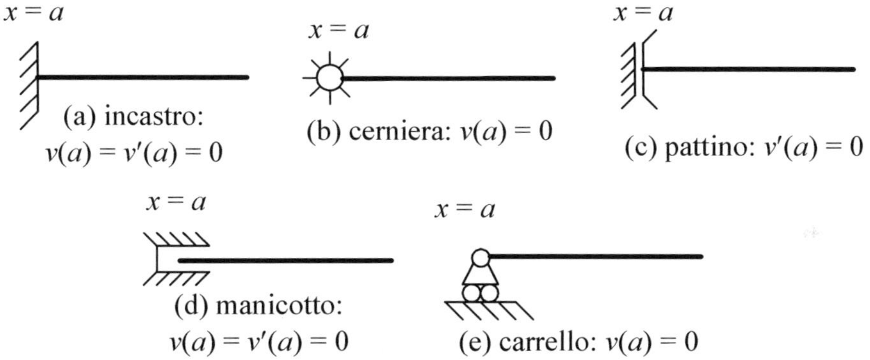

Figura 4.3 – Vincoli esterni per travi piane e corrispondenti condizioni cinematiche in termini di spostamenti trasversali e rotazioni.

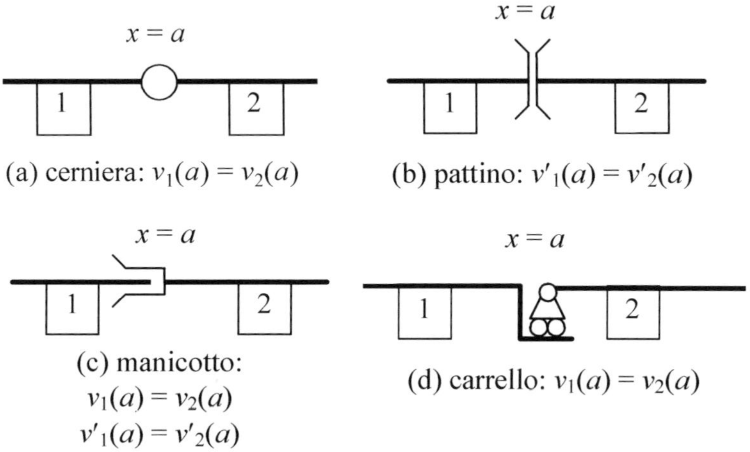

Figura 4.4 – Vincoli interni per sistemi di travi piane e corrispondenti condizioni cinematiche in termini di spostamenti trasversali e rotazioni.

4.2.2 Applicazioni

Alcuni esempi mostreranno come l'equazione differenziale della linea elastica precedentemente dedotta possa essere utilizzata per determinare l'equazione dell'asse deformato di una trave soggetta a carichi trasversali, sia essa isostatica o iperstatica: nell'ultimo caso, il calcolo fornisce anche l'espressione delle incognite iperstatiche. Per semplicità, nel seguito si supporrà implicitamente che le travi considerate abbiano sezione costante.

a) Trave semplicemente appoggiata, uniformemente caricata

Si consideri dapprima la trave semplicemente appoggiata e soggetta a carico uniforme mostrata in Fig. 4.5. Si voglia determinare l'equazione dell'asse deformato, sapendo che l'espressione del momento flettente nella trave (già ricavata nel Par. 3.4.1 – v. Fig. 3.35) si scrive

$$M(x) = ½\, qx(L - x)$$

(v. anche il diagramma mostrato in Fig. 4.5). Posto $EJv''(x) = -M(x)$, integrando due volte l'equazione differenziale così ottenuta si ricava, in successione:

$$EJv'(x) = qx^3/6 - qLx^2/4 + C_1;$$
$$EJv(x) = qx^4/24 - qLx^3/12 + C_1x + C_2.$$

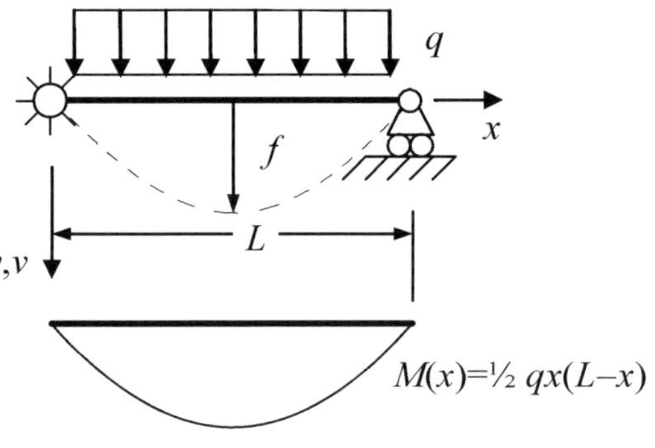

Figura 4.5 – Trave semplicemente appoggiata soggetta a carico uniforme: diagramma del momento e deformata.

Le due costanti d'integrazione, C_1 e C_2, si ricavano imponendo l'annullarsi dello spostamento trasversale negli estremi della trave; si ricava così:

$$v(0) = 0 \Rightarrow C_2 = 0;$$
$$v(L) = 0 \Rightarrow qL^4/24 - qL^4/12 + C_1L = 0 \Rightarrow C_1 = qL^3/24.$$

In definitiva, l'espressione cercata è

$$v(x) = \frac{qx}{24EJ}(x^3 - 2Lx^2 + L^3).$$

Com'era peraltro prevedibile, tutti i punti dell'asse della trave subiscono un abbassamento ($v(x)>0\ \forall x \in (0,L)$) e la deformata della trave risulta simmetrica rispetto alla mezzeria della trave ($x=L/2$). L'abbassamento massimo (o freccia) si ha in mezzeria e vale

$$f \equiv v(L/2) = \frac{5qL^4}{384EJ}.$$

b) Trave semplicemente appoggiata, soggetta a carico concentrato
Nell'esempio precedente, è stato sufficiente integrare un'unica equazione differenziale per ricavare l'espressione della deformata della struttura. Questo perché l'andamento del momento flettente sull'intera struttura era descritto da un'unica espressione e non erano presenti vincoli che consentissero discontinuità degli spostamenti trasversali o delle rotazioni. In generale, la struttura va divisa in diversi campi d'integrazione delimitati da vincoli, carichi concentrati o spigoli. Da un campo d'integrazione all'altro, varia o l'espressione del momento flettente $M = -EJv''$, o della rotazione $\varphi = v'$, o dello spostamento trasversale v.

Per esemplificare quanto detto, si consideri ancora una trave semplicemente appoggiata, ma soggetta in mezzeria a carico concentrato (Fig. 4.6). Il momento flettente ha un'espressione diversa in ciascuno dei due tratti di trave separati dal carico; precisamente:

per $0 \le x \le L/2$, $M(x) = ½\, Qx\ (= M_1)$;
per $L/2 \le x \le L$, $M(x) = ½\, Q(L-x)\ (= M_2)$

(v. anche il diagramma mostrato in Fig. 4.6). Integrando separatamente le due equazioni differenziali $EJv_1'' = -M_1$ e $EJv_2'' = -M_2$ si ricava:

$$EJv_1'(x) = -Qx^2/4 + C_1;$$
$$EJv_1(x) = -Qx^3/12 + C_1x + C_2$$

e

$$EJv_2'(x) = Qx^2/4 - QLx/2 + C_3;$$
$$EJv_2(x) = Qx^3/12 - QLx^2/4 + C_3x + C_4.$$

Le 4 costanti d'integrazione $C_1 \ldots C_4$ (due per ciascun campo d'integrazione) si ricavano imponendo, oltre alle condizioni al contorno di abbassamento nullo negli estremi (v. anche l'esempio precedente), la condizione di continuità dell'abbassamento e della rotazione in corrispondenza della sezione di mezzeria. Esplicitamente, le 4 condizioni da imporre per determinare la deformata della trave sono:

$$v_1(0) = 0; \qquad v_2(L) = 0;$$
$$v_1(L/2) = v_2(L/2); \qquad v'_1(L/2) = v'_2(L/2).$$

La prima fornisce direttamente $C_2 = 0$. Il sistema costituito dalle rimanenti tre condizioni si scrive:

$$-QL^3/6 + C_3L + C_4 = 0;$$
$$-QL^3/96 + C_1L/2 = -5QL^3/96 + C_3L/2 + C_4;$$
$$-QL^2/16 + C_1 = -3QL^2/16 + C_3$$

e fornisce

$$C_1 = QL^2/16, \qquad C_3 = 3QL^2/16, \qquad C_4 = -QL^3/48.$$

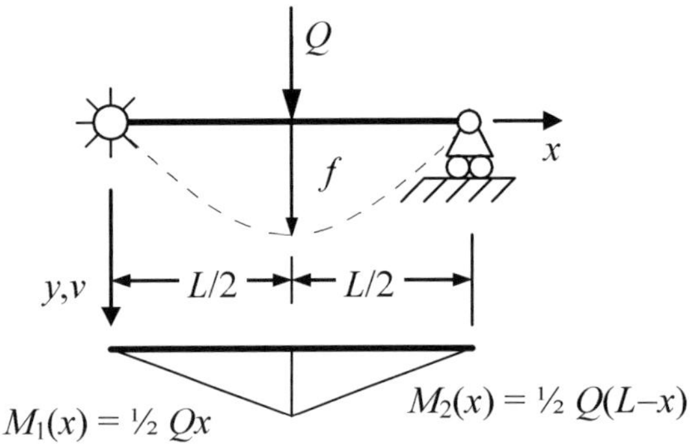

Figura 4.6 – Trave semplicemente appoggiata soggetta a carico concentrato in mezzeria: diagramma del momento e deformata.

In definitiva, l'equazione della deformata della trave si scrive:

$$\text{per } 0 \le x \le L/2, \; v_1(x) = \frac{Qx}{48EJ}(3L^2 - 4x^2);$$
$$\text{per } L/2 \le x \le L, \; v_2(x) = \frac{Q(L-x)}{48EJ}(-L^2 + 8Lx - 4x^2).$$

La deformata della trave è visualizzata in Fig. 4.6. Si noti in particolare che la freccia in mezzeria vale

$$f\,(\equiv v_1(L/2) = v_2(L/2)) = QL^3/48EJ;$$

inoltre la rotazione in mezzeria risulta nulla ($\varphi_1(L/2) = \varphi_2(L/2) = 0$), com'era del resto prevedibile data la simmetria del problema.

c) Trave incastro–appoggio uniformemente caricata
Come ultimo esempio di applicazione, si consideri una trave soggetta a carico uniforme, vincolata a terra mediante un incastro e un carrello, come mostrato in Fig. 4.7a. A differenza degli esempi precedentemente studiati, che trattano strutture isostatiche, la struttura risulta una volta iperstatica, nel senso che uno dei quattro gradi di vincolo presenti nel sistema è sovrabbondante rispetto ai tre strettamente necessari a vincolare correttamente la trave.

Per determinare la deformata della trave, bisogna scrivere l'equazione del momento flettente tenendo conto sia dei carichi presenti sulla struttura che delle reazione fornita dal vincolo in esubero (incognita iperstatica, X). A tal fine, si può pensare, ad esempio, di sopprimere idealmente il carrello, trasformando così la struttura in una mensola (isostatica), mettendo al contempo in evidenza la reazione (incognita) da esso trasmessa alla trave (Fig. 4.7b). A questo punto, si tratta formalmente l'incognita iperstatica come un carico concentrato e si determina l'equazione del momento flettente:

$$M(x) = -\tfrac{1}{2}\, qL^2 + XL + (qL - X)x - \tfrac{1}{2}\, qx^2.$$

Integrando due volte l'equazione differenziale $M(x) = -EJv''(x)$ si ricava in successione:

$$EJv'(x) = (\tfrac{1}{2}\, qL^2 - XL)x - (qL - X)x^2/2 + qx^3/6 + C_1;$$
$$EJv(x) = (\tfrac{1}{2}\, qL^2 - XL)x^2/2 - (qL - X)x^3/6 + qx^4/24 + C_1x + C_2.$$

Oltre alle due costanti d'integrazione, C_1 e C_2, l'equazione della deformata contiene come incognita anche la reazione iperstatica X. E' peraltro possibile scrivere 3 condizioni al contorno, che traducono l'annullarsi degli spostamenti negli estremi della trave assegnata e la rotazione nell'incastro:

$$v(0) = 0, \qquad v'(0) = 0, \qquad v(L) = 0.$$

Le prime due forniscono immediatamente $C_1 = C_2 = 0$, mentre l'ultima si scrive esplicitamente

$$(\tfrac{1}{2}\, qL^2 - XL)L^2/2 - (qL - X)L^3/6 + qL^4/24 = 0$$

e fornisce pertanto $X = 3qL/8$. In definitiva, l'espressione della deformata dell'asse della trave è

$$v(x) = \frac{qx^2}{48EJ}(3L^2 - 5Lx + 2x^2)$$

mentre l'equazione del momento flettente è

$$M(x) = \frac{q}{8}(-L^2 + 5Lx - 4x^2).$$

E' anche possibile determinare l'equazione dell'azione tagliante, o per derivazione di quella del momento, oppure mediante calcolo diretto; si ricava così

$$T(x) = \frac{q}{8}(5L - 8x).$$

La deformata della trave è mostrata in Fig. 4.7a, mentre i diagrammi delle azioni interne sono mostrati in Fig. 4.7c.

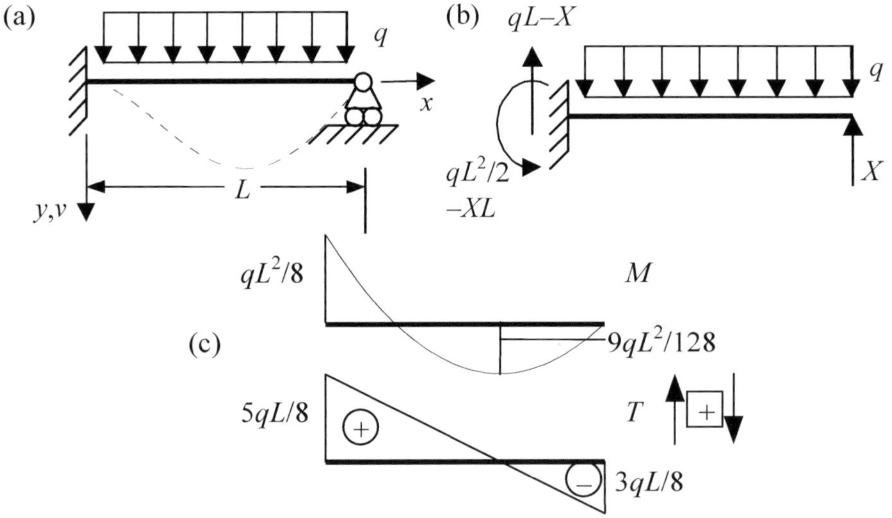

Figura 4.7 – (a) Trave incastro–appoggio uniformemente caricata e relativa deformata; (b) scelta dell'incognita iperstatica e reazioni vincolari nella struttura resa isostatica; (c) diagrammi delle azioni interne nella struttura reale.

4.2.3 Vincoli cedevoli. Dilatazioni termiche

La teoria della linea elastica fin qui presentata è stata dedotta assumendo implicitamente che i vincoli presenti nelle strutture analizzate fossero perfetti e che le deformazioni delle travi fossero originate unicamente dalle sollecitazioni in esse presenti sulla base dell'ipotesi di elasticità lineare. In effetti, a conclusione della trattazione, vale la pena di accennare al fatto che è possibile tenere conto anche della possibilità che i vincoli presenti nel sistema siano cedevoli e che nella struttura siano presenti anche deformazioni di origine anelastica (quali, ad esempio, dilatazioni termiche).

Se i vincoli con cui la struttura è collegata a terra sono soggetti a cedimenti anelastici di entità nota, è sufficiente imporre, attraverso le condizioni al contorno, che lo spostamento v o la rotazione v' assumano valori assegnati nelle corrispondenti sezioni della struttura. Ad esempio, con riferimento alla struttura di Fig. 4.8 si imporrà:

$v(0) = 0$;
$v(L) = \delta$ (cedimento verso il basso);
$v'(0) = -\theta$ (rotazione antioraria).

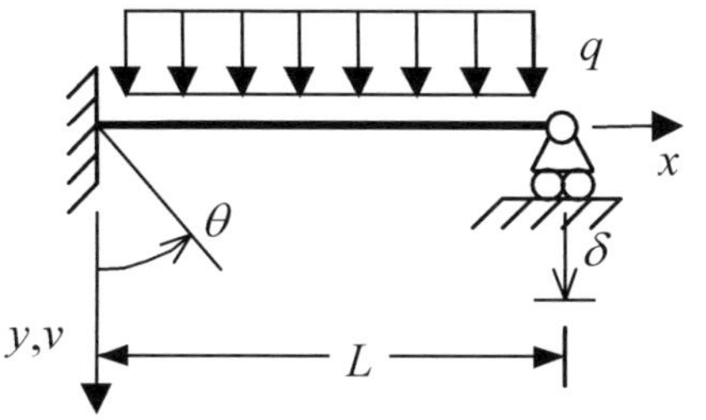

Figura 4.8 – Esempio di struttura soggetta a cedimenti anelastici negli estremi.

Se invece i vincoli sono cedevoli elasticamente, i cedimenti da essi subiti sono proporzionali (per ipotesi, linearmente) alle reazioni esercitate dal vincolo stesso e non sono in genere noti a priori. Ai fini pratici, è comodo schematizzare questo tipo di vincolo con una molla (elastica lineare), la cui costante di rigidezza rappresenta la reazione che nasce nel vincolo in corrispondenza di un cedimento unitario (v. ad es. Fig. 4.9a). Per la scrittura delle condizioni al contorno cinematiche, si mette in evidenza la reazione che la struttura scambia con il vincolo (v. Fig. 4.9b) e si mette in relazione, per congruenza, il cambiamento di geometria subito dal vincolo, ad opera della reazione in esso agente, con lo spostamento, o la rotazione, della sezione della struttura in cui il vincolo è presente. Con riferimento alla struttura (una volta iperstatica) di Fig. 4.9, s'imporrà ad esempio:

$v(0) = 0$;
$v(L) = V_B/h$ (accorciamento della molla in B);
$v'(0) = W_A/k$ (rotazione tra gli estremi della molla in A).

Infine, si mostra come sia possibile tenere conto di eventuali dilatazioni termiche presenti nella struttura quando si utilizza la teoria della linea elastica. Si consideri una generica trave e si supponga dapprima che tutte le sue fibre subiscano una variazione termica uniforme ΔT rispetto ad una certa situazione iniziale, assunta come riferimento[6] – v. Fig. 4.10a. Per diversi materiali da costruzione, a patto che la temperatura della struttura si mantenga entro livelli accettabili, è lecito assumere che l'allungamento specifico (ovvero, per unità di lunghezza) subito dalle fibre della trave, η_t, sia linearmente proporzionale alla variazione termica ΔT. Considerato pertanto un generico concio di lunghezza iniziale dx, la sua variazione di lunghezza di origine termica sarà

$$\eta_t\, dx = \alpha \Delta T\, dx.$$

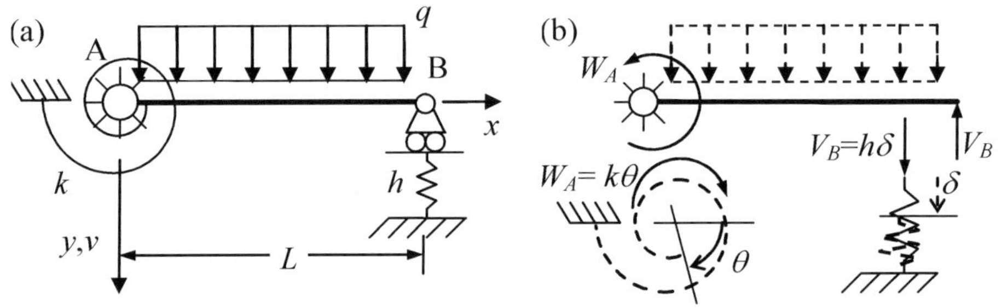

Figura 4.9 – (a) Struttura dotata di vincoli elasticamente cedevoli; (b) reazioni e cedimenti nei vincoli.

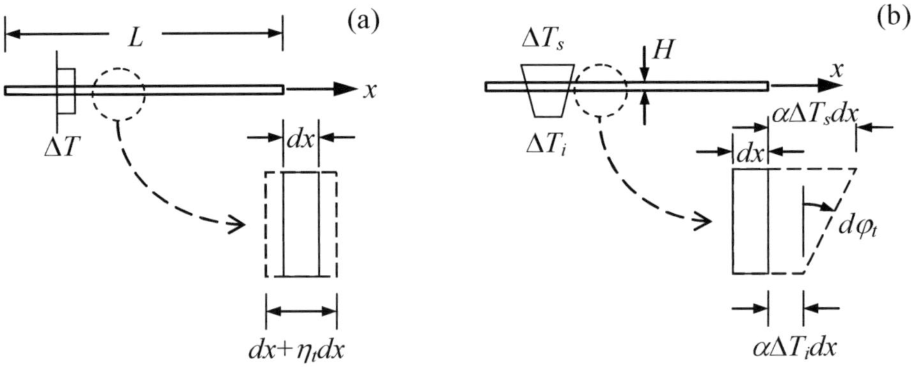

Figura 4.10 – (a) Trave soggetta a dilatazione termica uniforme; (b) trave soggetta a dilatazione termica variabile linearmente lungo l'altezza.

La costante di proporzionalità α è una caratteristica del materiale costituente la trave e prende il nome di coefficiente di dilatazione termica. Nel caso dell'acciaio, il valore di tale coefficiente è $\alpha \approx 1.2\times10^{-5}$ °C^{-1}; nel caso del calcestruzzo si ha invece $\alpha \approx 10^{-5}$ °C^{-1} [7].

[6] $\Delta T > 0$ corrisponde a un riscaldamento rispetto alla situazione di riferimento; $\Delta T < 0$ corrisponde a un raffreddamento.

[7] Si noti che il valore del coefficiente di dilatazione termica dell'acciaio è molto prossimo a quello del calcestruzzo. Tale circostanza assume una notevole rilevanza pratica, ad esem-

Nel caso ora considerato la trave (immaginata libera) subisce unicamente una variazione di lunghezza, pari a $\Delta L = \alpha\Delta T\, L$, senza inflettersi. Si supponga adesso che la variazione termica vari lungo l'altezza H della trave, per semplicità con legge lineare, tra due valori estremi ΔT_s e ΔT_i (v. Fig. 4.10b). Questa situazione può ritenersi rappresentativa di numerose situazioni reali: si pensi ad esempio ad una trave di copertura di un edificio, soggetta sulle fibre superiori al riscaldamento solare, mentre le fibre inferiori si mantengono grossomodo a temperatura costante.

In questo secondo caso, le facce di un generico concio di trave subiscono una rotazione relativa di origine termica $d\varphi_t$ che, potendosi ritenere infinitesima, è data da

$$d\varphi_t \approx \mathrm{tg}(d\varphi_t) = \alpha(\Delta T_s - \Delta T_i)dx/H.$$

La trave subisce pertanto una <u>curvatura termica</u>, $\chi_t = \pm d\varphi_t/dx$, che si somma a quella di origine elastica $\chi_e = M/EJ$. Con le convenzioni di segno del Par. 4.2.1, l'equazione differenziale della linea elastica diviene dunque

$$v''(x) = -\chi = -(\chi_e + \chi_t) = -\frac{M(x)}{EJ} + \alpha\frac{\Delta T_s - \Delta T_i}{H}.$$

Si noti che, in generale, l'asse della trave subisce anche una variazione di lunghezza: infatti, detta ΔT_G la variazione di temperatura alla quota della fibra baricentrica della generica sezione, un concio di lunghezza iniziale dx subisce un allungamento (o un accorciamento) di origine termica $\eta_t\, dx = \alpha\Delta T_G\, dx$. Se in particolare la sezione è doppiamente simmetrica (p.es. rettangolare, a I, ecc.) e $\Delta T_s = -\Delta T_i$, si ha $\eta_t = 0$ e l'asse della trave subisce unicamente una curvatura termica.

A titolo di esempio, si voglia risolvere la struttura di Fig. 4.7a immaginando però che la trave sia soggetta non solo al carico uniforme d'intensità q, ma anche ad una variazione termica variabile linearmente tra 0 al lembo inferiore e $+\Delta T$ al lembo superiore (Fig. 4.11a). Per maggior generalità, si assuma inoltre che i vincoli siano sede di cedimenti anelastici, come mostrato in Fig. 4.11a.

---

pio, nelle travi in cemento armato soggette a variazioni termiche: poiché i due materiali componenti subiscono grossomodo le stesse deformazioni, si evita l'insorgere di tensioni indesiderate all'interfaccia tra armature e calcestruzzo.

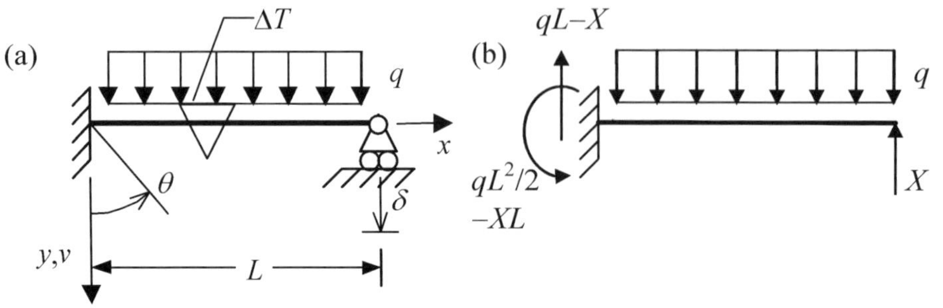

Figura 4.11 – (a) Trave iperstatica soggetta a carico uniforme, dilatazioni termiche e cedimenti vincolari.

Procedendo come nell'esempio c) del Par. 4.2.2, si sceglie quale incognita iperstatica la reazione X nel carrello (Fig. 4.11b) e si esprime il momento nella trave in funzione del carico e di X:

$$M(x) = -\tfrac{1}{2}\, q(L-x)^2 + X(L-x).$$

L'equazione differenziale della linea elastica si scrive in questo caso

$$v''(x) = -\frac{M(x)}{EJ} - \chi_t = \frac{q(L-x)^2 - 2X(L-x)}{2EJ} + \alpha\frac{\Delta T}{H}.$$

Integrando due volte si ottiene (v. anche quanto fatto nel Par. 4.2.2):

$$EJv'(x) = (\tfrac{1}{2}\, qL^2 - XL)x - (qL - X)x^2/2 + qx^3/6 + EJ\alpha\Delta Tx/H + C_1;$$

$$EJv(x) = (\tfrac{1}{2}\, qL^2 - XL)x^2/2 - (qL - X)x^3/6 + qx^4/24 + \tfrac{1}{2}\, EJ\alpha\Delta Tx^2/H + C_1x + C_2.$$

Le condizioni al contorno del problema in esame si scrivono (v. anche il Par. 4.2.1):

$$v(0) = 0; \qquad v(L) = \delta; \qquad v'(0) = -\theta.$$

Si ottiene così

$$C_1 = -EJ\theta; \quad C_2 = 0; \quad X = \frac{3}{8}qL + \frac{3EJ}{L^3}\left(\frac{\alpha\Delta TL^2}{2H} - \delta - \theta L\right).$$

In definitiva, l'espressione della deformata della trave è:

$$v(x) = \frac{qx^2}{48EJ}(3L^2-5Lx+2x^2) + \frac{\alpha\Delta T}{4LH}x^2(x-L) - \frac{\delta+\theta L}{2L^3}(x-3L)x^2 - \theta x.$$

E' importante osservare che, anche se la struttura fosse stata scarica ($q = 0$), l'incognita iperstatica sarebbe risultata diversa da zero: questo mostra come, a differenza di ciò che avviene nelle strutture isostatiche (dove le sollecitazioni dipendono solo dai carichi poiché ricavate unicamente attraverso considerazioni di equilibrio), nelle strutture iperstatiche i soli effetti anelastici possono provocare uno stato di sollecitazione non nullo.

Le sollecitazioni indotte dai soli effetti anelastici possono essere tutt'altro che trascurabili rispetto a quelle prodotte dai carichi carichi esterni. Con riferimento all'esempio in esame, se la trave è in acciaio (E = 210000 N/mm^2, $\alpha = 12 \times 10^{-6}$ °C^{-1}), con sezione IPE 300 ($J \approx 8300$ cm^4), di lunghezza pari a 4 m ed è soggetta a un carico d'intensità q = 10 kN/m, il contributo al valore dell'iperstatica del solo carico distribuito è

$$X_q = 3qL/8 = 15 \text{ kN};$$

quello dovuto a un cedimento vincolare di 1 cm nell'appoggio è

$$-X_\delta = 3EJ\delta/L^3 = 8.22 \text{ kN}$$

e quello prodotto da un riscaldamento del lembo superiore $\Delta T = +50$°C è pari a

$$X_T = 3EJ\alpha\Delta T/(2LH) = 13.2 \text{ kN}.$$

Di qui la necessità di tenere conto di eventuali cedimenti vincolari o effetti termici nella valutazione della sicurezza di una struttura. Del resto è ben noto che i cedimenti dei vincoli sono spesso causa di lesioni nelle costruzioni (in particolare, nei componenti in muratura), in quanto gli sforzi da essi prodotti possono facilmente superare la limitata resistenza a trazione del materiale.

4.3 Applicazioni del Principio dei Lavori Virtuali a sistemi di travi deformabili

Nel Par. 3.6 si è ricordato l'enunciato del Principio dei Lavori Virtuali (PLV) per sistemi di corpi rigidi: condizione necessaria e sufficiente per l'equilibrio di un sistema articolato di corpi rigidi, soggetto a vincoli lisci e bilateri, è che sia nullo il lavoro di tutti i carichi su di esso agenti per qualunque spostamento virtuale del sistema. Tale enunciato non vale se tra gli spostamenti virtuali si annoverano quelli consentiti dalla deformabilità del sistema. Si pensi al semplice esempio mostrato in Fig. 4.12: se, a partire dalla configurazione di equilibrio dell'asta (caratterizzata da un abbassamento dell'estremo libero $\delta = PL/EA$), le si imprime uno spostamento virtuale che aumenti o diminuisca δ, il carico P compie un lavoro δ^*L non nullo, mentre, in base al precedente enunciato, dovrebbe risultare $\delta^*L = 0$ essendo partiti da una situazione di equilibrio.

Nel resto del paragrafo si vedrà dapprima come modificare l'enunciato del PLV per estenderlo al caso di travi deformabili. Dopodichè si mostreranno le diverse applicazioni di tale principio al calcolo di spostamenti e sollecitazioni in sistemi di travi deformabili.

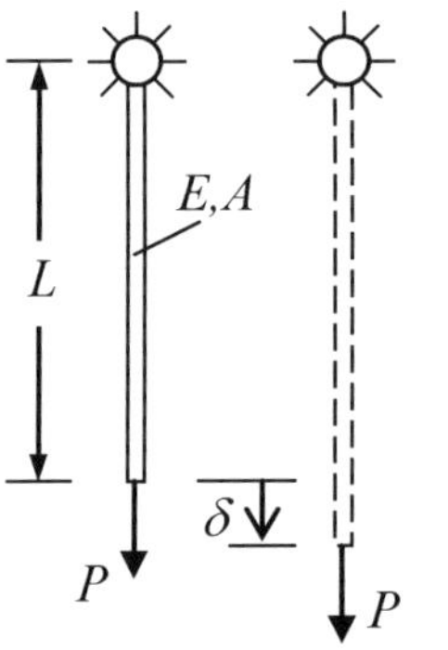

Figura 4.12 – Asta deformabile soggetta a un carico di trazione; in tratteggio: configurazione di equilibrio deformata

4.3.1 L'equazione dei lavori virtuali per travi deformabili

Si consideri una trave piana, per semplicità ad asse rettilineo (coincidente con l'asse x di un riferimento cartesiano ortogonale Oxy) e sezione simmetrica rispetto a y; sia L la sua lunghezza. La trave sia soggetta a carichi distribuiti (sia forze che coppie) lungo il proprio asse e a carichi concentrati negli estremi $x = 0$, $x = L$; la presenza di eventuali carichi concentrati lungo l'asse verrà messa in conto successivamente. Si indicheranno rispettivamente con $p^*(x)$, $q^*(x)$ e $m^*(x)$ le intensità dei carichi assiali, dei carichi trasversali e dei momenti distribuiti; forze e coppie negli estremi verranno indicate con H_0^*, V_0^* ... W_L^* – v. Fig. 4.13. Le forze agiscono lungo l'asse di simmetria y e le coppie attorno all'asse z ortogonale al piano (x,y). Si suppone per il momento che la trave sia libera e che il suo equilibrio sia garantito dai soli carichi su di essa agenti.

Si supporrà che una generica configurazione deformata della trave sia caratterizzata dalla conoscenza di tre funzioni scalari, $u(x)$, $v(x)$ e $\varphi(x)$, che rappresentano rispettivamente gli spostamenti dei punti dell'asse in direzione assiale, in direzione trasversale e le rotazioni delle sezioni – v. Fig. 4.14. Si noti che la cinematica della trave così ipotizzata è più generale di quella coerente col modello di Eulero–Bernoulli–Navier assunta nel Par. 4.2 nella trattazione della teoria della linea elastica: infatti, oltre a mettere esplicitamente in conto gli spostamenti assiali della trave, si è rilassata l'ipotesi cinematica di Navier, assumendo implicitamente che le sezioni della trave ruotino mantenendosi piane, ma non necessariamente ortogonali all'asse della trave deformato. Questa teoria cinematica, nota anche come teoria delle travi alla Timoshenko[8], non ipotizza alcun legame tra le funzioni $v(x)$ e $\varphi(x)$ e si riduce alla teoria di Eulero–Bernoulli–Navier se vale il vincolo cinematico $\varphi(x) = v'(x)$. Le funzioni $u(x)$, $v(x)$ e $\varphi(x)$ prendono anche il nome di spostamenti generalizzati del modello di trave alla Timoshenko.

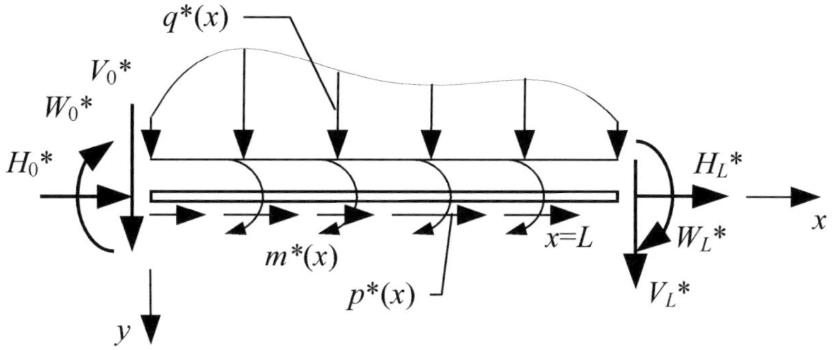

Figura 4.13 – Trave soggetta a carichi distribuiti generici lungo il proprio asse e a carichi concentrati negli estremi.

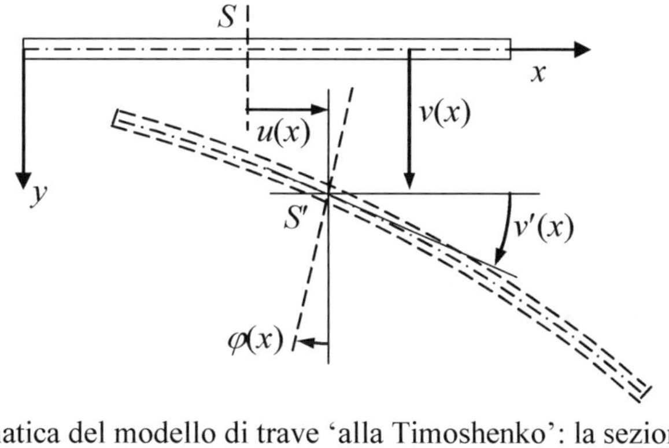

Figura 4.14 – Cinematica del modello di trave 'alla Timoshenko': la sezione S della trave si trasforma in S' mantenendosi piana, ma non necessariamente ortogonale all'asse deformato.

Analogamente a quanto richiamato nel Par. 3.6 per sistemi articolati di travi indeformabili, si definisce lavoro virtuale (esterno) dei carichi agenti sulla trave per un generico cambiamento di configurazione infinitesimo (o virtuale), caratterizzato da una famiglia di spostamenti generalizzati infinitesimi $\delta u(x)$, $\delta v(x)$ e $\delta\varphi(x)$, lo scalare:

[8] Stepan Prokopovyč Timoshenko (Степан Прокопович Тимошенко): 1878, Shpotovka (Ucraina) – 1972, Wuppertal (Germania).

$$L_e = \int_0^L \left[p^*(x)\delta u(x) + q^*(x)\delta v(x) + m^*(x)\delta\varphi(x)\right]dx$$
$$+ H_0^*\delta u(0) + V_0^*\delta v(0) + \ldots + W_L^*\delta\varphi(L)\,.$$

L'aggettivo 'virtuale' sta a sottolineare che la precedente espressione, che ha la struttura formale di un 'lavoro', non ha un reale significato fisico (non essendovi a priori alcun legame di causa–effetto tra carichi o spostamenti omologhi), ma va piuttosto inteso come il risultato di una sorta di 'esperimento matematico', che consiste nell'imporre alla trave, in equilibrio sotto dati carichi, una deformata virtuale e nel valutare il lavoro, per l'appunto virtuale, che i carichi compiono per i corrispondenti spostamenti (generalizzati) virtuali[9].

Analogamente a quanto fatto nel Par. 3.6, si supporrà nel seguito che la configurazione di equilibrio della trave sia infinitamente prossima a quella iniziale, così da poterle confondere fra loro (ipotesi di piccoli cambiamenti di configurazione): di conseguenza, s'intende che le variazioni $\delta u(x)$, $\delta v(x)$ e $\delta\varphi(x)$ siano prese a partire dalla configurazione indeformata della struttura.

Trascurando la deformabilità della trave e imprimendole un qualunque cambiamento di configurazione rigido e infinitesimo, la condizione ($\delta^*L \equiv$) $L_e = 0\ \forall\ \delta u$, δv e $\delta\varphi$ fornirebbe le equazioni di equilibrio del sistema. Imprimendole invece conto un cambiamento di configurazione infinitesimo che impegni la sua deformabilità, il lavoro virtuale dei carichi esterni non risulta nullo, bensì identicamente uguale ad un'altra quantità che può essere interpretata come un lavoro virtuale delle azioni interne. Il legame fra questi due lavori è tradotto dall'equazione dei lavori virtuali per travi deformabili, che verrà ora ricavata.

Siano $N^*(x)$, $T^*(x)$ e $M^*(x)$ una famiglia di azioni interne equilibrate (ovvero, staticamente ammissibili) con i carichi assegnati, nel senso che soddisfano le equazioni indefinite di equilibrio dedotte nel Par. 3.4:

$$dN^*/dx = -p^*(x); \qquad dT^*/dx = -q^*(x); \qquad dM^*/dx = T^*(x) + m^*(x)$$

oltre che le condizioni al contorno $N^*(0) = -H_0^*$, $T^*(0) = -V_0^*$, … $M^*(L) = -W_L^*$ che ne traducono l'equilibrio con i carichi concentrati negli estremi. Sostituendo le precedenti espressioni nell'espressione del lavoro virtuale dei carichi si ha

9 In effetti, il cambiamento di configurazione considerato dev'essere, oltre che infinitesimo, compatibile con i vincoli cinematici del sistema (ovvero congruente): della presenza di vincoli nella struttura si terrà conto successivamente.

$$L_e = \int_0^L \left[(-\frac{dN^*}{dx})\delta u + (-\frac{dT^*}{dx})\delta v + (\frac{dM^*}{dx} - T)\delta\varphi \right] dx$$
$$- N^*(0)\delta u(0) - T^*(0)\delta v(0) + M^*(0)\delta\varphi(0)$$
$$+ N^*(L)\delta u(L) + T^*(L)\delta v(L) - M^*(L)\delta\varphi(L).$$

Sfruttando la regola d'integrazione per parti, l'integrale che figura nella precedente espressione può essere riscritto come

$$\int_0^L \left[(-\frac{dN^*}{dx})\delta u + (-\frac{dT^*}{dx})\delta v + (\frac{dM^*}{dx} - T)\delta\varphi \right] dx =$$
$$\int_0^L \left[\left(-\frac{d(N^*\delta u)}{dx} + N^*\frac{d(\delta u)}{dx} \right) + \left(-\frac{d(T^*\delta v)}{dx}) + T^*\frac{d(\delta u)}{dx} \right) \right.$$
$$\left. + \left(\frac{d(M^*\delta\varphi)}{dx} - M^*\frac{d(\delta\varphi)}{dx} - T\delta\varphi \right) \right] dx =$$
$$\left[-N^*\delta u - T^*\delta v + M^*\delta\varphi \right]_0^L$$
$$+ \int_0^L \left[N^*\frac{d(\delta u)}{dx} + T^*\left(\frac{d(\delta v)}{dx} - \delta\varphi \right) - M^*\frac{d(\delta\varphi)}{dx} \right] dx.$$

Osservando che tutti i termini al contorno si elidono, si vede che il lavoro virtuale dei carichi esterni è identicamente uguale a

$$L_e = \int_0^L \left[N^*\left(\frac{d(\delta u)}{dx} \right) + T^*\left(\frac{d(\delta v)}{dx} - \delta\varphi \right) + M^*\left(-\frac{d(\delta\varphi)}{dx} \right) \right] dx \equiv L_i.$$

Le variabili cinematiche coniugate alle azioni interne possiedono un chiaro significato meccanico, come si può dedurre dall'esame del cambiamento di configurazione (infinitesimo) di un generico concio di trave che subisca una deformazione generalizzata alla volta (v. Fig. 4.15). Per quanto già osservato nel Par. 4.2.1, $-d\varphi/dx$ rappresenta la curvatura flessionale della linea d'asse deformata, χ, ovvero la curvatura della linea elastica se valesse l'ipotesi di Navier (Fig. 4.15a). La differenza $dv/dx-\varphi$ rappresenta la variazione d'angolo (o scorrimento angolare medio) fra la generica sezione ruotata e la pendenza dell'asse deformato e verrà indicata con t (Fig. 4.15b). Infine, du/dx rappresenta la variazione di lunghezza della fibra baricentrica del generico concio (du), rapportata alla lunghezza iniziale del concio stesso, ovvero la deformazione assiale η della trave (Fig. 4.15c). η, t e χ vengono anche dette deformazioni generalizzate del concio di trave.

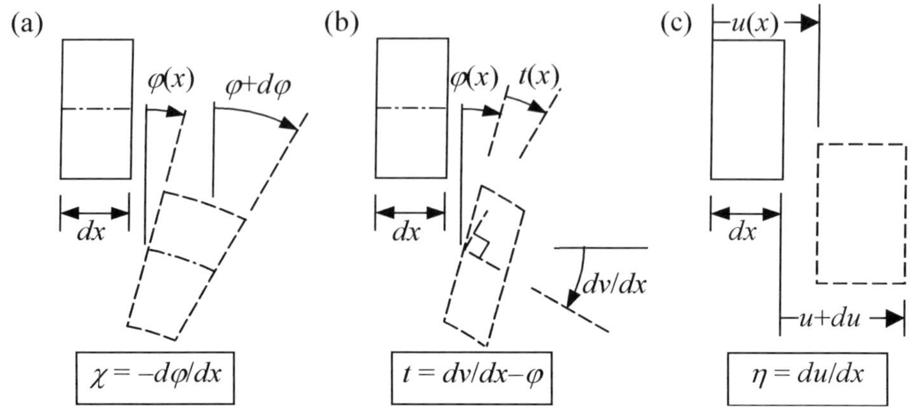

Figura 4.15 – Deformazioni generalizzate di un concio di trave 'alla Timoshenko': (a) curvatura flessionale; (b) scorrimento angolare medio; (c) deformazione assiale.

L'identità sopra ottenuta può essere vista come un'uguaglianza fra il lavoro virtuale esterno L_e, compiuto dai carichi per gli omologhi spostamenti generalizzati virtuali, e il lavoro virtuale interno L_i, compiuto dalle azioni interne per le omologhe deformazioni generalizzate virtuali, implicitamente definito dal secondo membro dell'ultima relazione ottenuta. Con la simbologia ora introdotta:

$$L_i = \int_0^L \left(N^* \delta\eta + T^* \delta t + M^* \delta\chi\right) dx \,.$$

E' importante sottolineare che l'uguaglianza $L_e = L_i$ vale indipendentemente da qualunque rapporto di causa–effetto fra variabili statiche e cinematiche (come sottolineato dai simboli * e δ che contraddistinguono le due famiglie di variabili), a patto che siano staticamente ammissibili (ovvero fra loro equilibrate) le prime e cinematicamente ammissibili (ovvero fra loro congruenti, oltre che infinitesime) le seconde. Inoltre, l'uguaglianza vale prescindendo dalla natura del materiale di cui la struttura è costituita, per cui la sua applicabilità è molto più vasta rispetto all'ambito dell'elasticità lineare nel quale verrà utilizzata nel resto del testo.

Si fa infine osservare che l'uguaglianza $L_e = L_i$, ottenuta con riferimento ad una trave priva di vincoli, vale anche se la trave è vincolata negli estremi. In questo caso, nell'espressione del lavoro virtuale esterno H_0^*, V_0^*, … W_L^* vanno intese come reazioni vincolari e gli spostamenti virtuali negli estremi ($\delta u(0)$, $\delta v(0)$, … $\delta\varphi(L)$) devono assumere i valori degli eventuali cedimenti vincolari noti affinché gli spostamenti $\delta u(x)$, $\delta v(x)$, $\delta\varphi(x)$ siano cinematicamente ammissibili.

Generalizzando quanto sopra dimostrato, si consideri una generica struttura composta di travi piane deformabili soggetta a carichi distribuiti ($p^*(x)$, $q^*(x)$, $m^*(x)$), a forze e coppie concentrate (P_i^*, $i = 1$ … n_P), oltre che ad eventuali cedimenti (noti, infinitesimi) dei vincoli (δU_{0j}, $j = 1 \ldots n_v$), quale quella mostrata in Fig. 4.16. Si può affermare che: *per ogni cambiamento di configurazione infinitesimo e cinematicamente ammissibile con i cedimenti assegnati (c.a.) e per ogni sistema di carichi esterni ed azioni interne fra loro staticamente ammissibili (s.a.), vale l'identità dei lavori virtuali* $L_e = L_i$, dove

$$L_e = \int_{strutt.} \left[p^*(x)\delta u(x) + q^*(x)\delta v(x) + m^*(x)\delta\varphi(x) \right] dx$$

$$+ \sum_{i=1}^{n_P} P_i^* \delta U_i + \sum_{j=1}^{n_v} R_j^* \delta U_{0j} ,$$

$$L_i = \int_{strutt.} \left(N^* \delta\eta + T^* \delta t + M^* \delta\chi \right) dx .$$

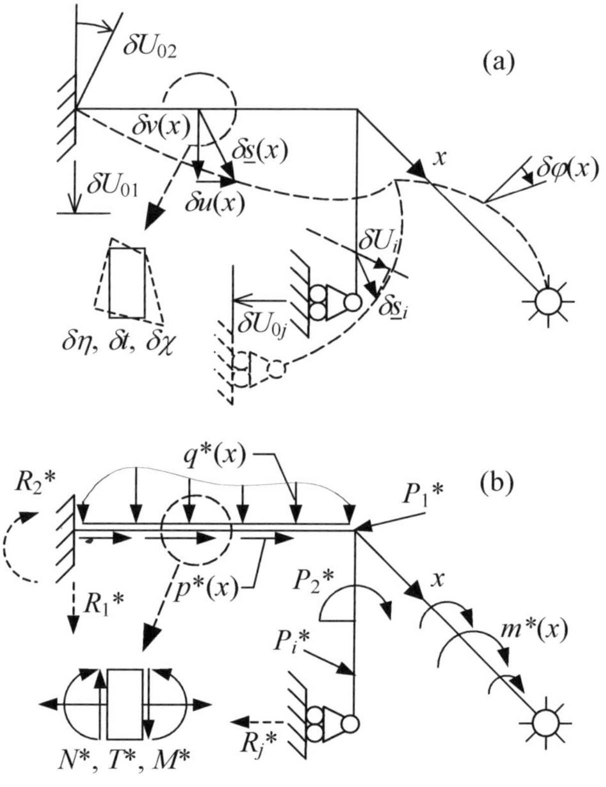

Figura 4.16 – Generica struttura formata da travi deformabili: (a) sistema di quantità cinematicamente ammissibili; (b) sistema di quantità staticamente ammissibili.

Nelle precedenti espressioni, x va intesa come una generica ascissa curvilinea che percorre idealmente tutta la linea d'asse della struttura, δU_i sono le componenti di spostamento (o le rotazioni) per cui lavorano i carichi concentrati P_i^* (v. Fig.

4.16a) e R_j* sono le reazioni vincolari associate alle azioni interne N^*, T^*, M^* (v. Fig. 4.16b).

Per come è stata precedentemente ottenuta, l'equazione dei lavori virtuali appare come condizione *necessaria* di equilibrio, nel senso che, considerata una famiglia di quantità staticamente ammissibili per la struttura assegnata, risulta $L_e = L_i$ per ogni famiglia di quantità cinematiche virtuali. Viceversa, si potrebbe dimostrare che la validità dell'uguaglianza è anche *sufficiente* per l'equilibrio, nel senso che imporre $L_e = L_i$ per qualunque famiglia di quantità cinematiche virtuali equivale ad imporre che le quantità statiche che figurano nell'uguaglianza siano fra loro staticamente ammissibili. In definitiva, si può affermare che 'condizione necessaria e sufficiente per l'equilibrio di un sistema di travi deformabili è che il lavoro compiuto delle forze esterne per un qualunque campo di spostamenti virtuali (infinitesimi e congruenti) eguagli il lavoro che le azioni interne compiono in virtù delle deformazioni (generalizzate) congruenti a quegli spostamenti'. Sinteticamente:

$$L_e = L_i, \ \forall \delta u, \delta v \ldots \Leftrightarrow \text{equilibrio.}$$

Vale la pena di osservare che, sebbene l'identità $L_e = L_i$ sia frutto di una dimostrazione, è invalsa la consuetudine di parlare di 'Principio dei Lavori Virtuali' (PLV) anche per sistemi di travi deformabili, piuttosto che di 'equazione' o 'identità' dei lavori virtuali: a questa terminologia ci si atterrà nel seguito, consapevoli dell'ambiguità insita nell'uso del termine 'principio'.

Nei successivi paragrafi verrà mostrato come il PLV per sistemi di travi deformabili possa essere utilizzato per il calcolo di spostamenti e incognite iperstatiche. In tutte le applicazioni, le quantità cinematiche coinvolte saranno quelle reali che, essendo congruenti e, per ipotesi, infinitesime, possono essere riguardate come virtuali. Per comodità, le deformazioni reali verranno espresse in funzione delle azioni interne reali nella struttura considerata: nell'ipotesi di comportamento elastico lineare, il legame fra deformazioni generalizzate e azioni interne è del tipo:

$$\eta = N/k_a + \eta_t, \qquad t = T/k_t, \qquad \chi = M/k_f + \chi_t,$$

dove η_t, χ_t rappresentano gli eventuali contributi di origine termica all'allungamento unitario della fibra baricentrica e alla curvatura dell'asse deformato (v. Par. 4.2.3). Le costanti di proporzionalità k_a, k_t, k_f prendono il nome di rigidezze (rispettivamente, assiale, tagliante e flessionale) del generico concio di trave. E' possibile dimostrare che, sotto opportune ipotesi (tra cui l'omogeneità della trave), le loro espressioni sono:

$$k_a = EA, \qquad k_t = GA_*, \qquad k_f = EJ$$

(si veda ad es. [1,5,7,8,11]). Riguardo all'ultimo coefficiente, si è già detto nel Par. 4.2.1. Nei primi due figurano l'area A della sezione della trave e un'area ridotta, A_*, detta 'area di taglio', che dipende dalla geometria della sezione: nel caso di travi a sezione rettangolare, risulta $A_* = 5A/6$; per il calcolo di A_* in altri tipi di sezione, si rimanda ad es. a [5,11]. G è una caratteristica del materiale di cui è fatta la trave, al pari del modulo elastico E, e prende il nome di *modulo di elasticità tangenziale* (o modulo di taglio).

Il sistema di carichi considerato sarà invece costituito da un unico carico concentrato fittizio (forza o coppia), per comodità di intensità unitaria.

Con tali avvertenze, nei paragrafi successivi l'equazione dei lavori virtuali verrà utilizzata nella forma

$$1 \times U + \sum_{j=1}^{n_v} R_j^* U_{0j}$$
$$= \int_{strutt.} \left[N^* \left(\frac{N}{EA} + \eta_t \right) + T^* \frac{T}{GA_*} + M^* \left(\frac{M}{EJ} + \chi_t \right) \right] dx.$$

4.3.2 Calcolo di componenti di spostamento in strutture isostatiche

Si consideri la mensola di Fig. 4.17a, soggetta ad un carico trasversale uniformemente distribuito. Si supponga di voler calcolare la freccia nell'estremo libero (f). A tal fine, è evidentemente possibile utilizzare la teoria della linea elastica, illustrata nel Par. 4.2. Peraltro, ciò implicherebbe la determinazione dell'equazione della deformata dell'intera struttura, che costituisce un'informazione completa, ma non strettamente necessaria al presente scopo.

In alternativa, si può utilizzare il PLV nella forma vista alla fine del paragrafo precedente, scegliendo come carico fittizio una forza concentrata unitaria che compia lavoro virtuale per lo spostamento f incognito (Fig. 4.17b). In tal modo, l'equazione dei lavori virtuali si scrive

$$(L_e =) 1 \times f = \int_0^L \left(N^* \frac{N}{EA} + T^* \frac{T}{GA_*} + M^* \frac{M}{EJ} \right) dx (= L_i) \cdot$$

Poiché la struttura è isostatica, sono note sia le azioni interne prodotte dai carichi reali (N, T, M) che quelle prodotte dalla forza fittizia (N^*, T^*, M^*): la precedente espressione può dunque vedersi come un'equazione nell'unica incognita f.

Per il calcolo della freccia, si devono determinare le equazioni delle azioni interne nella struttura soggetta sia al carico reale che alla forza fittizia. Nel fare questo, si devono ovviamente utilizzare la medesima ascissa x e le stesse convenzioni di segno per entrambe le famiglie di azioni interne. I diagrammi delle azioni interne, reali e fittizie, sono mostrati rispettivamente nelle Figure 4.17c e 4.17d; risulta ovviamente $N = N^* = 0$. Nelle stesse figure sono anche riportate le equazioni delle azioni interne non nulle, conformemente alle convenzioni indicate.

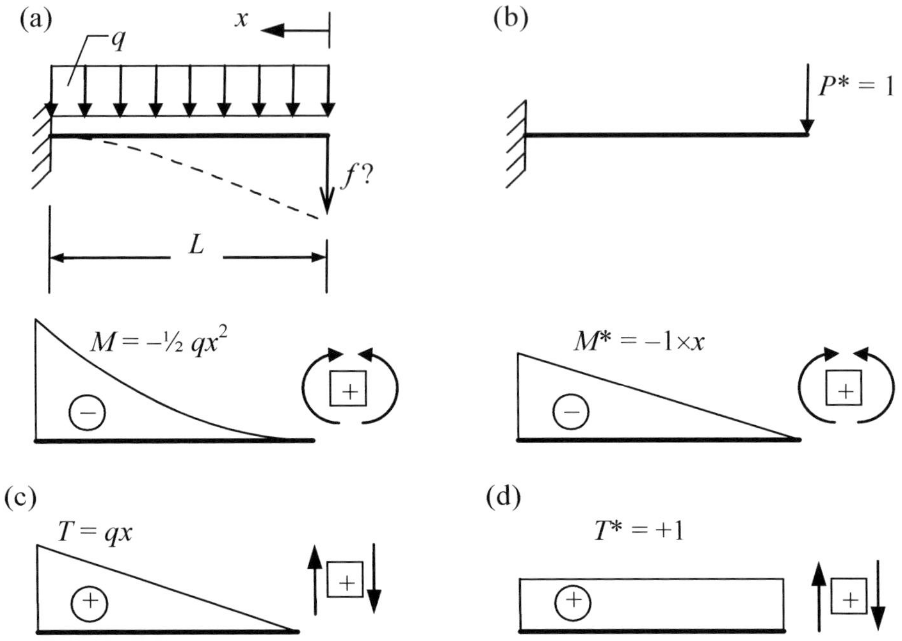

Figura 4.17 – (a) Mensola uniformemente caricata; (b) carico fittizio per il calcolo della freccia f; (c) azioni interne prodotte dal carico reale; (d) azioni interne prodotte dal carico fittizio.

Esplicitamente, l'equazione che fornisce la freccia incognita si scrive:

$$f = \int_0^L \left(0 + 1 \times \frac{qx}{GA_*} - x \frac{-qx^2}{2EJ} \right) dx ,$$

da cui si ricava

$$f = \frac{qL^4}{8EJ} + \frac{qL^2}{2GA_*} .$$

La freccia della mensola appare dunque come somma di due contributi: il primo, legato alla deformabilità flessionale della trave (f_m); il secondo, alla deformabilità di tipo tagliante. E' interessante valutare l'entità relativa dei due contributi. A tal fine, si raccolga a fattore il contributo di natura flessionale:

$$f = \frac{qL^4}{8EJ}(1 + \frac{4EJ}{GA_* L^2}) \equiv f_m \, (1 + 4\beta),$$

dove si è fatto comparire il fattore adimensionale $\beta = EJ/GA_*L^2$ che tiene conto del rapporto fra rigidezza flessionale e rigidezza tagliante della trave. Il termine fra parentesi nella precedente espressione rappresenta la correzione al valore della freccia che si otterrebbe tenendo conto esclusivamente della deformabilità di tipo flessionale e che si ricaverebbe, ad esempio, utilizzando la teoria della linea elastica vista nel Par. 4.2.

Per quantificare tale correzione, si consideri una trave a sezione rettangolare (di dimensioni $B \times H$), nel qual caso $A = BH$, $A_* = 5A/6$, $J = BH^3/12$. Si ponga $E/G = 2(1+\nu)$, dove il fattore adimensionale ν è a sua volta una proprietà del materiale che prende il nome di *coefficiente di Poisson* o 'coefficiente di contrazione trasversale'. Se la trave è in acciaio, il coefficiente ν vale approssimativamente 0.3. Si ha allora

$$\beta = \frac{2(1+\nu)}{L^2}\frac{\frac{1}{12}BH^3}{\frac{5}{6}BH} = 0.26\left(\frac{H}{L}\right)^2.$$

Si vede che il coefficiente β tende rapidamente a zero all'aumentare della snellezza della trave, caratterizzata dal rapporto L/H. Se ad esempio $L = 10H$, si ha

$$\beta = 0.0026 \Rightarrow f = f_m \times (1 + 0.0104),$$

per cui, trascurando la deformabilità tagliante della trave rispetto a quella di tipo flessionale si commette un errore del tutto accettabile (dell'ordine dell'1%) sulla freccia totale.

Si accenna solo al fatto che conclusioni analoghe valgono riguardo al contributo deformativo elastico di tipo assiale, che è quindi anch'esso trascurabile nel caso di travi snelle inflesse.

Nel resto del paragrafo si tratteranno implicitamente strutture formate da travi snelle (con rapporto lunghezza/altezza pari almeno a 8), per cui si metterà in conto unicamente il termine del lavoro virtuale interno legato alla deformabilità flessionale elastica della struttura. Tutti gli eventuali contributi di natura termica vanno, a priori, messi in conto.

Se si fosse voluta calcolare la rotazione φ dell'estremo libero della mensola di Fig. 4.17a (ridisegnata per comodità in Fig. 4.18a), si sarebbe dovuto utilizzare come carico fittizio una coppia concentrata unitaria $P^* = 1$ posta nell'estremo libero (Fig. 4.18b), col che nell'equazione dei lavori virtuali l'unica incognita sarebbe risultata la rotazione cercata:

$$(L_e =)1\times\varphi=\int_0^L\left(N^*\frac{N}{EA}+T^*\frac{T}{GA_*}+M^*\frac{M}{EJ}\right)dx(=L_i)\cdot$$

In questa equazione, N, T, M hanno le espressioni precedentemente determinate, mentre le azioni interne prodotte dalla coppia fittizia sono semplicemente $N^* = T^* = 0$, $M^* = -1$. Pertanto:

$$\varphi=\int_0^L(-1)\frac{-qx^2}{2EJ}dx=\frac{qL^3}{6EJ}\cdot$$

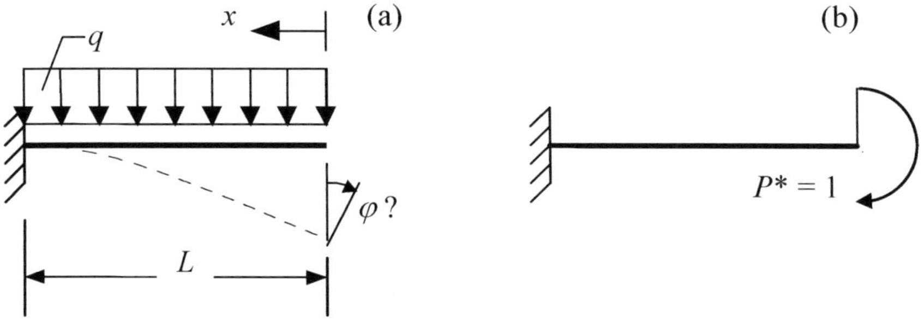

Figura 4.18 – (a) Rotazione incognita nell'estremo libero della mensola di Fig. 4.17a; (b) coppia fittizia unitaria per il calcolo di φ.

Si supponga adesso che la mensola di Fig. 4.17a sia soggetta a cedimenti anelastici nell'incastro e ad una variazione di temperatura variabile linearmente lungo la sua altezza (da 0 al lembo inferiore fino a $+\Delta T$ al lembo superiore) – v. Fig. 4.19. Volendo calcolare la freccia nell'estremo libero, si utilizza ancora una forza fittizia unitaria, come mostrato in Fig. 4.19b. In questo caso, però, anche le reazioni vincolari prodotte dal carico fittizio (mostrate in Fig. 4.19b) compiono lavoro per gli assegnati cedimenti, per cui l'espressione del lavoro virtuale esterno diviene:

$$L_e = 1\times f + 1\times(-\delta) + 1\times L\times\theta.$$

Nell'espressione del lavoro virtuale interno L_i figureranno le deformazioni generalizzate di origine termica della linea d'asse; per il loro calcolo si rimanda al Par. 4.2.3. Tralasciando l'allungamento specifico dell'asse η_t, associato ad un'azione assiale fittizia nulla ($N^* = 0$), nell'espressione di L_i si deve unicamente mettere in conto la curvatura termica dell'asse che vale

$$\chi_t = -\frac{\alpha\Delta T}{H},$$

dove H è l'altezza della sezione; il segno meno è legato al fatto che momenti (e curvature) sono considerati positivi se associati a una deformata della trave con la concavità rivolta verso l'alto. Trascurando la deformabilità di tipo tagliante, l'espressione del lavoro virtuale interno è quindi:

$$L_i = \int_0^L M^* \left(\frac{M}{EJ} + \chi_t \right) dx = \int_0^L -1 \times x \left(\frac{-qx^2}{2EJ} - \frac{\alpha \Delta T}{H} \right) dx$$
$$= \frac{qL^4}{8EJ} + \frac{\alpha \Delta T L^2}{2H}.$$

Imponendo $L_e = L_i$ si ricava infine la freccia incognita:

$$f = \frac{qL^4}{8EJ} + \frac{\alpha \Delta T L^2}{2H} + \delta - \theta L.$$

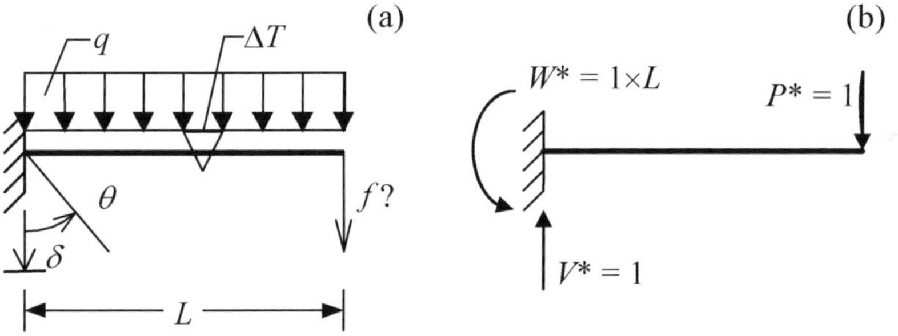

Figura 4.19 – (a) Mensola uniformemente caricata, soggetta a cedimenti nell'incastro e dilatazioni termiche; (b) carico fittizio per il calcolo della freccia incognita e relative reazioni vincolari.

Il valore ottenuto può vedersi come somma dei contributi prodotti dalle singole azioni agenti sulla trave:

- la freccia (elastica) $f_{el} = \frac{qL^4}{8EJ}$, calcolata in assenza di effetti anelastici (v. Fig. 4.20a);
- la freccia di origine termica $f_T = \frac{\alpha \Delta T L^2}{2H}$ (v. Fig. 4.20b);
- l'abbassamento uniforme di tutta la trave conseguente al solo cedimento verticale δ (v. Fig. 4.20c);
- l'innalzamento $-\theta L$ conseguente alla rotazione rigida infinitesima (antioraria) della mensola attorno alla sezione d'incastro (v. Fig. 4.20d).

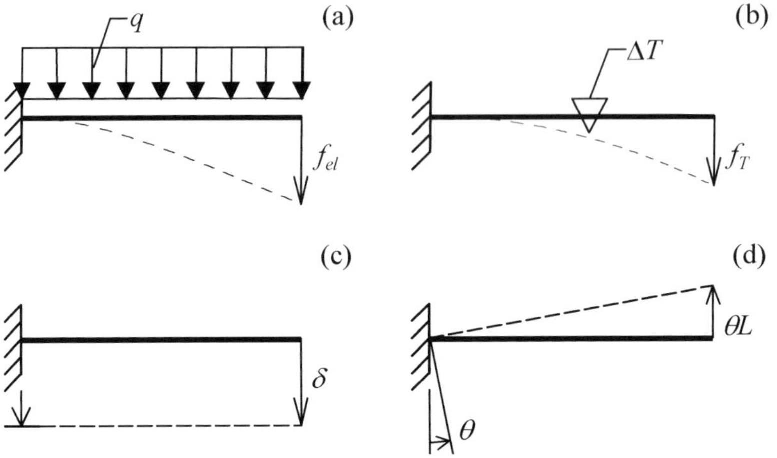

Figura 4.20 – Calcolo della freccia nell'estremo libero della mensola di Fig. 4.19a: contributi del carico distribuito e degli effetti anelastici presi singolarmente.

In tutti gli esempi considerati, si è immaginato di voler calcolare componenti di spostamento, o rotazioni, assolute. Per concludere l'argomento, si accenna solo al fatto che, volendo calcolare spostamenti o rotazioni relativi fra le sezioni di due travi di una struttura fra loro vincolate, il sistema di carichi fittizi da utilizzare consiste in coppie di carichi unitari (forze o momenti), uguali e contrari, agenti a cavallo del vincolo in esame. Le Figg. 4.21b, 4.22b mostrano sinteticamente i sistemi di carichi fittizi (autoequilibrati) che consentono il calcolo, rispettivamente, della rotazione relativa $\Delta\varphi$ fra due sezioni collegate da una cerniera (v. Fig. 4.21a), o dello spostamento relativo Δv fra due sezioni separate da un pattino (v. Fig. 4.22a).

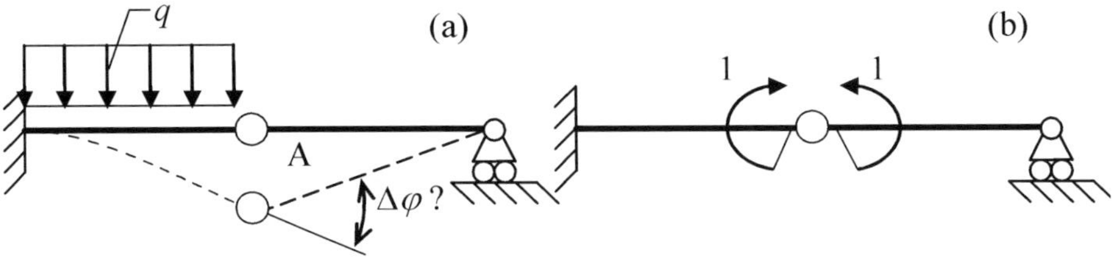

Figura 4.21 – (a) Rotazione relativa fra le sezioni a cavallo della cerniera A; (b) sistema di carichi fittizi per il calcolo di $\Delta\varphi$.

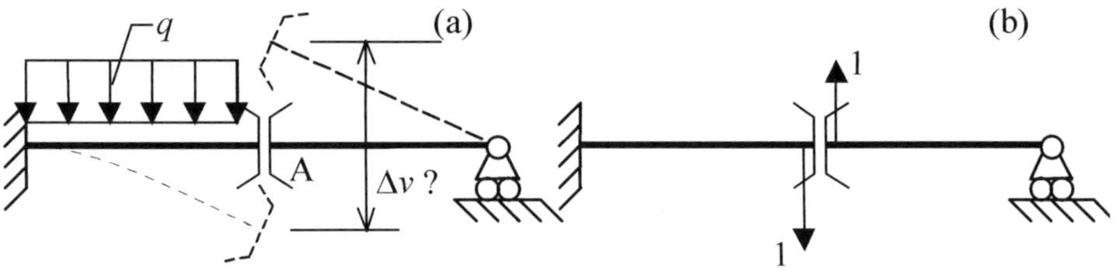

Figura 4.22 – (a) Spostamento relativo fra le sezioni a cavallo del pattino A; (b) sistema di carichi fittizi per il calcolo di Δv.

4.3.3 Calcolo di incognite iperstatiche

In questo paragrafo si mostra come l'equazione dei lavori virtuali nella forma stabilita nel Par. 4.3.1 possa essere utilizzata per la risoluzione di strutture una o più volte iperstatiche. Il procedimento descritto sta alla base del metodo di analisi dei telai noto come 'metodo delle forze'.

4.3.3.1 Risoluzione di strutture una volta iperstatiche

Si consideri, per fissare le idee, una trave uniformemente caricata, vincolata a terra mediante incastro e appoggio (Fig. 4.23a). Si tratta della struttura una volta iperstatica già analizzata mediante la teoria della linea elastica nel Par. 4.2.2 (esempio c). Ci si propone ora di risolvere la struttura sfruttando l'equazione dei lavori virtuali per il calcolo dell'incognita iperstatica. Analogamente a quanto fatto nel Par. 4.2.2, si sopprime idealmente l'appoggio, rendendo così isostatica la struttura, e si sceglie come incognita iperstatica la reazione d'appoggio (X) – v. Fig. 4.23b.

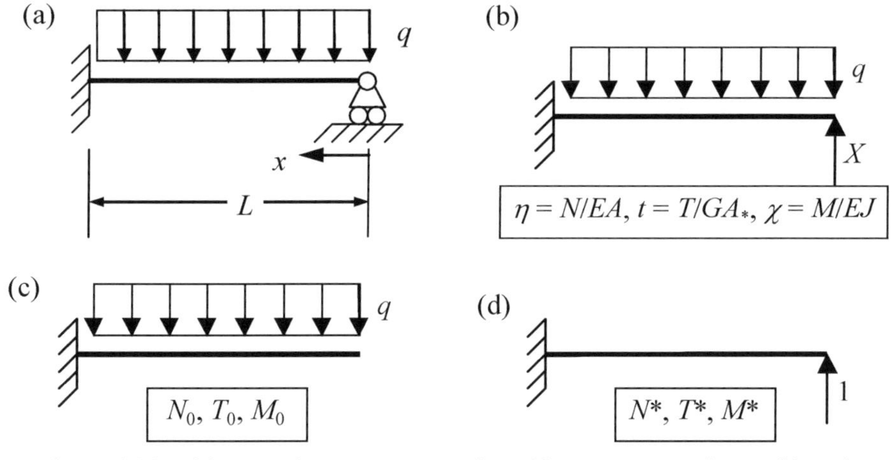

Figura 4.23 – (a) Trave incastro–appoggio uniformemente caricata; (b) scelta dell'incognita iperstatica X; (c) struttura principale isostatica; (d) struttura di servizio.

A differenza degli esempi studiati nel Par. 4.3.2, le deformazioni generalizzate (e le azioni interne) nella struttura assegnata non sono adesso note, in quanto funzioni della reazione incognita X. Per mettere in evidenza la dipendenza della soluzione dall'incognita iperstatica, si esprime lo stato tensionale nella struttura come combinazione lineare di due contributi:

- quello relativo alla struttura resa isostatica e soggetta solo ai carichi esterni (detta anche struttura principale isostatica) – Fig. 4.23c;
- quello relativo alla struttura resa isostatica e soggetta solo ad una forza fittizia unitaria agente in corrispondenza dell'incognita iperstatica (detta anche struttura di servizio) – v. Fig. 4.23d.

Indicando con N_0, T_0, M_0 le azioni interne nella struttura principale isostatica e con N^*, T^*, M^* quelle nella struttura di servizio, grazie al principio di sovrapposizione degli effetti si potranno esprimere le azioni interne nella struttura reale come

$$N = N_0 + XN^*, \qquad T = T_0 + XT^*, \qquad M = M_0 + XM^*.$$

Di conseguenza, in assenza di distorsioni anelastiche, le deformazioni generalizzate nella struttura reale potranno essere espresse come (v. anche Fig. 4.23b):

$$\eta = \frac{N}{EA} = \frac{N_0 + XN^*}{EA}, \qquad t = \frac{T}{GA_*} = \frac{T_0 + XT^*}{GA_*},$$

$$\chi = \frac{M}{EJ} = \frac{M_0 + XM^*}{EJ}.$$

A questo punto, si scrive l'equazione dei lavori virtuali utilizzando, al solito, come quantità cinematiche (infinitesime e congruenti) quelle reali e come quantità statiche (equilibrate) quelle relative alla struttura di servizio. Poiché la struttura assegnata non è soggetta a cedimenti vincolari, l'unico carico esterno che può compiere lavoro virtuale è la forza fittizia unitaria agente sulla struttura di servizio: nella struttura reale, il punto di applicazione di tale forza (che in realtà è collegato a terra mediante il carrello non cedevole) non subisce spostamento, per cui:

$$L_e = 1 \times 0.$$

Il lavoro virtuale interno è dato da

$$L_i = \int_0^L (N^*\eta + T^*t + M^*\chi)dx = \int_0^L \left(N^*\frac{N}{EA} + T^*\frac{T}{GA_*} + M^*\frac{M}{EJ} \right)dx$$

$$= \int_0^L \left(N^*\frac{N_0 + XN^*}{EA} + T^*\frac{T_0 + XT^*}{GA_*} + M^*\frac{M_0 + XM^*}{EJ} \right)dx\,.$$

Poiché le azioni interne sono note sia nella struttura principale che in quella di servizio (isostatiche), eguagliando L_e a L_i si ottiene un'equazione nella sola incognita X. I diagrammi delle azioni interne nella struttura principale sono mostrati in Fig. 4.24a, mentre quelli nella struttura di servizio in Fig. 4.24b; nelle stesse figure sono anche riportate le espressioni delle azioni interne con riferimento alle convenzioni indicate; l'ascissa x utilizzata ha origine nella sezione d'appoggio (v. Fig. 4.23a). Si noti che $N_0 = N^* = 0$.

Sostituendo le espressioni ottenute nell'equazione dei lavori virtuali, si ottiene:

$$0 = \int_0^L \left(0 + (-1)\frac{qx + X(-1)}{GA_*} + x\frac{-\frac{1}{2}qx^2 + Xx}{EJ} \right) dx$$

da cui

$$X = \frac{\dfrac{qL^4}{8EJ} + \dfrac{qL^2}{2GA_*}}{\dfrac{L^3}{3EJ} + \dfrac{L}{GA_*}} \equiv \frac{3}{8}qL\frac{1 + \dfrac{4EJ}{GA_*L^2}}{1 + \dfrac{3EJ}{GA_*L^2}}.$$

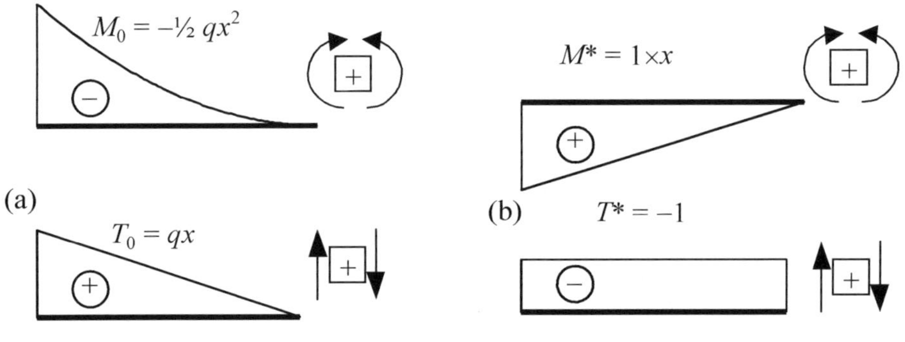

Figura 4.24 – (a) Azioni interne nella struttura principale isostatica di Fig. 4.23c; (b) azioni interne nella struttura di servizio di Fig. 4.23d.

Come si vede, il valore dell'iperstatica ora calcolato dipende dal rapporto fra la rigidezza flessionale e la rigidezza tagliante della trave, commisurato dal coefficiente adimensionale $\beta \equiv EJ/GA_*L^2$ già introdotto nel Par. 4.3.2. Se si trascurasse completamente la deformabilità tagliante della trave, tenendo conto solo di quella flessionale, si otterrebbe $X = 3qL/8$ ($\equiv X_m$), valore già ottenuto nel Par. 4.2.2 utilizzando l'equazione della linea elastica che, nella veste presentata, mette esclusivamente in conto la deformabilità flessionale della trave.

E' interessante valutare di quanto il valore di X calcolato tenendo conto della deformabilità tagliante si discosti da quello di X_m. Nelle ipotesi del Par. 4.3.2 (trave a sezione rettangolare di altezza H in acciaio, con rapporto $L/H = 10$), si ha $\beta = 0.0026$ e quindi

$$X = X_m \times (1 + 0.0026).$$

Di conseguenza, trascurare la deformabilità tagliante della trave porta ad un errore dello 0.26% sul valore dell'iperstatica 'esatto' (nello spirito della teoria della travi alla Timoshenko). Ciò è legato all'ipotesi che la trave sia snella, poiché il coefficiente β tende a zero col quadrato del rapporto H/L (v. quanto detto nel Par. 4.3.2). Osservazioni analoghe varrebbero riguardo all'influenza della deformabilità assiale nel calcolo di incognite iperstatiche.

Se ne può concludere che, per sistemi deformabili di travi snelle inflesse, è lecito tenere conto unicamente del contributo flessionale alla deformabilità elastica anche nel calcolo delle incognite iperstatiche.

E' interessante osservare che, nella forma sopra utilizzata, l'equazione dei lavori virtuali può essere vista come un'equazione di congruenza. In effetti, è noto dal Par. 4.3.2 che, trascurando per semplicità la deformabilità tagliante, la freccia nell'estremo libero della struttura principale isostatica (mensola uniformemente caricata) vale

$$f_0 = \frac{qL^4}{8EJ}$$

(v. Fig. 4.25a). Utilizzando poi o l'equazione della linea elastica, o il PLV nella forma vista nel Par. 4.3.2, è possibile calcolare la freccia prodotta nella struttura di servizio dalla forza concentrata unitaria posta nell'estremo libero; tenendo conto solo della deformabilità flessionale si ottiene

$$f_1 = -\frac{L^3}{3EJ}$$

(v. Fig. 4.25b). Sfruttando questi due risultati, si può esprimere la freccia nell'estremo libero di una mensola soggetta sia a carico uniforme che a una forza concentrata X nell'estremo libero come $f = f_0 + Xf_1$ – v. Fig. 4.25c.

Il valore della forza X che produce una freccia nulla, riproducendo così la condizione di vincolo della struttura reale (Fig. 4.25d), rappresenta il valore della reazione iperstatica incognita, che vale pertanto

$$0 = f_0 + Xf_1 \Rightarrow X = \frac{3}{8}qL\,.$$

Questo modo di procedere, che traduce il calcolo delle incognite iperstatiche in un sistema di equazioni di congruenza sfruttando i valori noti degli spostamenti (o delle rotazioni) in strutture soggette a semplici sistemi di carico, costituisce il fondamento teorico del già citato metodo delle forze. Successivi esempi, relativi a strutture due o più volte iperstatiche, ne mostreranno la generalizzazione rispetto al semplice caso ora studiato.

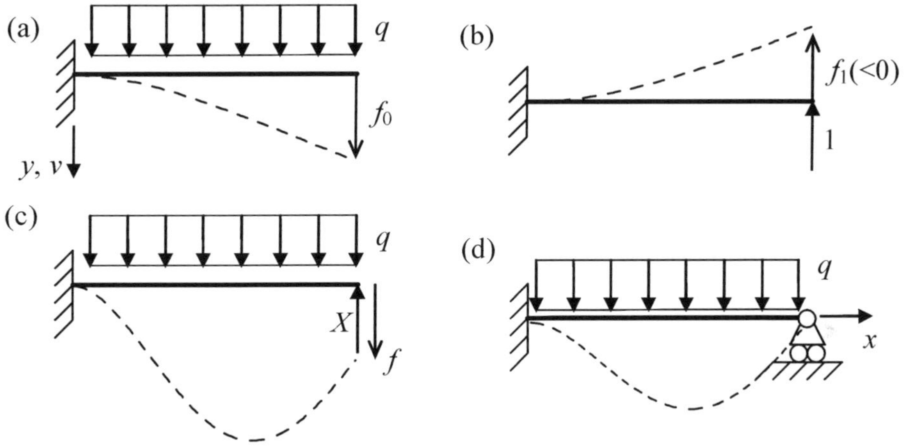

Figura 4.25 – (a) Deformata della struttura principale isostatica; (b) deformata della struttura di servizio; (c) generica combinazione lineare delle precedenti deformate; (d) deformata reale della struttura di Fig. 4.23a.

4.3.3.2 Calcolo di incognite iperstatiche in presenza di effetti anelastici

Si consideri nuovamente la struttura una volta iperstatica di Fig. 4.23a, ma si supponga adesso che, in aggiunta al carico distribuito, la struttura sia soggetta a cedimenti vincolari (noti) e ad una dilatazione termica variabile linearmente sull'altezza della trave, come mostrato in Fig. 4.26a. Si tratta dello stesso problema risolto nel Par. 4.2.3 utilizzando la teoria della linea elastica (v. Fig. 4.11). Analogamente a quanto fatto in precedenza, si sceglie come incognita iperstatica la reazione nell'appoggio (X) – v. Fig. 4.26b.

Il procedimento per il calcolo dell'incognita iperstatica è del tutto analogo a quello seguito in assenza di effetti anelastici. Ancora, si evidenzia la dipendenza dello stato tensionale dall'iperstatica esprimendo le azioni interne come somma dei contributi calcolati nella struttura principale isostatica (soggetta al solo carico distribuito, v. Fig. 4.26c) e nella struttura di servizio (soggetta ad un carico unitario in corrispondenza dell'iperstatica, Fig. 4.26d), amplificando quest'ultimo contributo di X volte. Utilizzando i simboli del paragrafo precedente si ha:

$$N = N_0 + XN^*, \qquad T = T_0 + XT^*, \qquad M = M_0 + XM^*.$$

Le azioni interne nella struttura principale e in quella di servizio sono le stesse calcolate in assenza di effetti anelastici nel Par. 4.3.3.1.

Le deformazioni generalizzate nella struttura reale risultano somma di una parte elastica, legata alle azioni interne, ed una anelastica, legata alla variazione termica (v. Fig. 4.26b):

$$\eta = \frac{N}{EA} + \eta_t = \frac{N_0 + XN^*}{EA} + \eta_t, \qquad t = \frac{T}{GA_*} = \frac{T_0 + XT^*}{GA_*},$$

$$\chi = \frac{M}{EJ} + \chi_t = \frac{M_0 + XM^*}{EJ} + \chi_t.$$

Nel particolare esempio considerato, indicando con ΔT_G la variazione termica alla quota del baricentro della sezione e con H l'altezza della trave, si ha $\eta_t = \alpha\Delta T_G$ e $\chi_t = -\alpha\Delta T/H$.

A questo punto, si applica l'equazione dei lavori virtuali utilizzando sempre le variabili cinematiche reali come cinematicamente ammissibili e le variabile statiche relative alla struttura di servizio come staticamente ammissibili. A differenza del caso in cui i vincoli sono perfetti, il lavoro virtuale esterno non è nullo, in quanto sia la forza fittizia unitaria agente sulla struttura di servizio che il momento d'incastro da essa prodotto (evidenziati in Fig. 4.26d) compiono adesso lavoro per i cedimenti vincolari reali:

$$L_e = 1\times(-\delta) + (1\times L)\times(-\theta).$$

L'espressione del lavoro virtuale interno è poi

$$\begin{aligned} L_i &= \int_0^L (N^*\eta + T^*t + M^*\chi)dx \\ &= \int_0^L \left[N^*\left(\frac{N_0 + XN^*}{EA} + \eta_t\right) + T^*\frac{T_0 + XT^*}{GA_*} + M^*\left(\frac{M_0 + XM^*}{EJ} + \chi_t\right)\right]dx. \end{aligned}$$

Trascurando i contributi deformativi elastici del taglio e dell'azione assiale (che, come già detto, sono trascurabili per travi snelle), si ha

$$L_i = \int_0^L \left[N^*\eta_t + M^*\left(\frac{M_0 + XM^*}{EJ} + \chi_t\right)\right]dx,$$

ovvero esplicitamente

$$L_i = \int_0^L \left[0 \times \alpha \Delta T_G + x \left(\frac{-\frac{1}{2} q x^2 + X x}{EJ} - \frac{\alpha \Delta T}{H} \right) \right] dx = -\frac{q L^4}{8EJ} + \frac{X L^3}{3EJ} - \frac{\alpha \Delta T}{H} \frac{L^2}{2}.$$

Imponendo $L_e = L_i$ si ricava infine

$$X = \frac{3}{8} q L + \frac{3}{2} \frac{\alpha \Delta T}{H} \frac{EJ}{L} - \frac{3EJ}{L^3} (\delta + L\theta),$$

valore già ricavato nel Par. 4.2.3 utilizzando l'equazione della linea elastica.

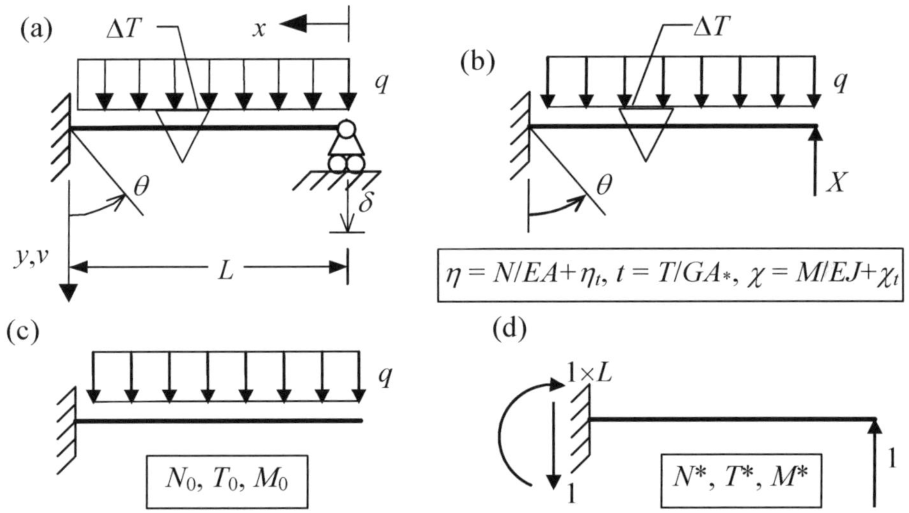

Figura 4.26 – (a) Trave iperstatica soggetta a carico uniforme, dilatazioni termiche e cedimenti vincolari; (b) scelta dell'incognita iperstatica; (c) struttura principale isostatica; (d) struttura di servizio e relative reazioni vincolari.

4.3.3.3 Risoluzione di strutture più volte iperstatiche. Il metodo delle forze

Si consideri la trave di Fig. 4.27a vincolata a terra mediante un incastro e un manicotto: poiché sono presenti due gradi di vincolo in esubero rispetto ai tre strettamente necessari ad impedire qualunque moto rigido della trave, si tratta di una struttura due volte iperstatica[10].

[10] Una trattazione analoga varrebbe se il manicotto fosse sostituito da un incastro: in presenza di soli carichi trasversali, e nell'ipotesi di piccoli cambiamenti di configurazione in cui si sta operando, l'incastro equivarrebbe staticamente ad un manicotto, essendo nulla la reazione diretta come l'asse della trave. Per tale motivo, la trave di Fig. 4.27a può anche dirsi 'doppiamente incastrata'.

Come incognite iperstatiche si possono scegliere, ad esempio, le reazioni vincolari nel manicotto, evidenziate in Fig. 4.27b ed indicate con X_1, X_2. Nell'ipotesi di comportamento elastico lineare, e in assenza di distorsioni anelastiche, le deformazioni generalizzate nella struttura reale possono al solito essere espresse come

$$\eta = \frac{N}{EA}, t = \frac{T}{GA_*}, \chi = \frac{M}{EJ},$$

dove N, T, M sono le azioni interne reali. Per evidenziare la dipendenza di tali azioni dalle incognite iperstatiche, lo stato di sollecitazione può essere visto come combinazione lineare di tre contributi:

- quello nella <u>struttura principale isostatica</u>, soggetta unicamente al carico distribuito, caratterizzato dalle azioni interne N_0, T_0, M_0 (Fig. 4.27c);
- quello nella <u>prima struttura di servizio</u>, soggetta ad una forza fittizia unitaria in corrispondenza della prima iperstatica, che provoca delle azioni interne N_1*, T_1*, M_1* (v. Fig. 4.27d): questo contributo andrà amplificato di X_1 volte;
- quello nella <u>seconda struttura di servizio</u>, soggetta ad una coppia fittizia unitaria in corrispondenza della seconda iperstatica, che provoca delle azioni interne N_2*, T_2*, M_2* (v. Fig. 4.27e): questo contributo andrà amplificato di X_2 volte.

In definitiva, si può scrivere:

$$N = N_0 + X_1 N_1{}^* + X_2 N_2{}^*,$$
$$T = T_0 + X_1 T_1{}^* + X_2 T_2{}^*,$$
$$M = M_0 + X_1 M_1{}^* + X_2 M_2{}^*.$$

Per determinare le incognite, si scrivono due equazioni dei lavori virtuali, utilizzando in entrambe, come quantità cinematicamente ammissibili, spostamenti e deformazioni reali. Come quantità statiche, si utilizzano a turno quelle relative a ciascuna delle due strutture di servizio. Si osservi che il lavoro virtuale (esterno) dei carichi fittizi unitari è nullo, poiché la sezione della trave su cui agiscono è, nella realtà, vincolata a terra dal manicotto non cedevole.

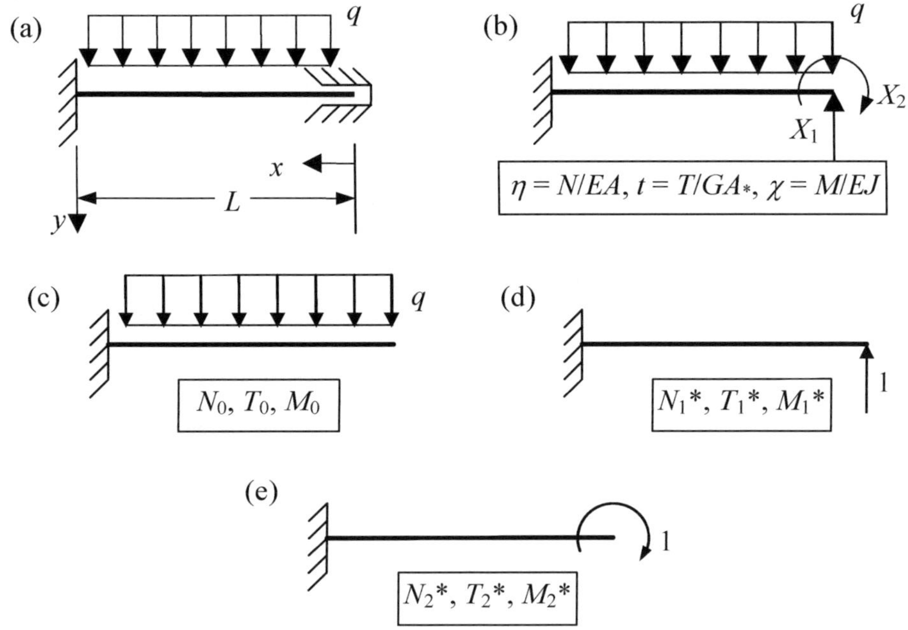

Figura 4.27 – (a) Trave doppiamente incastrata soggetta a carico uniforme; (b) scelta delle incognite iperstatiche X_1, X_2; (c) struttura principale isostatica; (d,e) strutture di servizio.

Tenuto conto di quanto sopra detto, la prima equazione dei lavori virtuali si scriverà simbolicamente:

$$L_e^{(1)} \equiv 1 \times 0 = L_i^{(1)} \equiv \int_0^L [N_1 * \eta + T_1 * t + M_1 * \chi] dx$$

$$= \int_0^L \left[N_1 * \frac{N}{EA} + T_1 * \frac{T}{GA_*} + M_1 * \frac{M}{EJ} \right] dx$$

$$= \int_0^L \left[N_1 * \frac{N_0 + X_1 N_1 * + X_2 N_2 *}{EA} + T_1 * \frac{T_0 + X_1 T_1 * + X_2 T_2 *}{GA_*} \right.$$

$$\left. + \ M_1 * \frac{M_0 + X_1 M_1 * + X_2 M_2 *}{EJ} \right] dx ,$$

mentre la seconda si scriverà:

$$L_e^{(2)} \equiv 1 \times 0 = L_i^{(2)} \equiv \int_0^L [N_2 * \eta + T_2 * t + M_2 * \chi] dx$$

$$= \int_0^L \left[N_2 * \frac{N}{EA} + T_2 * \frac{T}{GA_*} + M_2 * \frac{M}{EJ} \right] dx$$

$$= \int_0^L \left[N_2 * \frac{N_0 + X_1 N_1 * + X_2 N_2 *}{EA} + T_2 * \frac{T_0 + X_1 T_1 * + X_2 T_2 *}{GA_*} \right.$$
$$\left. + M_2 * \frac{M_0 + X_1 M_1 * + X_2 M_2 *}{EJ} \right] dx .$$

Vale la pena di sottolineare che, in generale, le due equazioni costituiscono un sistema (lineare, algebrico) di equazioni accoppiate, e non forniscono separatamente ciascuna delle incognite iperstatiche.

Si noti che, nell'esempio in esame, l'azione assiale è nulla sia nella struttura principale che nelle due strutture di servizio. Le espressioni del momento flettente e del taglio nella struttura principale isostatica e nella prima struttura di servizio sono già state ricavate nel Par. 4.3.3.1 (v. ad es. Fig. 4.24a,b) e si scrivono

$$M_0(x) = -\tfrac{1}{2} q x^2, \qquad T_0(x) = qx, \qquad M_1*(x) = 1 \times x, \qquad T_1*(x) = -1.$$

Il momento nella seconda struttura di servizio, costante, è semplicemente $M_2* = -1$; il taglio T_2* è evidentemente nullo. Esplicitamente, il sistema risolvente si scrive quindi

$$\begin{cases} \displaystyle\int_0^L \left[x \frac{-\frac{1}{2} q x^2 + X_1 x - X_2}{EJ} + (-1) \frac{qx - X_1}{GA_*} \right] dx = 0 \\ \displaystyle\int_0^L (-1) \frac{-\frac{1}{2} q x^2 + X_1 x - X_2}{EJ} dx = 0 \end{cases}$$

ovvero

$$\begin{cases} X_1 \left(\dfrac{L^3}{3EJ} + \dfrac{L}{GA_*} \right) - X_2 \dfrac{L^2}{2EJ} = \dfrac{qL^4}{8EJ} + \dfrac{qL^2}{2GA_*} \\ - X_1 \dfrac{L^2}{2EJ} + X_2 \dfrac{L}{EJ} = - \dfrac{qL^3}{6EJ} \end{cases}$$

da cui $X_1 = qL/2$, $X_2 = qL^2/12$.

Una volta determinate le iperstatiche, è possibile tracciare i diagrammi delle azioni interne nella struttura assegnata (v. Fig. 4.28).

Nell'esempio in esame, la deformabilità tagliante non influenza il valore delle iperstatiche. In generale, analogamente a quanto già osservato nel Par. 4.3.3.1 con riferimento a strutture una volta iperstatiche, si può affermare che, in presenza di travi snelle, il contributo deformativo di tipo tagliante è trascurabile rispetto a quello flessionale; lo stesso dicasi per la deformabilità assiale di origine elastica (che, peraltro, nel caso in esame è nulla a rigore). Pertanto, il sistema di equazioni dei lavori virtuali che fornisce le iperstatiche si sarebbe potuto scrivere direttamente nella forma semplificata:

$$\begin{cases} \int_0^L M_1 * \frac{M_0 + X_1 M_1 * + X_2 M_2 *}{EJ} dx = 0 \\ \int_0^L M_2 * \frac{M_0 + X_1 M_1 * + X_2 M_2 *}{EJ} dx = 0 \end{cases},$$

ovvero esplicitamente

$$\begin{cases} X_1 \frac{L^3}{3EJ} - X_2 \frac{L^2}{2EJ} = \frac{qL^4}{8EJ} \\ -X_1 \frac{L^2}{2EJ} + X_2 \frac{L}{EJ} = -\frac{qL^3}{6EJ} \end{cases}.$$

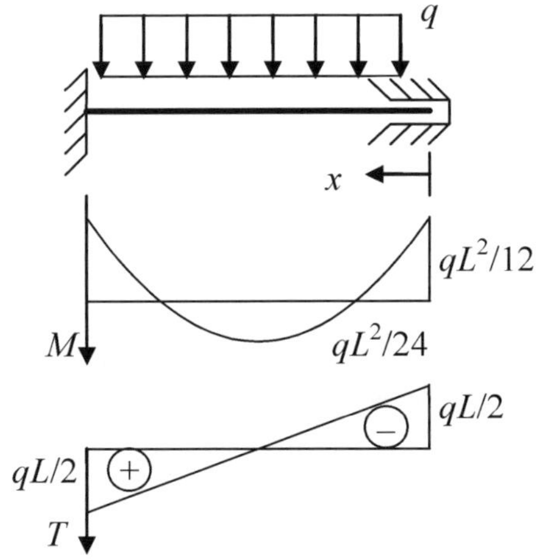

Figura 4.28 –Trave doppiamente incastrata di Fig. 4.27a e relativi diagrammi delle azioni interne.

E' interessante osservare che le equazioni dei lavori virtuali che formano il sistema risolvente possono essere interpretate come affermazioni di congruenza. Si consideri infatti la struttura resa isostatica, e trasformata quindi in una mensola, soggetta separatamente a un carico uniforme (Fig. 4.29a), a una forza unitaria nell'estremo libero (Fig. 4.29b) o a una coppia unitaria nell'estremo libero (Fig. 4.29c). Dal Par. 4.3.2 è noto che lo spostamento trasversale e la rotazione dell'estremo libero, trascurando la deformabilità tagliante, valgono

$$f_0 = qL^4/8EJ, \qquad \varphi_0 = qL^3/6EJ.$$

Utilizzando o la teoria della linea elastica, o il PLV nella forma vista al Par. 4.3.2, si possono calcolare le stesse quantità nella mensola soggetta ad una forza unitaria (Fig. 4.29b) e si ottiene

$$f_1 = -L^3/3EJ, \qquad \varphi_1 = -L^2/2EJ$$

(v. anche il Par. 4.3.3.1). Analogamente, nella mensola soggetta ad una coppia unitaria (Fig. 4.29c) freccia e rotazione nell'estremo libero valgono

$$f_2 = L^2/2EJ, \qquad \varphi_2 = L/EJ.$$

Se la mensola è soggetta contemporaneamente ad un carico trasversale uniformemente distribuito d'intensità q, a una forza concentrata X_1 e a una coppia concentrata X_2 poste nell'estremo libero, per il principio di sovrapposizione degli effetti si può affermare che lo spostamento e la rotazione nell'estremo libero valgono (v. Fig. 4.29d):

$$f = f_0 + X_1 f_1 + X_2 f_2, \qquad \varphi = \varphi_0 + X_1\varphi_1 + X_2\varphi_2.$$

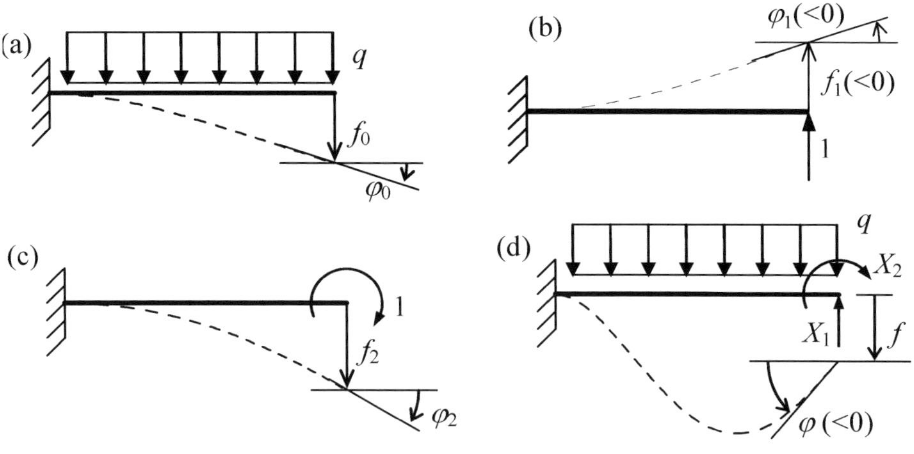

Figura 4.29 – Spostamenti e rotazioni nell'estremo libero di una mensola prodotti da (a) un carico uniforme; (b) una forza unitaria; (c) una coppia unitaria; (d) una combinazione lineare dei precedenti carichi.

Affinché la mensola così caricata sia equivalente alla trave doppiamente incastrata di Fig. 4.27a, lo spostamento e la rotazione nell'estremo libero devono essere nulli: ciò avviene quando la forza concentrata e la coppia concentrata sono tali che

$$f_0 + X_1 f_1 + X_2 f_2 = 0, \qquad \varphi_0 + X_1\varphi_1 + X_2\varphi_2 = 0.$$

Il sistema costituito da queste due condizioni coincide con il sistema di equazioni dei lavori virtuali che fornisce i valori delle iperstatiche nel manicotto della trave di Fig. 4.27a, che possono pertanto interpretarsi come equazioni di congruenza.

Il procedimento ora visto può essere generalizzato a strutture elastiche lineari n volte iperstatiche, anche in presenza di effetti anelastici. Per fissare le idee, si consideri la struttura di Fig. 4.30a soggetta a deformazioni generalizzate di natura termica (η_t, χ_t) e ad assegnati cedimenti dei vincoli U_{0k} ($k = 1 \ldots n_v$), oltre che a carichi esterni generici. Le deformazioni generalizzate reali sono date al solito da

$$\eta = \frac{N}{EA} + \eta_t, \quad t = \frac{T}{GA_*}, \quad \chi = \frac{M}{EJ} + \chi_t,$$

essendo N, T, M le azioni interne reali. Una volta scelte n componenti di azione interna o reazioni vincolari come incognite iperstatiche X_i ($i = 1 \ldots n$, v. Fig. 4.30b), si indichino con N_i^*, T_i^*, M_i^* le azioni interne nella i – esima struttura di servizio, ovvero nella struttura resa isostatica e soggetta solo ad un carico fittizio unitario in corrispondenza della i–esima iperstatica (Fig. 4.30c), e con N_0, T_0, M_0 le azioni interne nella struttura principale isostatica soggetta solo ai carichi esterni (Fig. 4.30e). Le deformazioni generalizzate reali possono allora essere espresse come

$$\eta = \frac{1}{EA}\left(N_0 + \sum_{i=1}^{n} X_i N_i^*\right) + \eta_t, \qquad t = \frac{1}{GA_*}\left(T_0 + \sum_{i=1}^{n} X_i T_i^*\right),$$

$$\chi = \frac{1}{EJ}\left(M_0 + \sum_{i=1}^{n} X_i M_i^*\right) + \chi_t.$$

Il sistema che permette di calcolare le incognite iperstatiche è formato da n equazioni dei lavori virtuali, ciascuna delle quali esprime il lavoro delle quantità statiche agenti nella j–esima struttura di servizio (Fig. 4.30d) per le quantità cinematiche reali. Simbolicamente:

$$L_e^{(j)} \equiv 1 \times U_{0j} + \sum_{k=1}^{n_v} R_{kj}^* U_{0k} = L_i^{(j)} \equiv$$

$$= \int_{strutt.} \left[N_j^* \left(\frac{1}{EA}\left(N_0 + \sum_{i=1}^{n} X_i N_i^*\right) + \eta_t \right) + T_j^* \frac{1}{GA_*}\left(T_0 + \sum_{i=1}^{n} X_i T_i^*\right) \right.$$

$$\left. + M_j^* \left(\frac{1}{EJ}\left(M_0 + \sum_{i=1}^{n} X_i M_i^*\right) + \chi_t \right) \right] dx, j = 1 \ldots n,$$

dove R_{kj}^* è la reazione vincolare che nasce nella j–esima struttura di servizio in corrispondenza del k–esimo cedimento vincolare (v. Fig. 4.30d). $U_{0j} = 0$ se la j–esima iperstatica è una componente di azione interna, oppure se non vi sono cedimenti vincolari in corrispondenza di X_j. x va intesa come un'ascissa curvilinea che percorre la linea d'asse dell'intera struttura. Le equazioni dei lavori virtuali nella forma ora scritta sono anche note nella letteratura come equazioni di Müller–Breslau.

Il precedente sistema (algebrico lineare) di n equazioni nelle n incognite X_i può riscriversi in forma compatta

$$\sum_{i=1}^{n} \alpha_{ij} X_i + \alpha_{0j} = U_{0j}, j = 1 \dots n.$$

Per dare un significato meccanico alle equazioni del sistema risolvente, si osserva che le deformazioni generalizzate nella i–esima struttura di servizio sono

$$\eta_i^* = \frac{N_i^*}{EA}, \qquad t_i^* = \frac{T_i^*}{GA_*}, \qquad \chi_i^* = \frac{M_i^*}{EJ},$$

mentre quelle nella struttura principale isostatica (che s'immagina soggetta anche alle dilatazioni termiche) valgono

$$\eta_0 = \frac{N_0}{EA} + \eta_t, \quad t_0 = \frac{T_0}{GA_*}, \quad \chi_0 = \frac{M_0}{EJ} + \chi_t.$$

Il coefficiente α_{ij}, dato da

$$\alpha_{ij} = \int_{strutt.} \left(N_j^* \frac{N_i^*}{EA} + T_j^* \frac{T_i^*}{GA_*} + M_j^* \frac{M_i^*}{EJ} \right) dx = \int_{strutt.} \left(N_j^* \eta_i^* + T_j^* t_i^* + M_j^* \chi_i^* \right) dx,$$

rappresenta dunque lo spostamento[11] nella i–esima struttura di servizio in corrispondenza della j–esima iperstatica (v. Fig. 4.30c).

Dalla precedente definizione risulta evidentemente $\alpha_{ij} = \alpha_{ji}$: nel successivo Par. 4.4 questa uguaglianza apparirà come conseguenza del cosiddetto 'teorema di Maxwell'.

Il coefficiente α_{0j}, dato da

$$\alpha_{0j} = \int_{strutt.} \left[N_j^* \left(\frac{N_0}{EA} + \eta_t \right) + T_j^* \frac{T_0}{GA_*} + M_j^* \left(\frac{M_0}{EJ} + \chi_t \right) \right] dx - \sum_{k=1}^{n_v} R_{kj}^* U_{0k}$$
$$= \int_{strutt.} \left(N_j^* \eta_0 + T_j^* t_0 + M_j^* \chi_0 \right) dx - \sum_{k=1}^{n_v} R_{kj}^* U_{0k},$$

rappresenta invece lo spostamento nella struttura principale isostatica in corrispondenza della j–esima iperstatica (v. Fig. 4.30e).

---

[11] Il termine 'spostamento' va inteso in senso generalizzato, potendo trattarsi sia di uno spostamento che di una rotazione, sia assoluto che relativo.

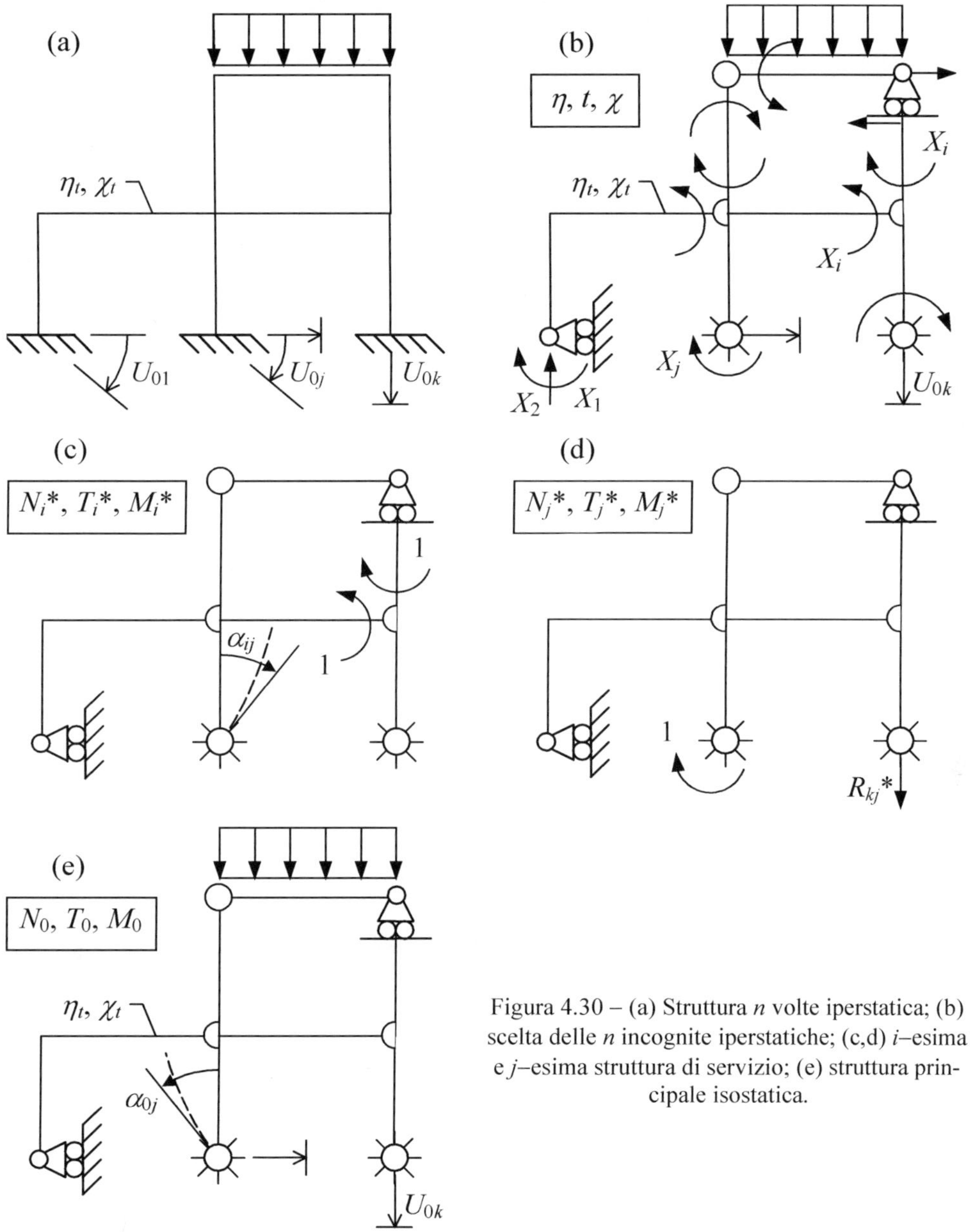

Figura 4.30 – (a) Struttura n volte iperstatica; (b) scelta delle n incognite iperstatiche; (c,d) i–esima e j–esima struttura di servizio; (e) struttura principale isostatica.

Le equazioni dei lavori virtuali che consentono di ricavare le n incognite iperstatiche costituiscono in sostanza un insieme di <u>n equazioni di congruenza</u> scritte in corrispondenza degli n gradi di vincolo tolti alla struttura per mettere in evidenza le iperstatiche. Questo tipo di approccio risolutivo per strutture iperstatiche sta alla base di quello che nei corsi di Tecnica delle Costruzioni di Ingegneria e Architettura viene solitamente presentato come <u>metodo delle forze</u> [3].

Se, in particolare, la struttura è formata da travi snelle, la deformabilità elastica di tipo assiale e tagliante risulta trascurabile rispetto a quella flessionale, col che la generica equazione del sistema risolvente si semplifica in

$$U_{0j} + \sum_{k=1}^{n_v} R_{kj}^{*} U_{0k} = \int_{strutt.} \left[M_j^{*} \left(\frac{1}{EJ} \left(M_0 + \sum_{i=1}^{n} X_i M_i^{*} \right) + \chi_t \right) + N_j^{*} \eta_t \right] dx, j = 1 \dots n.$$

Nel caso infine di travature reticolari iperstatiche, soggette esclusivamente a forze applicate nei nodi e a deformazioni termiche uniformi, entra in gioco unicamente la deformabilità assiale delle aste. Poiché l'azione assiale nelle aste è costante, le equazioni del sistema che consente il calcolo delle iperstatiche si scrivono simbolicamente

$$U_{0j} + \sum_{k=1}^{n_v} R_{kj}^{*} U_{0k} = \sum_{h} \left[\frac{1}{EA} \left(N_{0h} + \sum_{i=1}^{n} X_i N_{hi}^{*} \right) + \eta_{ht} \right] L_h, j = 1 \dots n,$$

dove l'indice h percorre le aste della travatura e L_h è la lunghezza della generica asta.

4.3.4 Cenno al calcolo di componenti di spostamento in strutture iperstatiche

Il calcolo di componenti di spostamento in strutture iperstatiche mediante l'equazione dei lavori virtuali è concettualmente analogo a quello visto nel Par. 4.3.2 con riferimento a strutture isostatiche. Infatti, una volta calcolate *preliminarmente* le incognite iperstatiche, queste possono essere riguardate come carichi esterni noti agenti sulla struttura degradata nei vincoli e resa isostatica: è con riferimento a questa struttura che viene nuovamente utilizzata l'equazione dei lavori virtuali per determinare le componenti di spostamento incognite.

A titolo di esempio, si consideri la trave di Fig. 4.27a, doppiamente incastrata e soggetta a carico uniforme, ridisegnata per comodità in Fig. 4.31a: ci si propone di calcolarne la freccia in mezzeria. Si applica dapprima l'equazione dei lavori virtuali per la determinazione delle due incognite iperstatiche, come fatto nel Par. 4.3.3.3, e si ottengono i valori richiamati in Fig. 4.31b.

Per il calcolo della freccia incognita, si utilizza come struttura di servizio una mensola soggetta a una forza concentrata unitaria in mezzeria (Fig. 4.31c). Facendo lavorare le quantità statiche fittizie relative alla struttura di servizio per le quantità cinematiche reali, si ha, con ovvio significato dei simboli:

$$(L_e =) 1 \times f = \int_0^L \left(N^* \frac{N}{EA} + T^* \frac{T}{GA_*} + M^* \frac{M}{EJ} \right) dx (= L_i).$$

Si osservi che, in questa espressione, le azioni interne sono note sia nella struttura fittizia che in quella reale: in particolare risulta $N = N^* = 0$ ovunque. I diagrammi delle azioni interne nella struttura reale sono quelli già riportati in Fig. 4.28; il diagramma del momento flettente nella struttura fittizia è mostrato in Fig. 4.31d.

Se si trascura la deformabilità a taglio della trave, esplicitando l'espressione del lavoro virtuale interno (in cui si utilizza l'ascissa x di Fig. 4.31c e si assumono positivi i momenti che tendono le fibre inferiori della trave) si ha in definitiva

$$f = \int_0^{L/2} 0 \times \frac{M}{EJ} dx + \int_{L/2}^{L} -x \times \frac{-\frac{qL^2}{12} + \frac{qL}{2}x - \frac{qx^2}{2}}{EJ} dx = \frac{qL^4}{384EJ}.$$

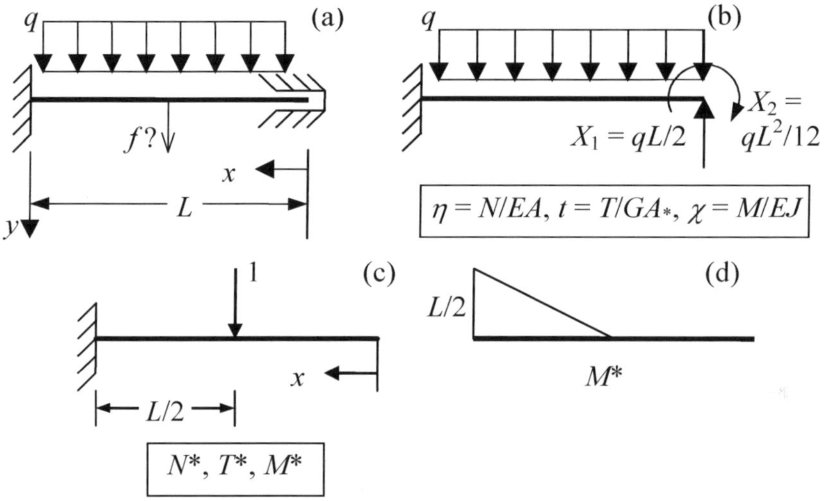

Figura 4.31 – (a) Trave doppiamente incastrata soggetta a carico uniforme; (b) valori delle reazioni iperstatiche nel manicotto; (c) struttura di servizio per il calcolo della freccia in mezzeria; (d) momento flettente nella struttura di servizio.

4.4 Il teorema di Betti e le sue conseguenze

In questo paragrafo viene presentato un teorema dovuto al matematico Enrico Betti[12] valido per strutture (e solidi) in materiale elastico lineare soggette a cambiamenti di configurazione infinitesimi. Benché tale teorema possa essere generalizzato in presenza di cedimenti vincolari e dilatazioni di origine termica, verrà qui dimostrato nel caso in cui la struttura non sia sede di effetti anelastici.

Si consideri una struttura (per la quale valgano le ipotesi sopra esposte), soggetta a un sistema di carichi – per semplicità – concentrati P_i^A, $i = 1 \ldots n_A$ (v. Fig. 4.32a). Le deformazioni generalizzate prodotte da tali carichi siano η^A, t^A, χ^A; le azioni interne siano poi N^A, T^A, M^A. Il generico punto J della linea d'asse della struttura subisce uno spostamento (infinitesimo) $\underline{s}_J^A$.

[12] Enrico Betti: 1823, Pistoia – 1892, Soiana (Pisa)

Si consideri poi la medesima struttura, ma soggetta stavolta ad un sistema di carichi (concentrati) differente dal precedente ($P_j^B, j = 1 \ldots n_B$ – v. Fig. 4.32b). Le deformazioni generalizzate prodotte dai nuovi carichi verranno indicate con η^B, t^B, χ^B e le azioni interne con N^B, T^B, M^B. Lo spostamento del generico punto I della linea d'asse della struttura sia $\underline{s}_I^B$.

In entrambi i casi, le azioni interne reali sono evidentemente equilibrate con i carichi che le hanno prodotte. Le quantità cinematiche (spostamenti e deformazioni generalizzati) prodotte dai carichi, in quanto reali, sono congruenti fra loro e con i vincoli esterni (oltre che infinitesime, nelle ipotesi fatte). E' possibile pertanto scrivere un'equazione dei lavori virtuali facendo lavorare i carichi A e le azioni interne da essi prodotte per le quantità cinematiche dovute ai carichi B:

$$L_e^{AB} \equiv \sum_{i=1}^{n_A} P_i^A U_i^B = \int_{strutt.} \left(N^A \eta^B + T^A t^B + M^A \chi^B \right) dx \equiv L_i^{AB},$$

dove U_i^B indica la componente dello spostamento del punto di applicazione dell'i–esimo carico ($\underline{s}_i^B$) nella direzione del carico stesso (Fig. 4.32c).

Analogamente, facendo lavorare (virtualmente) i carichi B e le azioni interne da essi prodotte per le quantità cinematiche dovute ai carichi A si ha:

$$L_e^{BA} \equiv \sum_{j=1}^{n_B} P_j^B U_j^A = \int_{strutt.} \left(N^B \eta^A + T^B t^A + M^B \chi^A \right) dx \equiv L_i^{BA},$$

dove U_j^A è la componente dello spostamento del punto di applicazione del j–esimo carico ($\underline{s}_j^A$) nella direzione del carico stesso (Fig. 4.32d).

Sfruttando le equazioni di legame (elastico lineare) fra azioni interne e deformazioni generalizzate (v. Par. 4.3.1), i due lavori virtuali interni possono essere espressi unicamente in termini di azioni interne e si ha

$$L_i^{AB} = \int_{strutt.} \left(N^A \frac{N^B}{EA} + T^A \frac{T^B}{GA_*} + M^A \frac{M^B}{EJ} \right) dx,$$

$$L_i^{BA} = \int_{strutt.} \left(N^B \frac{N^A}{EA} + T^B \frac{T^A}{GA_*} + M^B \frac{M^A}{EJ} \right) dx.$$

Le due espressioni risultano evidentemente uguali. Dall'eguaglianza fra lavori virtuali esterni e interni, ne consegue in definitiva che

$$L_e^{AB} = L_e^{BA}.$$

Questa eguaglianza, valida anche in presenza di carichi distribuiti, costituisce la tesi del teorema di Betti che si può così enunciare: *Il lavoro compiuto da un sistema di carichi (A) per gli spostamenti prodotti da un secondo sistema di carichi (B) è uguale al lavoro compiuto dai carichi del secondo sistema per gli spostamenti prodotti dai carichi del primo.*

I lavori di cui parla il teorema sono detti 'indiretti' o anche 'mutui', in quanto compiuti da un sistema di carichi per degli spostamenti prodotti da un altro sistema. Per tale motivo, in letteratura il teorema di Betti è anche noto come teorema dell'eguaglianza dei lavori mutui, o 'teorema di reciprocità'.

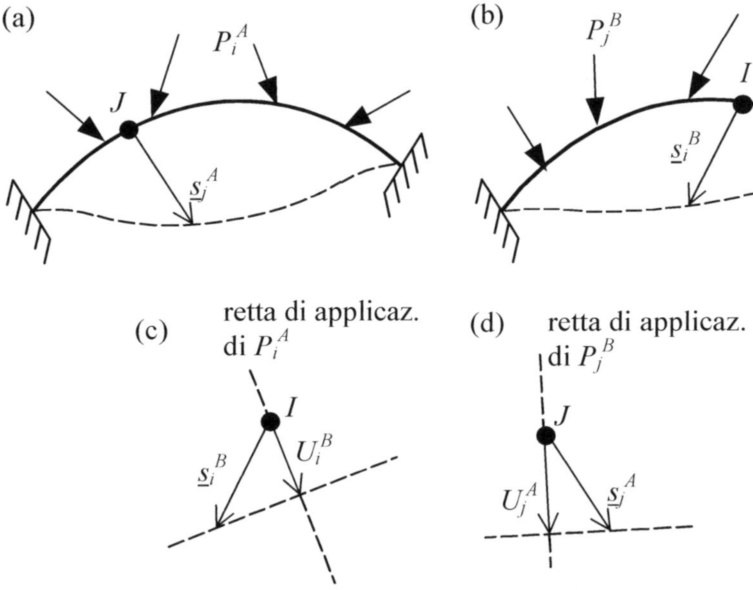

Figura 4.32 – (a,b) Struttura soggetta a due diversi sistemi di carichi (A,B); (c) spostamento del punto I prodotto dai carichi B; (d) spostamento del punto J prodotto dai carichi A.

Si osservi che, nelle ipotesi fatte, vale il principio di sovrapposizione degli effetti (v. Par. 3.7). Considerando una struttura soggetta ad una generica famiglia di carichi concentrati P_h ($h = 1 \dots n_P$), la componente di spostamento omologa al generico carico, U_h (v. Fig. 4.33a), può allora essere espressa come combinazione lineare degli effetti dei singoli carichi:

$$U_h = \sum_{k=1}^{n_P} \alpha_{hk} P_k \,,$$

dove α_{hk} rappresenta la componente di spostamento del punto di applicazione del carico P_h nella direzione di P_h stesso, prodotta da un carico $P_k = 1$ (v. Fig. 4.33b). I coefficienti α_{hk} sono detti coefficienti d'influenza e non dipendono dal valore dei carichi, ma solo dalla geometria della struttura e dalle caratteristiche del materiale costituente.

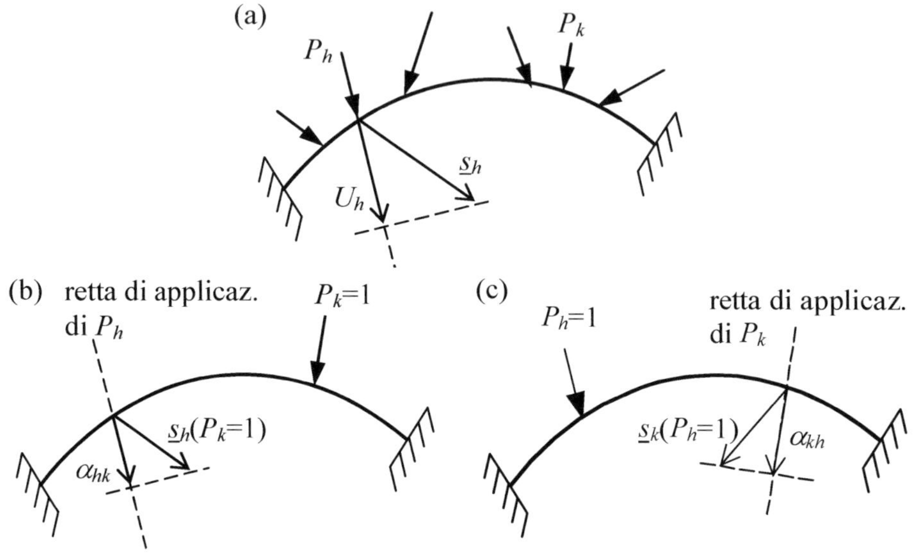

Figura 4.33 – (a) Struttura soggetta ad un generico sistema di carichi concentrati; (b,c) significato dei coefficienti d'influenza α_{hk} e α_{kh}.

Diretta conseguenza del teorema di Betti è l'uguaglianza dei coefficienti d'influenza ad indici scambiati ($\alpha_{hk} = \alpha_{kh}$), risultato noto come teorema di Maxwell[13]. Per dimostrarlo, si supponga che il sistema di carichi A si riduca ad un unico carico P_h, d'intensità unitaria, e che il sistema di carichi B si riduca a sua volta ad un unico carico P_k, pure d'intensità unitaria (Fig. 4.33b,c). Applicando il teorema di Betti si ha

$$L_e^{AB} \equiv (P_h = 1) \times \alpha_{hk} = (P_k = 1) \times \alpha_{kh} \equiv L_e^{BA},$$

da cui segue immediatamente la tesi[14].

Il teorema di Betti riveste notevole importanza, ad esempio, nella determinazione delle linee d'influenza [10] degli effetti prodotti da carichi viaggianti lungo l'asse di una struttura[15]. Per fissare le idee, si consideri una trave semplicemente

[13] James Clerk Maxwell: 1831, Edinburgo – 1879, Cambridge.

[14] si veda anche quanto detto a proposito della risoluzione delle strutture più volte iperstatiche nel Par. 4.3.3.3.

[15] questo argomento viene studiato approfonditamente nei corsi di laurea specialistici che trattano la teoria e il progetto dei ponti.

appoggiata, ad asse rettilineo, soggetta ad una forza concentrata trasversale viaggiante da un estremo all'altro (Fig. 4.34a). Si vuole determinare la 'linea d'influenza' della freccia in mezzeria della trave (f), ovvero si vuole valutare il valore di tale freccia al variare della posizione x del carico: $f = f(x)$.

Il problema potrebbe essere evidentemente risolto utilizzando l'equazione dei lavori virtuali (nella forma vista nel Par. 4.3.2) o la teoria della linea elastica (Par. 4.2.1), ma la presenza di un carico di posizione variabile ne rende scomodo l'utilizzo. In alternativa, si può sfruttare il teorema di Betti, scegliendo opportunamente i sistemi di carichi A,B di cui il teorema parla. La forza viaggiante viene assimilata al sistema A, mentre il sistema B sarà costituito un carico concentrato, per comodità unitario, applicato in mezzeria della trave (v. Fig. 4.34b). Per quest'ultimo carico, in posizione fissa, l'equazione della deformata elastica $v^*(x)$ risulta di semplice determinazione (v. Par. 4.2.2, esempio b):

- per $0 \le x \le L/2$, $v^*(x) = \dfrac{x}{48EJ}(3L^2 - 4x^2)$;
- per $L/2 \le x \le L$, $v^*(x) = \dfrac{L-x}{48EJ}(-L^2 + 8Lx - 4x^2)$.

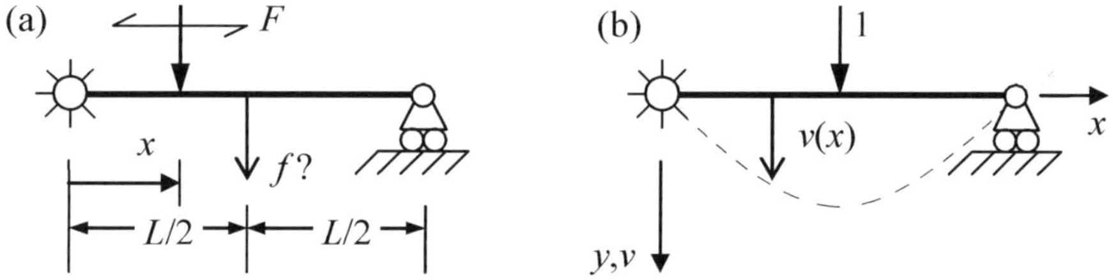

Figura 4.34 – (a) Trave appoggiata soggetta ad un carico viaggiante; (b) carico fittizio per la determinazione della linea d'influenza della freccia in mezzeria.

Grazie al teorema di Betti risulta:

$$L_e^{AB} \equiv F \times v^*(x) = 1 \times f(x) \equiv L_e^{BA},$$

da cui $f(x) = Fv^*(x)$. In sostanza, a meno di un fattore di proporzionalità (costituito dall'intensità del carico viaggiante), la linea d'influenza cercata coincide con l'equazione della deformata prodotta dal carico concentrato in mezzeria.

4.5 Metodi energetici per la risoluzione di sistemi di travi deformabili

Finora la determinazione dello stato tensodeformativo nei sistemi di travi deformabili si è basata su metodi 'diretti', che forniscono i valori delle incognite (spostamenti, reazioni vincolari, azioni interne) o attraverso l'integrazione di un'equazione differenziale (teoria della linea elastica), o tramite la risoluzione di una o più equazioni lineari algebriche (PLV).

Peraltro, è possibile (e spesso vantaggioso) determinare le incognite del problema attraverso approcci 'indiretti', mediante derivazione di opportune funzioni scalari a cui si può attribuire il significato meccanico di energie: si parla pertanto di 'metodi energetici' [9].

In questo paragrafo ci si limiterà all'ambito in cui si è operato nel precedente paragrafo, ovvero quello dei sistemi di travi elastici lineari, soggetti a cambiamenti di configurazione infinitesimi e in assenza di effetti anelastici (cedimenti vincolari, dilatazioni termiche, ecc.). Partendo dal concetto di 'lavoro di deformazione', introdotto nel Par. 4.5.1, nel Par. 4.5.2 si dimostrerà il cosiddetto 'teorema di Castigliano' che consente il calcolo di componenti di spostamento incognite per derivazione di tale lavoro. Corollario di tale teorema è quello attribuito a Menabrea per strutture iperstatiche, che verrà introdotto nel Par. 4.5.3.

In questa sede non saranno invece presentati altri teoremi basati sul concetto di 'energia potenziale' (totale o complementare) di un sistema elastico soggetto a carichi conservativi, validi anche in presenza di effetti anelastici e al di fuori dell'ambito lineare. Questi teoremi giocano un ruolo fondamentale nella formulazione di metodi di analisi strutturale approssimati (il più diffuso dei quali è il 'Metodo degli Elementi Finiti', v. ad es. [6]), frequentemente utilizzati dall'Ingegnere, e vengono solitamente trattati in corsi di laurea specialistici. Si rimandano i lettori interessati alla bibliografia citata a fine Capitolo.

4.5.1 Il lavoro di deformazione. Formula di Clapeyron.

Si consideri una struttura per la quale valgono le ipotesi sopra elencate, soggetta a carichi variabili nel tempo. Si supponga che i carichi varino 'lentamente', così da poter trascurare qualunque effetto dinamico e riguardare la storia di carico come una successione di stati di equilibrio statico. Limitandosi, per semplicità, al caso di carichi concentrati, si indicherà con $P_i'(t)$, $i = 1 \ldots n_P$, l'intensità del generico carico ad un certo istante t. Con $U_i'(t)$ si indicherà il valore della componente di spostamento omologa (nel senso del lavoro) all'i-esimo carico concentrato al tempo t.

All'istante iniziale t_0, la struttura occupa una certa configurazione κ_0 presa come riferimento: tale configurazione verrà fatta corrispondere, per comodità, alla situazione in cui i carichi sono nulli ($P_i'(t_0)$=0 $\forall i$) e la struttura è indeformata, anche se ciò non sarebbe strettamente necessario. Si indica poi con κ_1 la configurazione della struttura all'istante finale (t_1) del processo di carico in esame: il valore finale del generico carico sarà indicato con P_i ($\equiv P_i'(t_1)$), mentre il valore delle componenti di spostamento omologhe ai carichi che caratterizzano la configurazione deformata κ_1 verrà indicato con U_i ($i = 1 \ldots n_P$).

Si vuole valutare il lavoro (di deformazione) compiuto dai carichi per produrre il cambiamento di configurazione della struttura da κ_0 a κ_1:

$$L_{0\to1} = \int_{t_0}^{t_1} \sum_{i=1}^{n_P} P_i'(t) dU_i'(t),$$

dove dU_i' è l'incremento infinitesimo della componente di spostamento per cui lavora il generico carico tra gli istanti t e $t + dt$. La funzione integranda rappresenta il lavoro elementare ($đL$) compiuto dai carichi, ad un certo istante, per produrre un incremento di spostamento infinitesimo.

Nel caso generale, il lavoro $L_{0\to1}$ dipende dalla storia di carico e può essere valutato solo seguendo l'evoluzione dei carichi durante il processo deformativo. Peraltro, se il materiale di cui è costituita la struttura è elastico e i carichi su di essa agenti sono conservativi, il comportamento della struttura è reversibile: se i carichi vengono rimossi, la struttura torna alla configurazione iniziale. Ciò vuol dire che il lavoro compiuto dai carichi per produrre il cambiamento di configurazione $\kappa_0 \to \kappa_1$ viene immagazzinato nella struttura sotto forma di energia elastica di deformazione, che viene integralmente restituita nella successiva fase di scarico facendo compiere ai carichi un lavoro uguale e contrario a quello compiuto nella fase di carico: $L_{1\to0} = -L_{0\to1}$. Dire che il lavoro compiuto dai carichi in un ciclo completo di carico–scarico è nullo equivale a dire che il lavoro di deformazione $L_{0\to1}$ non dipende dal percorso di carico, ma solo dalla situazione iniziale e finale ed è pertanto, secondo la terminologia della termodinamica, una funzione di stato. Si noti che, nelle ipotesi fatte, il lavoro di deformazione elementare è un *differenziale esatto* (negli spostamenti): $đL \equiv dL$. D'ora in poi, si porrà per brevità $L_{0\to1} \equiv L$.

Se il lavoro di deformazione L non dipende dalla storia di carico, può essere valutato scegliendo una particolare legge di variazione dei carichi. Si può ad esempio supporre che tutti i carichi varino nel tempo proporzionalmente ad un medesimo moltiplicatore adimensionale $\alpha(t)$ che varia da 0 all'istante t_0 (quando i carichi sono nulli) a 1 all'istante t_1 (quando i carichi hanno raggiunto la loro intensità finale P_i). Si pone pertanto $P_i'(t) = \alpha(t)P_i$.

Nelle ipotesi fatte, tutte le equazioni governanti il problema sono *lineari*: ciò vuol dire che anche gli spostamenti variano nel tempo secondo la stessa legge di variazione dei carichi e si ha $U_i'(t) = \alpha(t)U_i$. Pertanto, nel caso elastico lineare:

$$L = \left(\int_{t_0}^{t_1} \alpha(t) d\alpha(t) \right) \sum_{i=1}^{n_P} P_i U_i = \frac{1}{2} \sum_{i=1}^{n_P} P_i U_i ,$$

risultato noto come formula di Clapeyron[16]. Se inoltre si sfrutta il principio di sovrapposizione degli effetti e si esprime la generica componente di spostamento utilizzando i coefficienti d'influenza, come fatto nel Par. 4.4, si può scrivere

[16] Emile Clapeyron: 1799, Parigi – 1864, Parigi.

$$L = \frac{1}{2}\sum_{i=1}^{n_P} P_i \left(\sum_{j=1}^{n_P} \alpha_{ij} P_j \right) = \frac{1}{2}\sum_{i,j=1}^{n_P} \alpha_{ij} P_i P_j ,$$

col che il lavoro di deformazione per un sistema elastico lineare soggetto solo a carichi concentrati appare come una *forma quadratica* nei carichi.

Ne consegue che non vale la sovrapposizione degli effetti in termini di lavoro di deformazione: il lavoro compiuto da due carichi generici P_1 e P_2 applicati contemporaneamente a un corpo elastico lineare è diverso dalla somma dei lavori che P_1 e P_2 compiono singolarmente quando agiscono da soli sul corpo. Sono invece gli effetti di tali carichi (reazioni vincolari, azioni interne, spostamenti) ad essere sovrapponibili, in virtù della linearità delle equazioni governanti il problema.

Quando è espresso in funzione dello stato tensodeformativo nel sistema, il lavoro di deformazione dei carichi acquista il significato di energia di deformazione elastica e, per sottolinearne la diversa interpretazione, viene indicato con un simbolo diverso (Ω). Poiché gli spostamenti subiti dal sistema sono, per ipotesi, infinitesimi (oltre che congruenti), si può vedere L come metà di un lavoro virtuale (esterno): utilizzando l'equazione dei lavori virtuali, si ha allora:

$$L = \frac{1}{2}\sum_{i=1}^{n_P} P_i U_i \equiv ½\, L_e = ½\, L_i = \frac{1}{2} \int_{strutt} (N\eta + Tt + M\chi) dx \equiv \Omega,$$

dove N, T, … χ sono le azioni interne e le deformazioni generalizzate *reali* nella struttura. In presenza di travi snelle, l'ultimo contributo all'integrale è preponderante rispetto agli altri due e l'energia di deformazione si riduce al solo termine flessionale:

$$\Omega \approx \frac{1}{2} \int_{strutt} M\chi dx = \frac{1}{2} \int_{strutt} \frac{M^2}{EJ} dx .$$

4.5.2 Il teorema di Castigliano

Si consideri ancora un sistema elastico lineare, soggetto solo a carichi concentrati. Si calcoli la derivata del lavoro di deformazione rispetto a un generico carico P_k:

$$\frac{\partial L}{\partial P_k} = \frac{1}{2}\frac{\partial}{\partial P_k}\left(\sum_{i=1}^{n_P} P_i U_i \right) = \frac{1}{2}\frac{\partial}{\partial P_k}\left(\sum_{i=1}^{n_P} P_i \sum_{j=1}^{n_P} \alpha_{ij} P_j \right).$$

Esplicitando la doppia sommatoria che figura nella precedente espressione si ha

$$\frac{\partial L}{\partial P_k}=\frac{1}{2}\frac{\partial}{\partial P_k}(\alpha_{11}P_1^2+\alpha_{12}P_1P_2+...+\alpha_{1k}P_1P_k+....$$
$$+\alpha_{21}P_2P_1+\alpha_{22}P_2^2+...+\alpha_{2k}P_2P_k+...$$
$$+...+\alpha_{k1}P_kP_1+\alpha_{k2}P_kP_2+...+\alpha_{kk}P_k^2+...)$$

da cui

$$\frac{\partial L}{\partial P_k}=\frac{1}{2}(\alpha_{1k}P_1+\alpha_{2k}P_2+...+\alpha_{k1}P_1+\alpha_{k2}P_2+...+2\alpha_{kk}P_k).$$

Ma per il teorema di Maxwell (Par. 4.4) risulta $\alpha_{hk}=\alpha_{kh}\ \forall h$, per cui

$$\frac{\partial L}{\partial P_k}=\sum_{h=1}^{n_P}\alpha_{kh}P_h=U_k.$$

Questo risultato costituisce la tesi del teorema di Castigliano[17] [4] che afferma che, nelle ipotesi fatte, '*la derivata del lavoro di deformazione rispetto ad un generico carico concentrato eguaglia la componente dello spostamento del punto di applicazione di tale carico nella direzione del carico stesso*'.

Il teorema di Castigliano può essere utilmente applicato per valutare componenti di spostamento in strutture elastiche lineari in alternativa, ad esempio, al PLV: il vantaggio rispetto a quest'ultimo è che per applicare il teorema è sufficiente conoscere le azioni interne nella sola struttura assegnata, senza introdurre alcun sistema di carichi fittizi, come richiesto dal PLV.

A titolo di esempio, si consideri la mensola di Fig. 4.35 soggetta unicamente ad un carico concentrato nell'estremo libero. Si vuole calcolare la freccia f in tale estremo utilizzando il teorema di Castigliano. In base a tale teorema, si ha

$$\frac{\partial L}{\partial F}=f,$$

dove, ipotizzando che la mensola sia snella

$$\Omega=\frac{1}{2}\int_{strutt}\frac{M^2}{EJ}dx=\frac{1}{2}\int_0^L\frac{(-Fx)^2}{EJ}dx\ (=L)$$

(v. Par. 4.5.1). Derivando sotto il segno di integrale ed integrando successivamente si ha quindi

[17] Carlo Alberto Castigliano: 1847, Asti – 1884, Milano.

$$f = \frac{\partial L}{\partial F} = \int_0^L \frac{Fx^2}{EJ} dx = \frac{FL^3}{3EJ}.$$

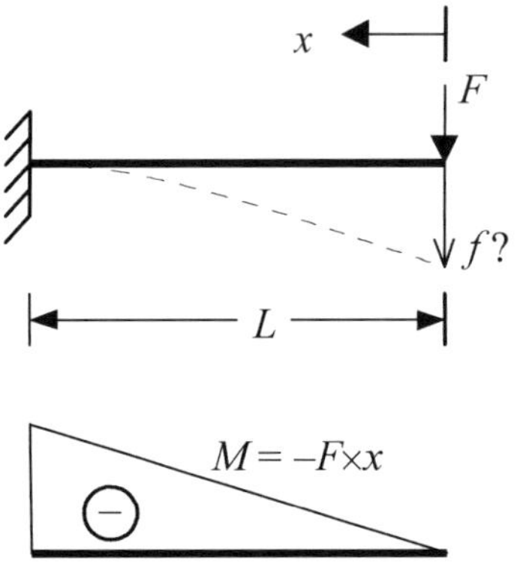

Figura 4.35 – Mensola caricata nell'estremo libero e relativo diagramma dei momenti.

Il teorema può essere utilizzato anche per il calcolo di componenti di spostamento in corrispondenza delle quali non agisca alcun carico. Si voglia ad esempio ripetere il precedente calcolo nel caso in cui la mensola sia soggetta ad un carico distribuito uniforme (Fig. 4.36a). Per potere applicare il teorema di Castigliano, s'immagina che nell'estremo libero della mensola sia applicato anche un carico fittizio trasversale (F) e si valuta l'energia di deformazione immagazzinata nella mensola così caricata (Fig. 4.36b):

$$\Omega = \frac{1}{2}\int_0^L \frac{(-qx^2/2 - Fx)^2}{EJ} dx \ (= L).$$

Dopodichè si valuta la freccia incognita derivando l'espressione ottenuta rispetto a F e ponendo quindi, com'è nella realtà, F=0:

$$\frac{\partial L}{\partial F} = \int_0^L \frac{qx^2/2 + Fx}{EJ} x dx \Rightarrow f = \left.\frac{\partial L}{\partial F}\right|_{F=0} = \int_0^L \frac{qx^2}{2EJ} x dx = \frac{qL^4}{8EJ}.$$

Tale risultato coincide con quello ottenuto utilizzando l'equazione dei lavori virtuali, trascurando la deformabilità a taglio della trave (Par. 4.3.2).

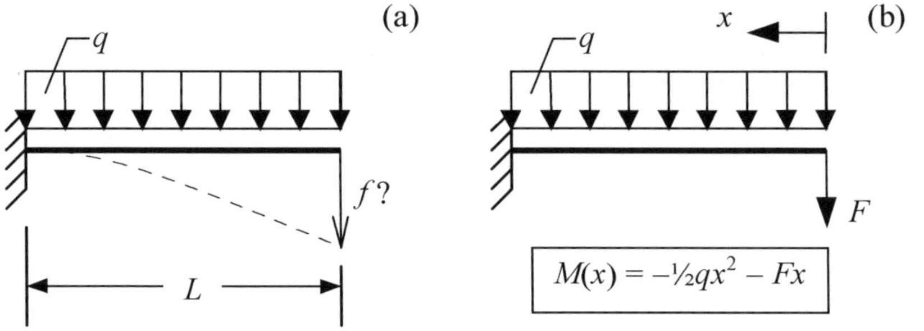

Figura 4.36 – (a) Mensola soggetta a carico uniforme; (b) aggiunta di una forza fittizia nell'estremo libero per il calcolo della freccia incognita *f*.

4.5.3 Il teorema di Menabrea

Conseguenza del teorema di Castigliano nella forma vista nel precedente paragrafo è un teorema, attribuito a Menabrea[18], valido per strutture iperstatiche.

Si consideri una struttura *n* volte iperstatica, con vincoli perfetti (Fig. 4.37a); si scelgano opportunamente *n* reazioni vincolari o componenti di azione interna come incognite iperstatiche (Fig. 4.37b). Le iperstatiche possono essere riguardate come carichi esterni (d'intensità incognita) agenti sulla struttura resa isostatica mediante declassamento dei vincoli. Si noti che, per le ipotesi fatte, le componenti di spostamento omologhe alle iperstatiche sono tutte nulle, poiché i cedimenti vincolari sono nulli per ipotesi (nel caso di iperstatiche esterne alla struttura) e gli spostamenti relativi fra le parti di struttura separate dai vincoli fittizi introdotti nella realtà sono nulli (nel caso di iperstatiche interne). Applicando allora il teorema di Castigliano, derivando il lavoro di deformazione rispetto alla generica iperstatica X_k si ha:

$$\frac{\partial L}{\partial X_k} = 0, \; k = 1, 2 \ldots n.$$

Queste *n* equazioni nelle incognite X_k possono essere viste come altrettante affermazioni di congruenza, in quanto traducono l'annullarsi degli spostamenti omologhi alle iperstatiche quando queste assumono il loro valore reale. Ne consegue che '*per una struttura iperstatica, al variare delle incognite iperstatiche il lavoro di deformazione risulta stazionario in corrispondenza della soluzione del problema*' (teorema di Menabrea).

[18] Luigi Federico Menabrea: 1809, Chambéry (Regno di Sardegna) – 1896, Chambéry (Francia).

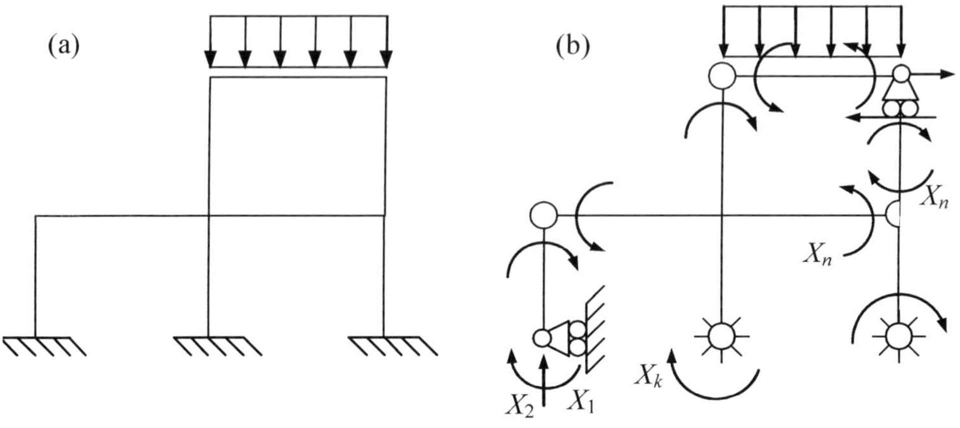

Figura 4.37 – (a) Struttura *n* volte iperstatica a vincoli perfetti; (b) scelta delle *n* incognite iperstatiche.

A titolo di esempio, si voglia analizzare la trave incastro–appoggio di Fig. 4.38a soggetta a carico uniforme. Scelta come incognita iperstatica la reazione X nell'appoggio (v. Fig. 4.38b), si esprime il momento nella trave in funzione del carico e dell'iperstatica:

$$M(x) = -\tfrac{1}{2}\, qx^2 + Xx.$$

Tenendo conto solo della deformabilità flessionale della trave, l'energia di deformazione è data da

$$\Omega = \frac{1}{2}\int_0^L \frac{(-qx^2/2 + Xx)^2}{EJ}\,dx \;(= L).$$

La sua stazionarietà rispetto a X si scrive

$$\frac{\partial L}{\partial X} = \int_0^L \frac{(-qx^2/2 + Xx)}{EJ}\,x dx = 0,$$

da cui

$$\frac{-qL^4}{8EJ} + \frac{XL^3}{3EJ} = 0 \Rightarrow X = \frac{3}{8}qL,$$

come già ottenuto per altra via (v. Par. 4.2.2, esempio c, e Par. 4.3.3.1).

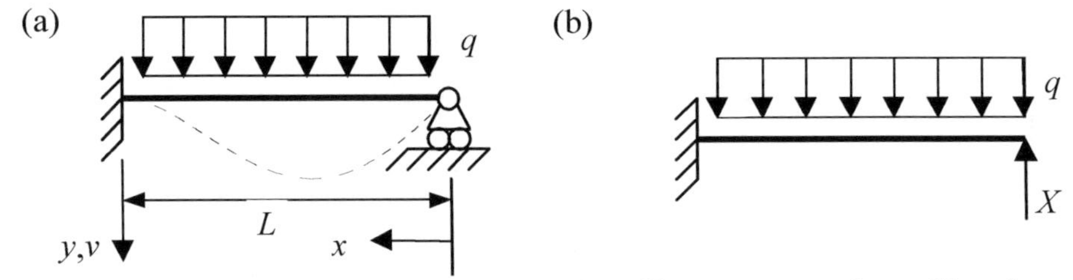

Figura 4.38 – (a) Trave incastro–appoggio uniformemente caricata; (b) scelta dell'incognita iperstatica.

E' interessante osservare che le n equazioni che consentono il calcolo delle iperstatiche sono, di fatto, n equazioni dei lavori virtuali. Si espliciti infatti la dipendenza delle azioni interne dai carichi esterni e dalle incognite iperstatiche; limitandosi al momento flettente, si ha simbolicamente:

$$M = M(q; X_1, X_2 \dots X_n).$$

Per la linearità del problema, la derivata del momento rispetto alla generica iperstatica è

$$\frac{\partial M}{\partial X_k} = M_k^*,$$

essendo M_k* il momento prodotto, nella struttura resa isostatica, da una forza (o coppia) unitaria agente in corrispondenza della k–esima iperstatica.

Tenendo conto (per semplicità) della sola deformabilità flessionale, la stazionarietà del lavoro di deformazione rispetto alla generica iperstatica si traduce quindi nell'equazione

$$\frac{\partial L}{\partial X_k} = \frac{\partial \Omega}{\partial X_k} = \frac{\partial}{\partial X_k} \int_{strutt.} \frac{1}{2} \frac{M^2}{EJ} dx = \int_{strutt.} \frac{M}{EJ} \frac{\partial M}{\partial X_k} dx = \int_{strutt.} \frac{M}{EJ} M_k^* dx = 0,$$

che corrisponde ad un'equazione dei lavori virtuali in cui il carico fittizio $X_k = 1$ e le azioni interne ad esso associate lavorano per le quantità cinematiche reali (ovvero per lo spostamento – nullo – del punto di applicazione di X_k e per le curvature $\chi = M/EJ$).

Bibliografia

[1] O. Belluzzi 'Scienza delle Costruzioni. Volume 1', Zanichelli, Bologna, 1981.
[2] P. Biscari, T. Ruggeri, G. Saccomandi, M. Vianello 'Meccanica Razionale per l'Ingegnere', Monduzzi, Bologna, 2007.
[3] M. Caironi 'Teoria e tecnica delle costruzioni. Strutture a molte iperstatiche: metodo delle forze', CLUP, Milano, 1995.
[4] A. Castigliano 'Intorno all'equilibrio dei sistemi elastici', Paravia, Torino, 1875.
[5] L. Corradi 'Meccanica delle Strutture. Volume 1: Il comportamento dei mezzi continui', McGraw–Hill, Milano, 1992.
[6] L. Corradi 'Meccanica delle Strutture. Volume 2: Le teorie strutturali e il metodo degli elementi finiti', McGraw–Hill, Milano, 1992.
[7] L. Gambarotta, L. Nunziante, A. Tralli 'Scienza delle Costruzioni', McGraw–Hill, Milano, 2003.
[8] V. Franciosi 'Scienza delle costruzioni. Volume 2', Napoli, Liguori, 1962.
[9] H.L. Langhaar 'Energy methods in applied mechanics', John Wiley & Sons, New York, 1962.
[10] W.J. Larnach 'Influence lines for statically indeterminate plane structures', McMillan & Co, Londra, 1964.
[11] A. Taliercio 'Introduzione alla Meccanica dei Solidi', Esculapio, Bologna, 2006.

ESERCIZI

a. Esercizi sulla teoria della linea elastica

In tutti gli esercizi che seguono si assumerà implicitamente che le strutture siano formate da travi con rigidezza flessionale costante e pari a EJ, salvo avviso contrario, e si considereranno positivi i momenti flettenti che ne tendono le fibre inferiori.

a.1 Calcolare l'equazione della linea elastica della mensola di Fig. 4.39a. Calcolare in particolare il valore della freccia nell'estremo libero (f) e della rotazione della sezione di estremità (φ).

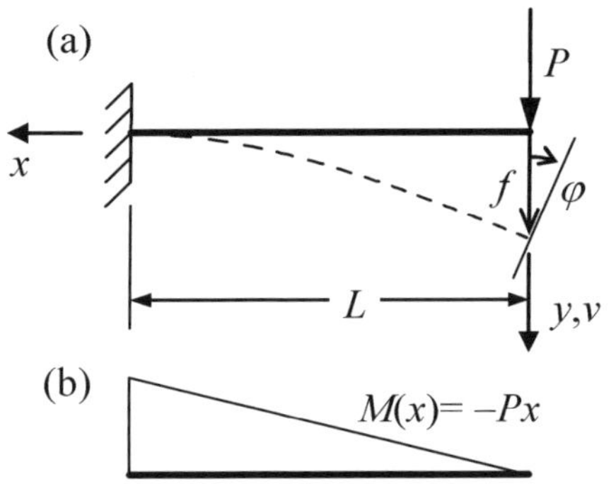

Figura 4.39 – (a) Mensola caricata nell'estremo libero e (b) relativo diagramma del momento flettente.

Svolgimento:

Utilizzando l'ascissa x di Fig. 4.39a, l'equazione del momento flettente è semplicemente $M(x) = -Px$ (v. anche il diagramma mostrato in Fig. 4.39b). Posto $EJv''(x) = -M(x)$, integrando due volte l'equazione differenziale così ottenuta si ricava, in successione:

$$EJv'(x) = Px^2/2 + C_1;$$
$$EJv(x) = Px^3/6 + C_1x + C_2.$$

Le due costanti d'integrazione, C_1 e C_2, si ricavano imponendo l'annullarsi dello spostamento trasversale e della rotazione nell'incastro:

$$v'(L) = 0 \Rightarrow C_1 = -PL^2/2;$$
$$v(L) = 0 \Rightarrow PL^3/6 - PL^3/2 + C_2 = 0 \Rightarrow C_2 = PL^3/3.$$

In definitiva, l'espressione cercata è

$$v(x) = \frac{P}{6EJ}(x^3 - 3L^2x + 2L^3).$$

In particolare si ha

$$f \equiv v(0) = \frac{PL^3}{3EJ}; \qquad \varphi \equiv -v'(0) = \frac{PL^2}{2EJ}.$$

a.2 Calcolare l'equazione della linea elastica della struttura (isostatica) di Fig. 4.40.

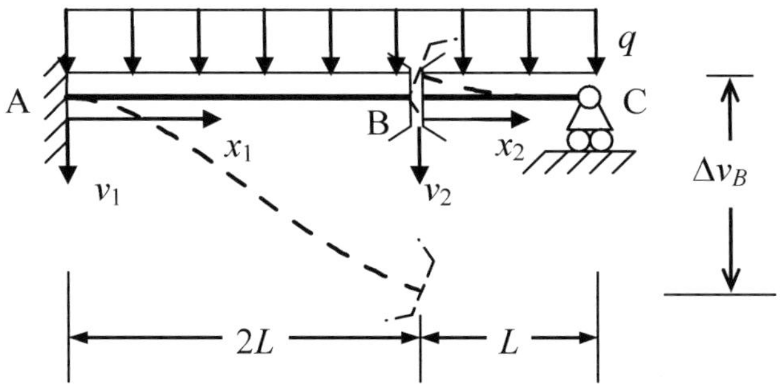

Figura 4.40

Svolgimento:
Si osservi innanzitutto che, anche se il momento flettente è descritto da un'unica funzione su tutta la struttura, è necessario integrare separatamente l'equazione differenziale della linea elastica su ciascuno dei due tratti AB e BC. Infatti, a causa della presenza del pattino, la deformata presenta una discontinuità in B: ciascuna trave corrisponde dunque ad un diverso campo d'integrazione[19].

Torna comodo utilizzare due diverse ascisse che percorrono separatamente le due travi (v. Fig. 4.40). Utilizzando tali ascisse, l'equazione del momento flettente si scrive:

$M_1(x_1) = -qx_1^2/2 + 2qLx_1 - 3qL^2/2$ sulla trave AB;
$M_2(x_2) = -qx_2^2/2 + qL^2/2$ sulla trave BC

(v. Fig. 4.40). Integrando $EJv''(x) = -M(x)$ su ciascun tratto si ha

- in AB: $\quad EJv_1'(x_1) = qx_1^3/6 - qLx_1^2 + 3qL^2x_1/2 + C_1$;

[19] lo stesso ragionamento vale se, al posto di un pattino, si ha una cerniera che interrompe la continuità della trave: in questo caso, è la derivata prima della funzione $v(x)$ a presentare una discontinuità in corrispondenza della cerniera.

$$EJv_1(x_1) = qx_1^4/24 - qLx_1^3/3 + 3qL^2x_1^2/4 + C_1x_1 + C_2;$$

- in BC: $EJv_2'(x_2) = qx_2^3/6 - qL^2x_2/2 + C_3;$
  $EJv_2(x_2) = qx_2^4/24 - qL^2x^2/4 + C_3x_2 + C_4.$

Le condizioni al contorno che consentono la determinazione delle 4 costanti C_1 ... C_4 sono:

$$v_1(0) = 0; \qquad v_1'(0) = 0; \qquad v_1'(2L) = v_2'(0); \qquad v_2(L) = 0,$$

da cui

$$C_1 = C_2 = 0, \qquad C_3 = qL^3/3, \qquad C_4 = -qL^4/8.$$

In definitiva:

$$v_1(x_1) = \frac{qx_1^2}{24EJ}(x_1^2 - 8Lx_1 + 18L^2);$$

$$v_2(x_2) = \frac{q}{24EJ}(x_2^4 - 6L^2x_2^2 + 8L^3x_2 - 3L^4).$$

La deformata della struttura è mostrata in Fig. 4.40. Il risultato ottenuto consente, in particolare, di calcolare lo spostamento relativo Δv_B fra le due travi deformate in corrispondenza del pattino B (v. Fig. 4.40):

$$\Delta v_B = v_1(2L) - v_2(0) = \frac{9qL^4}{8EJ}.$$

a.3 Risolvere lo stesso problema per la struttura (una volta iperstatica) di Fig. 4.41a.

Svolgimento:
Si sceglie come incognita iperstatica (X) il momento flettente in B; si lascia come esercizio quello di verificare che la struttura degradata nei vincoli (Fig. 4.41b) resta correttamente vincolata. Utilizzando le ascisse mostrate in Fig. 4.41b, Le equazioni del momento flettente si scrivono:

- in AB: $M_1(x_1) = X;$
- in BC: $M_2(x_2) = -qx_2^2/2 + (qL/2 - X/L)x_2 + X;$
- in CD: $M_3(x_3) = (qL/2 + X/L)x_3 - (qL^2/2 + X).$

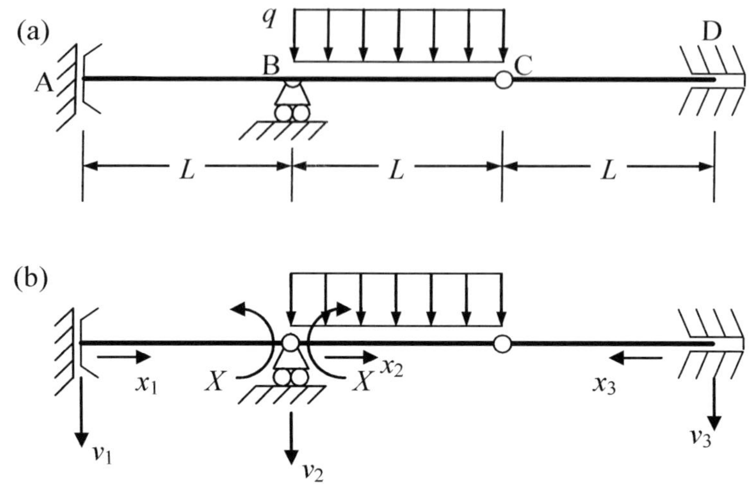

Figura 4.41 – (a) Struttura una volta iperstatica; (b) scelta dell'incognita iperstatica.

Integrando due volte l'equazione differenziale della linea elastica su ciascuna campata si ottiene:

- in AB: $EJv_1(x_1) = -Xx_1^2/2 + C_1x_1 + C_2$;
- in BC: $EJv_2(x_2) = qx_2^4/24 - (qL/2 - X/L)x_2^3/6 - Xx_2^2/2 + C_3x_2 + C_4$;
- in CD: $EJv_3(x_3) = -(qL/2 + X/L)x_3^3/6 + (qL^2/2 + X)x_3^2/2 + C_5x_3 + C_6$.

Le condizioni al contorno che consentono di determinare $C_1 \dots C_6$ e X sono:

$$v_1'(0) = 0; \quad v_1(L) = 0; \quad v_2(0) = 0; \quad v_1'(L) = v_2'(0);$$
$$v_3(0) = 0; \quad v_3'(0) = 0; \quad v_2(L) = v_3(L),$$

da cui

$$C_1 = C_4 = C_5 = C_6 = 0;$$
$$X = -qL^2/8;$$
$$C_2 = XL^2/2 = -qL^4/16;$$
$$C_3 = -XL = qL^3/8.$$

L'equazione della linea elastica dei vari tratti di struttura è pertanto:

- in AB: $EJv_1(x_1) = qL^2/16(x_1^2 - L^2)$;
- in BC: $EJv_2(x_2) = qx_2^4/24 - 15qLx_2^3/144 + qL^2x_2^2/16 + qL^3x_2/8$;
- in CD: $EJv_3(x_3) = qLx_3^2(3L - x_3)/16$.

La deformata della struttura e i diagrammi del momento flettente e del taglio sono mostrati in Fig. 4.42.

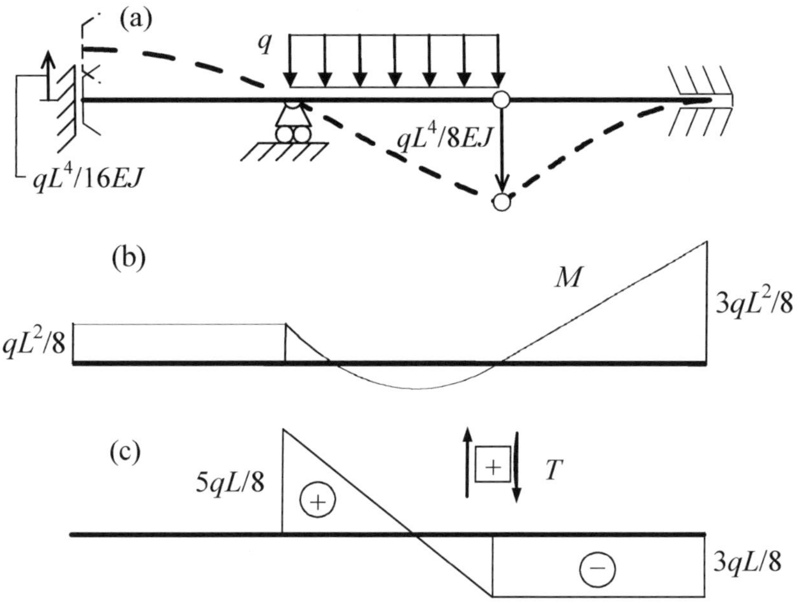

Figura 4.42 – Struttura di Fig. 4.41: (a) deformata; (b) diagramma del momento flettente; (c) diagramma dell'azione tagliante.

a.4 La trave di Fig. 4.43a è collegata a terra, nell'estremo di destra, da un vincolo cedevole elasticamente (schematizzato mediante una molla di rigidezza k). Determinare la deformata elastica e le azioni interne nella trave al variare di k.

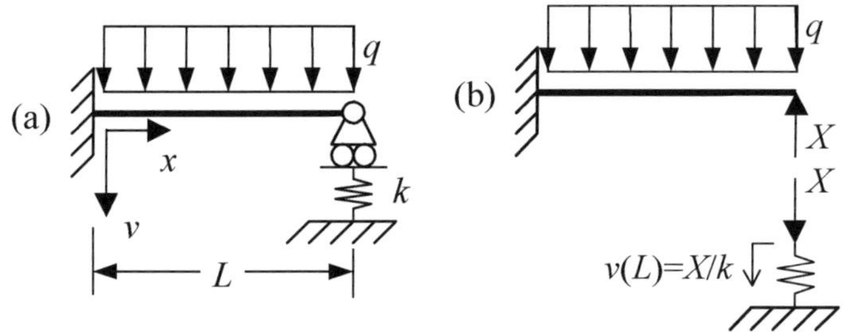

Figura 4.43 – (a) Trave collegata a terra da incastro e appoggio cedevole elasticamente; (b) messa in evidenza dell'incognita iperstatica.

Svolgimento:
Si sceglie come incognita iperstatica (X) la reazione nell'appoggio cedevole (Fig. 4.43b). Utilizzando l'ascissa x di Fig. 4.43a, l'equazione del momento flettente si scrive:

$$M(x) = -qx^2/2 + (qL - X)x - (qL^2/2 - XL).$$

L'equazione differenziale della linea elastica, integrata due volte, fornisce:

$$EJv(x) = qx^4/24 - (qL - X)x^3/6 + (qL^2/2 - XL)x^2/2 + C_1x + C_2.$$

Le incognite C_1, C_2 e X si ricavano dalle condizioni al contorno:

$$v(0) = v'(0) = 0; \quad v(L) = X/k.$$

L'ultima condizione traduce l'uguaglianza fra l'abbassamento dell'estremo di destra della trave pensato libero e l'accorciamento della molla (v. Fig. 4.43b). In definitiva:

$$C_1 = C_2 = 0; \qquad X = \frac{3}{8} qL \frac{1}{1+3\kappa},$$

dove il parametro adimensionale $\kappa \equiv EJ/kL^3$ rappresenta il rapporto fra la rigidezza flessionale della trave e la rigidezza del vincolo cedevole. Si osservi che il caso $\kappa \to 0$ corrisponde ad un vincolo non cedevole: si ritrova allora il risultato $X = 3qL/8$ ottenuto nel Par. 4.2.2 (esempio c) per una trave incastro–appoggio. Quanto più la molla è deformabile, tanto più grande diventa il coefficiente κ: al limite, per $\kappa \to \infty$ la trave si riduce, di fatto, ad una mensola con l'estremo di destra libero e si ha $X \to 0$.

L'equazione della deformata, al variare di κ, si scrive

$$v(x) = \frac{qx^2}{48EJ}\left(2x^2 - \frac{5+24\kappa}{1+3\kappa}Lx + 3\frac{1+12\kappa}{1+3\kappa}L^2\right),$$

mentre le equazioni del momento e del taglio sono:

$$M(x) = \frac{q}{8}\left(-4x^2 + \frac{5+24\kappa}{1+3\kappa}Lx - \frac{1+12\kappa}{1+3\kappa}L^2\right),$$

$$T(x) = -qx + \frac{qL}{8}\left(\frac{5+24\kappa}{1+3\kappa}\right).$$

Si confrontino i risultati ottenuti con quelli relativi ad una trave incastro–appoggio (Par. 4.2.2, es. c) e ad una mensola uniformemente caricata.

a.5 Risolvere lo stesso problema nel caso in cui la trave di Fig. 4.43a sia soggetta, oltre che ad un carico uniformemente distribuito, a cedimenti anelastici nell'incastro e ad una variazione di temperatura variabile linearmente lungo l'altezza H della trave (v. Fig. 4.44). Tracciare la deformata e i diagrammi delle azioni interne nel caso particolare $k = 3EJ/L^3$, $\delta = qL^4/EJ$, $\theta = 2qL^3/EJ$, $\alpha\Delta T_s = -\alpha\Delta T_i = qL^3/EJ$ (α = coefficiente di dilatazione termica del materiale), $H = L/10$.

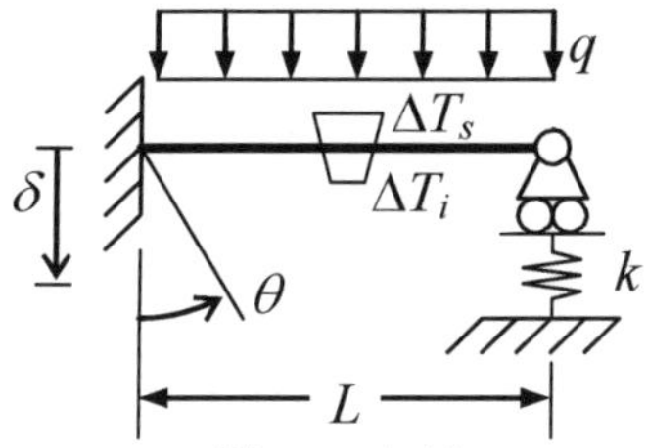

Figura 4.44

Svolgimento:
Procedendo come nell'es. a.4, l'espressione del momento flettente è

$$M(x) = -qx^2/2 + (qL - X)x - (qL^2/2 - XL).$$

In presenza di dilatazioni termiche, l'equazione differenziale della linea elastica si scrive $v''(x) = -(M(x)/EJ + \chi_t)$, dove

$$\chi_t = -\alpha \frac{\Delta T_s - \Delta T_i}{H}$$

(v. Par. 4.2.3). Integrando due volte si ha

$$EJv(x) = qx^4/24 - (qL - X)x^3/6 + (qL^2/2 - XL)x^2/2$$
$$+ EJ\alpha(\Delta T_s - \Delta T_i)x^2/(2H) + C_1x + C_2.$$

Le incognite C_1, C_2 e X si ricavano dalle condizioni al contorno:

$$v(0) = \delta, \qquad v'(0) = -\theta, \qquad v(L) = X/k.$$

In definitiva:

$$C_1 = -EJ\theta, \qquad C_2 = EJ\delta, \qquad X = \frac{\frac{3}{8}qL + \frac{3EJ}{L^3}\left(\delta - \theta L + \alpha\frac{\Delta T_s - \Delta T_i}{2H}L^2\right)}{1+3\kappa}.$$

In particolare, con i valori riportati nel testo del problema si ha $X = 59qL/16$, da cui

$$v(x) = \frac{q(4x^4 + 43Lx^3 + 167L^2x^2 - 192L^3x + 96L^4)}{96EJ} \quad \text{(v. Fig. 4.45a)},$$

$$M(x) = \frac{q(L-x)(51L+8x)}{16} \quad \text{(v. Fig. 4.45b)},$$

$$T(x) = -q\left(x + \frac{43}{16}L\right) \quad \text{(v. Fig. 4.45c)}.$$

Osservazione 1: Si può notare che la curvatura della trave è sempre rivolta verso il basso, pur essendo tese le fibre inferiori in tutte le sezioni. Questo perché la curvatura termica (χ_t) prevale ovunque sulla curvatura elastica, associata al momento flettente.

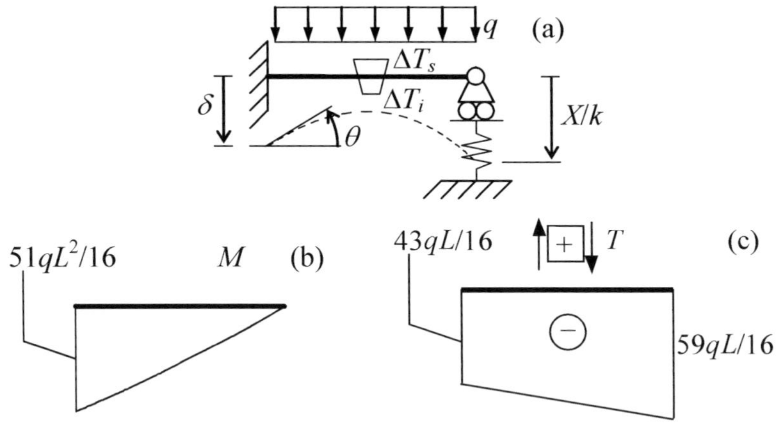

Figura 4.45 – (a) Deformata della trave di Fig. 4.44 con i dati riportati nel testo del problema a.5; (b) diagramma del momento flettente; (c) diagramma dell'azione tagliante.

Osservazione 2: Si consideri il caso particolare $\Delta T_s = \Delta T_i = \theta = 0$, $k \to \infty$ (assenza di dilatazioni termiche; incastro cedevole solo verticalmente; appoggio non cedevole). Risulta allora $X = 3qL/8 + 3EJ\delta/L^3$, mentre il momento nell'incastro (positivo se tende le fibre inferiori) è $W = -qL^2/8 + 3EJ\delta/L^2$. Si osserva che il cedimento verticale riduce il valore del momento negativo nell'incastro: questa circostanza viene sfruttata nei ponti a travata continua a sezione mista acciaio/calcestruzzo per ridurre gli sforzi di trazione nella soletta di calcestruzzo mediante l'imposizione di cedimenti opportuni agli appoggi intermedi.

a.6 Risolvere lo stesso problema per la struttura (una volta iperstatica) di Fig. 4.46. Determinare le azioni interne nel caso particolare $k = EJ/L$.

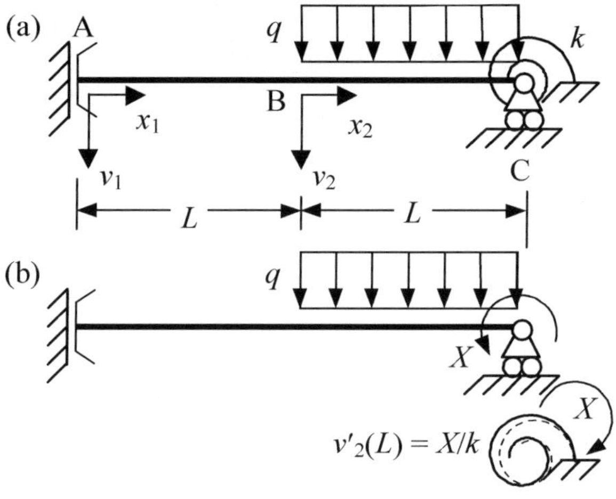

Figura 4.46 – (a) Trave collegata a terra mediante una molla rotazionale; (b) messa in evidenza dell'incognita iperstatica.

Svolgimento:
Scelta come incognita iperstatica il momento (X) nella molla (v. Fig. 4.46b) si ha

- in AB: $M_1(x_1) = X + qL^2/2;$
- in BC: $M_2(x_2) = -qx_2^2/2 + X + qL^2/2.$

Integrando due volte l'equazione differenziale della linea elastica si ottiene:

- in AB: $EJv_1(x_1) = -(X + qL^2/2)x_1^2/2 + C_1x_1 + C_2;$
- in BC: $EJv_2(x_2) = qx_2^4/24 - (X + qL^2/2)x_2^2/2 + C_3x_2 + C_4.$

Le condizioni al contorno del problema sono:

$$v_1'(0) = 0; \quad v_1(L) = v_2(0); \quad v_1'(L) = v_2'(0);$$
$$v_2(L) = 0; \quad v_2'(L) = X/k,$$

da cui, posto $\kappa \equiv EJ/kL$:

$$C_1 = 0; \quad C_2 = (23qL^2/24 + 5X/2)L \quad C_3 = -(qL^2/2 + X)L;$$

$C_4 = (17qL^2/24 + 3X/2)L^2$; $X = -5qL^2/[6(2+\kappa)]$.

L'equazione della linea elastica è pertanto:

- in AB: $EJv_1(x_1) = \dfrac{qL^2}{24(2+\kappa)EJ}\left[-2(1+3\kappa)x_1^2 + (6+23\kappa)L^2\right]$;
- in BC: $EJv_2(x_2) = \dfrac{q(L-x_2)}{24(2+\kappa)EJ}\left[-(2+\kappa)x_2^2(x_2+L) + 5\kappa L^2 x_2 + (4+17\kappa)L^3\right]$.

Nel caso particolare $k = EJ/L$ (ovvero $\kappa = 1$) si ottengono la deformata e il diagramma del momento flettente mostrati in Fig. 4.47a,b; si noti che l'azione tagliante (Fig. 4.47c) è indipendente dalla rigidezza della molla.

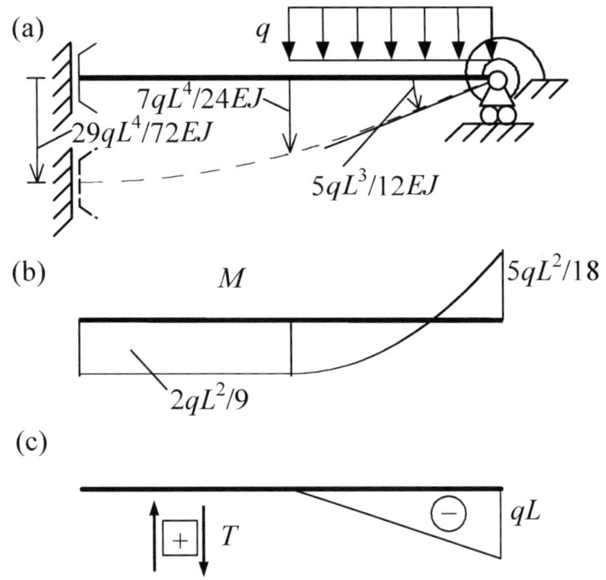

Figura 4.47 – Caso $k = EJ/L$: (a) deformata, (b) diagramma del momento flettente e (c) dell'azione tagliante per la struttura di Fig. 4.46.

a.7 Determinare la linea elastica e le azioni interne nel portale zoppo di Fig. 4.48a. La rigidezza flessionale del traverso viene espressa in funzione di quella del ritto come $EJ_t = \kappa EJ_r$, dove κ è un parametro adimensionale. Si assuma dapprima che sia il traverso che il ritto siano assialmente inestensibili ($EA_t = EA_r = \infty$). Discutere l'influenza di κ sul valore della reazione verticale all'estremo destro del traverso. Tracciare i diagrammi delle azioni interne nel caso particolare $\kappa = 1$. Riformulare il problema nel caso in cui ritto e traverso abbiano rigidezza assiale finita.

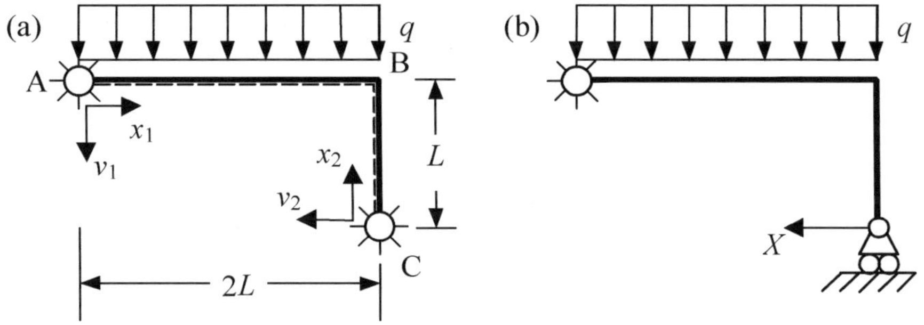

Figura 4.48 – (a) Portale zoppo soggetto a carico uniforme sul traverso; (b) scelta dell'incognita iperstatica.

Svolgimento:
Si assume come incognita iperstatica la reazione orizzontale X al piede del ritto (Fig. 4.48b). Presi positivi i momenti che tendono le fibre tratteggiate in Fig. 4.48a e utilizzando le ascisse x_1, x_2 mostrate nella stessa figura, le espressioni del momento flettente sui due tratti di struttura si scrivono:

- sul traverso AB : $M_1(x_1) = -\frac{1}{2}\, q x_1^2 + (qL - \frac{1}{2} X) x_1$;
- sul ritto CB : $M_2(x_2) = -X x_2$.

Presi positivi gli spostamenti trasversali v_1, v_2 come mostrato in Fig. 4.48a, integrando l'equazione differenziale della linea elastica sui due tratti si ha :

- sul traverso AB : $EJ_t v_1(x_1) = q x_1^4/24 - (qL - \frac{1}{2} X) x_1^3/6 + C_1 x_1 + C_2$;
- sul ritto CB : $EJ_r v_2(x_2) = X x_2^3/6 + C_3 x_2 + C_4$.

Le condizioni al contorno del problema si scrivono :

$$v_1(0) = 0, \qquad v_2(0) = 0, \qquad v_1(2L) = 0, \qquad v_2(L) = 0,$$
$$v_1'(2L) = -v_2'(L).$$

La terza e la quarta condizione al contorno traducono l'annullarsi dello spostamento del nodo B, avendo ritenuto indeformabili assialmente i due tratti di struttura. L'ultima condizione traduce il fatto che l'angolo compreso fra il ritto e il traverso si mantiene retto anche a deformazione avvenuta, poiché nella teoria in esame si trascurano le deformazioni di tipo tagliante (che potrebbero provocare una variazione d'angolo). Il segno meno consegue alla scelta degli assi mostrati in Fig. 4.48a, per cui sul traverso risultano positive le rotazioni orarie e sul ritto quelle antiorarie. Si ottiene così:

$$X = \frac{qL}{2+\kappa}, \qquad C_2 = C_4 = 0, \qquad C_1 = \frac{qL^3}{3\kappa}\frac{1+\kappa}{1+2\kappa}, \qquad C_3 = -\frac{qL^3}{6(2+\kappa)}.$$

Si osservi che la reazione verticale nell'estremo B del traverso vale

$$V_B\,(= qL + X/2) = \frac{qL}{2}\frac{5+2\kappa}{2+\kappa}.$$

Se il ritto ha rigidezza flessionale trascurabile rispetto al traverso ($\kappa \to \infty$), quest'ultimo risulta di fatto semplicemente appoggiato negli estremi e si ha $V_B = qL$ (= metà della risultante del carico distribuito). Se invece il ritto è molto più rigido del traverso ($\kappa \to 0$), il nodo B può essere assimilato ad un incastro e si ha $V_B = 5qL/4$ come in una trave incastro–appoggio uniformemente caricata (v. Par. 4.2.2, es. c).

In particolare, se il ritto e il traverso hanno la stessa rigidezza flessionale EJ (per cui $\kappa = 1$) si ottiene :

$$v_1(x_1) = \frac{qx_1(3x_1^3 - 10Lx_1^2 + 16L^3)}{72EJ}, \qquad v_2(x_2) = \frac{qLx_2(x_2^2 - L^2)}{18EJ},$$

$$M_1(x_1) = \frac{qx_1}{6}(-3x_1 + 5L), \qquad M_2(x_2) = -\frac{qLx_2}{3},$$

$$T_1(x_1) = q(-x_1 + \frac{5}{6}L), \qquad T_2(x_2) = \frac{qL}{3},$$

$$N_1\,(= -X) = -\frac{qL}{3}, \qquad N_2\,(= -V_B) = -\frac{7}{6}qL.$$

La deformata della struttura e i diagrammi delle azioni interne sono riportati in Fig. 4.49.

Se si volesse mettere in conto la deformabilità assiale delle due travi, le condizioni al contorno in B andrebbero riformulate imponendo l'uguaglianza fra le componenti di spostamento orizzontale e verticale del nodo B e le variazioni di lunghezza delle travi:

$$v_1(2L) = -\frac{N_2}{EA_r}L, \qquad v_2(L) = -\frac{N_1}{EA_t}2L.$$

I segni si giustificano osservando che delle azioni assiali positive (trazioni) provocano un allungamento del ritto e del traverso, e quindi degli spostamenti v_1 e v_2 in B negativi secondo le convenzioni di Fig. 4.48a. Le rimanenti condizioni al contorno restano invece invariate.

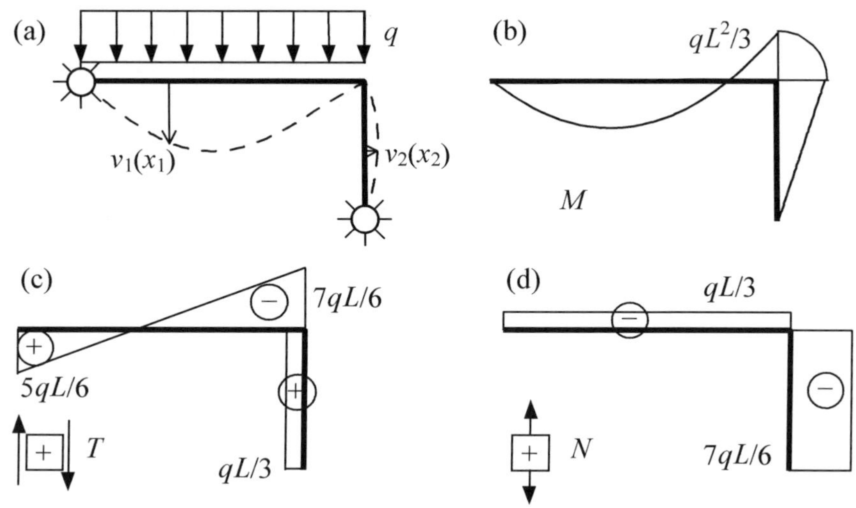

Figura 4.49 – Portale zoppo di Fig. 4.48, caso $EJ_r = EJ_t$, $EA_r = EA_t = \infty$: (a) deformata elastica, (b) diagramma del momento flettente; (c) diagramma dell'azione tagliante; (d) diagramma dell'azione assiale.

a.8 Risolvere lo stesso problema con riferimento al portale di Fig. 4.50a. Si assume che sia il traverso che il ritto siano assialmente inestensibili ($EA_t = EA_r = \infty$) e che abbiano la stessa rigidezza flessionale EJ. Si ponga $L = \kappa H$, dove κ è un parametro adimensionale. Determinare l'equazione della deformata elastica delle varie travi e le espressioni delle azioni interne nel caso particolare $L = H$, tracciando i relativi diagrammi.

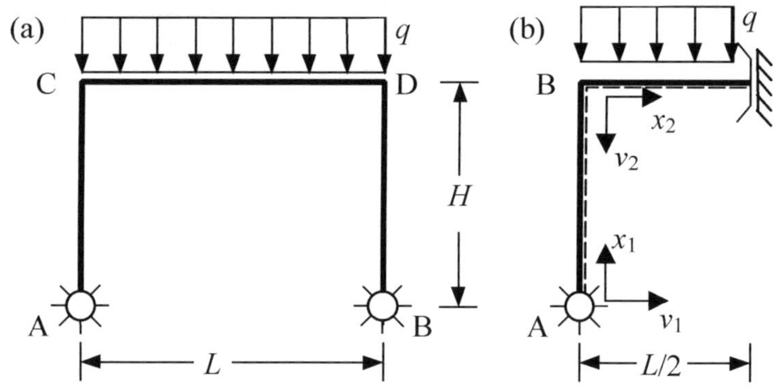

Figura 4.50 – (a) Portale simmetrico e simmetricamente caricato; (b) analisi di metà portale.

Svolgimento parziale:
Per semplificare i calcoli, si osserva preliminarmente che, grazie alla simmetria geometrica e di carico del problema, è possibile studiare solo una metà del portale (p. es., quella mostrata in Fig. 4.50b) introducendo nella mezzeria del traverso un pattino fittizio che traduca l'assenza di rotazioni, ma che consenta le traslazioni verticali. Le condizioni al contorno cinematiche si scrivono:

$$v_1(0) = v_1(H) = v_2(0) = 0, \qquad v_1'(H) = v_2'(0), \qquad v_2'(L/2) = 0,$$

da cui si può ricavare

$$v_1(x_1) = -\frac{qx_1 L[L^2 - (\kappa x_1)^2]}{24EJ(2+3\kappa)},$$

$$v_2(x_2) = \frac{qx_2(L-x_2)}{24EJ(2+3\kappa)}\left[2L^2 + x_2 L(2+3\kappa) - x_2^2(2+3\kappa)\right].$$

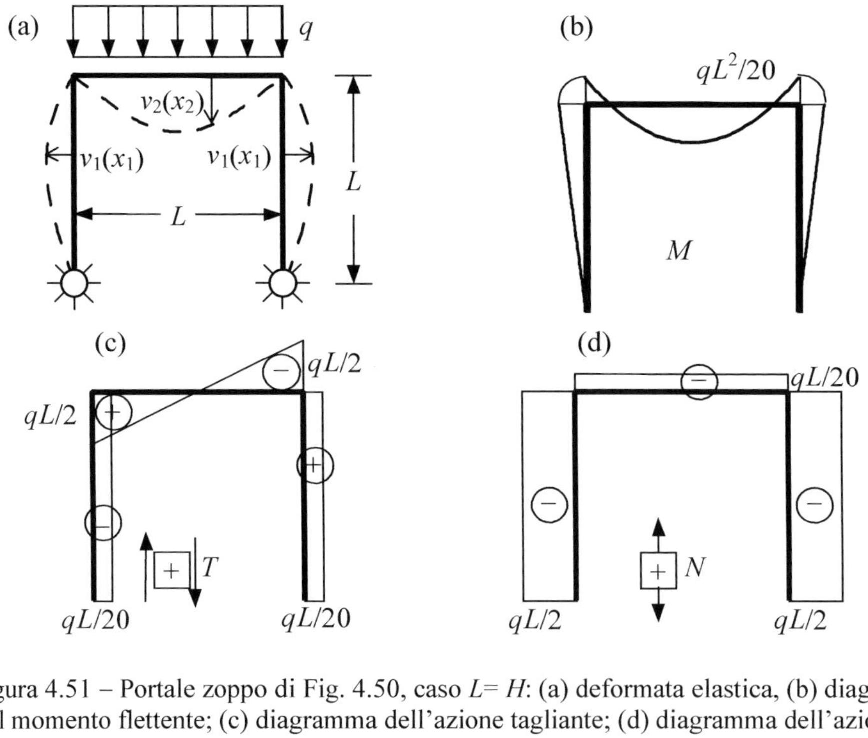

Figura 4.51 – Portale zoppo di Fig. 4.50, caso $L=H$: (a) deformata elastica, (b) diagramma del momento flettente; (c) diagramma dell'azione tagliante; (d) diagramma dell'azione assiale.

In particolare, se il ritto e il traverso hanno la stessa lunghezza si ottiene:

$$v_1(x_1) = -\frac{qx_1L(L^2 - x_1^2)}{120EJ}, \qquad v_2(x_2) = \frac{qx_2(L - x_2)(2L^2 + 5x_2L - 5x_2^2)}{120EJ},$$

$$M_1(x_1) = -\frac{qx_1L}{20}, \qquad M_2(x_2) = -\frac{q}{20}(L^2 - 10Lx_2 + 10x_2^2),$$

$$T_1(x_1) = -\frac{qL}{20}, \qquad T_2(x_2) = \frac{q}{2}(L - 2x_2),$$

$$N_1 = -\frac{qL}{2}, \qquad N_2 = -\frac{qL}{20}.$$

La deformata della struttura e i diagrammi delle azioni interne sono riportati in Fig. 4.51.

a.9 Determinare l'equazione della linea elastica per le travi che compongono la struttura in Fig. 4.52. La rigidezza flessionale della trave ADE è il doppio di quella della CE, che è pari a EJ. La deformabilità assiale elastica di tutte le travi è trascurabile. Si assuma $k = 3EJ/b$, $\delta = 2qb^4/EJ$, $\eta_t = \alpha\Delta T = -2qb^3/EJ$. Tracciare infine i diagrammi delle azioni interne.

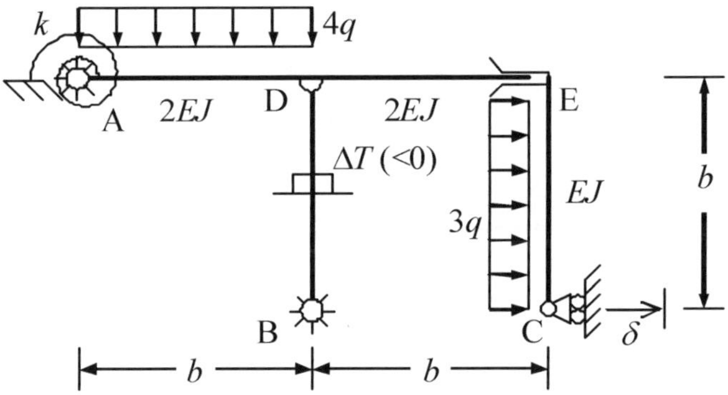

Figura 4.52

Svolgimento parziale:
Si sceglie come incognita iperstatica X il momento che la molla scambia con la struttura in A (positivo se tende le fibre inferiori della trave). Si trascura la determinazione della deformata elastica della trave BD che, nel caso in esame, subisce unicamente un accorciamento di natura termica. Utilizzando per i rimanenti tratti di struttura i sistemi di riferimento locali mostrati in Fig. 4.53a, le condizioni al contorno con cui integrare le relative equazioni differenziali della linea elastica si scrivono:

$$v_1(0) = 0, \qquad v'_1(0) = X/k, \qquad v_1(b) = v_2(0) = \alpha\Delta Tb,$$

$$v'_1(b) = v'_2(0), \qquad v'_2(b) = v'_3(0), \qquad v_3(b) = \delta.$$

Si noti che, presi positivi i momenti che tendono le fibre tratteggiate in Fig. 4.53a, l'equazione differenziale che fornisce la deformata elastica del generico tratto si scrive $v_i''(x_i) = +M_i(x_i)/EJ_i$, $i = 1,2,3$.

Le equazioni delle deformate elastiche dei vari tratti si scrivono:

- tratto AD: $v_1(x_1) = \dfrac{1}{EJ}\left(-\dfrac{qx_1^4}{12} + \dfrac{53}{144} qx_1^3 b - \dfrac{47}{48} qx_1^2 b^2 - \dfrac{47}{36} qx_1 b^3 \right);$
- tratto DE: $v_2(x_2) = \dfrac{1}{EJ}\left(-\dfrac{3}{8} qx_2^2 b^2 - \dfrac{359}{144} qx_2 b^3 - 2qb^4 \right);$
- tratto EC: $v_3(x_3) = \dfrac{1}{EJ}\left(\dfrac{qx_3^4}{8} - \dfrac{3}{4} qx_3^3 b - \dfrac{467}{144} qx_3 b^3 + \dfrac{845}{144} qb^4 \right).$

La deformata qualitativa della struttura è mostrata in Fig. 4.53a. I diagrammi delle azioni interne sono mostrati nelle Figg. 4.53b,c,d.

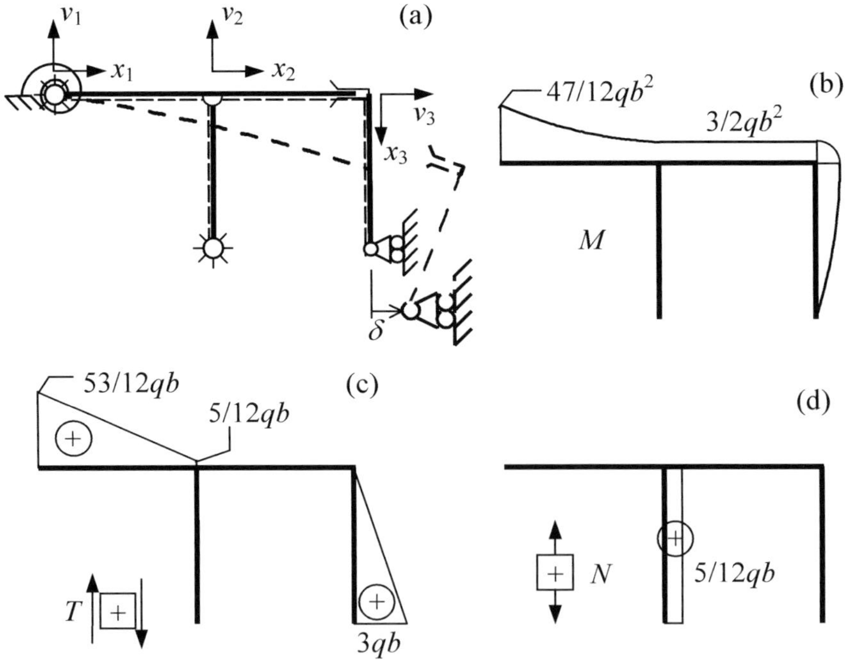

Figura 4.53 – (a) Sistemi di riferimento locali alle varie campate della struttura di Fig. 4.52; (b) diagramma del momento flettente; (c) diagramma dell'azione tagliante; (d) diagramma dell'azione assiale.

a.10 Determinare l'equazione della linea elastica per le travi che formano la struttura in Fig. 4.54. Le campate BD e CD hanno rigidezza flessionale doppia rispetto alla campata AB. Si ponga $k_B = 4EJ/b^3$, $k_C = 3EJ/b$, $\varphi = 4qb^3/EJ$. Tracciare infine i diagrammi delle azioni interne.

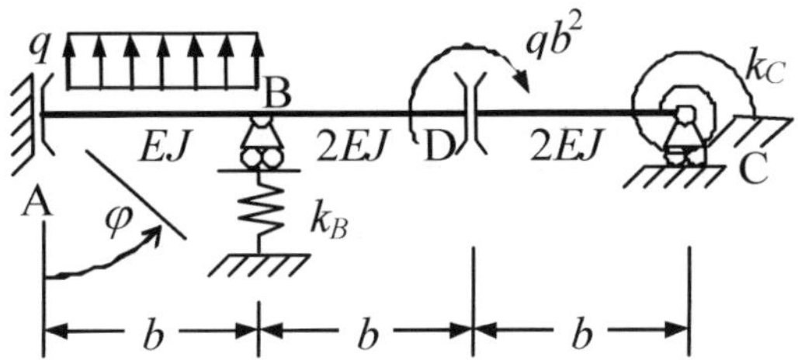

Figura 4.54

Svolgimento parziale:
La struttura è una volta iperstatica. Utilizzando i sistemi di riferimento locali mostrati in Fig. 4.55a, le condizioni al contorno per l'integrazione dell'equazione differenziale della linea elastica si scrivono:

$$v'_1(0) = \varphi, \qquad v_1(b) = v_2(0) = V_B/k_B, \qquad v'_1(b) = v'_2(0),$$
$$v'_2(b) = v'_3(0), \qquad v_3(b) = 0, \qquad v'_3(b) = -W_C/k_C,$$

dove V_B (= qb) e W_C sono le reazioni che le molle in B e in C scambiano con la struttura (v. Fig. 4.55a); si noti che la prima non corrisponde a un'incognita iperstatica.

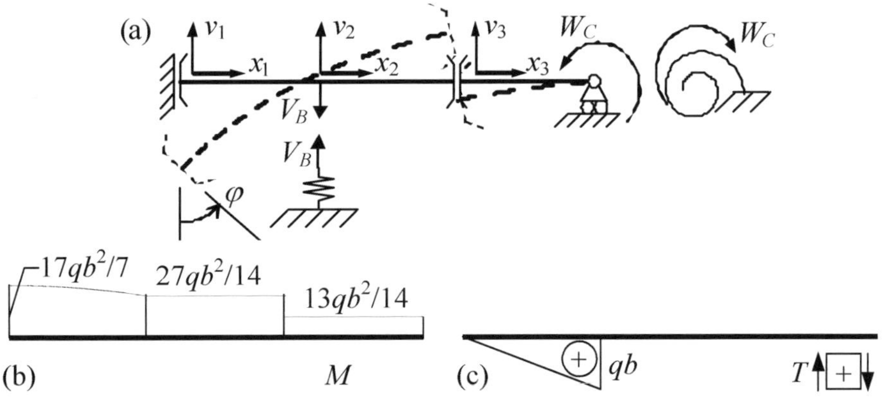

Figura 4.55 – (a) Deformata elastica, (b) diagramma del momento flettente e (c) diagramma dell'azione tagliante per la struttura di Fig. 4.54.

Le equazioni della linea elastica dei vari tratti di struttura si scrivono:

- tratto AB: $v_1(x_1) = \frac{1}{EJ}\left[\frac{qx_1^4}{24} - \frac{17}{14}qb^2x_1^2 + 4qb^3x_1 - \frac{433}{168}qb^4\right]$;
- tratto BD: $v_2(x_2) = \frac{1}{EJ}\left[-\frac{27}{56}qb^2x_2^2 + \frac{73}{42}qb^3x_2 + \frac{qb^4}{4}\right]$;
- tratto DC: $v_3(x_3) = \frac{1}{EJ}\left[-\frac{13}{56}qb^2x_3^2 + \frac{65}{84}qb^3x_2 - \frac{13}{24}qb^4\right]$.

La deformata qualitativa della struttura è mostrata in Fig. 4.55a; i diagrammi del momento flettente e dell'azione tagliante sono rappresentati rispettivamente nelle Fig. 4.55b e c.

a.11 Risolvere lo stesso problema con riferimento alla struttura in Fig. 4.56. La campata AC ha rigidezza flessionale doppia rispetto alle restanti campate (di rigidezza EJ). Si trascura la deformabilità assiale delle travi. Si ponga $F = qb$, $k_B = EJ/b^3$, $k_D = 4EJ/b$, $\varphi = qb^3/EJ$.

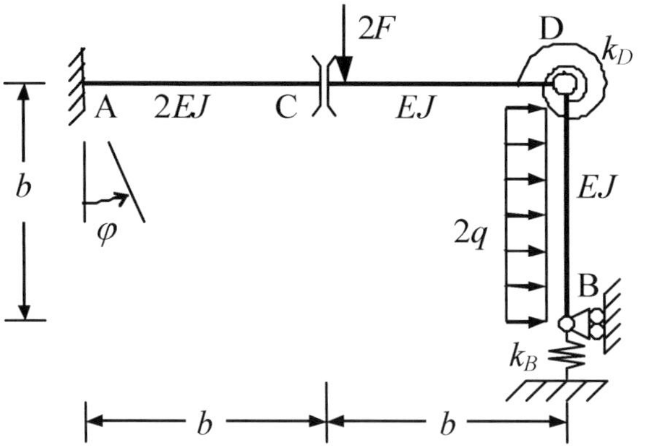

Figura 4.56

Svolgimento parziale:
La struttura è una volta iperstatica. Utilizzando i sistemi di riferimento locali mostrati in Fig. 4.57a, le condizioni al contorno per l'integrazione dell'equazione differenziale della linea elastica si scrivono:

$$v_1(0) = 0, \quad v'_1(0) = \varphi, \quad v'_1(b) = v'_2(0), \quad v_3(b) = 0,$$
$$v_3(0) = 0, \quad v_2(b) = -V_B/k_B, \quad v'_3(0) = v'_2(b) + W_D/k_D,$$

dove V_B (= $2F$) e W_D sono le reazioni che le molle in B e in D scambiano con la struttura (v. Fig. 4.57a); si noti che la prima non corrisponde a un'incognita iperstatica.

La quinta e la sesta condizione al contorno sono legate all'ipotesi di inestensibilità delle travi, per cui lo spostamento orizzontale del nodo D è impedito dalla rigidezza assiale del tratto ACD, mentre lo spostamento verticale dello stesso nodo deve eguagliare quello dell'estremo B del tratto DB (pari, a sua volta, all'accorciamento della molla in B).

L'ultima condizione lega la rotazione relativa fra le sezioni a cavallo della cerniera in D ($\Delta\varphi_D = v'_2(b) - v'_3(0)$, positiva se tende a chiudere l'angolo inizialmente retto fra le travi CD e DB), a quella fra gli estremi della molla in D (v. Fig. 4.57a).

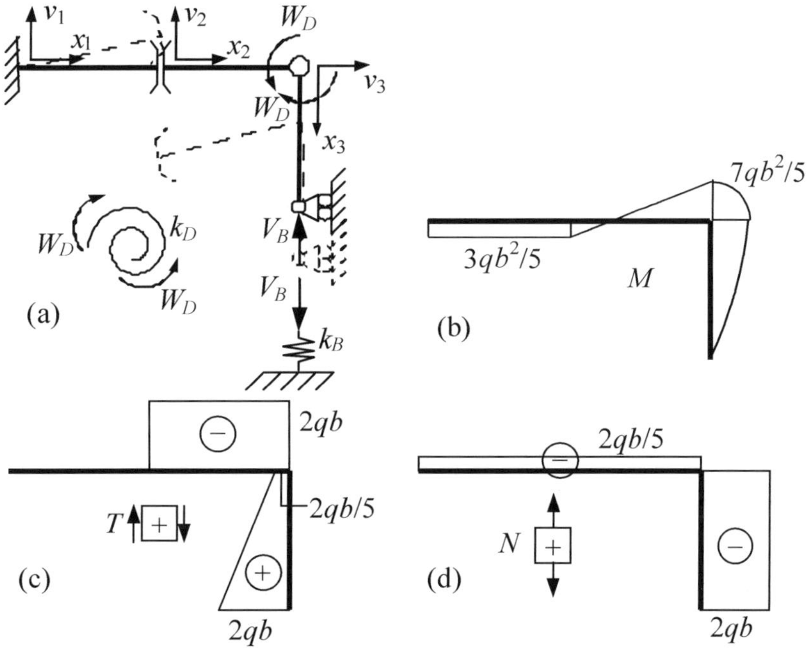

Figura 4.57 – (a) Deformata elastica, (b) diagramma del momento flettente e (c) diagramma dell'azione tagliante per la struttura di Fig. 4.56.

Le equazioni della linea elastica dei vari tratti di struttura si scrivono:

- tratto AC: $v_1(x_1) = \dfrac{1}{EJ}\left[\dfrac{3}{20}qb^2x_1^2 + qb^3x_1\right]$;
- tratto CD: $v_2(x_2) = \dfrac{1}{EJ}\left[-\dfrac{1}{3}qbx_2^3 + \dfrac{3}{10}qb^2x_2^2 + \dfrac{13}{10}qb^3x_2 - \dfrac{49}{15}qb^4\right]$;

- tratto DC: $v_3(x_3) = \dfrac{1}{EJ}\left[\dfrac{1}{12}qx_3^4 + \dfrac{1}{15}qbx_3^3 - \dfrac{7}{10}qb^2x_3^2 + \dfrac{11}{20}qb^3x_3\right]$.

La deformata qualitativa della struttura è mostrata in Fig. 4.57a; i diagrammi del momento flettente, dell'azione tagliante e dell'azione assiale sono rappresentati rispettivamente nelle Fig. 4.57b, c e d.

a.12 Risolvere lo stesso problema con riferimento alla trave in Fig. 4.58. Le campate AB e BD hanno rigidezza flessionale doppia rispetto alla DC (di rigidezza EJ). Il tratto BD è uniformemente raffreddato ed è pertanto soggetto ad una deformazione assiale termica $\eta_t = \alpha\Delta T < 0$. Si trascura la deformabilità assiale elastica della struttura. Si ponga $k_B = 2EJ/b^3$, $\varphi = 2qb^3/EJ$, $\eta_t = -qb^3/EJ$.

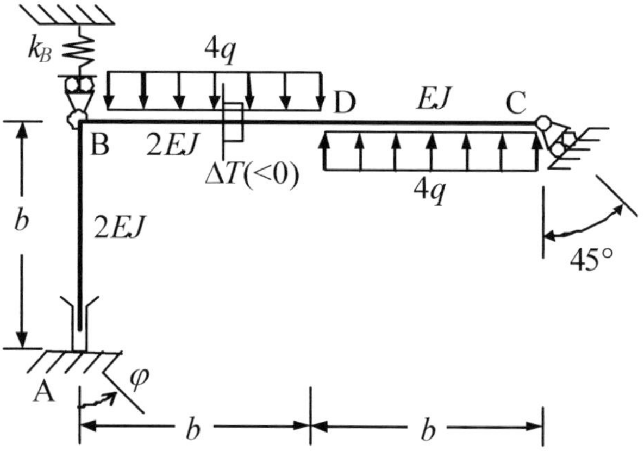

Figura 4.58

Svolgimento parziale:
La peculiarità di quest'ultimo esercizio sulla teoria della linea elastica consiste nella presenza di un vincolo obliquo (appoggio inclinato in C). Utilizzando i sistemi di riferimento locali di Fig. 4.59a, le condizioni al contorno per l'integrazione dell'equazione differenziale della linea elastica si scrivono:

$v_1(0) = 0$, $\quad v'_1(0) = \varphi$, $\quad v'_1(b) = v'_2(0)$,
$v_2(b) = v_3(0)$, $\quad v'_2(b) = v'_3(0)$, $\quad v_2(0) = V_B/k_B$,
$v_3(b) + v_1(b) = \eta_t b$.

L'unica condizione che merita di essere giustificata è l'ultima. Tale condizione impone l'uguaglianza fra la componente verticale ($v_C \equiv v_3(b)$) e la componente orizzontale (u_C) dello spostamento $\underline{s}_C$ del nodo C, dato che il piano di scorrimento del carrello in C è inclinato di 45° (v. Fig. 4.58b). Infatti, trascurando la deformabilità assiale elastica delle travi, u_C (positiva verso destra) è data dalla somma dello spostamento orizzontale del nodo B ($u_B \equiv -v_1(b)$) e della variazione di lunghezza, di natura termica, del tratto BDC. Tenuto conto che solo il tratto BD, di lunghezza b, è sede di una deformazione termica uniforme, si ha $u_C = u_B + \eta_t b$, da cui l'ultima condizione al contorno sopra riportata.

Le equazioni della deformata elastica dei vari tratti di trave si scrivono:

- tratto AB: $v_1(x_1) = \dfrac{1}{EJ}\left[\dfrac{181}{744}qbx_1^3 - \dfrac{295}{248}qb^2x_1^2 + 2qb^3x_1\right]$;
- tratto BD: $v_2(x_2) =$
$$\frac{1}{EJ}\left[-\frac{1}{12}qx_2^4 + \frac{181}{744}qbx_2^3 - \frac{57}{124}qb^2x_2^2 + \frac{87}{248}qb^3x_2 - \frac{181}{124}qb^4\right];$$
- tratto DC: $v_3(x_3) = \dfrac{1}{EJ}\left[\dfrac{1}{6}qx_3^4 - \dfrac{67}{372}qbx_3^3 - \dfrac{57}{124}qb^2x_3^2 - \dfrac{16}{93}qb^3x_3 - \dfrac{131}{93}qb^4\right]$.

La deformata qualitativa è mostrata in Fig. 4.59a. I diagrammi delle azioni interne sono riportati nelle Figg. 4.59c,d,e.

b. Esercizi sul PLV per sistemi di travi elastici

Gli esercizi che seguono hanno lo scopo di illustrare le diverse possibilità d'impiego dell'equazione dei lavori virtuali discusse nel Par. 4.3 con riferimento a sistemi di travi deformabili. Salvo avviso contrario, si assumerà implicitamente che tutte le strutture siano formate da travi *snelle*, così da poter trascurare la loro deformabilità tagliante a fronte di quella flessionale nell'espressione del lavoro virtuale interno. Inoltre, come mostrato nel primo degli esercizi proposti, in presenza di travi snelle anche la deformabilità elastica assiale dà un contributo trascurabile rispetto a quella flessionale.

In definitiva, in tutto il resto del paragrafo si utilizzerà l'espressione semplificata del lavoro virtuale interno, valida per sistemi di travi snelle:

$$L_i = \int_{strutt.} \left[M^*\left(\frac{M}{EJ} + \chi_t\right) + N^*\eta_t\right]dx,$$

dove M^*, N^* sono il momento flettente e l'azione assiale prodotti da carichi fittizi opportunamente definiti, M, N le omologhe quantità prodotte dai carichi reali e χ_t, η_t la curvatura e la deformazione assiale prodotte da eventuali variazioni di temperatura. Le convenzioni di segno usate per le azioni interne N e T sono quelle consuete; i diagrammi dei momenti flettenti verranno riportati, al solito, dalla parte delle fibre tese della struttura.

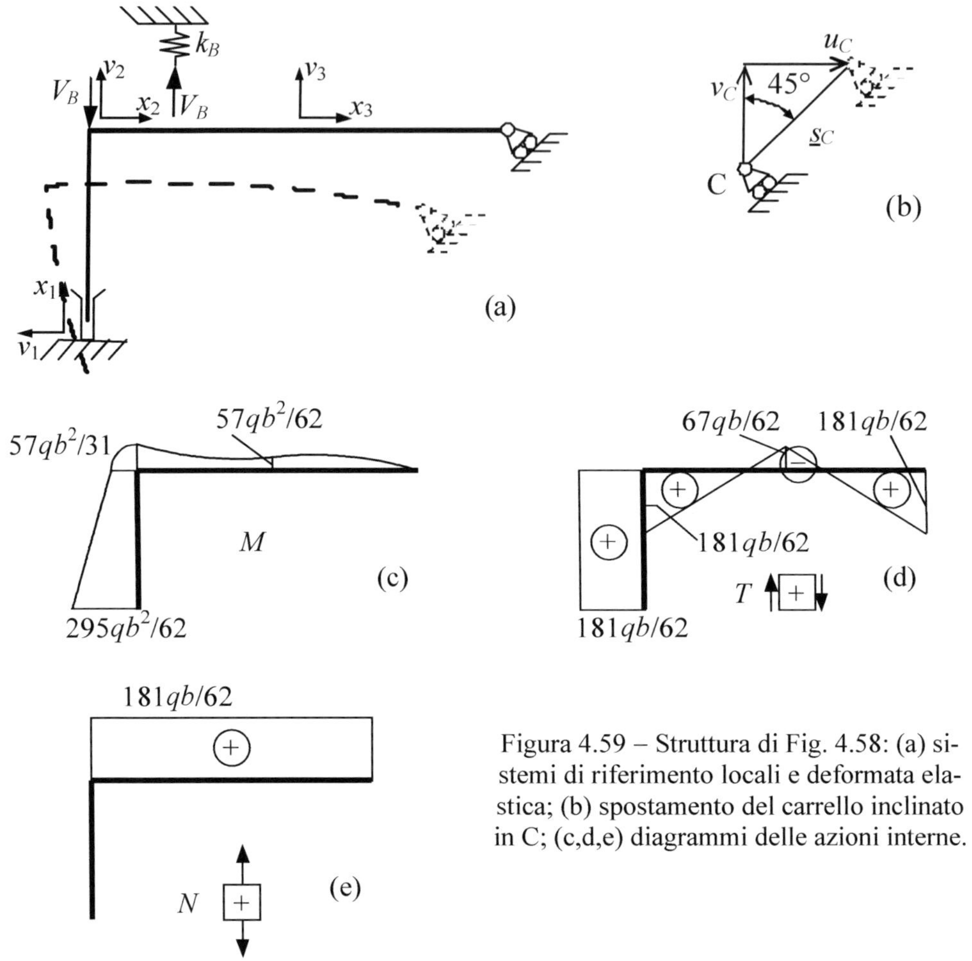

Figura 4.59 – Struttura di Fig. 4.58: (a) sistemi di riferimento locali e deformata elastica; (b) spostamento del carrello inclinato in C; (c,d,e) diagrammi delle azioni interne.

b1 Calcolo di componenti di spostamento in strutture isostatiche

b1.1 La struttura di Fig. 4.60a è formata da due tratti aventi le stesse caratteristiche geometriche ed elastiche. Determinare la rotazione dello spigolo C (φ_C) tenendo conto anche della deformabilità tagliante ed assiale delle travi. Valutare il rapporto fra il contributo flessionale a tale rotazione ed i rimanenti contributi nel caso in cui la trave sia in acciaio ($\nu \approx 0.3$), a sezione rettangolare di dimensioni $B \times H$, con rapporto di snellezza $L/H = 10$ (NB: con H s'intende l'altezza della generica sezione nel piano del disegno).

Svolgimento:

I diagrammi delle azioni interne nella struttura reale sono mostrati nelle Figg. 4.60b,c,d; in particolare, in Fig. 4.60b è riportata anche l'equazione del momento flettente sul tratto orizzontale utilizzando il sistema di riferimento locale mostrato in Fig. 4.60a e prendendo positivi i momenti che tendono le fibre inferiori della trave.

Per la determinazione della rotazione richiesta, si utilizza il sistema di carichi fittizi di Fig. 4.61a, costituito da una coppia unitaria applicata in C. Le azioni interne prodotte da tale coppia sono mostrate nelle Figg. 4.61b,c,d. Si noti che l'azione assiale è diversa da zero solo sul ritto AC, mentre taglio e momento flettente sono diversi da zero solo sul traverso BC. In particolare, quest'ultimo ha equazione

$$M^*_{BC} = x_1/L.$$

Tenendo conto di tutti i contributi deformativi, l'equazione dei lavori virtuali che fornisce φ_C è:

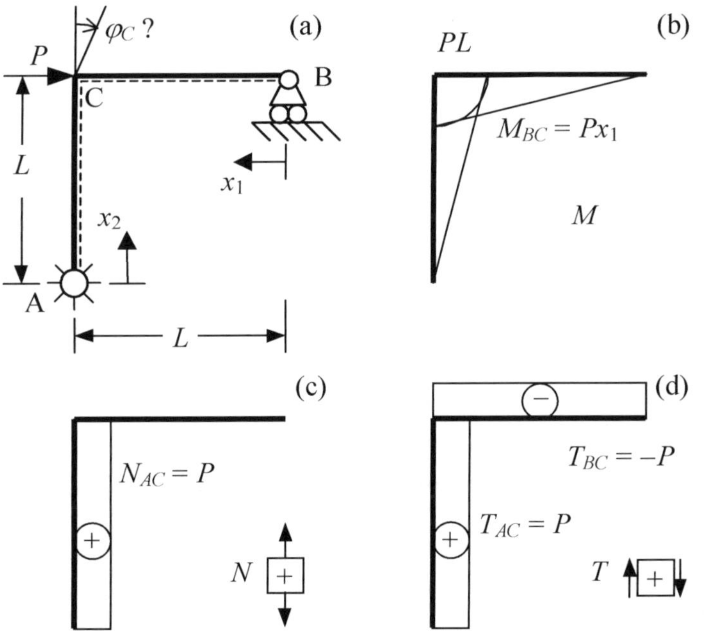

Figura 4.60 – (a) Struttura soggetta a carico orizzontale concentrato nello spigolo; (b) diagramma del momento flettente ed equazione del momento sul tratto BC; (c,d) diagrammi dell'azione assiale e del taglio.

$$L_e = 1 \times \varphi_C = L_i = \int_{BC} \left(M^*_{BC} \frac{M_{BC}}{EJ} + T^*_{BC} \frac{T_{BC}}{GA_*} \right) dx_1 + \int_{AC} \left(N^*_{AB} \frac{N_{AB}}{EA} \right) dx_2$$

$$= \int_0^L \left(\frac{x_1}{L} \times \frac{Px_1}{EJ} + (-\frac{1}{L}) \times \frac{(-P)}{GA_*} \right) dx_1 + \int_0^L \left(\frac{1}{L} \times \frac{P}{EA} \right) dx_2$$

$$= \frac{PL^2}{3EJ} + \frac{P}{EA} + \frac{P}{GA_*}.$$

Raccogliendo a fattore il contributo flessionale alla rotazione φ_C si ha:

$$\varphi_C = \frac{PL^2}{3EJ}\left(1 + \frac{3J}{AL^2} + \frac{3EJ}{GA_*L^2}\right),$$

o anche, tenuto conto che $G = E/[2(1+\nu)]$ e che per una sezione rettangolare $A_* = 5A/6$ (v. Par. 4.3.2):

$$\varphi_C = \frac{PL^2}{3EJ}\left[1 + \frac{3J}{AL^2}\left(1 + \frac{12}{5}(1+\nu)\right)\right].$$

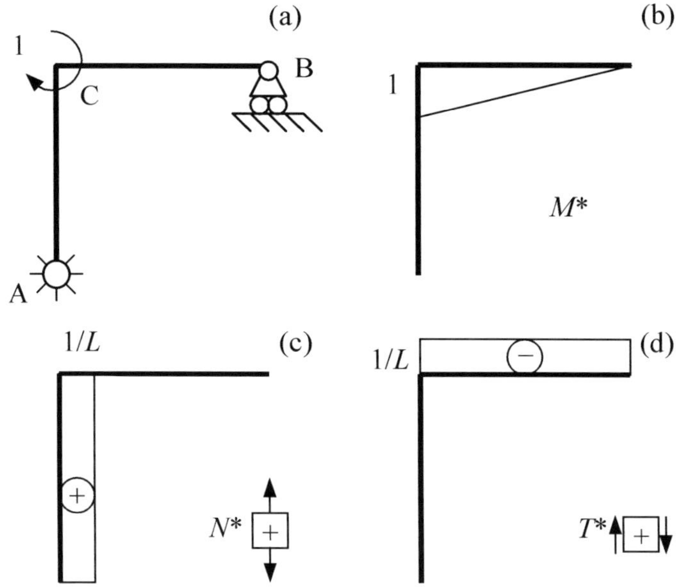

Figura 4.61 – (a) Sistema di carichi fittizi per il calcolo della rotazione nello spigolo C della struttura di Fig. 4.60a; (b,c,d) diagrammi delle azioni interne prodotte dalla coppia fittizia.

Nelle ipotesi fatte, risulta $3J/(AL^2) = 3(BH^3/12)/(BHL^2) = (H/L)^2/4 = 2.5\times10^{-3}$, da cui

$$\varphi_C = \frac{PL^2}{3EJ}\left[1 + 2.5\times10^{-3}(1+3.12)\right] = \frac{PL^2}{3EJ}(1.0103).$$

In definitiva, tenendo conto unicamente della deformabilità flessionale della struttura, e ponendo quindi $\varphi_C = PL^2/(3EJ)$, si commette un errore sul valore 'esatto' (nello spirito della teoria delle travi alla Timoshenko) di circa l'1% e quindi trascurabile. Si sottolinea che la possibilità di trascurare la deformabilità elastica assiale e tagliante della struttura è dovuta all'ipotizzata *snellezza* delle travi che la compongono, ovvero, nel caso in esame, alla piccolezza del rapporto $(H/L)^2$.

b1.2 Risolvere lo stesso problema nel caso in cui il vincolo in B sia cedevole elasticamente e quello in A subisca un cedimento verticale assegnato (v. Fig. 4.62a). Si supponga inoltre che il tratto verticale sia riscaldato uniformemente e il tratto orizzontale sia soggetto a una variazione termica variabile linearmente lungo la sua altezza H. Si trascurino la deformabilità elastica assiale e tagliante della struttura.

Svolgimento:
Le azioni interne, prodotte nella struttura sia dal carico reale che dalla coppia fittizia unitaria introdotta per il calcolo della rotazione incognita, sono quelle già calcolate nell'esempio precedente. Rispetto al caso precedente, per la presenza dei cedimenti vincolari, cambia l'espressione del lavoro virtuale esterno: tenuto conto che le reazioni vincolari prodotte dalla coppia fittizia unitaria sono quelle mostrate in Fig. 4.62c e che lo spostamento verticale dell'estremo B è pari a P/k (verso il basso; v. Fig. 4.62b), si ha

$$L_e = 1\times\varphi_C + (1/L)\times\delta - (1/L)\times(P/k).$$

Anche l'espressione del lavoro virtuale interno cambia rispetto al caso precedente per la presenza delle dilatazioni termiche. Indicando con α il coefficiente di dilatazione termica del materiale costituente la struttura, la curvatura termica del traverso è data da

$$\chi_t = -\frac{\alpha\Delta T}{H},$$

mentre la deformazione assiale termica del ritto è $\eta_t = \alpha\Delta T$. In definitiva:

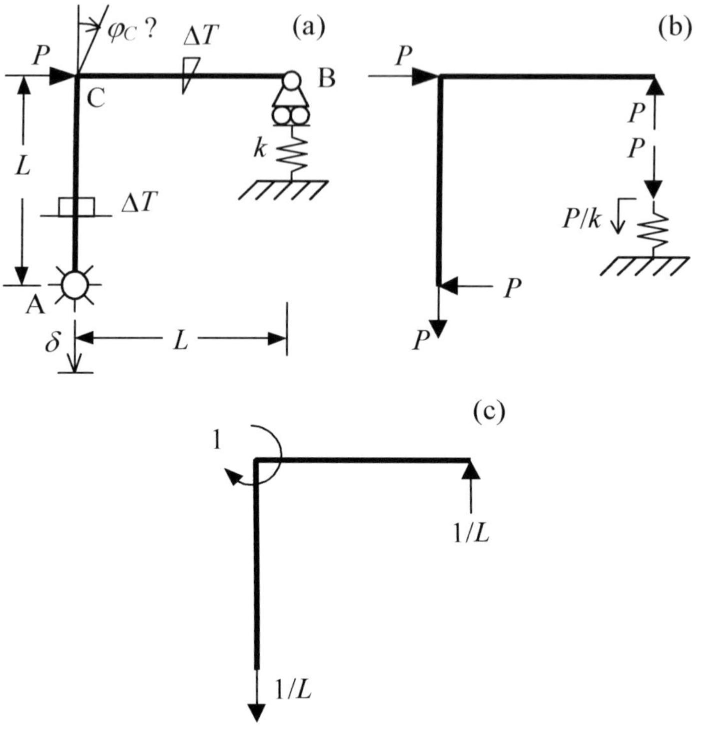

Figura 4.62 – (a) Struttura di Fig. 4.60a soggetta a variazioni termiche e cedimenti vincolari; (b) reazioni vincolari prodotte dal carico reale; (c) reazioni vincolari prodotte dalla coppia fittizia di Fig. 4.61a.

$$L_i = \int_{BC} M^*_{BC}\left(\frac{M_{BC}}{EJ} + \chi_t\right)dx_1 + \int_{AC} N^*_{AC}\eta_t dx_2 ,$$

dove le azioni interne provocate dalla coppia fittizia hanno le espressioni calcolate nell'esempio precedente; le ascisse x_1 e x_2 sono visualizzate in Fig. 4.60a. Pertanto:

$$L_i = \int_0^L \frac{x_1}{L} \times \left(\frac{Px_1}{EJ} - \frac{\alpha\Delta T}{H}\right)dx_1 + \int_0^L \frac{1}{L} \times \alpha\Delta T dx_2$$
$$= \frac{PL^2}{3EJ} - \frac{\alpha\Delta TL}{2H} + \alpha\Delta T .$$

In conclusione, imponendo l'uguaglianza fra i lavori virtuali interno ed esterno si ottiene che la rotazione cercata vale

$$\varphi_C = P\left(\frac{L^2}{3EJ} + \frac{1}{kL}\right) - \frac{\alpha\Delta TL}{2H} + \alpha\Delta T - \frac{\delta}{L}.$$

b1.3 Determinare lo spostamento relativo Δu_B fra le facce del pattino che collega le travi ADB e BC nella struttura di Fig. 4.63a.

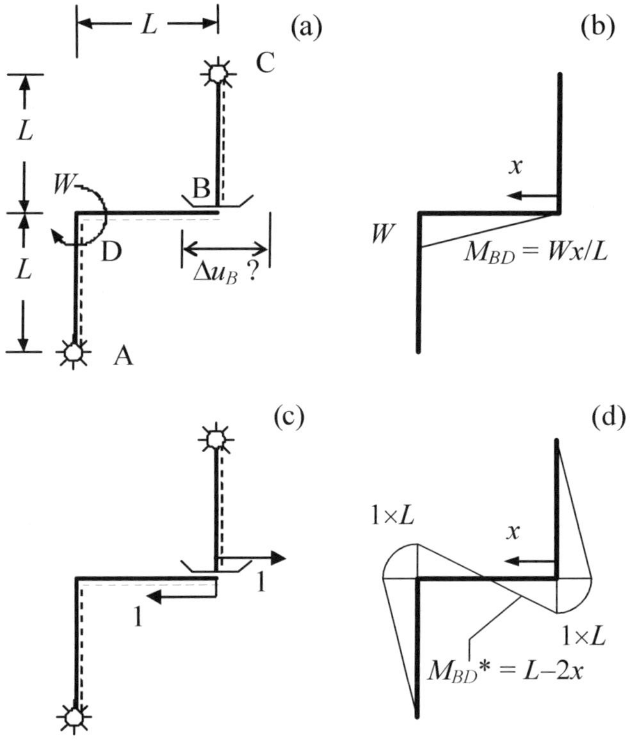

Figura 4.63 – (a) Struttura isostatica soggetta ad una coppia concentrata in D; (b) momento flettente nella struttura assegnata; (c) sistema di carichi fittizi per il calcolo dello spostamento relativo fra le facce del pattino B; (d) momento flettente prodotto dai carichi fittizi.

Svolgimento:

Si noti anzitutto che nella struttura assegnata il momento flettente risulta diverso da zero soltanto sul tratto orizzontale DB (Fig. 4.63b). Per il calcolo dello spostamento incognito, s'introduce un sistema di carichi fittizi costituito da due forze unitarie di verso opposto applicate a cavallo del pattino B (Fig. 4.63c); coerentemente col verso assegnato alle forze fittizie, Δu_B risulterà positivo se la trave BC si allontana dalla ADB. Il diagramma del momento flettente prodotto da tali forze è mostrato in Fig. 4.63d.

Tenendo conto della sola deformabilità flessionale delle travi, l'equazione dei lavori virtuali si scrive

$$L_e = 1\times\Delta u_B = L_i = \int_{BD} M^*_{BD}\frac{M_{BD}}{EJ}dx = \int_0^L (L-2x)\frac{Wx/L}{EJ}dx,$$

da cui

$$\Delta u_B = -\frac{WL^2}{6EJ}.$$

Il risultato ottenuto mostra che le due travi tendono ad avvicinarsi per effetto della coppia applicata in D.

b1.4 Determinare lo spostamento verticale (v_D) della cerniera D della trave orizzontale nella struttura isostatica di Fig. 4.64a soggetta unicamente ad effetti anelastici: la cerniera A cede verso il basso di δ e il tratto BCD è soggetto ad una variazione termica variabile linearmente lungo la sua altezza H. Si supponga che il baricentro della generica sezione del tratto orizzontale sia collocato a metà altezza.

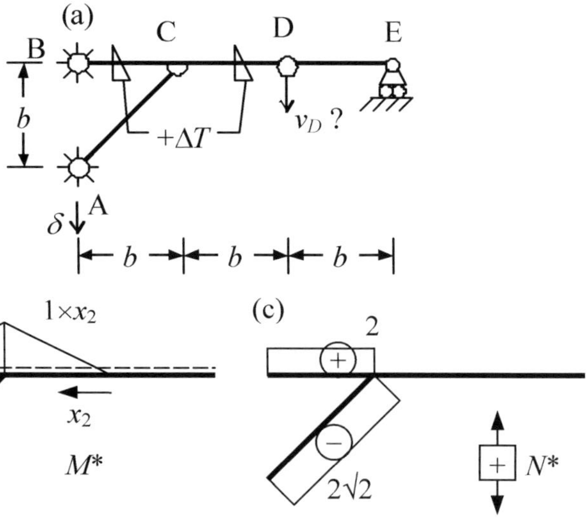

Figura 4.64 – (a) Struttura isostatica soggetta solo a effetti anelastici; (b) (c,d) diagrammi del momento flettente e dell'azione assiale prodotti da una forza unitaria applicata in D.

Svolgimento parziale:

Le azioni interne nella struttura assegnata sono evidentemente nulle. Un carico fittizio unitario verticale posto in D, agente verso il basso, provoca le azioni interne

(M^*, N^*) mostrate nelle Figg. 4.64b,c. Utilizzando l'equazione dei lavori virtuali, e tenendo conto della simmetria del diagramma di M^* sul tratto BCD, lo spostamento incognito (positivo verso il basso) vale

$$v_D = 2\int_{BC} M^*_{BC}\,\chi_t dx + \int_{BC} N^*_{BC}\eta_t dx + 2\delta = \alpha\Delta Tb(1-b/H) + 2\delta.$$

b1.5 Determinare lo spostamento verticale (v_D) dell'estremo libero della trave orizzontale nella struttura di Fig. 4.65a. Per semplicità, si esprima la curvatura termica del tratto DC della trave orizzontale come $\chi_t = \delta/(8b^2)$ e la deformazione assiale termica della biella obliqua come $\eta_t = \delta/b$. Le componenti del cedimento del vincolo A sono pari a $\delta = qb^4/EJ$, dove EJ è la rigidezza flessionale della trave orizzontale.

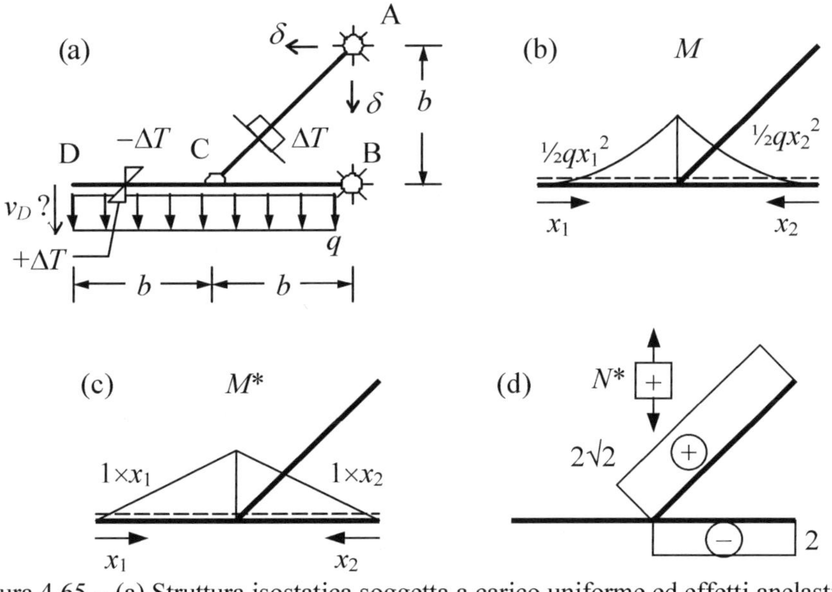

Figura 4.65 – (a) Struttura isostatica soggetta a carico uniforme ed effetti anelastici; (b) diagramma del momento flettente; (c,d) diagrammi del momento flettente e dell'azione assiale prodotti da una forza verticale unitaria applicata in D.

Svolgimento parziale:

Il diagramma del momento flettente nella struttura assegnata è mostrato in Fig. 4.65b. Un carico fittizio unitario verticale posto in D, agente verso il basso, provoca le azioni interne (M^*, N^*) mostrate nelle Figg. 4.65c,d. L'equazione dei lavori virtuali che fornisce lo spostamento incognito (positivo verso il basso) si scrive

$$v_D - R_A{}^* \,\delta\sqrt{2} = \int_{DC} M^*_{DC}\left(\frac{M_{DC}}{EJ}+\chi_t\right)dx + \int_{CB} M^*_{CB}\frac{M_{CB}}{EJ}dx + N^*_{AC}\eta_t b\sqrt{2},$$

dove $R_A{}^* = 2\sqrt{2}$ è la reazione in A, rivolta verso l'alto, prodotta dal carico fittizio. Ne deriva

$$v_D = \frac{qb^4}{4EJ} - (b^2/2)[\delta/(8b^2)] + (2\sqrt{2})(\delta/b)b\sqrt{2} + 4\delta = \frac{131qb^4}{16EJ}.$$

b1.6 Determinare la rotazione (φ_B) della sezione in corrispondenza dell'appoggio B, cedevole elasticamente, nella struttura isostatica di Fig. 4.66. Per semplicità, si esprima il cedimento orizzontale del carrello A come $\delta = 3qb^4/EJ$, la rigidezza della molla in B come $k = 3EJ/b^3$ e la dilatazione termica del tratto FC come $\eta_t = -3qb^3/EJ$. La rigidezza flessionale delle travi orizzontali (EBF, GHI) è pari a EJ; quella delle rimanenti travi è pari a $2EJ$.

Svolgimento parziale:
In Fig. 4.67a è riportato il diagramma del momento flettente nella struttura prodotto dai carichi esterni reali (v. anche l'es. 4 del Cap. 3). Applicando una coppia concentrata unitaria (antioraria) in B, risulta caricata solo la parte inferiore della struttura (AEBFC): il diagramma del momento flettente prodotto da tale coppia è mostrato in Fig. 4.67b; l'azione assiale prodotta dalla coppia fittizia nel tratto CF è pari a $N^*_{CF} = 2/(b\sqrt{5})$. L'equazione dei lavori virtuali che consente il calcolo della rotazione incognita (positiva se antioraria) si scrive simbolicamente

$$(L_i =) \int_{AE} M^*_{AE}\frac{M_{AE}}{EJ_{AE}}dx + \int_{EB} M^*_{EB}\frac{M_{EB}}{EJ_{EB}}dx + \int_{BF} M^*_{BF}\frac{M_{BF}}{EJ_{BF}}dx$$

$$+ \int_{CF} M^*_{CF}\frac{M_{CF}}{EJ_{CF}}dx + \int_{CF} N^*_{CF}\eta_t dx$$

$$= 1\times\varphi_B + H^*_C\times\delta + V^*_B\times\frac{(-V_B)}{k} \;(= L_e),$$

dove H^*_C, V^*_B sono rispettivamente le reazioni nei vincoli C e B prodotte dalla coppia fittizia unitaria e V_B è la reazione esercitata dalla molla sulla struttura ad opera dei carichi reali.

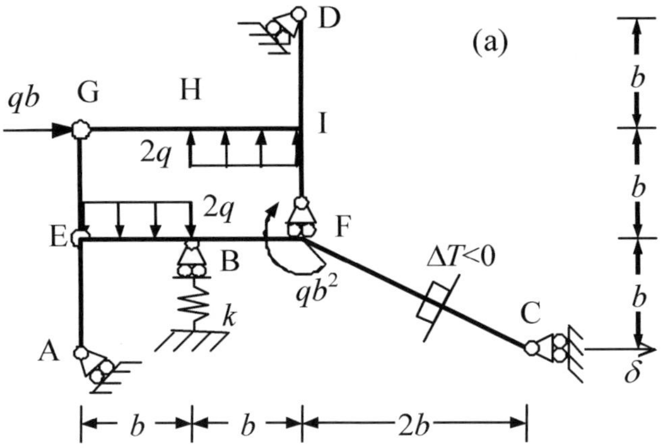

Figura 4.66 – Struttura isostatica a vincoli cedevoli (sia elasticamente che anelasticamente), soggetta a dilatazioni termiche e carichi esterni.

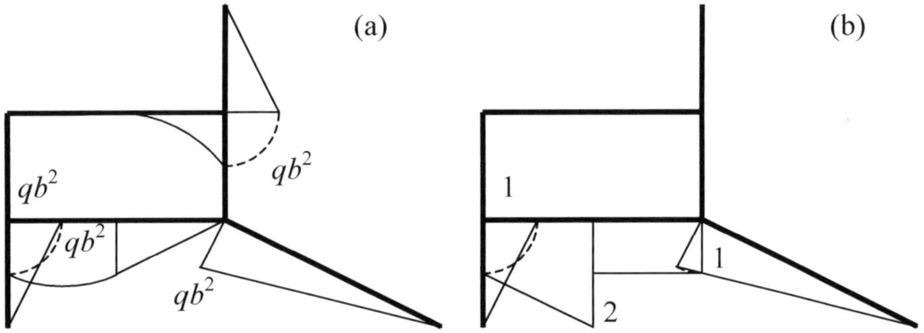

Figura 4.67 – Diagramma del momento flettente nella struttura di Fig. 4.66 prodotto (a) dai carichi reali e (b) da una coppia fittizia unitaria (antioraria) applicata in B.

Esplicitando si ha:

$$\int_0^b \frac{x}{b}\times\frac{qbx}{2EJ}dx + \int_0^b \left(1+\frac{x}{b}\right)\times\frac{qb(b+x-x^2/b)}{EJ}dx + \int_0^b 1\times\frac{qb(b-x)}{EJ}dx$$

$$+ \int_0^b \frac{x}{b}\times\frac{qbx}{2EJ}\sqrt{5}dx + \frac{2}{b\sqrt{5}}\times\left(-\frac{3qb^3}{EJ}\right)b\sqrt{5}$$

$$= 1\times\varphi_B + \frac{1}{b}\times\frac{3qb^4}{EJ} + \frac{1}{b}\times\frac{0}{3EJ/b^3},$$

da cui

$$\varphi_B = \frac{-79+2\sqrt{5}}{12}\frac{qb^3}{EJ}.$$

b1.7 Determinare l'abbassamento dell'estremo libero della mensola di Fig. 4.68a, la cui linea d'asse descrive un quarto di circonferenza.

Svolgimento parziale:
Utilizzando la coordinata circonferenziale θ mostrata in Fig. 4.68a, l'espressione del momento flettente nella struttura assegnata (positivo se tende le fibre superiori) si scrive

$$M(\theta) = \tfrac{1}{2}\, qb^2\cos^2\theta,$$

mentre il momento prodotto da una forza fittizia unitaria applicata nell'estremo libro (rivolta verso il basso) ha equazione

$$M^*(\theta) = b\cos\theta.$$

Utilizzando l'equazione dei lavori virtuali e tenendo conto della sola deformabilità flessionale si ottiene

$$1\times v_B = \int_0^{\pi/2} \frac{qb^3\cos^3\theta}{2EJ} b\,d\theta = \frac{qb^4}{3EJ}.$$

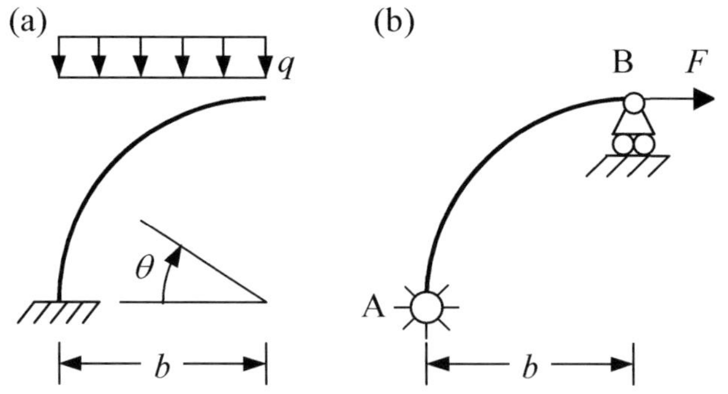

Figura 4.68

b1.8 Determinare la rotazione della sezione B della trave semplicemente appoggiata in Fig. 4.68b, ad asse curvilineo come la precedente. (*Sol.*: $\varphi_B = (5/2 - 3\pi/4)Fb^3/EJ$, antioraria).

b2 Calcolo di incognite iperstatiche

b2.1 Determinare le azioni interne nel portale di Fig. 4.69a.

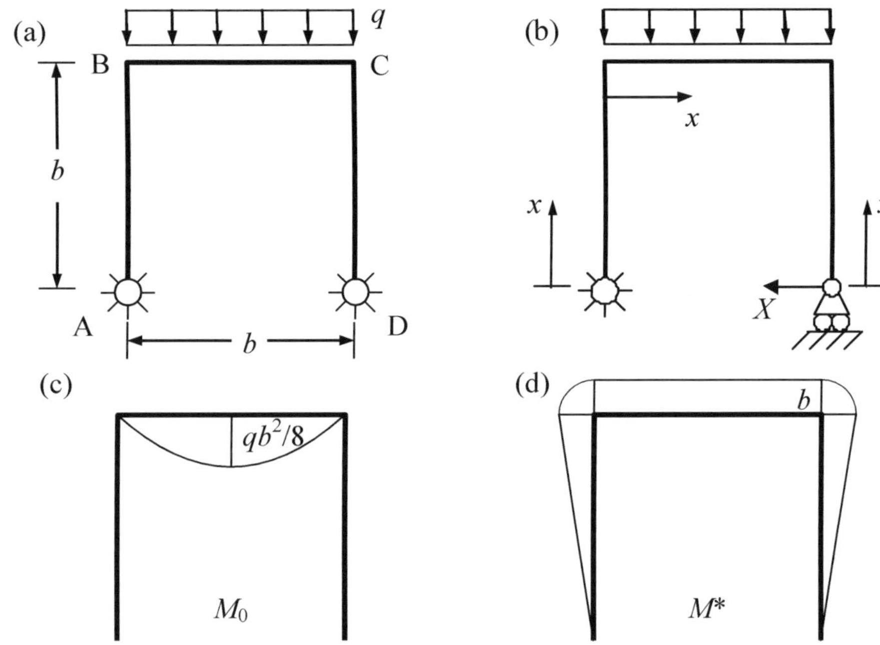

Figura 4.69 – (a) Portale simmetrico e simmetricamente caricato; (b) scelta dell'incognita iperstatica; (c) diagramma del momento nella struttura principale isostatica; (d) diagramma del momento nella struttura di servizio.

Svolgimento:
La struttura assegnata risulta una volta iperstatica. Si sceglie come incognita iperstatica (X) la spinta al piede del portale, ovvero la reazione orizzontale in uno dei due vincoli (p.es. D – v. Fig. 4.69b). Per il calcolo dell'incognita X, si devono determinare le equazioni delle azioni interne nella struttura principale isostatica e in quella di servizio. In presenza di travi snelle e in assenza di effetti anelastici, è sufficiente determinare le equazioni del momento flettente nelle due strutture, M_0 e M^*: utilizzando le ascisse mostrate in Fig. 4.69b, chiamando positivi i momenti che tendono le fibre interne del portale, tali equazioni si scrivono:

- su AB e DC: $M_0 = 0,$ $M^* = -x;$
- su BC: $M_0 = ½\, qx(b-x),$ $M^* = -1.$

I relativi diagrammi sono mostrati nelle Figg. 4.69c,d.

L'equazione dei lavori virtuali che consente il calcolo dell'incognita iperstatica si scrive simbolicamente:

$$(L_e =)\ 1\times 0 = \int_{AB} M^*_{AB} \frac{M_{AB}}{EJ_{AB}} dx + \int_{BC} M^*_{BC} \frac{M_{BC}}{EJ_{BC}} dx + \int_{DC} M^*_{DC} \frac{M_{DC}}{EJ_{DC}} dx \ (= L_i),$$

dove $M = M_0 + XM^*$. Esplicitamente, tenuto conto della simmetria dei diagrammi dei momenti si ha:

$$0 = 2\times\left[\int_0^b (-x)\frac{0 - Xx}{EJ} dx + \int_0^{b/2} (-b)\frac{qx(b-x)/2 - Xb}{EJ} dx\right] = \frac{5}{3}\frac{Xb^3}{EJ} - \frac{qb^4}{12EJ},$$

da cui $X = qb/20$. Tenuto conto del risultato ottenuto, combinando linearmente le espressioni delle varie azioni interne nella struttura principale e in quella di servizio, si ottengono i diagrammi delle azioni interne nella struttura reale riportati in Fig. 4.70 (v. anche es. a.8).

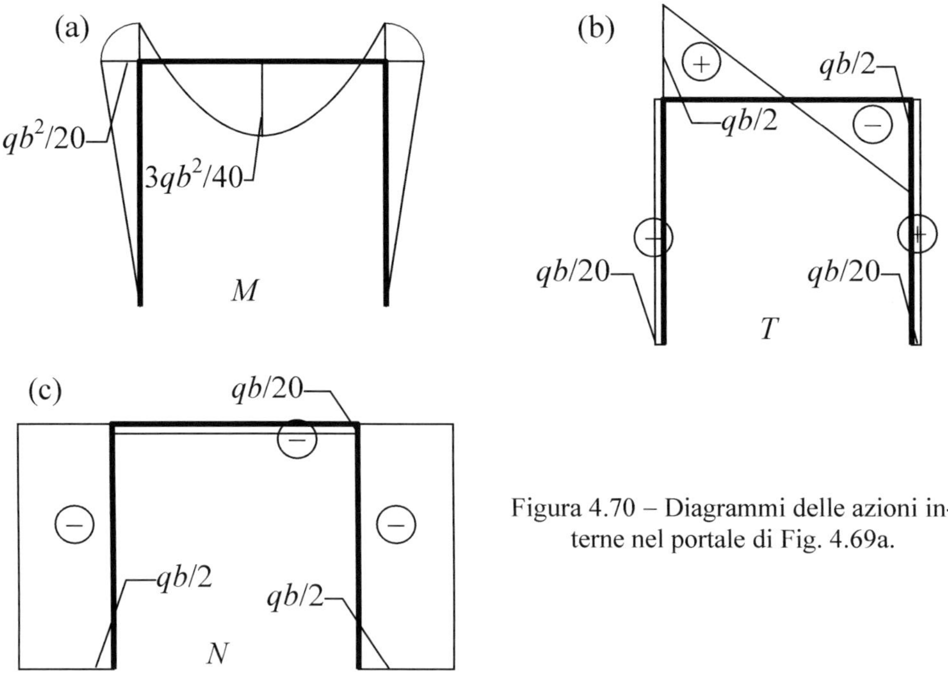

Figura 4.70 – Diagrammi delle azioni interne nel portale di Fig. 4.69a.

b2.2 Determinare le azioni interne nella trave di Fig. 4.71a al variare della rigidezza del vincolo elasticamente cedevole in B. Si ponga $k = \alpha\, EJ/L^3$.

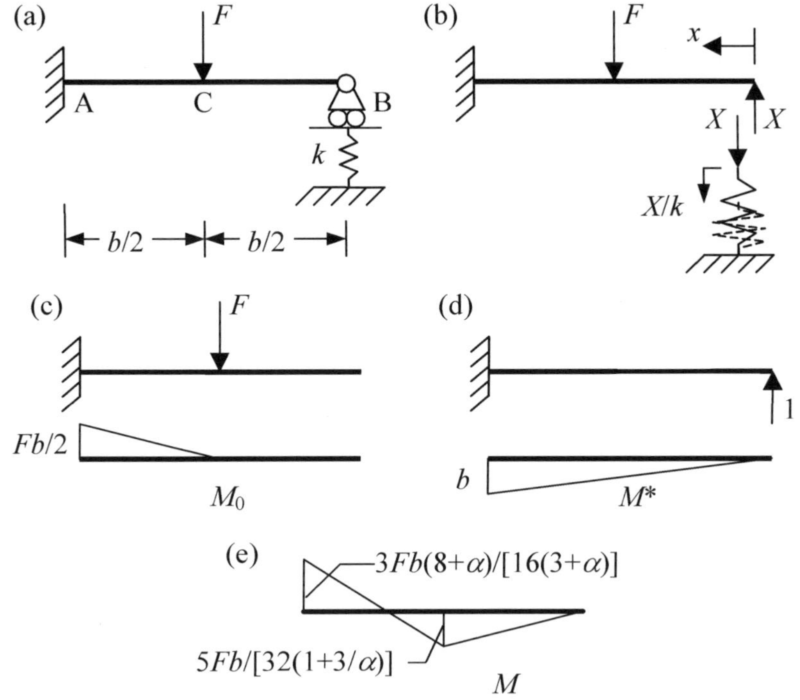

Figura 4.71 – (a) Trave con appoggio elasticamente cedevole; (b) scelta dell'incognita iperstatica; (c,d) struttura principale isostatica, struttura di servizio e relativi diagrammi del momento flettente; (e) diagramma del momento flettente nella struttura reale (qualitativo).

Svolgimento:

La trave risulta una volta iperstatica, poiché alle tre reazioni che l'incastro A è in grado di fornire si aggiunge quella trasmessa dall'appoggio cedevole B. Si sceglie tale reazione come incognita iperstatica (X), separando idealmente il vincolo cedevole (molla) dalla trave – Fig. 4.71b. Il momento flettente nella struttura principale isostatica di Fig. 4.71c (positivo se tende le fibre inferiori) risulta non nullo solo nel tratto AC e ha equazione

$$M_0 = -F\,(b/2 - x),$$

mentre nella struttura di servizio di Fig. 4.71d ha equazione $M^* = 1 \times x$.

Nell'equazione dei lavori virtuali che consente il calcolo dell'incognita X, il lavoro virtuale esterno è compiuto dalla forza fittizia unitaria agente sulla struttura di servizio (Fig. 4.71d) per lo spostamento reale del suo punto di applicazione che, per congruenza, eguaglia la variazione di lunghezza della molla (Fig. 4.71b). Pertanto:

$$(L_e =)\ 1 \times (-X/k) = \int_{AC} M^*_{AC} \frac{M_{AC}}{EJ} dx + \int_{CB} M^*_{CB} \frac{M_{CB}}{EJ} dx\ (= L_i),$$

dove $M = M_0 + XM^*$. Esplicitamente

$$-X/k = \int_0^{b/2} x \frac{0 + Xx}{EJ} dx + \int_{b/2}^{b} x \frac{-F(b/2 - x) + Xx}{EJ} dx = \frac{Xb^3}{3EJ} - \frac{5}{48} \frac{Fb^3}{EJ}.$$

Se ne ricava

$$X = \frac{5F}{16(1 + 3/\alpha)}.$$

Questo risultato mostra che la reazione nel vincolo cedevole diminuisce al diminuire della rigidezza del vincolo stesso, fino ad annullarsi per $\alpha \to 0$. Se la rigidezza del vincolo in B diviene (teoricamente) infinita, il vincolo si riduce ad un appoggio non cedevole e si ha $X = 5F/16$. La Fig. 4.71e mostra qualitativamente il diagramma del momento flettente nella struttura assegnata per un generico valore della rigidezza adimensionalizzata α.

b2.3 Determinare le azioni interne nella struttura di Fig. 4.72a soggetta ad una variazione termica uniforme sull'asta AC e a due coppie uguali e contrarie applicate a metà delle travi orizzontali. Si tenga conto anche della deformabilità assiale delle travi, che hanno tutte rigidezza assiale pari a EA (N.B. le aste oblique AC e BD sono due bielle separate).

Svolgimento:
La struttura non è collegata al terreno da alcun vincolo, che risulta peraltro superfluo poiché la struttura è soggetta ad un sistema di carichi *autoequilibrato* (= equipollente al sistema nullo). Per valutare il grado di iperstaticità della struttura, si confronta il numero di gradi di libertà complessivi delle varie travi che la costituiscono (3×6 = 18) col numero di gradi di vincolo *effettivi*, comprendendovi, oltre a quelli forniti dalle cerniere presenti nella struttura (4×4 = 16), i tre gradi di libertà del sistema, inteso come un unico copro rigido, che non vengono sfruttati dai carichi su di esso agenti (o 'labilità non sfruttate'). Pertanto, si può affermare che la struttura è una volta iperstatica ((16 + 3) – 18 = 1).

Come incognita iperstatica, si sceglie l'azione assiale che una delle due bielle oblique (p.es. quella soggetta alla variazione di temperatura, AC) esercita sul resto della struttura – v. Fig. 4.72c. Si verifica che tale scelta è corretta osservando che la struttura privata di tale biella (Fig. 4.72b) può essere vista come composta dal triangolo isostatico ABD su cui è montato l'arco a tre cerniere (non allineate) DCB: pertanto, la struttura così declassata risulta correttamente vincolata al suo interno.

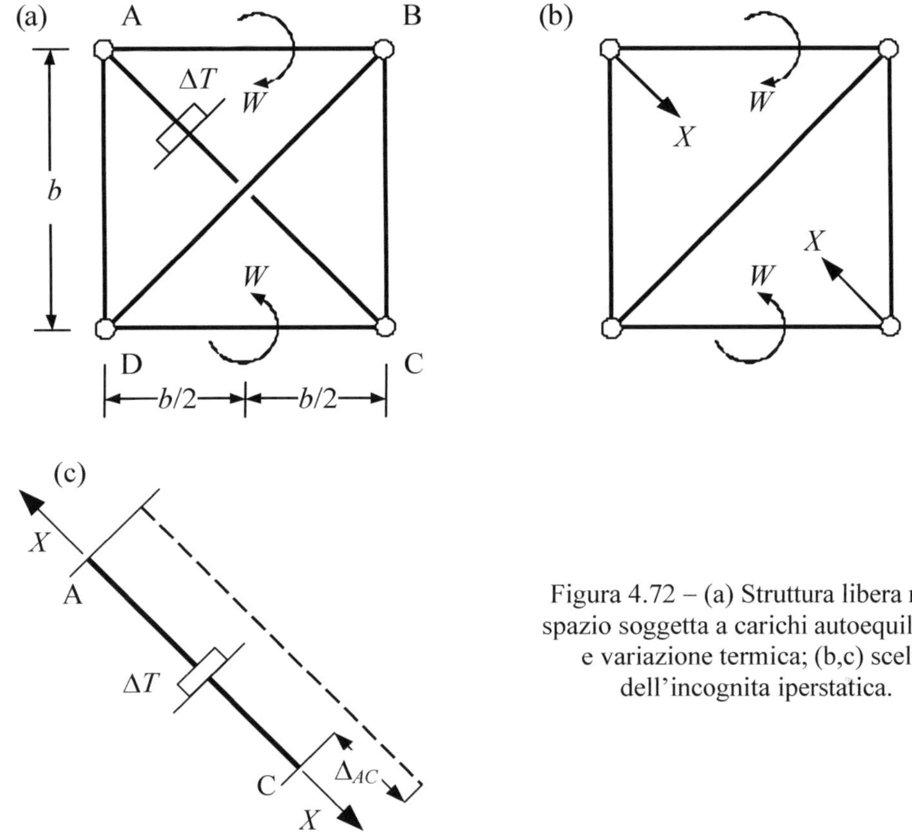

Figura 4.72 – (a) Struttura libera nello spazio soggetta a carichi autoequilibrati e variazione termica; (b,c) scelta dell'incognita iperstatica.

Le Figg. 4.73a,b mostrano rispettivamente i diagrammi dell'azione assiale e del momento flettente nella struttura principale isostatica. La Fig. 4.73c mostra il diagramma dell'azione assiale nella struttura di servizio (che è l'unica azione interna in essa presente).

L'equazione dei lavori virtuali che fornisce l'incognita X si scrive simbolicamente:

$$(L_e =) -1 \times \Delta_{AC} = \int_{strutt.} \left(N^* \frac{N_0 + XN^*}{EA} \right) dx \ (= L_i),$$

dove Δ_{AC} rappresenta lo spostamento relativo fra i nodi A e C (positivo se i nodi si allontanano) che, per congruenza, eguaglia l'allungamento dell'asta AC (= $(X/EA+\eta_t)b\sqrt{2}$). Osservando che, nel caso in esame, il lavoro virtuale interno si riduce ad una sommatoria di termini costanti relativi alle varie aste e tenendo conto della simmetria del problema si ha semplicemente

$$-\left(\frac{X}{EA}+\alpha\Delta T\right)b\sqrt{2} = 4\times N^*_{AB}\frac{XN^*_{AB}}{EA}b + N^*_{BD}\frac{XN^*_{BD}}{EA}b\sqrt{2} = (2+\sqrt{2})\frac{Xb}{EA},$$

da cui

$$X = -\frac{EA\alpha\Delta T}{2+\sqrt{2}} \text{ (compressione per } \Delta T > 0\text{)}.$$

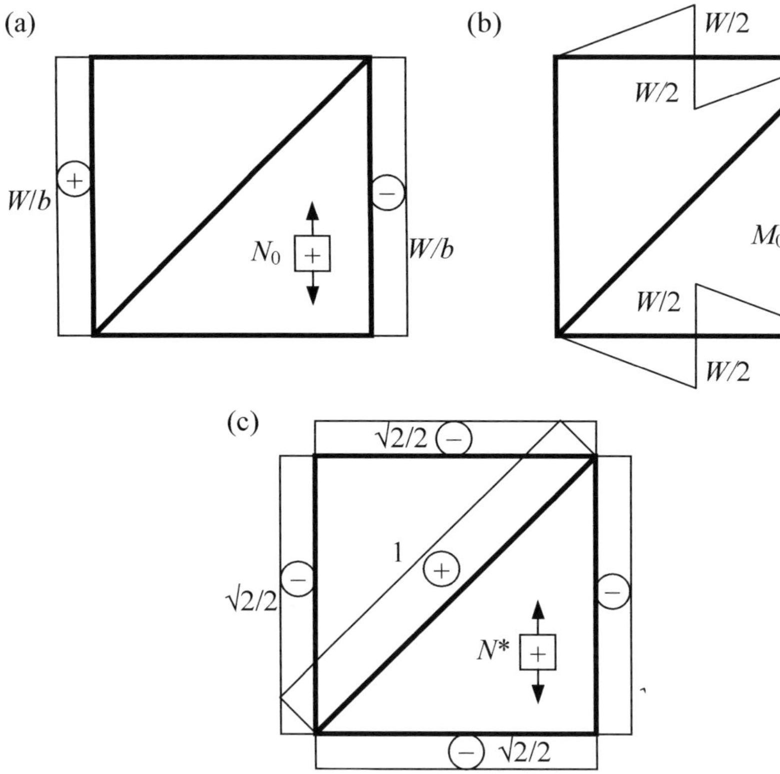

Figura 4.73 – Struttura di Fig. 4.72a: diagrammi (a) dell'azione assiale e (b) del momento flettente nella struttura principale isostatica; (c) diagramma dell'azione assiale nella struttura di servizio.

Il diagramma del momento flettente nella struttura reale coincide ovviamente con quello di M_0 (v. Fig. 4.73b) poiché $M^* = 0$ ovunque. I diagrammi delle restanti azioni interne si ottengono al solito come combinazione lineare di quelli relativi alla struttura principale e alla struttura di servizio.

b2.4 Determinare le azioni interne nella struttura di Fig. 4.74a. Il tratto DEF ha rigidezza flessionale pari a EJ. La rigidezza flessionale dei tratti AB e AF è pari a $2EJ$; quella dei tratti BC e CD, a $3EJ$. Si ponga per comodità $q = F/b$ e $W = Fb$. (N.B. L'appoggio in B collega a terra la trave ABC senza interromperne la continuità).

Svolgimento:
La struttura assegnata può essere vista come costituita dall'anello chiuso isostatico ACD, correttamente collegato a terra mediante il carrello B e la cerniera E, all'interno del quale è inserita la biella obliqua BE. Si tratta dunque di una struttura una volta iperstatica. Come incognita iperstatica, X, si può scegliere l'azione assiale nella biella BE[20] – v. Fig. 4.74b.

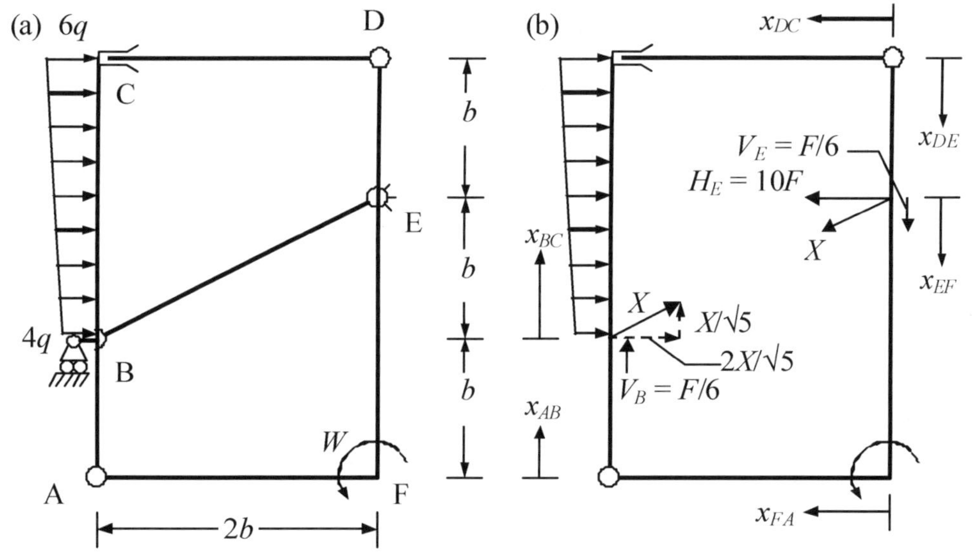

Figura 4.74 – (a) Struttura una volta iperstatica; (b) scelta dell'incognita iperstatica e reazioni nei vincoli esterni.

Le reazioni vincolari a terra nella struttura di servizio sono ovviamente nulle, poiché si tratta di un corpo rigido soggetto ad un sistema di forze a risultante nullo. Le reazioni a terra nella struttura reale (V_B, V_E, H_E) coincidono dunque con quelle nella struttura principale isostatica e sono riportate in Fig. 4.74b.

[20] Tale scelta non è univoca. E' evidente peraltro che le tre reazioni a terra si determinano attraverso semplici equazioni di equilibrio globale (v. Fig. 4.74b) e che quindi nessuna di esse corrisponde ad un'incognita iperstatica. Scelte alternative dell'iperstatica dovranno quindi cadere su *componenti delle azioni interne* nella struttura (p.es. il momento nel manicotto C).

I diagrammi delle azioni interne (adimensionalizzate) nella struttura principale isostatica sono mostrati nelle Figg. 4.75a,b,c; quelli relativi alla struttura di servizio, nelle Figg. 4.76a,b,c. Per la determinazione di questi ultimi, si tenga presente che le componenti orizzontale e verticale delle forze fittizie unitarie applicate in corrispondenza dell'iperstatica hanno rispettivamente modulo pari a $2/\sqrt{5}$ e a $1/\sqrt{5}$ (v. anche Fig. 4.74b). Utilizzando le ascisse mostrate in Fig. 4.74b, le equazioni dei momenti flettenti nei vari tratti di struttura, positivi se ne tendono le fibre interne, si scrivono:

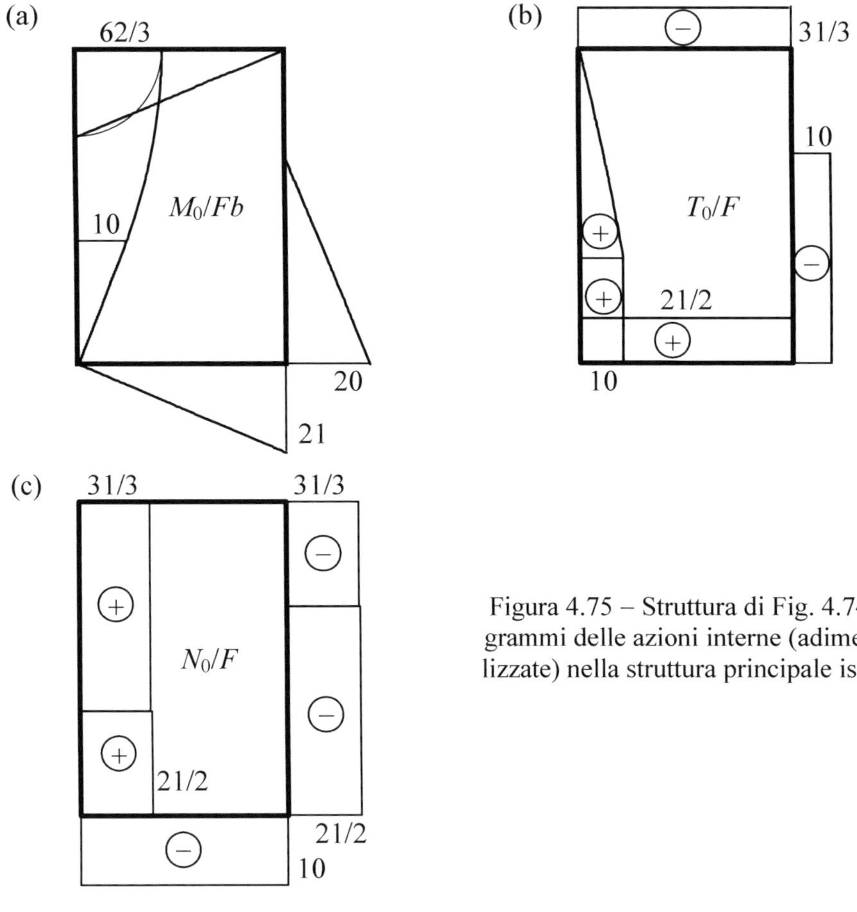

Figura 4.75 – Struttura di Fig. 4.74a: diagrammi delle azioni interne (adimensionalizzate) nella struttura principale isostatica.

- nel tratto AB: $M_0 = 10Fx$, $M^* = 2x/\sqrt{5}$;
- nel tratto BC: $M_0 = 10F(b+x)-2qx^2-qx^3/(6b)$, $M^* = 2b/\sqrt{5}$;
- nel tratto DC: $M_0 = 31/3Fx$, $M^* = x/\sqrt{5}$;
- nel tratto DE: $M_0 = M^* = 0$;
- nel tratto EF: $M_0 = -10Fx$, $M^* = -2x/\sqrt{5}$;
- nel tratto FA: $M_0 = -21F(b-x/2)$, $M^* = -2/\sqrt{5}(2b-x)$.

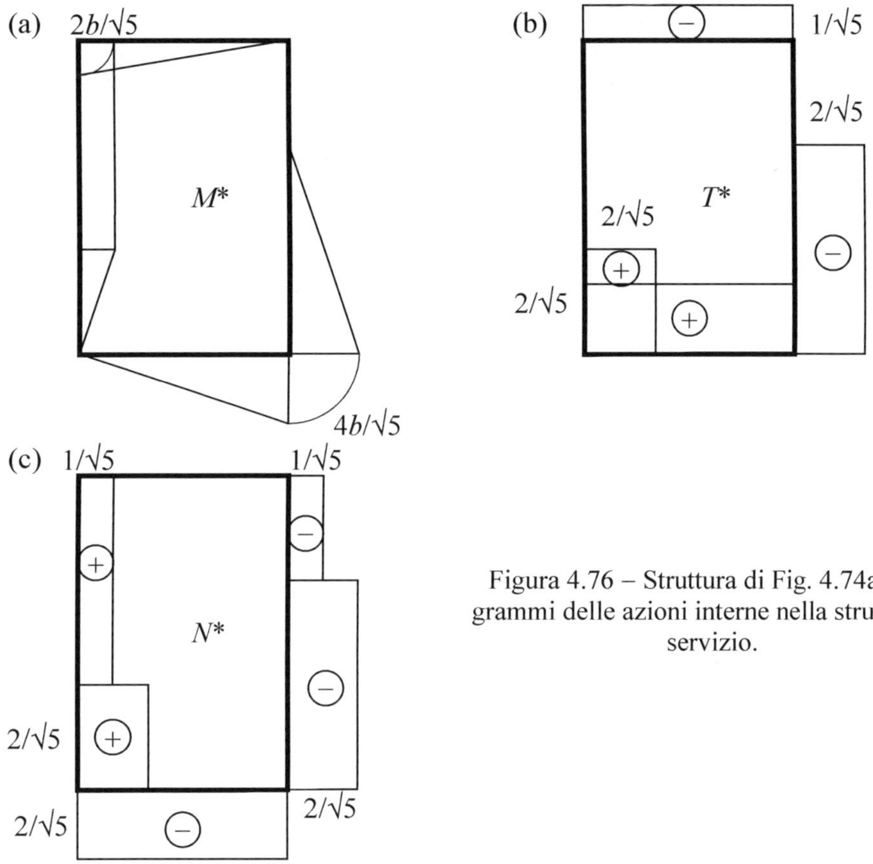

Figura 4.76 – Struttura di Fig. 4.74a: diagrammi delle azioni interne nella struttura di servizio.

L'equazione dei lavori virtuali che fornisce l'incognita iperstatica si scrive simbolicamente:

$$(L_e =)\ -1\times\Delta_{BE} = \int_{strutt.} \left(M^* \frac{M_0 + XM^*}{EJ} \right) dx\ \ (= L_i),$$

dove Δ_{BE} rappresenta lo spostamento relativo fra i punti di applicazione delle forze fittizie unitarie (B,E) calcolato nella struttura reale. Tale spostamento eguaglia, per congruenza, la variazione di lunghezza della biella BE: $\Delta_{BE} = Xb\sqrt{5}/EA$. Peraltro, se si tiene conto della sola deformabilità flessionale delle travi che formano la struttura (come implicitamente fatto nel fornire l'espressione del lavoro virtuale interno), tale allungamento risulta trascurabile ($\Delta_{BE} = 0$).

Esplicitando gli integrali che costituiscono il lavoro virtuale interno e sostituendovi le espressioni dei momenti flettenti sopra riportate, si ottiene

$$X = -\frac{121\sqrt{5}}{2}F\,.$$

Combinando linearmente i risultati relativi alla struttura principale e alla struttura di servizio, si ottengono i diagrammi delle azioni interne nella struttura iperstatica assegnata, riportati in Fig. 4.77.

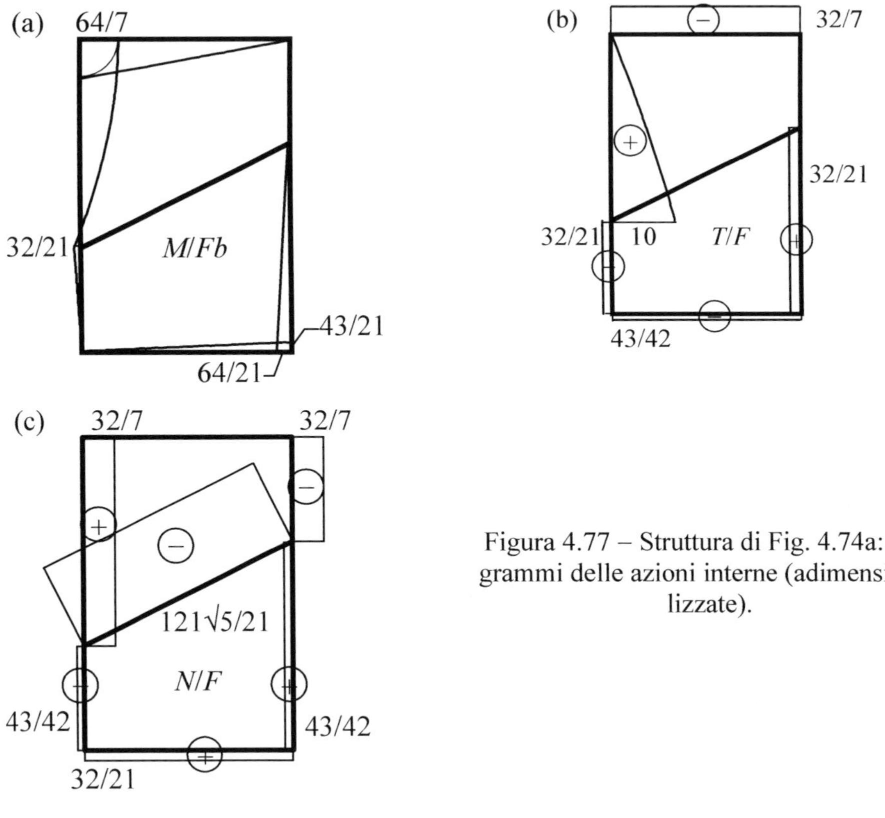

Figura 4.77 – Struttura di Fig. 4.74a: diagrammi delle azioni interne (adimensionalizzate).

b2.5 Determinare le azioni interne nella struttura di Fig. 4.78a. Il tratto ACD ha rigidezza flessionale pari a EJ; quella del tratto DB è pari a $2EJ$. Si ponga per comodità $k = 2EJ/b^3$, η_t $(= \alpha\Delta T) = qb^3/EJ$, $\delta = 3qb^4/EJ$ e $\varphi = qb^3/EJ$.

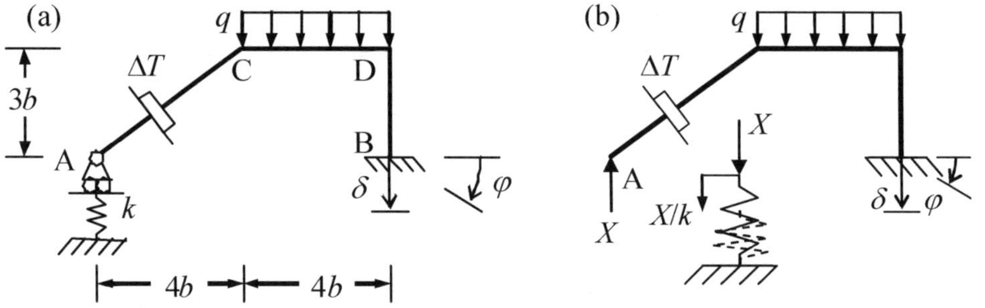

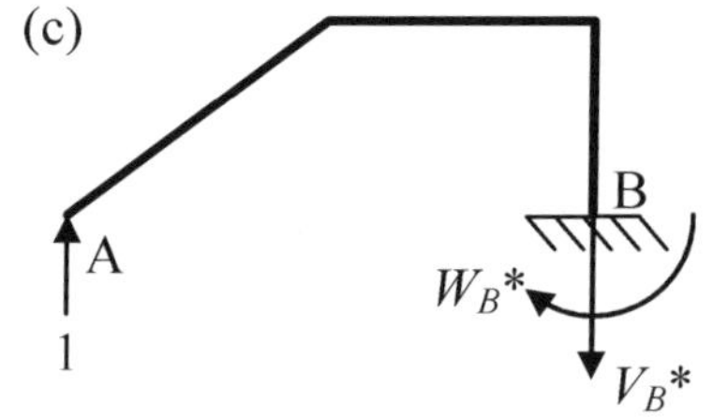

Figura 4.78 – (a) Struttura iperstatica con vincoli cedevoli sia elasticamente che anelasticamente, soggetta a carichi e dilatazioni termiche; (b) scelta dell'incognita iperstatica; (c) struttura di servizio.

Svolgimento parziale:
Scelta come incognita iperstatica la reazione X nella molla (Fig. 4.78b), l'equazione dei lavori virtuali che ne consente la determinazione si scrive:

$$(L_e =)\ -1\times(X/k) + V_B{*}\times\delta + W_B{*}\times\varphi$$
$$= \int_{strutt.} \left(M{*}\frac{M_0 + XM{*}}{EJ} \right) dx + \int_{AC} N{*}\eta_t dx \ (= L_i),$$

dove V_B* e W_B* sono le reazioni che nascono nella struttura di servizio nell'incastro B (positive se dirette come in Fig. 4.78c) e X/k è lo spostamento verticale dell'appoggio elasticamente cedevole nella struttura reale che, per congruenza, coincide con la variazione di lunghezza della molla in A (v. Fig. 4.78b). A conti fatti si ricava $X = (1012/1635)qb$; i diagrammi delle azioni interne nella struttura reale sono riportati in Fig. 4.79.

b2.6 Determinare le azioni interne nella struttura di Fig. 4.80a. Tutte le aste hanno rigidezza flessionale pari a EJ. Si trascuri la deformabilità elastica assiale delle aste. Si ponga per comodità η_t $(= \alpha\Delta T) = 3Fb^2/EJ$, $q = F/b$ e $W = Fb$.

Svolgimento parziale:
La struttura risulta due volte iperstatica. Si osserva infatti che i due anelli chiusi in essa presenti (ABC e ADC) risulterebbero isostatici mediante introduzione di un opportuno svincolo (ad esempio, una cerniera in ciascuno degli spigoli B e D). I

vincoli a terra, correttamente posizionati, sono strettamente sufficienti a impedire i moti rigidi della struttura nel suo complesso: le reazioni in tali vincoli non sono dunque delle incognite iperstatiche[21]. I loro valori, determinabili con equazioni di equilibrio globale, sono mostrati in Fig. 4.80b. La stessa figura mostra anche una possibile scelta delle incognite iperstatiche (X, Y). Si noti in particolare che X rappresenta il momento in una sezione immediatamente a destra di quella dov'è applicata la coppia concentrata $2W$.

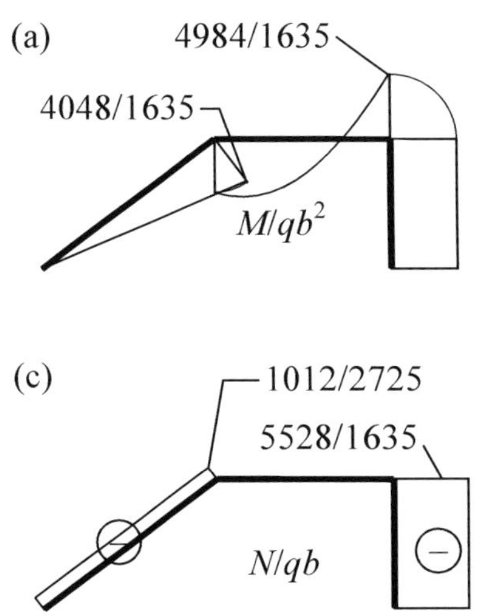

Figura 4.79 – Diagrammi del momento flettente (a), dell'azione tagliante (b) e dell'azione assiale (c) per la struttura iperstatica di Fig. 4.78a.

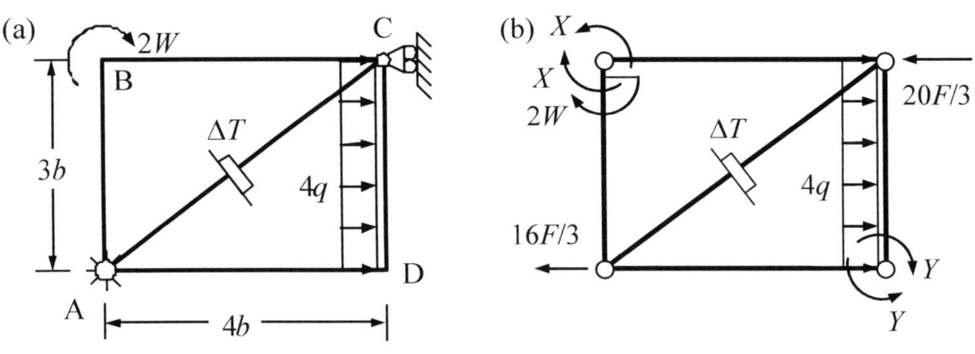

Figura 4.80 – (a) Struttura 2 volte iperstatica soggetta a carichi e dilatazioni termiche; (b) reazioni nei vincoli a terra e scelta delle incognite iperstatiche.

In Fig. 4.81 sono mostrati i diagrammi dei momenti flettenti nella struttura principale isostatica (a) e nelle strutture di servizio (b,c) corrispondenti al declassamento

[21] Si veda anche la nota precedente.

dei vincoli mostrato in Fig. 4.80b. Nelle stesse figure sono riportati i valori dell'azione assiale nella biella obliqua AC.

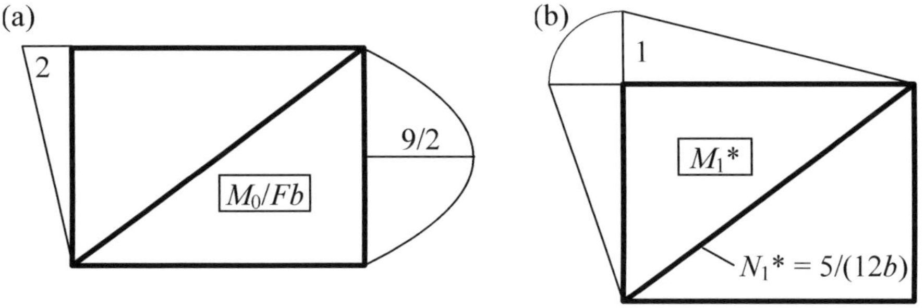

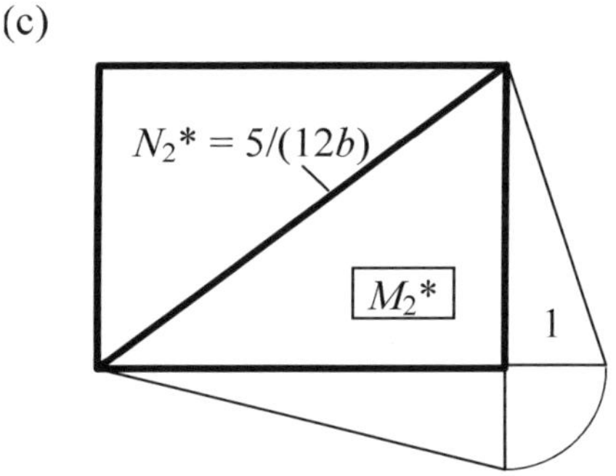

Figura 4.81 – Struttura di Fig. 4.80: diagrammi dei momenti flettenti e azioni assiali nella biella AC (a) nella struttura principale isostatica, (b) nella prima struttura di servizio ($X = 1$) e (c) nella seconda struttura di servizio ($Y = 1$).

Le due equazioni dei lavori virtuali che consentono il calcolo delle incognite iperstatiche si scrivono simbolicamente:

$$L_e^{(1)} \equiv 1\times 0 = L_i^{(1)} \equiv \int_{strutt.} \left(M_1^* \, \frac{M_0 + XM_1^* + YM_2^*}{EJ} \right) dx + \int_{AC} N_1^* \eta_t dx \,,$$

$$L_e^{(2)} \equiv 1\times 0 = L_i^{(2)} \equiv \int_{strutt.} \left(M_2^* \, \frac{M_0 + XM_1^* + YM_2^*}{EJ} \right) dx + \int_{AC} N_2^* \eta_t dx \,.$$

Immaginando di percorrere la struttura in senso orario con delle ascisse locali alle varie aste e chiamando positivi i momenti che tendono le fibre esterne della struttura, le due precedenti equazioni si scrivono esplicitamente:

$$0 = \int_0^{3b} \frac{x}{3b} \, \frac{2W/(3b)x + X\times(x/(3b)) + Y\times 0}{EJ} dx$$

$$+ \int_0^{4b} \left(1 - \frac{x}{4b} \right) \frac{X\times(1 - x/(4b)) + Y\times 0}{EJ} dx + \frac{5}{12b} \times \left(\frac{3Fb^2}{EJ} 5b \right),$$

$$0 = \int_0^{3b} \frac{x}{3b} \frac{6Fx - 4qx^2/2 + X \times 0 + Y \times (x/(3b))}{EJ} dx$$

$$+ \int_0^{4b} \left(1 - \frac{x}{4b}\right) \frac{X \times 0 + Y \times (1 - x/(4b))}{EJ} dx + \frac{5}{12b} \times \left(\frac{3Fb^2}{EJ} 5b\right).$$

In questo particolare caso, le due equazioni dei lavori virtuali si diasccoppiano e forniscono separatamente $X = -99Fb/28$, $Y = -129Fb/28$. I diagrammi delle azioni interne nella struttura assegnata sono riportati in Fig. 4.82.

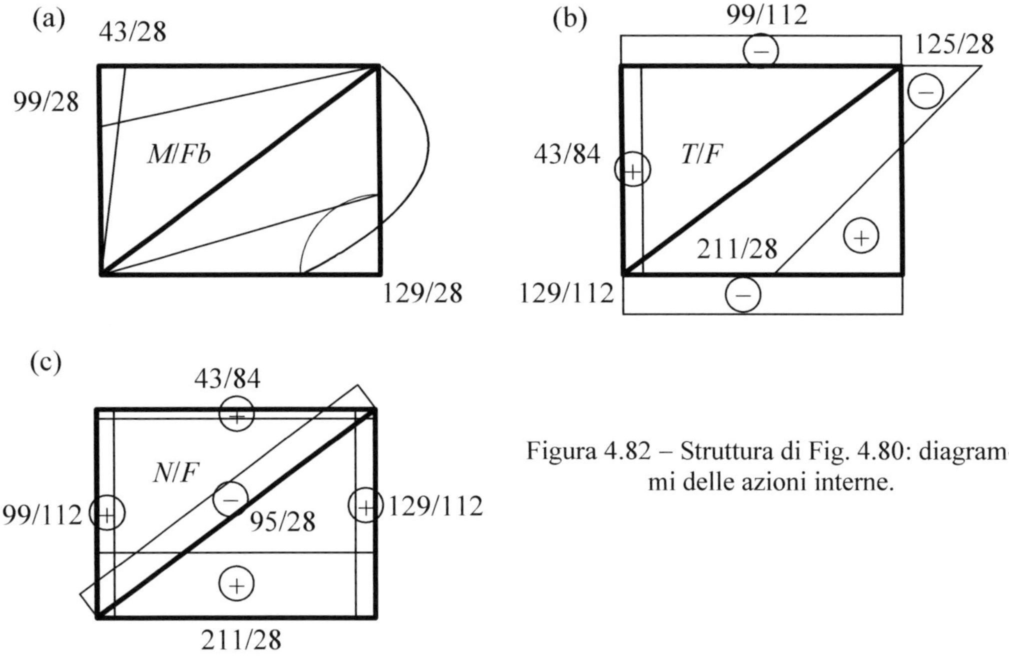

Figura 4.82 – Struttura di Fig. 4.80: diagrammi delle azioni interne.

b2.7 Determinare le azioni interne nella struttura di Fig. 4.83a. Si indichino rispettivamente con EJ_t e EJ_a (= ρEJ_t) le rigidezze assiali della trave orizzontale e dell'arco. Si consideri infinita la rigidezza assiale di tutti gli elementi, tranne quella della biella verticale che verrà indicata con EA_p (= $\kappa EJ_a/R^2$).

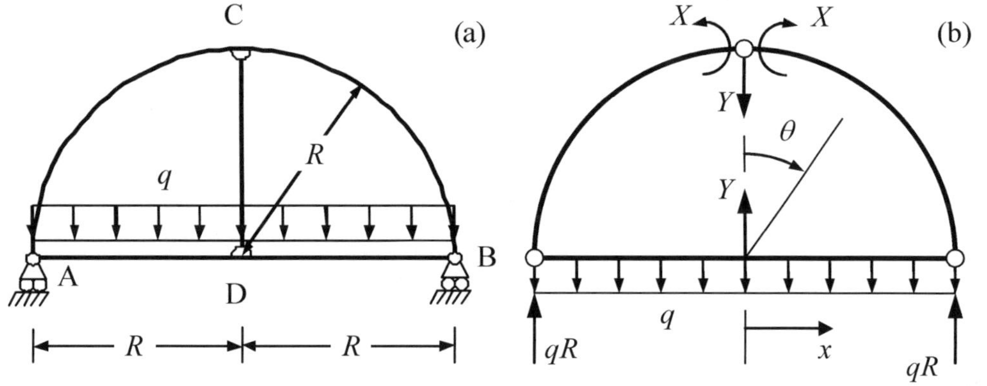

Figura 4.83 – (a) Struttura due volte iperstatica; (b) scelta delle incognite iperstatiche.

Svolgimento:
La struttura risulta due volte iperstatica. Infatti, la trave orizzontale e l'arco semicircolare, collegati dalle cerniere in A e B, formano un anello chiuso in cui è presente un vincolo sovrabbondante. A questo si aggiunge un ulteriore vincolo ridondante costituito dalla biella CD. I vincoli a terra, pur non essendo a priori sufficienti a impedire qualunque moto rigido della struttura, le lasciano una labilità non sfruttata dai carichi. In definitiva, contro i 9 g.l. delle 3 aste, si hanno complessivamente 10 g.v. + 1 labilità non sfruttata = 11 g.v. effettivi.

Come incognite iperstatiche si possono scegliere il momento in chiave all'arco (X) e il tiro della biella (Y) – v. Fig. 4.83b. Tale scelta è corretta in quanto la struttura degradata nei vincoli corrispondenti alle iperstatiche risulta un anello chiuso correttamente vincolato da tre cerniere non allineate in A, B e C.

Le Figg. 4.84a, b e c mostrano rispettivamente i diagrammi dei momenti nella struttura principale isostatica e nelle due strutture di servizio, con le relative equazioni. Si sono utilizzate le coordinate x e θ mostrate in Fig. 4.83b e si sono considerati positivi i momenti che tendono le fibre inferiori della trave e dell'arco. I pedici t e a si riferiscono rispettivamente alla trave orizzontale e all'arco semicircolare.

Tenendo conto della deformabilità assiale della biella CD, le equazioni dei lavori virtuali che consentono il calcolo delle iperstatiche si scrivono simbolicamente:

$$L_e^{(1)} \equiv 1\times 0 = L_i^{(1)} \equiv \int_{-R}^{R} \left(M_{1t}^* \frac{M_{0t} + XM_{1t}^* + YM_{2t}^*}{EJ_t} \right) dx$$

$$+ \int_{-\pi/2}^{\pi/2} \left(M_{1a}^* \frac{M_{0a} + XM_{1a}^* + YM_{2a}^*}{EJ_a} \right) R d\theta ,$$

$$L_e^{(2)} \equiv -1\times YR/EA_p = L_i^{(2)} \equiv \int_{-R}^{R} \left(M_{2t}^* \frac{M_{0t} + XM_{1t}^* + YM_{2t}^*}{EJ_t} \right) dx$$

$$+ \int_{-\pi/2}^{\pi/2} \left(M_{2a}^* \frac{M_{0a} + XM_{1a}^* + YM_{2a}^*}{EJ_a} \right) Rd\theta \,.$$

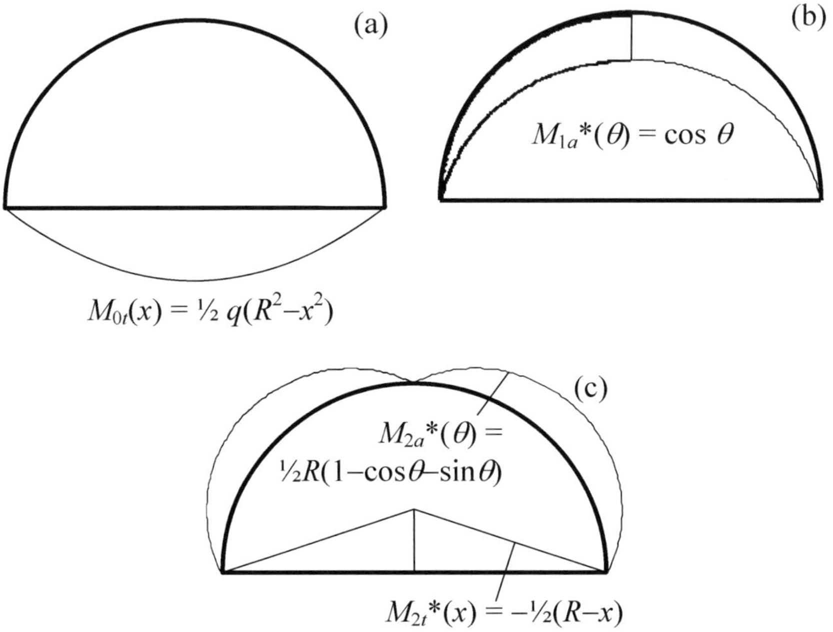

Figura 4.84 – Struttura di Fig. 4.83: diagrammi dei momenti flettenti (a) nella struttura principale isostatica, (b) nella struttura di servizio sollecitata da $X = 1$ e (c) nella struttura di servizio sollecitata da $Y = 1$. Sono riportate le relative equazioni.

Sostituendo le espressioni dei momenti nelle due equazioni di lavori virtuali[22] e risolvendo rispetto alle iperstatiche, si ottiene:

$$X = 5\kappa(\pi-2)qR^2/(2\Delta), \qquad Y = 5\kappa\pi qR/\Delta,$$

dove $\Delta = 4\pi(\kappa+6\rho) + 3\kappa\rho(\pi(3\pi-8)-4)$. Le azioni interne nella parte destra della struttura sono date da

$$N_a = X\cos\theta/R - ½Y(\sin\theta+\cos\theta), \qquad N_t = -X/R + ½Y\ (>0),$$
$$T_a = -X\sin\theta/R + ½Y(\sin\theta-\cos\theta), \qquad T_t = qx + ½Y,$$
$$M_a = X\cos\theta + ½YR(1-\sin\theta-\cos\theta), \qquad M_t = q(R^2-x^2) - ½Y(R-x),$$

[22] Si tenga conto della simmetria del problema e del fatto che le espressioni dei momenti in Fig. 4.84c valgono nella metà di destra della struttura.

con $0 \leq \theta \leq \pi/2$, $0 \leq x \leq R$. In particolare, la reazione orizzontale al piede dell'arco (o *spinta*) eguaglia N_t e risulta sempre diretta verso l'interno della struttura.

Osservazione: la struttura di Fig. 4.83a corrisponde, in forma semplificata, allo schema statico di un ponte ad arco (a via di corsa inferiore). q rappresenta il peso della via di corsa stessa, oltre eventualmente a quello di una colonna di autoveicoli distribuiti sul ponte in maniera uniforme. La biella CD rappresenta uno dei tiranti (o *pendini*) che trasferiscono i carichi dalla trave all'arco. La trave orizzontale, inflettendosi, trascina l'arco obbligandolo a deformarsi. Se questo fosse libero, tenderebbe ad appiattirsi e le sue estremità ad allontanarsi. Questo allontanamento è contrastato dalla trave orizzontale che entra in trazione. Se la trave fosse posizionata ad una quota diversa rispetto alla base dell'arco, la spinta al piede dell'arco dovrebbe essere assorbita da opportuni vincoli orizzontali: per questo lo schema di ponte ora considerato consente la realizzazione di fondazioni non particolarmente massicce. Si può infine verificare che la spinta è tanto maggiore quanto più rigido è il tirante (ovvero, quanto maggiore è κ) e tanto minore quanto più rigido è l'arco rispetto alla trave (ovvero, quanto maggiore è ρ).

c. Esercizi sul calcolo di linee d'influenza per carichi viaggianti

Gli esercizi che seguono hanno lo scopo di illustrare come il teorema di Betti, visto nel Par. 4.4 con riferimento a sistemi di travi elastiche lineari e non soggette ad effetti anelastici, possa essere applicato alla determinazione delle 'linee d'influenza' di componenti di spostamento, reazioni vincolari o azioni interne, in presenza di carichi viaggianti lungo l'asse della struttura. Per semplicità, le strutture considerate hanno tutte rigidezza flessionale costante pari a EJ. Salvo diversa specifica, si considerano positivi i momenti flettenti che tendono le fibre inferiori delle travi e positivi gli abbassamenti. Nei casi più semplici, si omettono i calcoli che consentono la determinazione dell'equazione della linea elastica per le strutture assegnate, rimandando a tal fine a quanto visto nella sezione *a* del presente paragrafo.

c.1 La trave isostatica di Fig. 4.85a è soggetta a un carico concentrato mobile, F, trasversale alla sua linea d'asse. Determinare la linea d'influenza dell'abbassamento f del pattino A al variare della posizione x del carico.

Svolgimento:

Il procedimento è del tutto analogo a quello visto con riferimento all'esempio illustrato nel Par. 4.4 (v. Fig. 4.34). Si considera la trave soggetta ad un carico concentrato fittizio (unitario) posto in A (Fig. 4.85b) e si calcola il momento flettente da essa prodotto:

$$M^*(x) = 1 \times x.$$

Integrando due volte l'equazione differenziale della linea elastica $d^2v^*(x)/dx^2 = -M^*(x)/EJ$, si ricava l'espressione della deformata elastica prodotta dal carico fittizio:

$$v^*(x) = \frac{x}{2EJ}\left(L^2 - \frac{x^2}{3}\right).$$

Grazie al teorema di Betti, si può affermare che $L_e^{AB} = L_e^{BA}$, dove l'apice A caratterizza le grandezze reali (forze e spostamenti) e l'apice B quelle fittizie. Nel caso in esame:

$$L_e^{AB} = F \times v^*(x), \qquad L_e^{BA} = 1 \times f(x),$$

per cui l'espressione della linea d'influenza cercata è $f(x) = Fv^*(x)$. A meno del fattore di proporzionalità F, il grafico di tale funzione è mostrato in Fig. 4.85b. Il valore massimo dell'abbassamento f si ha evidentemente quando il carico è applicato nell'estremo di sinistra della trave e vale:

$$f_{MAX} = f(L) = \frac{FL^3}{3EJ}.$$

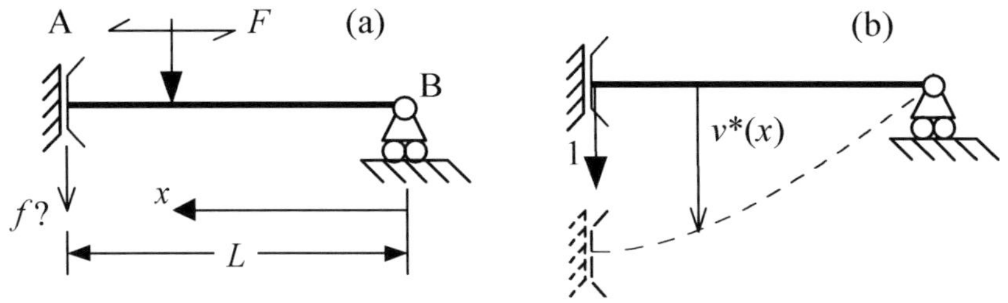

Figura 4.85 – (a) Trave pattino–appoggio soggetta a carico viaggiante; (b) stessa trave soggetta a carico unitario nell'estremo sinistro e relativa deformata elastica.

c.2 Determinare la linea d'influenza della freccia in mezzeria della trave iperstatica di Fig.4.86a soggetta a carico concentrato trasversale viaggiante. Determinare in particolare il valore massimo che può assumere tale freccia al variare della posizione del carico.

Svolgimento:

S'immagina la struttura soggetta ad un carico fittizio unitario in mezzeria (Fig. 4.86b). Scelta come iperstatica X la reazione nell'appoggio (positiva verso l'alto), l'equazione del momento flettente prodotto dal carico fittizio è

- per $0 \le x \le L/2$: $\quad M^*(x) = (1 - X)\, x - L/2 + XL;$
- per $L/2 \le x \le L$: $\quad M^*(x) = X\,(L - x).$

Integrando ed imponendo le opportune condizioni al contorno, si ricavano il valore dell'iperstatica ($X = 5/16$) e l'equazione della linea elastica della trave soggetta al carico fittizio, che si scrive:

- per $0 \le x \le L/2$: $$v^*(x) = \frac{x^2}{96EJ}(9L - 11x)$$
- per $L/2 \le x \le L$: $$v^*(x) = -\frac{1}{96EJ}(L-x)(2L^2 - 10Lx + 5x^2).$$

Il grafico di tale deformata è mostrato in Fig. 4.86b.

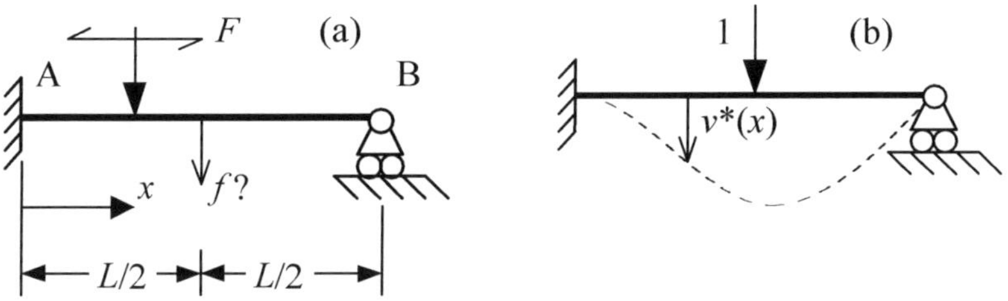

Figura 4.86 – (a) Trave incastro–appoggio soggetta a carico viaggiante; (b) stessa trave soggetta a carico unitario in mezzeria e relativa deformata elastica.

Per il teorema di Betti, la linea d'influenza cercata ha equazione $f(x) = Fv^*(x)$ (v. es. precedente). Si può verificare che la freccia raggiunge il suo valore massimo quando il carico viaggiante si trova nella sezione di ascissa $x_0 = L(1-1/\sqrt{5})$, nel qual caso vale

$$f_{MAX} = f(x_0) = \frac{FL^3}{48\sqrt{5}EJ}.$$

c.3 Determinare la linea d'influenza della reazione (V_B) nella molla che collega al terreno l'estremo di destra della trave di Fig. 4.87a soggetta ad una forza trasversale viaggiante.

Svolgimento:

Il problema si riconduce, di fatto, alla determinazione della linea d'influenza dello spostamento (v_B) dell'estremo di destra della trave, legato alla reazione cercata dalla relazione $v_B = V_B/k$ (v. Fig. 4.87b). Per determinarla, si riduce la trave ad una mensola soggetta ad un carico unitario nell'estremo libero (Fig. 4.87c) e si calcola l'equazione della deformata $v^*(x)$ da esso prodotta. Grazie al teorema di Betti, si ha che:

$$F \times v^*(x) - V_B \times f^* = 1 \times v_B(x) \; (= 1 \times V_B(x)/k),$$

dove f^* rappresenta la freccia nell'estremo libero della mensola soggetta al carico fittizio.

Sfruttando quanto ottenuto nell'es. a.1, si sa che

$$v^*(x) = \frac{1}{6EJ}(x^3 - 3L^2x + 2L^2)$$

e che in particolare $f^* = L^3/3EJ$. Pertanto:

$$V_B(x) = \frac{F}{2(1+3\kappa)}[(x/L)^3 - 3x/L + 2],$$

dove si è introdotto il parametro adimensionale $\kappa \equiv EJ/kL^3$. La reazione nella molla, e quindi il suo accorciamento, sono evidentemente massimi quando il carico è applicato direttamente nell'estremo libero ($x = 0$). A parità di posizione del carico, la reazione è poi tanto maggiore quanto più rigida è la molla (cioè quanto più piccolo è κ).

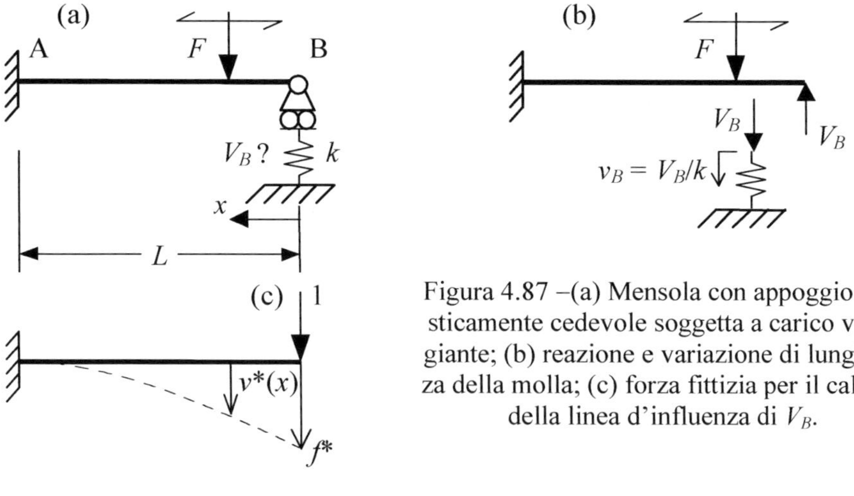

Figura 4.87 –(a) Mensola con appoggio elasticamente cedevole soggetta a carico viaggiante; (b) reazione e variazione di lunghezza della molla; (c) forza fittizia per il calcolo della linea d'influenza di V_B.

c.4 Determinare la linea d'influenza del momento d'incastro (W_A) nella sezione A della struttura di Fig. 4.88a soggetta ad una forza trasversale viaggiante sui tratti orizzontali AB e CD. La rigidezza flessionale delle travi orizzontali sia EJ; la rigidezza assiale della biella verticale sia EA.

Svolgimento parziale:
Messo in evidenza il momento incognito, rendendo al contempo isostatica la struttura (Fig. 4.88b), si determina l'equazione della deformata elastica delle travi orizzontali ($v^*(x)$) prodotta da una coppia unitaria agente nella sezione A della struttura resa isostatica (Fig. 4.88c). Si sfrutta quindi il teorema di Betti scrivendo simbolicamente

$$F \times v^*(x) + W_A \times \varphi^* = 1 \times \varphi_A,$$

dove φ^* è la rotazione della sezione A della struttura resa isostatica prodotta da una coppia fittizia unitaria applicata in A (Fig. 4.88c) e $\varphi_A = 0$ è la rotazione della stessa sezione nella struttura reale.

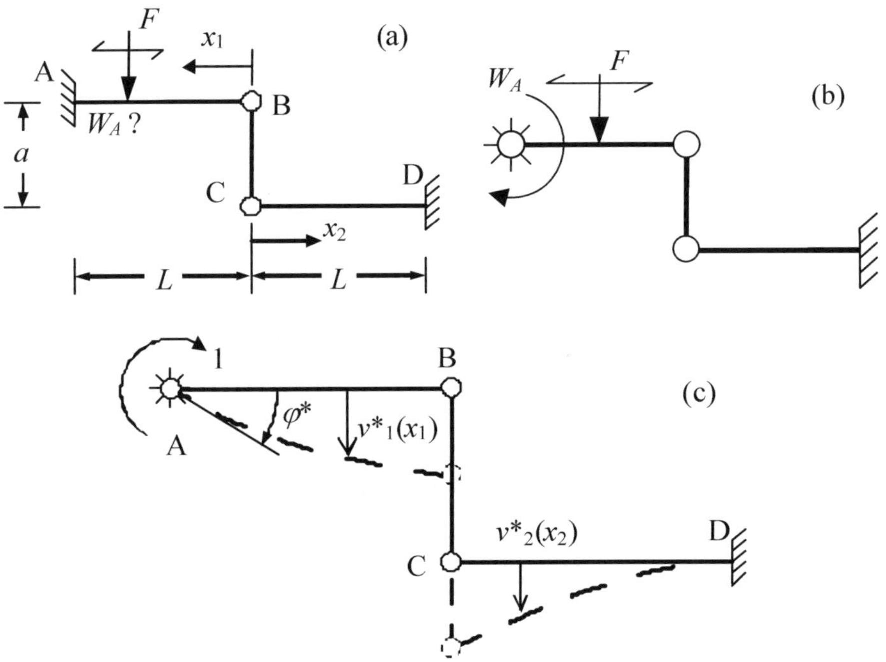

Figura 4.88 – (a) Struttura iperstatica soggetta a carico viaggiante sulle travi orizzontali; (b) scelta dell'incognita iperstatica; (c) struttura resa isostatica caricata da una coppia fittizia unitaria e relativa deformata.

Le equazioni della deformata elastica delle travi orizzontali nella struttura fittizia si ottengono integrando due volte l'equazione differenziale $d^2v^*(x)/dx^2 = -M^*(x)/EJ$, con le condizioni al contorno:

$$v_1^*(L) = 0; \quad v_2^*(L) = 0; \quad dv_2^*(L)/dx_2 = 0; \quad v_2^*(0) = v_1^*(0) + N^*_{BC} \times a/EA,$$

dove $N^*_{BC} = -1/L$ è l'azione assiale nella biella verticale della struttura soggetta alla coppia fittizia. A conti fatti, tenendo presente che $\varphi^* \equiv -dv_1^*(L)/dx_1$ e introducendo per comodità il parametro adimensionale $\kappa = aJ/(L^3A)$, si ricava

- $W_A(x_1) = F\dfrac{\dfrac{x_1^3}{L^2} + (1+6\kappa)x_1 - (2+6\kappa)L}{4+6\kappa}$ per F viaggiante sul tratto AB;
- $W_A(x_2) = -F\dfrac{\dfrac{x_2^3}{L^2} - 3x_2 + 2L}{4+6\kappa}$ per F viaggiante sul tratto CD.

La deformata della struttura fittizia, che coincide col diagramma della linea d'influenza cercata a meno di un fattore di scala, è mostrata in Fig. 4.88c. Si noti che risulta $W_A \leq 0$ per qualunque posizione del carico viaggiante, ovvero risultano sempre tese le fibre superiori della sezione d'incastro A.

c.5 Determinare la linea d'influenza dell'azione tagliante (T_D) nella sezione D di mezzeria del ritto BC del portale zoppo di Fig. 4.89a soggetto ad una forza trasversale viaggiante sul traverso AB. Si trascuri la deformabilità assiale della struttura e si supponga che ritto e traverso abbiano la stessa rigidezza flessionale EJ.

Svolgimento parziale:
Si mette in evidenza anzitutto il taglio incognito introducendo un pattino fittizio nel ritto (Fig. 4.89b). Si determina quindi l'equazione della deformata del traverso di tale struttura ($v_1^*(x)$) prodotta da una coppia di forze unitarie a cavallo del vincolo fittizio (fig. 4.89c). Per il teorema di Betti si può scrivere

$$F \times v_1^*(x_1) - T_D(x_1) \times \Delta v^* = 1 \times \Delta v,$$

dove Δv (= 0) e Δv^* rappresentano, rispettivamente, lo spostamento relativo fra le sezioni separate dal pattino ideale nella struttura reale e in quella fittizia. La struttura in cui si è introdotto il pattino ideale resta una volta iperstatica: come incognita iperstatica X, si può scegliere ad esempio il momento nell'incastro A (Fig. 4.89d). Utilizzando le ascisse mostrate in Fig. 4.89a, l'equazione del momento flettente nella struttura fittizia (positivo se tende le fibre interne del portale) si scrive:

- tratto AB: $M_1^*(x_1) = X + (1 - X/L)x_1/2$;
- tratto BD: $M_2^*(x_2) = L - x_2$;
- tratto DC: $M_3^*(x_3) = x_3$.

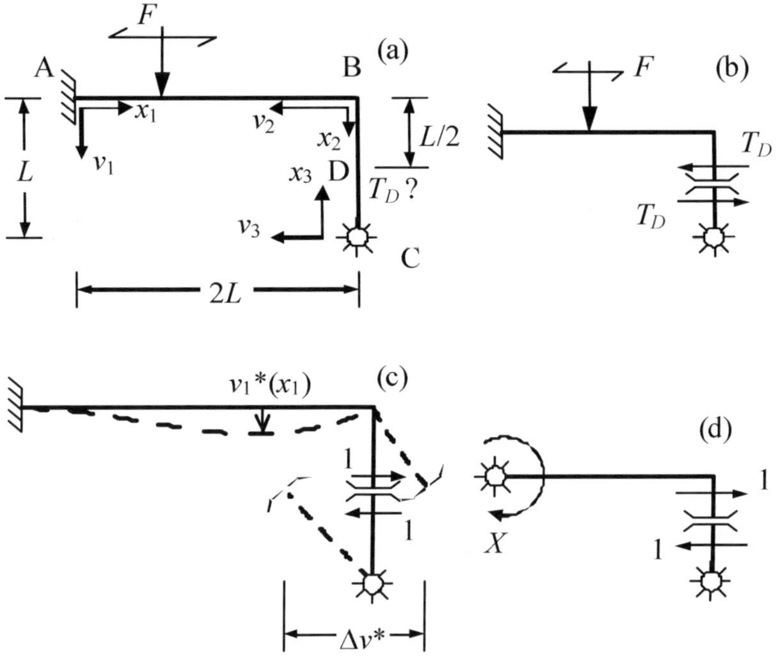

Figura 4.89 – (a) Portale zoppo soggetto a carico viaggiante sul traverso; (b) messa in evidenza del taglio nella sezione di mezzeria del ritto; (c) struttura fittizia per il calcolo della linea d'influenza di T_D; (d) scelta dell'incognita iperstatica nella struttura fittizia.

Si integrano quindi le tre equazioni differenziali della linea elastica $d^2v_i*/dx_i^2 = -M_i/EJ$, $i = 1,2,3$, con le condizioni al contorno

$$v_1*(0) = 0;\quad dv_1*(0)/dx_1 = 0;\quad v_1*(2L) = 0;\quad v_2*(0) = 0;$$
$$dv_1*(2L)/dx_1 = dv_2*(0)/dx_2;\quad v_3*(0) = 0;\quad dv_2*(L/2)/dx_2 = -dv_3*(L/2)/dx_3.$$

Se ne ricava:

$$v_1*(x_1) = \frac{(2L - x_1)x_1^2}{8EJ};\quad v_2*(x_2) = -\frac{(3L^2 + 3Lx_2 - x_2^2)x_2}{6EJ};$$
$$v_3*(x_3) = \frac{(L^2 - x_3^2/6)x_3}{EJ}.$$

In particolare $\Delta v* \equiv v_3(L/2) - v_2(L/2) = 5L^3/6EJ$, da cui

$$T_D(x_1) = Fv_1*(x_1)/\Delta v* = \frac{3F(2L - x_1)x_1^2}{20L^3}\quad (\geq 0\ \forall x_1 \in [0,2L]).$$

Il taglio nel ritto risulta pertanto orario, qualunque sia la posizione del carico viaggiante.

d. Esercizi sull'applicazione dei teoremi di Castigliano e Menabrea

Gli esercizi che seguono si propongono di illustrare come sia possibile il calcolo di componenti di spostamento e di incognite iperstatiche utilizzando, in alternativa ai metodi precedentemente visti (linea elastica, PLV), i teoremi di Castigliano e Menabrea introdotti nei Parr. 4.5.2 e 4.5.3. Entrambi i teoremi, fra loro strettamente correlati, si basano sul concetto di lavoro di deformazione, introdotto nel Par. 4.5.1 con riferimento a sistemi di travi elastiche lineari. Nell'ipotesi di travi snelle, tenendo conto esclusivamente della deformabilità flessionale della struttura, l'espressione approssimata del lavoro di deformazione, pari all'energia elastica immagazzinata nella struttura deformata, è

$$(L =)\,\Omega \approx \frac{1}{2}\int_{strutt} \frac{M^2}{EJ}dx\,.$$

Nelle successive applicazioni, si riterrà sempre che tutte le travi che costituiscono la struttura abbiano la stessa la rigidezza flessionale EJ.

d.1 Determinare le azioni interne nella struttura di Fig. 4.90a, utilizzando il teorema di Menabrea per il calcolo delle incognite iperstatiche.

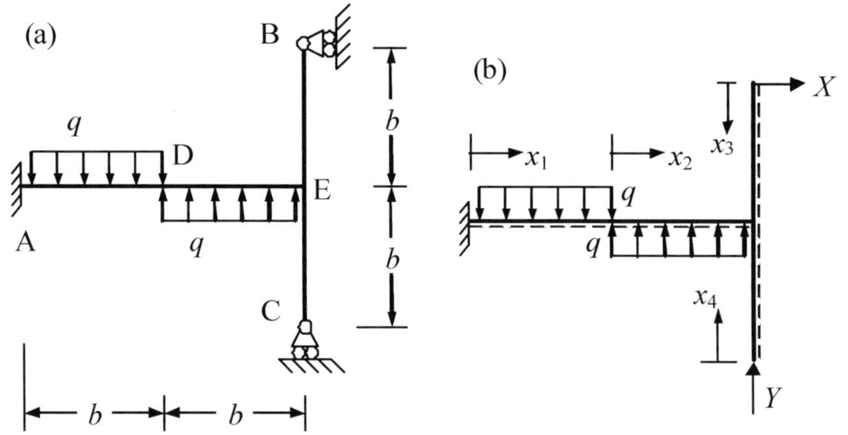

Figura 4.90 – (a) Struttura due volte iperstatica; (b) scelta delle incognite iperstatiche.

Svolgimento:

Scelte le due incognite iperstatiche (X, Y), come mostrato in Fig. 4.90b, si scrivono le equazioni del momento flettente lungo i vari tratti di struttura in funzione sia dei carichi esterni che delle iperstatiche. Utilizzando ad esempio le ascisse locali mostrate in Fig. 4.90b e considerando positivi i momenti che tendono le fibre tratteggiate nella stessa figura, si ha

- tratto AD: $M_1(x_1) = q(b^2 - ½\, x_1^2) - Xb + Y(2b - x_1)$;
- tratto DE: $M_2(x_2) = ½\, q(b - x_2)^2 - Xb + Y(b - x_2)$;
- tratto BE: $M_3(x_3) = -\,Xx_3$;
- tratto CE: $M_4(x_4) = 0$.

L'energia di deformazione immagazzinata nella struttura si scrive esplicitamente:

$$\Omega = \frac{1}{2}\int_{AD} \frac{M_1^2(x_1)}{EJ}dx_1 + \frac{1}{2}\int_{DE} \frac{M_2^2(x_2)}{EJ}dx_2 + \frac{1}{2}\int_{BE} \frac{M_3^2(x_3)}{EJ}dx_3$$
$$= \frac{1}{2}\int_0^b \frac{\left[q(b^2 - x_1^2/2) - Xb + Y(2b - x_1)\right]^2}{EJ}dx_1$$
$$+ \frac{1}{2}\int_0^b \frac{\left[q/2(b - x_2)^2 - Xb + Y(b - x_2)\right]^2}{EJ}dx_2 + \frac{1}{2}\int_0^b \frac{(-Xx_3)^2}{EJ}dx_3 \;(= L).$$

I valori delle incognite iperstatiche si ricavano imponendo la stazionarietà del lavoro di deformazione, ovvero risolvendo il sistema formato dalle due equazioni:

$$\partial L/\partial X = 0, \qquad \partial L/\partial Y = 0.$$

Derivando sotto il segno d'integrale ed effettuando solo successivamente l'integrazione, si ottiene:

$$0 = \frac{\partial L}{\partial X} = \int_0^b (-b)\frac{q(b^2 - x_1^2/2) - Xb + Y(2b - x_1)}{EJ}dx_1$$
$$+ \int_0^b (-b)\frac{q/2(b - x_2)^2 - Xb + Y(b - x_2)}{EJ}dx_2 + \int_0^b x_3\frac{Xx_3}{EJ}dx_3$$
$$= (-qb^4 + 7Xb^3/3 - 2Yb^3)/EJ;$$

$$0 = \frac{\partial L}{\partial Y} = \int_0^b (2b - x_1)\frac{q(b^2 - x_1^2/2) - Xb + Y(2b - x_1)}{EJ}dx_1$$
$$+ \int_0^b (b - x_2)\frac{q/2(b - x_2)^2 - Xb + Y(b - x_2)}{EJ}dx_2$$
$$= (17qb^4/12 - 2Xb^3 + 8/3\,Yb^3)/EJ.$$

La soluzione del precedente sistema lineare algebrico, che si può scrivere in forma matriciale come

$$\begin{bmatrix} 7/3 & -2 \\ -2 & 8/3 \end{bmatrix} \begin{bmatrix} X \\ Y \end{bmatrix} = \begin{bmatrix} 1 \\ -17/12 \end{bmatrix} qb,$$

è $X = -3qb/40$, $Y = -47qb/80$.

I diagrammi delle azioni interne nella struttura assegnata sono riportati in Fig. 4.91.

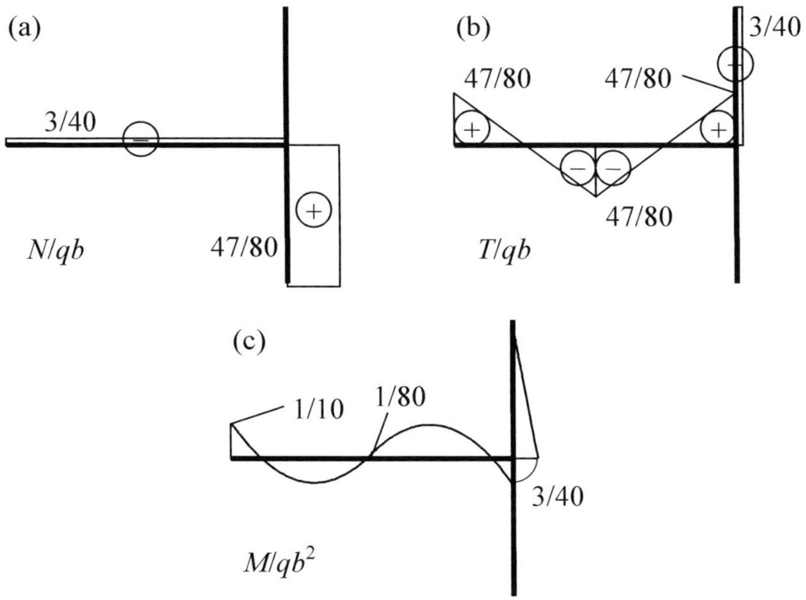

Figura 4.91 – Diagrammi delle azioni interne nella struttura di Fig. 4.90a.

d.2 Ripetere il medesimo esercizio con riferimento alla struttura di Fig. 4.92a, che differisce da quella di Fig. 4.90 per la presenza di vincoli cedevoli, sia elasticamente che anelasticamente. Si ponga per comodità $k = EJ/b^3$, $u = 2qb^4/EJ$, $v = -qb^4/EJ$, $\varphi = -qb^3/EJ$.

Svolgimento:

Si scelgano le iperstatiche come nell'esempio precedente, avendo cura di evidenziare la variazione di lunghezza della molla in B (Fig. 4.92b). La presenza dei cedimenti anelastici non consente di applicare direttamente i teoremi energetici del Par. 4.5 al problema in esame. Tuttavia, è sempre possibile immaginare che una generica componente di spostamento (o di rotazione) sia la somma di un contributo elastico ed uno anelastico: il primo contributo, prodotto dai soli carichi esterni in assenza di effetti anelastici, è quello calcolabile mediante il teorema di Castigliano; il secondo va valutato sulla struttura resa isostatica e soggetta solo ai cedimenti anelastici.

Ad esempio, la componente δ dello spostamento del punto di applicazione dell'iperstatica X in direzione dell'iperstatica stessa (che, per congruenza, deve eguagliare la variazione di lunghezza della molla) può essere espressa simbolicamente come

$$\delta = \delta_{el} + \delta_{an},$$

dove $\delta_{el} = \partial L/\partial X$ è la componente, di origine puramente elastica, già calcolata nell'esercizio precedente. δ_{an} è il contributo dei soli cedimenti anelastici, ricavabile dalle Figg. 4.93a,b. Esplicitamente si ha dunque

$$-X/k = (-qb^4 + 7Xb^3/3 - 2Yb^3)/EJ + (u - \varphi b);$$

il segno meno nel termine a sinistra dell'uguale deriva dal fatto che un allungamento della molla corrisponde ad uno spostamento dell'estremo B della struttura, pensato libero, discorde con l'iperstatica.

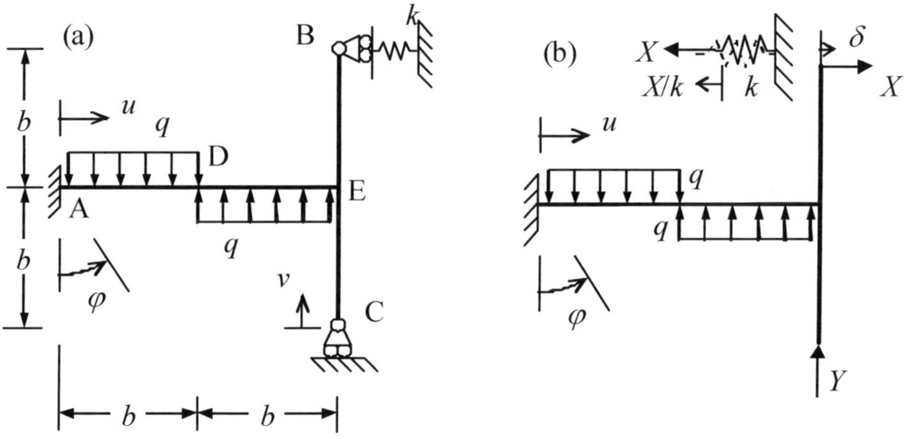

Figura 4.92 – (a) Struttura due volte iperstatica con vincoli cedevoli; (b) scelta delle incognite iperstatiche.

Analogamente, la componente dello spostamento di C secondo l'iperstatica Y (il cui valore, noto, è v) è esprimibile come

$$v = v_{el} + v_{an} = \partial\Omega/\partial Y + v_{an} = (17qb^4/12 - 2Xb^3 + 8/3Yb^3)/EJ + 2\varphi b.$$

Risolvendo il sistema algebrico formato dalle due equazioni ora ricavate, utilizzando i valori ipotizzati per i cedimenti anelastici e per la rigidezza della molla in B, si ottiene

$$X = -111qb/88,\ Y = -97qb/88.$$

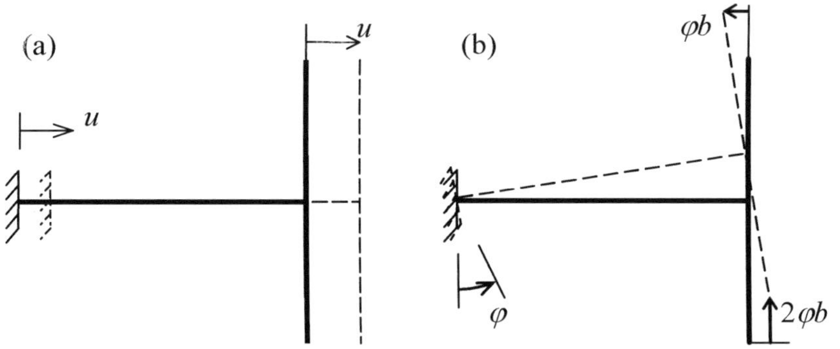

Figura 4.93 – Determinazione degli spostamenti prodotti dai soli cedimenti anelastici nell'incastro A della struttura isostatica di Fig. 4.92b: (a) effetto del cedimento orizzontale; (b) effetto della rotazione.

d.3 Con riferimento alla struttura di Fig. 4.94a, determinare la rotazione dello spigolo E utilizzando il teorema di Castigliano.

Svolgimento:
Scelte le incognite iperstatiche come nell'es. d.1 e sfruttando i risultati già ottenuti (v. Fig. 4.94b), si scrivono innanzitutto le equazioni del momento flettente nei vari tratti di struttura. Utilizzando le stesse convenzioni di segno e le stesse ascisse locali dell'es. d.1 si ha:

- tratto AD: $M_1(x_1) = -\frac{1}{2}\, qx_1^2 + 47qbx_1/80 - qb^2/10$;
- tratto DE: $M_2(x_2) = \frac{1}{2}\, qx_2^2 - 33qbx_2/80 - qb^2/80$;
- tratto BE: $M_3(x_3) = 3qbx_3/40$;
- tratto CE: $M_4(x_4) = 0$.

Per calcolare la rotazione incognita mediante il teorema di Castigliano, s'immagina che sul nodo E della struttura resa isostatica sia applicata una coppia W (Fig. 4.95a) e si calcola l'energia di deformazione Ω immagazzinata nella struttura ad opera dei carichi esterni, sia reali che fittizi. Simbolicamente:

$$\Omega = \frac{1}{2} \int_{strutt} \frac{(M + M^W)^2}{EJ} dx$$

dove M^W rappresenta il contributo aggiuntivo dovuto alla coppia fittizia (v. Fig. 4.95b), la cui espressione è:

- nei tratti AD e DE: $M_1^W = M_2^W = W$;
- nei tratti BE e CE: $M_3^W = M_4^W = 0$.

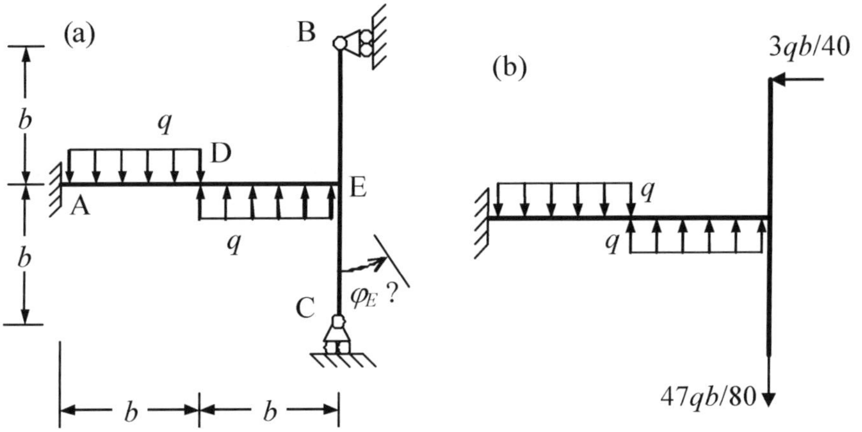

Figura 4.94 – (a) Struttura due volte iperstatica di Fig. 4.90a; (b) reazioni iperstatiche negli appoggi B e C.

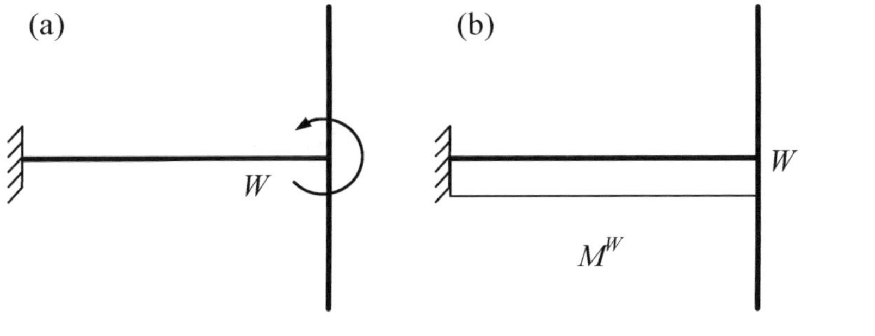

Figura 4.95 – (a) Struttura di Fig. 4.94a resa isostatica come in Fig. 4.94b, soggetta ad una coppia fittizia nel nodo E; (b) momento prodotto dalla coppia fittizia nella struttura resa isostatica.

Esplicitando si ha quindi:

$$\Omega = \frac{1}{2}\int_0^b \frac{\left(-qx_1^2/2 + 47qbx_1/80 - qb^2/10 + W\right)^2}{EJ}dx_1$$

$$+\frac{1}{2}\int_0^b \frac{\left(qx_2^2/2-33qbx_2/80-qb^2/80+W\right)^2}{EJ}dx_2+\frac{1}{2}\int_0^b \frac{(3qbx_3/40)^2}{EJ}dx_3 \quad (=L).$$

L'equazione che consente la determinazione di φ_E è (v. Par. 4.5.2):

$$\varphi_E=\left.\frac{\partial L}{\partial W}\right|_{W=0}$$

ovvero, derivando sotto il segno d'integrale e imponendo successivamente $W=0$:

$$\varphi_E=\int_0^b \frac{-qx_1^2/2+47qbx_1/80-qb^2/10}{EJ}dx_1$$

$$+\int_0^b \frac{qx_2^2/2-33qbx_2/80-qb^2/80}{EJ}dx_2$$

$$=-\frac{qb^3}{40EJ}.$$

La rotazione cercata risulta pertanto oraria, in quanto discorde col verso ipotizzato per la coppia fittizia W.

Capitolo 5
La stabilità dell'equilibrio elastico

5.1 Considerazioni introduttive

La sicurezza di una struttura viene prioritariamente valutata verificando che lo sforzo in ogni suo punto sia compatibile con le caratteristiche di resistenza dei materiali costituenti: questo argomento viene trattato in dettaglio nei testi di Meccanica dei Solidi (v. ad es. [4]). Tuttavia, nel caso di elementi strutturali compressi, la sola verifica di resistenza può non essere sufficiente a giudicarne la sicurezza. Un semplice esempio chiarirà questa affermazione. Si consideri un'asta d'acciaio ad asse rettilineo, lunga 5 m e con sezione circolare di diametro pari a 10 cm. Si supponga di incastrarla nel suo estremo superiore e di appendere all'estremo libero un peso P di 1000 kN in modo che il suo baricentro sia allineato con l'asse dell'asta (Fig. 5.1a). Escludendo le zone di estremità, la sollecitazione specifica per unità di area (o *sforzo*) nell'asta è praticamente costante e pari a

$$\sigma = P/A = 1000000/(\pi \times 50^2) \approx 125 \text{ N/mm}^2.$$

Si tratta di una sollecitazione largamente inferiore allo sforzo limite che produce il fenomeno dello 'snervamento' negli ordinari acciai da costruzione, σ_0, pari a circa 420 N/mm^2: la verifica di resistenza è dunque soddisfatta.

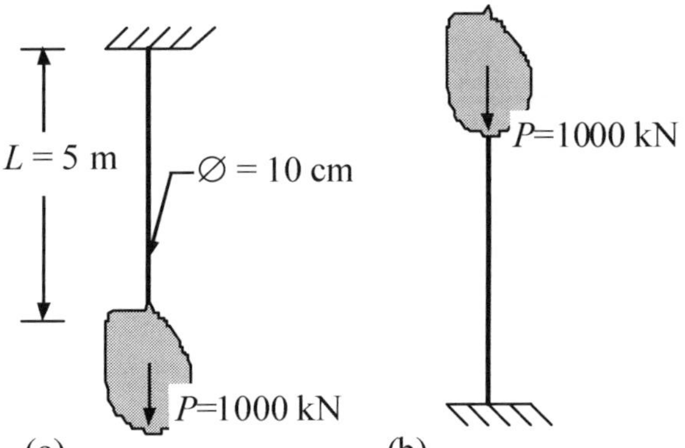

Figura 5.1 – Trave soggetta ad un carico assiale di (a) trazione o (b) di compressione.

Si supponga ora di ribaltare la struttura (Fig. 5.1b), col che l'asta risulta soggetta ad uno sforzo di compressione pari a circa -125 N/mm^2. Poiché il comportamento dell'acciaio è sostanzialmente simmetrico a trazione e compressione, basandosi esclusivamente su considerazioni legate alla resistenza del materiale si dovrebbe concludere che, anche compressa, l'asta è sicura.

E' peraltro sufficiente l'intuizione a far comprendere come nel secondo caso la struttura sia tutt'altro che sicura. Basta che l'asse dell'asta non sia perfettamente rettilineo, che il peso non sia perfettamente centrato, o che intervenga una piccola azione orizzontale a causare un'inflessione dell'asta, per innescare uno sbandamento laterale che rischia di provocare deformazioni irreversibili, o comunque di far allontanare di molto l'asta dalla configurazione verticale di partenza.

Da un punto di vista teorico, se l'asta è perfettamente rettilinea e il carico è perfettamente centrato, la configurazione verticale, caratterizzata solamente da un accorciamento della linea d'asse, è effettivamente una configurazione di equilibrio, indipendentemente dal valore del carico. Il problema è che, se il carico è elevato, si tratta di una configurazione di equilibrio instabile: basta cioè una piccola perturbazione a fare allontanare sensibilmente l'asta dalla configurazione iniziale rettilinea.

Questo discorso fa comprendere come, per giudicare la sicurezza di una struttura in cui siano presenti elementi compressi, ci si debba anche preoccupare di studiare la natura delle sue possibili configurazioni di equilibrio.

Più precisamente, si dice che una struttura in equilibrio sotto assegnati carichi è in una condizione di equilibrio stabile quando l'intervento di una perturbazione (quale può essere un carico aggiuntivo infinitesimo) provoca solo piccole oscillazioni attorno alla configurazione originale (detta 'configurazione banale', κ_0) ed il ritorno spontaneo del sistema alla configurazione κ_0, una volta cessato l'effetto della perturbazione. Viceversa, si dice che la struttura è in una condizione di equilibrio instabile quando l'intervento di una perturbazione provoca un sensibile allontanamento del sistema dalla configurazione di equilibrio originale κ_0. Infine, se, allontanando il sistema dalla configurazione di equilibrio banale κ_0, mediante un'arbitraria perturbazione infinitesima, e portandolo in una nuova configurazione κ_1 nell'intorno di κ_0, esso permane nella configurazione κ_1, si dirà che il sistema è in una condizione di equilibrio indifferente.

Per illustrare il concetto, si consideri una sferetta pesante obbligata a spostarsi lungo una guida (Fig. 5.2). La sferetta può trovarsi in equilibrio in una delle tre posizioni A, B e C. A è una posizione di equilibrio stabile, nel senso che, se la sferetta viene allontanata (di poco) da A e portata in A′, il suo peso P acquista una componente 'stabilizzante' che tende a riportarla nella posizione di partenza (dopo una serie di piccole oscillazioni). B è invece una posizione di equilibrio instabile perché, se la sferetta viene leggermente allontanata da B e portata in B′, il suo peso acquista una componente 'destabilizzante' che la allontana definitivamente da tale posizione. Infine, C è una posizione di equilibrio indifferente: se la sferetta viene allontanata di poco da tale posizione e portata in C′, non tende né a tornare spontaneamente in C, né a discostarsene ulteriormente.

Per l'ingegnere sono pericolose non solo le situazioni in cui l'equilibrio di una certa struttura è instabile, ma anche quelle di equilibrio indifferente. Questo perché, nella maggioranza dei casi, le strutture vengono progettate per ritornare nella configurazione iniziale una volta cessato l'effetto di una causa perturbatrice.

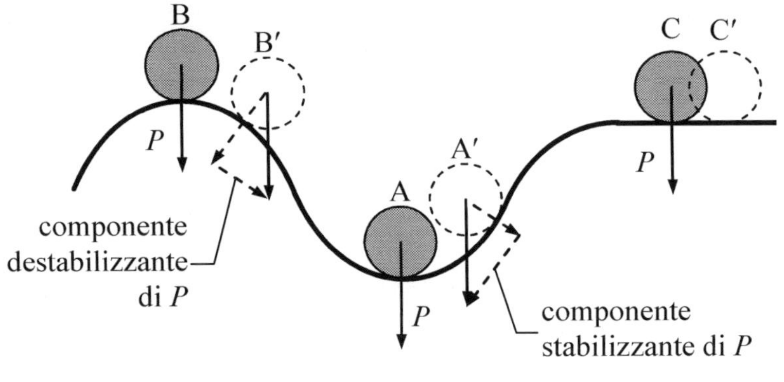

Figura 5.2 – Possibili posizioni di equilibrio di una sferetta pesante lungo una guida.

Nel caso di sistemi elastici, quando una causa perturbatrice allontana la struttura da una certa configurazione, nascono sempre delle azioni interne che si oppongono alla deformazione del sistema e hanno un effetto stabilizzante. In altre parole, il problema della stabilità dell'equilibrio di un sistema elastico non è di natura puramente *posizionale* (come nell'esempio della sferetta), bensì legato al prevalere o meno degli effetti stabilizzanti (elastici) su quelli destabilizzanti dei carichi. Si mostrerà ora come si possa affrontare lo studio della stabilità dell'equilibrio di aste compresse, dapprima con riferimento a strutture in cui la deformabilità è confinata in un numero finito di sezioni (sistemi discreti – Par. 5.2) e poi con riferimento a strutture interamente deformabili (sistemi continui – Par. 5.3). Infine, si farà un cenno ai fenomeni d'instabilità 'a scatto', tipici degli archi ribassati (Par. 5.4).

L'approccio presentato, benché non esaustivo, vale per un'ampia categoria di strutture d'interesse pratico.

5.2 Stabilità dell'equilibrio di sistemi discreti

5.2.1 Approccio perturbativo

Si consideri una struttura estremamente semplice, costituita da un'unica asta indeformabile, incernierata al terreno in un estremo e compressa nell'altro. Tutta la deformabilità della struttura è concentrata nella sezione al piede dell'asta ed è schematizzata mediante una molla (Fig. 5.3). La configurazione verticale dell'asta è di equilibrio per qualunque valore del carico P; ci si propone di indagare sotto quali condizioni tale configurazione è anche stabile.

S'imprima all'asta un piccolo cambiamento di configurazione, caratterizzato da un angolo di rotazione infinitesimo $\delta\theta$ (Fig. 5.3b). Rispetto alla cerniera a terra nascono:

- un momento (destabilizzante) prodotto dal carico esterno, pari a $PL\sin(\delta\theta) \approx PL\times\delta\theta$;

- un momento (stabilizzante) dovuto all'azione di richiamo della molla, pari a $k\times\delta\theta$.

Se il momento di richiamo prevale su quello prodotto dal carico, qualunque sia la rotazione infinitesima impressa, l'asta tende a riportarsi nella configurazione verticale che è quindi di equilibrio stabile. In caso contrario, la molla non riesce a contrastare il momento prodotto dal carico: l'asta si allontana ulteriormente dalla configurazione verticale, che è quindi instabile. Al limite, se i due momenti si bilanciano, qualunque sia il valore della rotazione impressa, l'asta permane in equilibrio anche nella configurazione ruotata; in tal caso, l'equilibrio si realizza indifferentemente nella configurazione verticale o in una ruotata, infinitamente prossima ad essa. Riepilogando:

- se $PL\times\delta\theta < k\times\delta\theta\ \forall\delta\theta$, ovvero se $P < k/L$, $\theta = 0$ è stabile;
- se $PL\times\delta\theta > k\times\delta\theta\ \forall\delta\theta$, ovvero se $P > k/L$, $\theta = 0$ è instabile.
- se $PL\times\delta\theta = k\times\delta\theta\ \forall\delta\theta$, ovvero se $P = k/L$, $\theta = 0$ è indifferente.

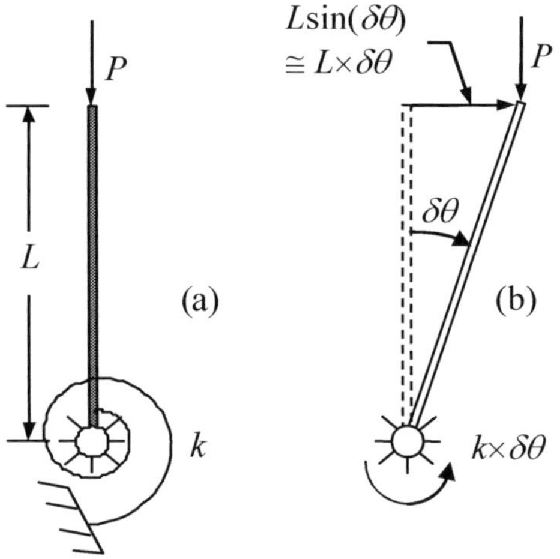

Figura 5.3 – Asta rigida caricata di punta: (a) configurazione di equilibrio verticale; (b) perturbazione a partire dalla configurazione verticale.

L'approccio ora seguito per lo studio della stabilità della struttura di Fig. 5.3a prende il nome di 'approccio perturbativo' e ricalca concettualmente quello utilizzato per studiare la natura delle configurazioni di equilibrio della sferetta pesante di Fig. 5.2. Il valore del carico per il quale la configurazione di equilibrio 'banale' $\theta = 0$ cessa di essere stabile prende il nome di carico critico (P_{cr}). Nell'esempio ora visto, $P_{cr} = k/L$.

5.2.2 Approccio statico

Il problema studiato nel paragrafo precedente può essere affrontato con un approccio concettualmente diverso. Si abbandoni per il momento il quesito di partenza, riguardante la stabilità di una struttura in una certa configurazione di equilibrio, detta banale. Ci si chieda invece se la struttura possa trovarsi in equilibrio in configurazioni deformate diverse da quella banale. Per determinare tali configurazioni, bisogna mettere esplicitamente in conto la possibilità che esse possano essere molto discoste dalla configurazione verticale, ovvero bisogna imporre l'equilibrio della struttura *abbandonando integralmente l'ipotesi di piccoli spostamenti.* Riferendosi ad esempio alla struttura precedentemente considerata, ridisegnata per comodità in Fig. 5.4a, si indichi con θ l'angolo formato dall'asta ruotata con la verticale (Fig. 5.4b). Senza nessuna ipotesi restrittiva sull'entità della rotazione θ, l'equilibrio alla rotazione attorno alla cerniera al piede O si scrive:

$$\sum M_O = PL\sin\theta - k\theta = 0$$

da cui

$$\frac{PL}{k} = \frac{\theta}{\sin\theta}.$$

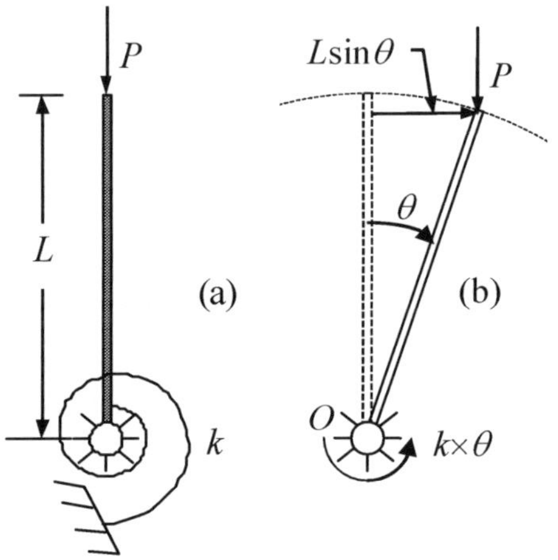

Figura 5.4 – Asta rigida caricata di punta: (a) configurazione di equilibrio verticale; (b) ricerca di configurazioni di equilibrio ruotate.

Si noti che l'aver abbandonato l'ipotesi di piccoli spostamenti ha condotto ad un legame carico–rotazione non lineare. Gli angoli che caratterizzano le possibili configurazioni di equilibrio non banali per un dato valore del carico P si ottengono risolvendo rispetto a θ l'equazione trascendente $PL/k = \theta/\sin\theta$. La sua risoluzione può essere effettuata qualitativamente per via grafica, cercando le intersezioni fra la curva di equazione $y = \sin\theta$ e la retta $y = (k/PL)\times\theta$ (Fig. 5.5).

A seconda del valore del rapporto k/PL, possono presentarsi tre situazioni diverse:

(a) se $k/PL > 1$, l'unica intersezione fra la retta e la sinusoide è nell'origine degli assi (Fig. 5.5a);

(b) se $k/PL < 1$, la retta e la sinusoide si intersecano (almeno) in tre punti: l'origine degli assi e due punti di ascissa $\pm\theta^*$ nell'intervallo $(-\pi,+\pi)$ – Fig. 5.5b;

(c) al limite, se $k/PL=1$, la retta e la sinusoide possono essere confuse fra loro in tutto un intorno (infinitesimo) dell'origine; esistono in sostanza infinite configurazioni di equilibrio deformate, infinitamente prossime a quella banale, caratterizzate da valori di θ piccoli, ma non nulli (Fig. 5.5c).

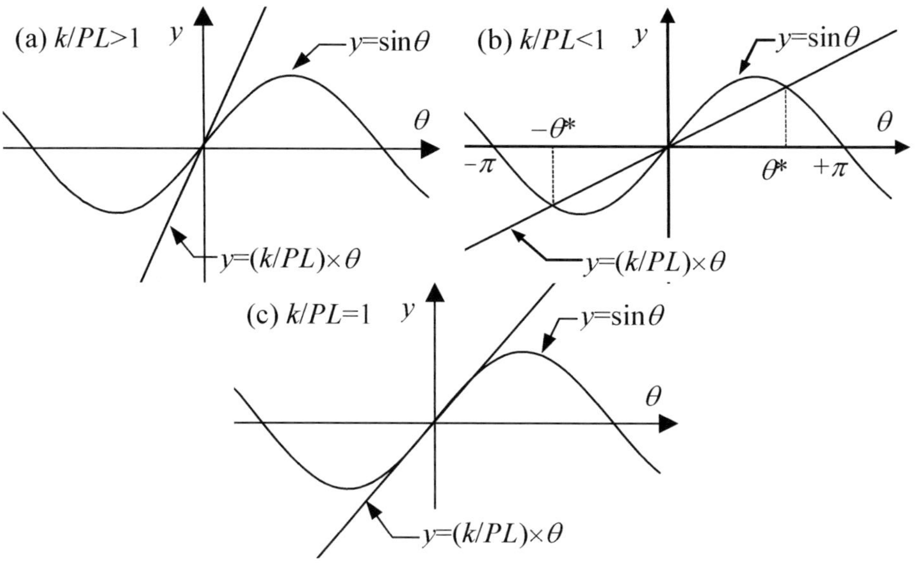

Figura 5.5 – Ricerca per via grafica delle radici dell'equazione $PL\sin\theta = k\theta$.

La Fig. 5.6 mostra il legame fra carico P e angolo di rotazione θ in corrispondenza delle configurazioni di equilibrio. Il grafico comprende l'asse delle ordinate, corrispondente alla configurazione banale (non ruotata) $\theta = 0$ per qualunque valore del carico P. Dal grafico è evidente la molteplicità di soluzione possibile per $P > k/L$. Si osservi che la perdita dell'unicità di soluzione è legata all'abbandono dell'ipotesi di piccoli spostamenti, per cui cade la completa linearità delle equazioni che governano il problema elastico. In sostanza, al crescere dal carico partendo da zero, il percorso di equilibrio del sistema si biforca una volta raggiunto il carico critico[9].

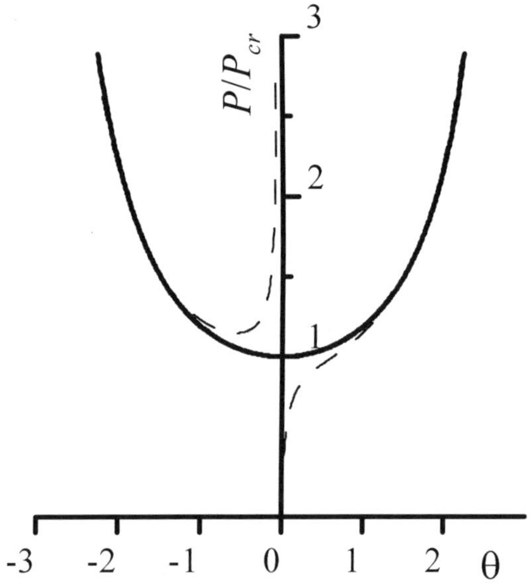

Figura 5.6 – Asta rigida caricata di punta: diagramma carico-angolo di rotazione; a tratto continuo: sistema perfetto; in tratteggio: sistema imperfetto.

Unendo le conclusioni del presente approccio a quelle fornite dall'approccio perturbativo, si può concludere che:

(a) se $P<P_{cr}$ (= k/L), l'*unica* configurazione di equilibrio possibile per l'asta è quella banale, che è anche *stabile*;
(b) se $P>P_{cr}$, l'equilibrio è possibile in almeno tre configurazioni: in quella banale, che è di equilibrio *instabile*, e in configurazioni deformate, simmetriche rispetto alla verticale. Applicando l'approccio perturbativo a tali configurazioni, si potrebbe dimostrare che fra di esse ricadono quelle di equilibrio stabile;
(c) se $P=P_{cr}$, l'asta può stare in equilibrio indifferentemente nella configurazione banale e in qualunque configurazione ruotata, infinitamente prossima a quella banale.

Da quanto detto emerge che il carico critico può essere anche visto come il più piccolo valore del carico per il quale sono possibili configurazioni di equilibrio diverse da quella banale. Oltre tale carico, infatti, la configurazione banale cessa di essere di equilibrio stabile. Pertanto, il carico critico può essere determinato con consi-

[9] Nella realtà, l'inevitabile presenza di imperfezioni fa sì che, al crescere del carico, il sistema segua un percorso di equilibrio, privo di biforcazioni, che si discosta sensibilmente da quello del sistema perfetto per carichi prossimi a P_{cr} (v. la curva tratteggiata in Fig. 5.6).

derazioni statiche, imponendo l'equilibrio della struttura in una configurazione deformata *infinitamente prossima a quella banale*. In altre parole, il carico critico può essere determinato con un 'approccio statico', considerando spostamenti e rotazioni piccoli sì da un punto di vista geometrico, ma influenti sull'equilibrio (ovvero, piccoli geometricamente, ma non staticamente). Applicando questo ragionamento alla struttura esaminata (Fig. 5.4), si avrebbe:

$$PL\sin\theta \approx PL\theta = k\theta.$$

Per $\theta \neq 0$, questa equazione può essere soddisfatta solo se $P = k/L \equiv P_{cr}$. Si osservi che tale approccio non consente di determinare eventuali configurazioni di equilibrio deformate (essendo θ arbitrario), ma solo di stabilire per quali valori del carico tali configurazioni si rendono possibili. L'approccio statico verrà impiegato nel successivo Par. 5.3 per la determinazione del carico critico di aste deformabili.

Esempio. Si voglia determinare con l'approccio statico il carico critico della struttura di Fig. 5.7a. La struttura è formata da aste rigide, che possono ruotare relativamente a patto di trasmettersi momenti attraverso le molle poste nelle sezioni C e D.

Si supponga che la struttura possa trovarsi in equilibrio in una configurazione deformata, di poco discosta da quella rettilinea (che è comunque di equilibrio per qualunque valore di P). Tale configurazione è compiutamente definita specificando, ad esempio, i valori degli spostamenti x_1 e x_2 in figura, che giocano il ruolo di gradi di libertà del sistema. In Fig. 5.7b è mostrata una generica configurazione deformata: sono indicati gli angoli di cui ruotano le aste, sia relativamente (φ_1, φ_2) che rispetto al terreno (θ_1, θ_2, θ_3). I momenti di richiamo nelle molle sono proporzionali a φ_1 e φ_2 tramite le rispettive costanti di rigidezza. Si esprimano tali rotazioni relative in funzione dei gradi di libertà x_1 e x_2. Essendo spostamenti e rotazioni geometricamente piccoli per ipotesi, si può scrivere:

$$\theta_1 \approx \text{tg}\ \theta_1 = x_1/L; \qquad \theta_2 \approx \text{tg}\ \theta_2 = (x_1 - x_2)/L; \qquad \theta_3 \approx \text{tg}\ \theta_3 = x_2/L,$$

da cui

$$\varphi_1 = \theta_1 + \theta_2 \approx (2x_1 - x_2)/L; \qquad \varphi_2 = \theta_3 - \theta_2 \approx (2x_2 - x_1)/L.$$

Le equazioni di equilibrio globale, scritte con riferimento alla configurazione deformata, mostrano che l'unica reazione a terra non nulla è $H_A = -P$. L'equilibrio parziale delle aste AC e BD fornisce:

$$\sum M_C(\text{AC}) = 0 \quad \Rightarrow \quad Px_1 = k_1\varphi_1 \approx k_1(2x_1 - x_2)/L;$$
$$\sum M_D(\text{BD}) = 0 \quad \Rightarrow \quad Px_2 = k_2\varphi_2 \approx k_2(2x_2 - x_1)/L.$$

In forma matriciale:

$$\begin{bmatrix} P-2k_1/L & k_1/L \\ k_2/L & P-2k_2/L \end{bmatrix} \begin{bmatrix} x_1 \\ x_2 \end{bmatrix} = \begin{bmatrix} 0 \\ 0 \end{bmatrix} \Leftrightarrow [K(P)]\{x\}=\{0\}.$$

Per valori di P completamente arbitrari, questo sistema lineare omogeneo ammette unicamente la soluzione banale $x_1 = x_2 = 0$, corrispondente alla configurazione indeformata. Ai valori di P che rendono singolare la matrice dei coefficienti del sistema $[K]$ corrispondono invece soluzioni non banali. Imponendo $\det[K(P)] = 0$ si ottiene

$$(P-2k_1/L)(P-2k_2/L) - k_1k_2/L^2 = 0.$$

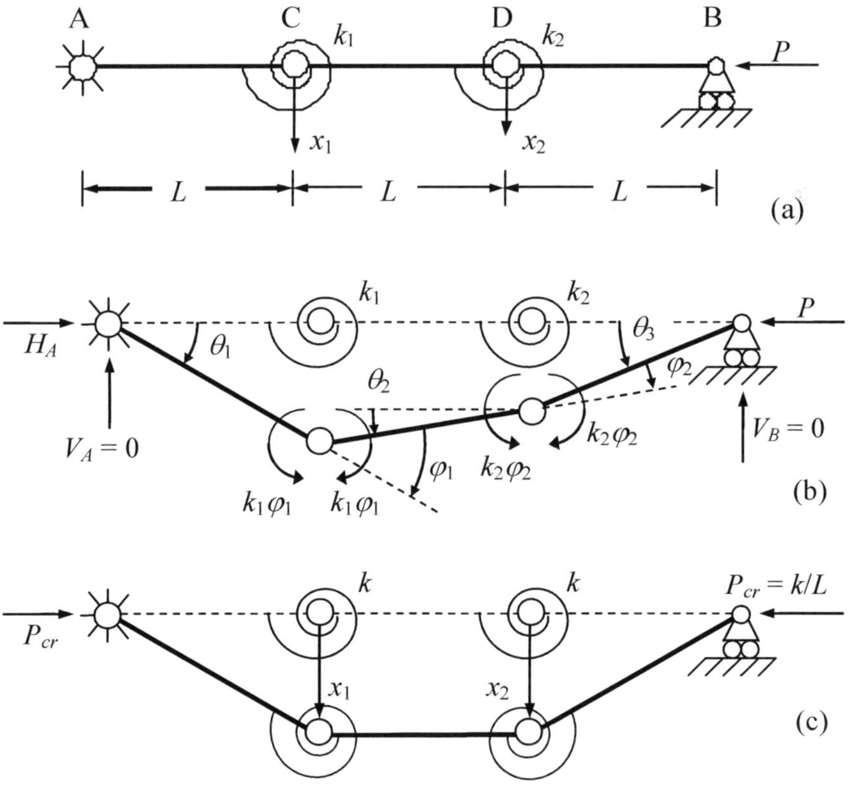

Figura 5.7 – (a) Sistema a due gradi di libertà; (b) equilibrio in una configurazione deformata prossima a quella rettilinea; (c) deformata critica nel caso $k_1 = k_2$ (= k).

Nel caso particolare in cui le molle siano uguali ($k_1 = k_2 = k$), le radici di questa equazione del second'ordine in P sono $P = k/L$ e $P = 3k/L$, la più piccola delle quali rappresenta il carico critico della struttura. $P_{cr} = k/L$ corrisponde infatti al più piccolo valore di P per cui è possibile l'equilibrio della struttura in una configurazione non banale, di poco discosta da quella rettilinea, nonché il massimo valore di P per cui l'equilibrio è stabile nella configurazione rettilinea.

Si noti che le configurazioni di equilibrio non banale sono note in forma, ma non in ampiezza. Sostituendo infatti a P il valore P_{cr}, ciascuna delle due equazioni del sistema $[K(P)]\{x\}=\{0\}$ è soddisfatta per $x_1 = x_2$; il valore dei due gradi di libertà resta peraltro arbitrario. Nel caso di molle uguali, la deformata critica prevede quindi che l'asta centrale della struttura di Fig. 5.7a trasli verticalmente (v. Fig. 5.7c).

5.2.3 Approccio energetico

Se i carichi agenti su di una struttura sono conservativi e la struttura è in materiale elastico, risulta definibile l'*energia potenziale totale* (EPT) del sistema, Π. La variazione di tale energia durante un cambiamento di configurazione del sistema è data dalla differenza fra l'energia di deformazione elastica che si immagazzina nella struttura, Ω (v. Par. 4.5.1), e il lavoro compiuto dai carichi esterni, W.

Dalla Meccanica Razionale è noto che, sotto tali ipotesi, l'EPT risulta stazionaria in corrispondenza delle configurazioni di equilibrio del sistema. Si dimostra inoltre che una configurazione di equilibrio κ_0 di un sistema dotato di vincoli lisci e fissi è stabile se ivi la sua EPT presenta un minimo. Questo risultato, noto come 'teorema di (Lagrange-)Dirichlet[10],' può essere dimostrato attraverso considerazioni di tipo dinamico[11]. Viceversa, la configurazione κ_0 è instabile se è possibile trovare una perturbazione infinitesima del sistema a partire da κ_0 che porta ad una diminuzione di Π (teorema di Liapounoff), il che è quanto dire che l'EPT del sistema non è minima in corrispondenza di κ_0 [12]. Nel caso di un'asta compressa, il più piccolo valore del carico per il quale l'EPT del sistema cessa di essere minima nella configurazione di equilibrio banale κ_0 rappresenta, per quanto sopra detto, il carico critico dell'asta.

Senza dimostrare i due teoremi citati, ci si limiterà qui a verificarne l'asserto con riferimento al sistema a un grado di libertà (v. Fig. 5.8) già studiato con approccio perturbativo e statico, in vista della determinazione del suo carico critico per via energetica. Quando l'asta passa dalla configurazione verticale ad una generica configurazione (congruente) ruotata, caratterizzata da un angolo θ, l'energia di deformazione immagazzinata nella molla (per ipotesi, elastica lineare) è $\Omega = \frac{1}{2} k\theta^2$, mentre il lavoro del carico esterno è $W = Pu$ (v. Fig. 5.8). Pertanto, la variazione dell'energia potenziale totale del sistema $\Delta\Pi$ è:

---

[10] Johann Peter Gustav Lejeune Dirichlet: 1805, Düren (Impero Francese) – 1859, Göttingen (Hannover, Germania).

[11] v. ad esempio [1], nonché qualunque testo di Meccanica Razionale.

[12] ciò non vuol dire necessariamente che Π sia massima in corrispondenza di κ_0, in quanto, per sistemi a più gradi di libertà, potrebbe presentare un 'punto sella'.

$$\Delta\Pi = \Pi(\theta) - \Pi(0) = \Omega - W \ = \tfrac{1}{2}\, k\theta^2 - Pu.$$

L'abbassamento u del punto di applicazione del carico è pari a $L - L\cos\theta$. Ritenendo convenzionalmente nulla l'E.P.T. nella configurazione di partenza, si ha anche

$$\Delta\Pi \equiv \Pi(\theta) = \tfrac{1}{2}\, k\theta^2 - PL(1-\cos\theta).$$

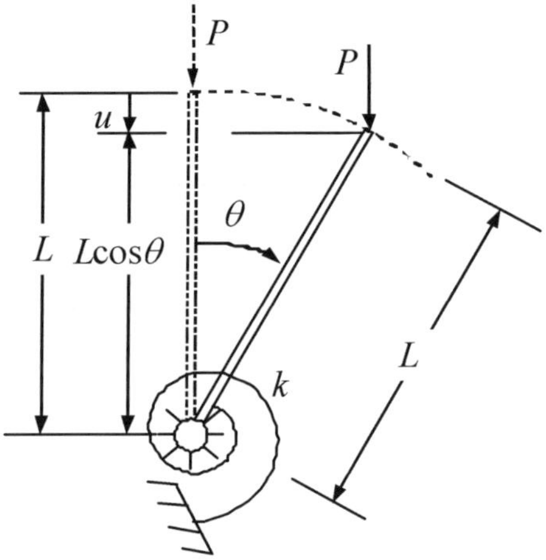

Figura 5.8 – Asta rigida caricata di punta: cambiamento di configurazione a partire dalla verticale.

Le configurazioni di equilibrio dell'asta si ottengono imponendo la stazionarietà dell'E.P.T.:

$$\frac{d\Pi}{d\theta} = k\theta - PL(\sin\theta) = 0.$$

Si ritrova così la condizione $PL/k = \theta/\sin\theta$ già ottenuta con l'approccio statico; si osserva in particolare che l'EPT è stazionaria per $\theta = 0$, confermando il fatto che la configurazione verticale è di equilibrio, indipendentemente dal valore del carico.

Una generica configurazione di equilibrio (θ_0) che soddisfi la condizione $PL/k = \theta/\sin\theta$ risulta stabile se l'energia potenziale del sistema aumenta a seguito di qualunque cambiamento di configurazione (infinitesimo) a partire da essa. Deve quindi risultare

$$\left(\frac{d^2\Pi}{d\theta^2}\right)_{\theta_0} = k - PL(\cos\theta_0) > 0.$$

Poiché per $\theta_0 = 0$ risulta $(d^2\Pi/d\theta^2)_0 = k - PL$, ne consegue che:

- se $P < k/L$, la configurazione verticale è di equilibrio stabile;
- se $P > k/L$, la configurazione verticale è di equilibrio instabile.

Per $P = k/L$ l'EPT del sistema cessa di essere minima in corrispondenza della configurazione banale $\theta = 0$: $P = k/L$ rappresenta quindi il carico critico dell'asta, P_{cr}.

In corrispondenza delle configurazioni di equilibrio ruotate ($\theta_0 \equiv \theta^* \neq 0$), che soddisfano la condizione $PL/k = \theta^*/\sin\theta^*$, risulta $(d^2\Pi/d\theta^2)_{\theta^*} = k\times(1 - \theta^*/\text{tg}\theta^*)$: tale derivata risulta sempre positiva nell'intervallo $0 < |\theta^*| < \pi$. Pertanto, quando P supera il valore $P_{cr} = k/L$, l'asta trova sempre equilibrio stabile in una configurazione ruotata rispetto alla verticale.

Il procedimento illustrato consente di ricavare per via energetica tutte le possibili configurazioni di equilibrio della struttura e di valutarne la stabilità. Se ci si accontenta di determinare il carico critico di un sistema a un grado di libertà, quale quello di Fig. 5.8, si può studiare l'andamento dell'EPT del sistema nell'intorno della configurazione di equilibrio banale (caratterizzata da $\theta = 0$). Sviluppando $\Pi(\theta)$ in serie di McLaurin si ha:

$$\Pi(\theta) = \Pi(0) + \left(\frac{d\Pi}{d\theta}\right)_0 \theta + \frac{1}{2}\left(\frac{d^2\Pi}{d\theta^2}\right)_0 \theta^2 + O(\theta^3),$$

dove $O(\theta^3)$ rappresenta termini contenenti potenze di θ di ordine superiore al secondo, trascurabili rispetto agli altri termini nell'espressione di $\Pi(\theta)$ se si considerano angoli assimilabili ad infinitesimi. Avendo posto per semplicità $\Pi(0) = 0$ e ricordando che $\theta = 0$ è sempre di equilibrio, si ha

$$\Pi(\theta) \approx \frac{1}{2}\left(\frac{d^2\Pi}{d\theta^2}\right)_0 \theta^2.$$

In altre parole, se ci si limita a studiare la stabilità della struttura nella configurazione di equilibrio banale, si può confondere l'EPT del sistema con il suo sviluppo in serie arrestato ai termini del second'ordine. Tale sviluppo coincide con la *variazione seconda* dell'EPT nell'intorno della configurazione banale. La stabilità dell'equilibrio in tale configurazione si valuta quindi studiando direttamente il segno dell'EPT approssimata ai termini quadratici (teoria del second'ordine).

Con riferimento alla struttura di Fig. 5.8 si ha ad esempio:

$$\Pi(\theta) = \tfrac{1}{2}k\theta^2 - PL(1-\cos\theta) = \tfrac{1}{2}k\theta^2 - PL[1-(1 - \tfrac{1}{2}\theta^2 + \ldots)]$$
$$\approx \tfrac{1}{2}(k - PL)\theta^2.$$

Il valore di P per cui l'espressione approssimata di $\Pi(\theta)$ cessa di essere positiva in corrispondenza dell'origine è $P = k/L$ ($\equiv P_{cr}$).

Generalizzando quanto ora visto a sistemi discreti a N gradi di libertà, raggruppati in un vettore $\{x\}$, s'immagini che la configurazione di equilibrio banale κ_0 sia caratterizzata da $\{x\} = \{0\}$. Le fasi dell'approccio energetico al calcolo del carico critico saranno le seguenti:

(a) si considera una configurazione congruente (κ_1) nell'intorno della configurazione di equilibrio banale κ_0. L'EPT del sistema in κ_1 può essere espressa attraverso lo sviluppo in serie di McLaurin:

$$\Pi(\{x\}) = \Pi(\{0\}) + \delta\Pi + \tfrac{1}{2}\delta^2\Pi + ...,$$

dove $\delta\Pi$ e $\delta^2\Pi$ sono la *variazione prima e seconda* dell'EPT nel cambiamento di configurazione $\kappa_0 \to \kappa_1$. Poiché κ_0 è equilibrata, $\delta\Pi$ è necessariamente nulla. Trascurando i termini di ordine superiore al secondo nell'espressione di $\Pi(\{x\})$, e ritenendo convenzionalmente nulla l'EPT nella configurazione di partenza ($\Pi(\{0\}) = 0$), nello spirito della teoria del second'ordine si ha allora

$$\Delta\Pi \equiv \Pi(\{x\}) \approx \tfrac{1}{2}\delta^2\Pi.$$

(b) si impone che risulti ($\delta^2\Pi =$) $\Delta\Pi = 0$, il che equivale ad imporre al sistema di trovarsi in una condizione di equilibrio indifferente: il più piccolo valore del carico che soddisfi questa condizione corrisponde al carico critico del sistema.

A titolo di esempio, si applichi l'approccio energetico al sistema a due gradi di libertà di Fig. 5.9, già studiato con approccio statico (Fig. 5.7a). Si imprima alla struttura un generico cambiamento di configurazione, senza porre, per il momento, alcuna delimitazione all'entità di spostamenti e rotazioni. La configurazione deformata è compiutamente definita dai valori dei parametri x_1 e x_2 (v. Fig. 5.9).

La variazione dell'EPT del sistema associata al cambiamento di configurazione vale:

$$\Delta\Pi = \tfrac{1}{2}k_1\varphi_1^2 + \tfrac{1}{2}k_2\varphi_2^2 - Pu,$$

ovvero, in funzione delle rotazioni assolute delle aste:

$$\Delta\Pi = \tfrac{1}{2}\, k_1(\theta_1+\theta_2)^2 + \tfrac{1}{2}\, k_2(\theta_3-\theta_2)^2 - P(3L - L\cos\theta_1 - L\cos\theta_2 - L\cos\theta_3).$$

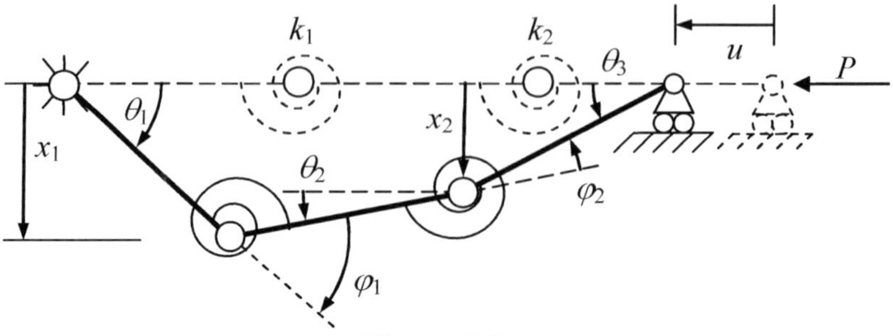

Figura 5.9

Per determinare il carico critico del sistema, basta sviluppare $\Delta\Pi$ in serie di McLaurin e arrestare lo sviluppo ai termini del second'ordine:

$$\begin{aligned}\Delta\Pi &= \tfrac{1}{2}\, k_1(\theta_1 + \theta_2)^2 + \tfrac{1}{2}\, k_2(\theta_3 - \theta_2)^2 - P\{L[1 - (1 - \tfrac{1}{2}\,\theta_1^2 + \ldots)] \\ &\quad + L[1 - (1 - \tfrac{1}{2}\,\theta_2^2 + \ldots)] + L[1 - (1 - \tfrac{1}{2}\,\theta_3^2 + \ldots)]\} \\ &\approx \tfrac{1}{2}\, k_1(\theta_1 + \theta_2)^2 + \tfrac{1}{2}\, k_2(\theta_3 - \theta_2)^2 - \tfrac{1}{2}\, PL(\theta_1^2 + \theta_2^2 + \theta_3^2) \equiv \tfrac{1}{2}\delta^2\Pi.\end{aligned}$$

Ricordando le relazioni approssimate che legano gli angoli di rotazione a x_1 e x_2 (ricavate con riferimento all'approccio statico nel Par. 5.2.2), si arriva all'espressione

$$\Delta\Pi \approx \tfrac{1}{2}\{x\}^T[K]\{x\}$$

con $\{x\}^T = \{x_1/L, x_2/L\}$ e

$$[K] = \begin{bmatrix} 4k_1 + k_2 - 2PL & -2(k_1 + k_2) + PL \\ -2(k_1 + k_2) + PL & k_1 + 4k_2 - 2PL \end{bmatrix}.$$

La configurazione rettilinea è stabile fintantoché l'EPT del sistema presenta un minimo per $\{x\} = \{0\}$, ovvero per quei valori del carico che rendono $\Delta\Pi = \Pi(x_1, x_2)$ una forma quadratica definita positiva. Ciò avviene se sono soddisfatte le disuguaglianze

$$\begin{aligned}&4k_1 + k_2 - 2PL > 0; \\ &\det[K(P)] = (4k_1 + k_2 - 2PL)(k_1 + 4k_2 - 2PL) - [-2(k_1 + k_2) + PL]^2 > 0.\end{aligned}$$

Il carico critico corrisponde al più piccolo valore di P per il quale $[K(P)]$ cessa di essere definita positiva. Ad esempio, nel caso in cui le molle siano uguali ($k_1 = k_2 = k$), le precedenti disuguaglianze non sono più verificate quando $P = k/L$ ($= P_{cr}$), che è la più piccola radice dell'equazione det $[K(P)]=0$.

Oltre P_{cr}, compaiono configurazioni di equilibrio deformate che si possono determinare solo considerando x_1 e x_2 grandi. La teoria del second'ordine consente solo di stabilire che in corrispondenza di P_{cr} sono possibili sia la configurazione di equilibrio banale ($x_1 = x_2 = 0$) che configurazioni deformate, infinitamente prossime a quella banale. Le configurazioni di equilibrio si determinano imponendo

$$\partial\Pi/\partial\{x\} = [K(P)]\{x\} = \{0\}.$$

In particolare, in corrispondenza di P_{cr} risulta (nel caso di molle uguali)

$$[K(P_{cr})] = \begin{bmatrix} 3k & -3k \\ -3k & 3k \end{bmatrix}$$

e il sistema $[K]\{x\} = \{0\}$ è soddisfatto $\forall x_1 = x_2$. La deformata critica, di ampiezza peraltro indeterminata, è mostrata in Fig. 5.7c.

5.3 Stabilità dell'equilibrio di sistemi continui

5.3.1 L'asta di Eulero

Si consideri ora un'asta rettilinea di lunghezza L, vincolata al terreno mediante una cerniera e un carrello, avente rigidezza flessionale *EJ finita*, compressa da un carico assiale P (Fig. 5.10a). Tale asta è nota come asta di Eulero[13]. Con J s'intenderà di qui in avanti il più piccolo fra i *momenti principali d'inerzia*[14] della generica sezione dell'asta ($J \equiv J_{min}$). Si vuole determinare qual è il massimo valore del carico P al di sotto del quale la configurazione rettilinea (banale) dell'asta è di equilibrio stabile.

Seguendo l'approccio statico visto per sistemi discreti (Par. 5.2.2), si può determinare il carico critico dell'asta come il più piccolo valore del carico P per il quale l'asta può trovare l'equilibrio in una configurazione deformata infinitamente prossima a quella rettilinea. Sia $v(x)$ l'equazione che descrive la linea d'asse deformata in tale configurazione (Fig. 5.10b). Il momento agente nella generica sezione della trave deformata si trova imponendo l'equilibrio alla rotazione di un generico tratto di lunghezza iniziale x (Fig. 5.10c):

$$M(x) = Pv(x).$$

Poiché il cambiamento di configurazione del sistema è (geometricamente) piccolo per ipotesi, la curvatura della linea d'asse deformata può essere confusa con $\pm v''(x)$.

---

[13] Leonhard Euler: 1707, Basilea – 1783, S. Pietroburgo

[14] si veda al proposito un qualunque testo di 'Geometria delle masse' (p.es. [2]).

Con le convenzioni di segno di Fig. 5.10, il legame momenti–curvature per l'asta deformata si scrive allora[15]:

$$M(x) = -EJv''(x).$$

Eguagliando le due espressioni di $M(x)$ ottenute si ha

$$-EJv''(x) = Pv(x).$$

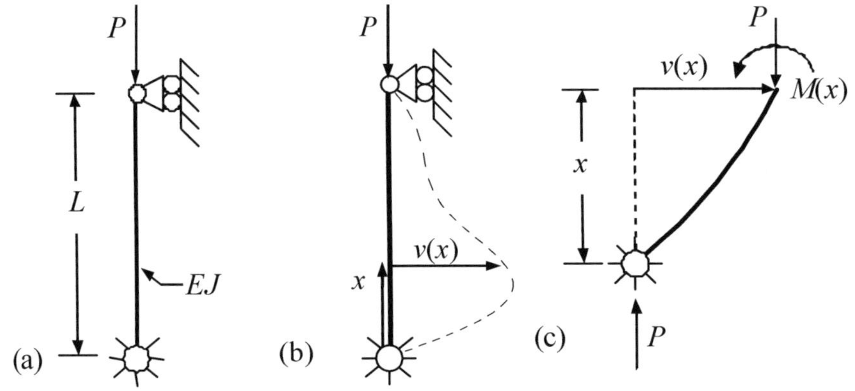

Figura 5.10 – (a) Asta di Eulero; (b) configurazione deformata prossima a quella rettilinea; (c) equilibrio di una porzione di asta deformata.

Posto $\alpha^2 = P/EJ$ (> 0 se P è di compressione), la precedente equazione differenziale si scrive

$$v''(x) + \alpha^2 v(x) = 0;$$

si tratta dell'equazione 'dei moti armonici', il cui integrale generale è

$$v(x) = A \sin(\alpha x) + B \cos(\alpha x).$$

Le costanti d'integrazione A e B si trovano imponendo le condizioni al contorno:

$$v(0) = 0 \Rightarrow B = 0; \qquad v(L) = 0 \Rightarrow A \sin(\alpha L) = 0.$$

A meno che il coefficiente α non assuma valori particolari, la seconda condizione è verificata solo se A=0. Si ritrova così che, per qualunque valore del carico P, la configurazione rettilinea $v(x)\equiv 0$ è comunque di equilibrio. Se però α è tale che $\sin(\alpha L) = 0$, la seconda condizione al contorno è soddisfatta qualunque sia il valore

[15] v. la Teoria della Linea Elastica presentata nel Par. 4.2.

di A e risultano possibili configurazioni di equilibrio deformate di tipo sinusoidale. Ciò avviene quando

$$\alpha L = n\pi \,(\text{con } n=1,2...),$$

ovvero, ricordando che $\alpha=\sqrt{(P/EJ)}$, quando

$$P = n^2\pi^2 EJ/L^2,\ n=1,2...$$

Il più piccolo fra questi infiniti valori rappresenta il carico critico della trave, ovvero il minimo valore del carico per il quale nascono configurazioni di equilibrio diverse da quella banale:

$$P_{cr} = \pi^2 \frac{EJ}{L^2}$$

(formula di Eulero). Rifacendosi a quanto visto per sistemi discreti, per $P < P_{cr}$ l'unica configurazione di equilibrio possibile è quella rettilinea, che si dimostra essere anche stabile. Per $P > P_{cr}$ la configurazione banale diviene instabile: per determinare le configurazioni non banali sarebbe necessario abbandonare integralmente l'ipotesi di piccoli spostamenti. Per $P = P_{cr}$, l'equilibrio è possibile, oltre che nella configurazione banale, in configurazioni deformate prossime a quella rettilinea caratterizzate dall'equazione

$$v(x) = A \sin(\pi x/L) \equiv v_{cr}(x),$$

con A indeterminato (v. Fig. 5.11). Come già constatato nel Par. 5.2.2 con riferimento a sistemi discreti, la deformata secondo cui può atteggiarsi la trave sotto $P=P_{cr}$ è nota in forma, ma non in ampiezza. $v_{cr}(x)$ rappresenta l'equazione della 'deformata critica' della trave. Il valore di P_{cr} ottenuto è noto anche come 'carico critico euleriano'.

5.3.2 Aste compresse con altre condizioni di vincolo

Il risultato ottenuto con riferimento all'asta cerniera-carrello è generalizzabile anche ad aste compresse ad una sola campata con altre condizioni di vincolo. Sapendo che la deformata critica di un'asta deformabile caricata di punta è comunque di tipo sinusoidale, si può esprimere il suo carico critico nella forma generale

$$P_{cr} = \pi^2 \frac{EJ}{L_0^2}$$

(formula di Eulero generalizzata). L_0 è detta 'lunghezza di libera inflessione' e rappresenta la distanza fra due flessi consecutivi nella deformata critica. L_0 coincide dunque con la lunghezza di semionda della sinusoide che caratterizza la deformata critica. Tale lunghezza è in generale diversa dalla lunghezza effettiva dell'asta (L) ed è legata alle condizioni di vincolo dell'asta stessa. Tanto minore è L_0, tanto più sicura risulta l'asta nei confronti dell'instabilità (a parità di rigidezza flessionale).

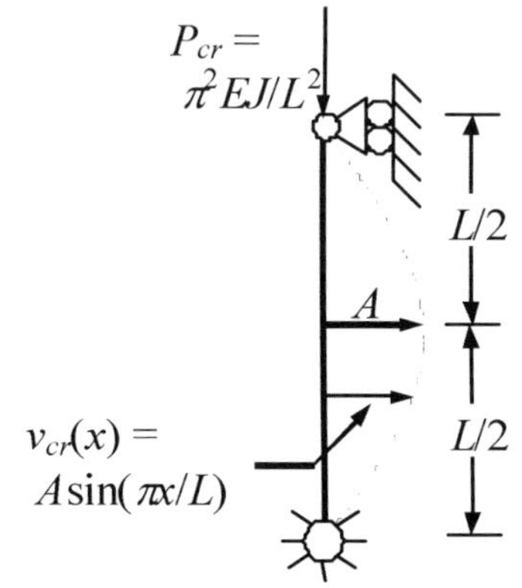

Figura 5.11 – Deformata critica dell'asta di Eulero.

In diversi casi, L_0 può essere determinata tenendo semplicemente conto delle simmetrie imposte alla deformata critica dai vincoli presenti nel sistema. Ad esempio, per la mensola compressa di Fig. 5.12a la deformata critica ha lunghezza di semionda pari a $2L$; il carico critico della mensola è quindi

$$P_{cr} = \pi^2 EJ/4L^2$$

ed è 4 volte più piccolo di quello di un'asta di Eulero di pari lunghezza. Le Figg. 5.12b-d mostrano aste compresse con altre condizioni di vincolo; per ciascuna sono indicati i rispettivi valori della lunghezza di libera inflessione e del carico critico.

In generale, non è però possibile determinare la lunghezza di libera inflessione sulla base di semplici considerazioni geometriche. E' il caso dell'asta incastro-appoggio di Fig. 5.12e, la cui deformata critica non possiede particolari simmetrie che aiutino nella determinazione di L_0. In questi casi il problema va risolto esplicitamente, seguendo una procedura sostanzialmente analoga a quella vista per l'asta di Eulero (v. l'Es. b.1 a fine Capitolo). Si può così ricavare che per l'asta di Fig. 5.12e risulta $L_0 \approx L/\sqrt{2}$, da cui $P_{cr} \approx 2\pi^2 EJ/L^2$.

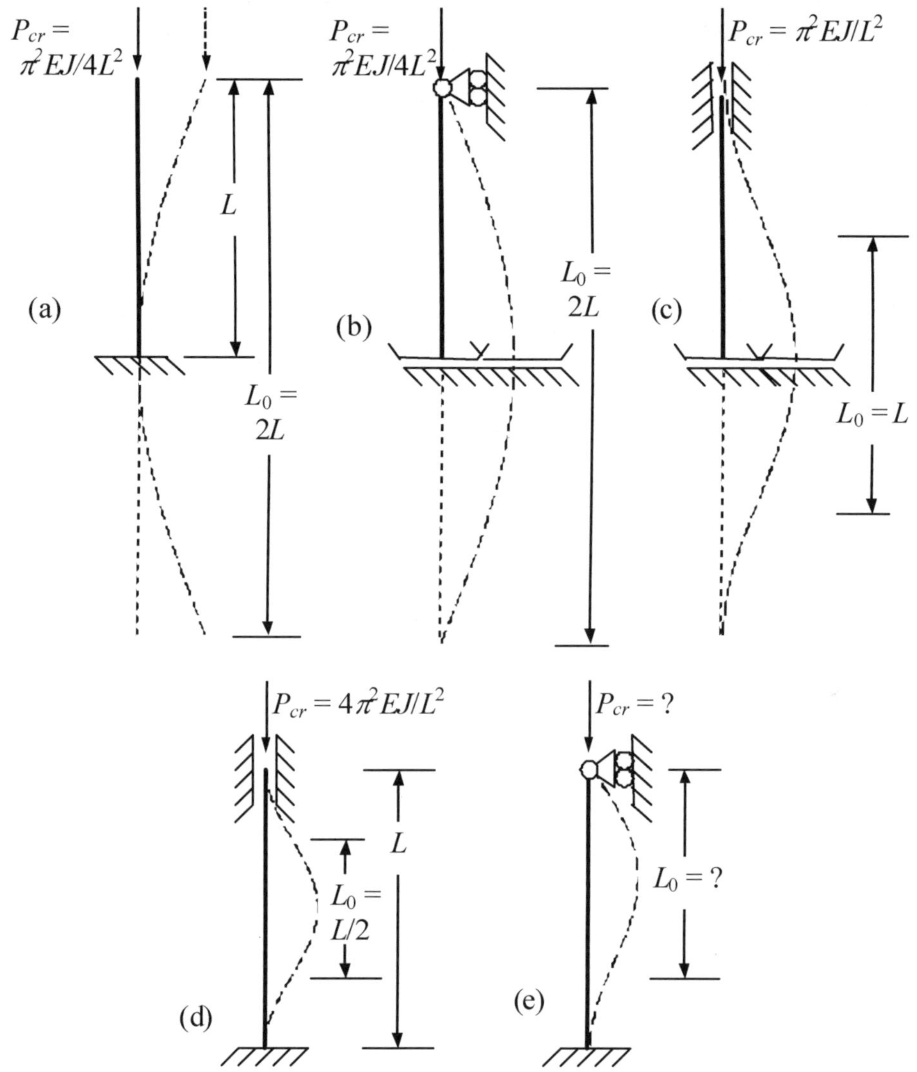

Figura 5.12 – Aste ad una sola campata caricate di punta e rispettive lunghezze di libera inflessione.

Un altro caso in cui non è immediato determinare la lunghezza di libera inflessione dell'asta si ha quando qualcuno dei vincoli è cedevole elasticamente. Ad esempio, per la struttura di Fig. 5.13a non è evidente, a priori, dove si trovino i punti di flesso della deformata critica. L_0 e il carico critico risultano evidentemente legati al rapporto fra la rigidezza della molla e quella della trave e possono essere ricavati risolvendo esplicitamente il problema (v. gli Es. b.2 e b.3 a fine Capitolo). E' possibile tuttavia fornire delle delimitazioni per difetto e per eccesso del carico critico, in modo da individuare un intervallo in cui deve necessariamente cadere P_{cr} qualunque sia il valore di k. Se la molla ha rigidezza trascurabile rispetto alla trave ($k \approx$

0), si ricade nel caso di Fig. 5.12b (ridisegnato in Fig. 5.13b). Se la molla ha rigidezza molto elevata ($k \to \infty$), il vincolo nell'estremo superiore dell'asta è assimilabile a un manicotto e si ricade nel caso di Fig. 5.12c (ridisegnato in Fig. 5.13c). In conclusione, si può dire che

$$\pi^2 EJ/4L^2 \leq P_{cr}(k) \leq \pi^2 EJ/L^2, \ \forall k.$$

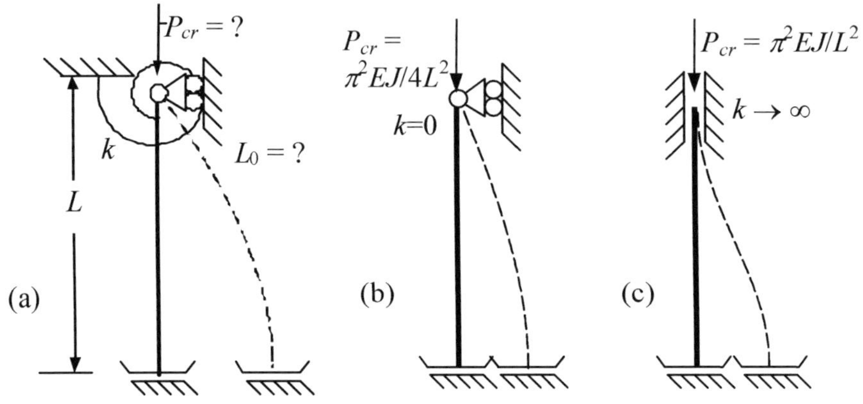

Figura 5.13 – (a) Asta caricata di punta con vincolo cedevole elasticamente; (b,c) condizioni di vincolo che consentono di sotto- o sovrastimarne il carico critico.

5.3.3 Limiti di validità della formula di Eulero

Come si è visto, il carico critico di un'asta compressa ad una sola campata è dato dalla formula di Eulero:

$$P_{cr} = \pi^2 \frac{EJ}{L_0^2}.$$

Questa espressione è stata ottenuta nell'ipotesi che il comportamento del materiale si mantenga elastico lineare fino al raggiungimento del carico critico. Bisogna peraltro controllare che gli sforzi corrispondenti a P_{cr} nella configurazione di equilibrio rettilinea non superino il 'limite di proporzionalità' (σ_p) del materiale di cui è costituita l'asta, che è lo sforzo oltre il quale la risposta del materiale cessa di essere lineare. Se così non fosse, al crescere del carico l'asta uscirebbe dal campo lineare già prima di raggiungere P_{cr} e la sua crisi sarebbe dovuta a plasticizzazioni o rotture. Nel caso dell'acciaio, il limite di proporzionalità coincide praticamente con lo sforzo di snervamento σ_0.

Lo sforzo nell'asta rettilinea in corrispondenza di P_{cr} è dato da

$$\sigma_{cr} \equiv \frac{P_{cr}}{A} = \pi^2 \frac{EJ}{AL_0^2} = \pi^2 E\left(\frac{r}{L_0}\right)^2,$$

essendo r ($\equiv r_{min}$) = $\sqrt{(J/A)}$ il minimo dei 'raggi giratori d'inerzia' della sezione (v. ad es. [2,9]). Sia $\lambda = L_0/r$ un parametro adimensionale che commisura il rapporto fra la lunghezza di libera inflessione della trave e le dimensioni della generica sezione: tale parametro prende il nome di snellezza. Per una trave di snellezza assegnata, il legame che fornisce lo sforzo in corrispondenza del carico critico euleriano si scrive allora

$$\sigma_{cr} = \pi^2 \frac{E}{\lambda^2}.$$

Se $\sigma_{cr} < \sigma_p$, quando si presenta il pericolo d'instabilità lo sforzo nella trave è ancora in campo lineare e la formula di Eulero è valida. Se invece $\sigma_{cr} > \sigma_p$, l'asta esce dal campo lineare prima che il carico giunga al valore critico. La snellezza di una trave che s'instabilizza contestualmente alla fuoriuscita dal campo lineare (cosicché $\sigma_{cr} = \sigma_p$) è detta 'snellezza di transizione' e vale

$$\lambda_t = \pi \sqrt{\frac{E}{\sigma_p}} \quad (\approx 60 - 100 \text{ per gli ordinari materiali da costruzione}).$$

Le travi caratterizzate da $\lambda > \lambda_t$ sono dette 'travi snelle': per tali travi, al crescere del carico il pericolo dell'instabilità si presenta prima della fuoriuscita del materiale dal campo elastico lineare. Le travi caratterizzate da $\lambda < \lambda_t$ sono dette invece 'travi tozze': per tali travi, il limite di proporzionalità del materiale viene raggiunto prima che si manifesti il pericolo dell'instabilità. Al limite, per $\lambda \to 0$ la trave si riduce ad un concio elementare che può sopportare tutt'al più uno sforzo pari a σ_0. In generale, lo sforzo massimo che una trave tozza può sopportare è intermedio fra σ_p e σ_0.

La Fig. 5.14 mostra il legame fra lo sforzo limite che una trave compressa può sopportare e la sua snellezza. Il diagramma, detto 'curva di stabilità', è composto da un ramo d'iperbole, corrispondente alla relazione $\sigma_{cr} = \pi^2 E/\lambda^2$ e valido per $\lambda > \lambda_t$, e da un tratto di raccordo fra lo sforzo di snervamento σ_0 (per $\lambda \approx 0$) e il limite di proporzionalità σ_p (per $\lambda = \lambda_t$); quest'ultimo tratto è determinabile sia per via sperimentale, sia per via teorica tenendo conto del reale legame non lineare del materiale al di là di σ_p.

Alla luce di queste considerazioni, si torni allora all'esempio introduttivo considerato all'inizio del capitolo. Essendo $J = \pi R^4/4$ e $A = \pi R^2$, la snellezza dell'asta compressa a sezione circolare e in acciaio di Fig. 5.1b è

$$\lambda = L_0/r = 2L/\sqrt{(J/A)} = 4L/R.$$

Con le dimensioni dell'esempio risulta

$$\lambda = 4\times500/5 = 400,$$

per cui lo sforzo massimo che la trave può sopportare prima che si presenti il pericolo dell'instabilità è

$$\sigma_{cr} = \pi^2 \frac{E}{\lambda^2} = (3.14)^2 \frac{210000}{400^2} \approx 13 \text{ N/mm}^2.$$

Si tratta di uno sforzo estremamente basso rispetto alla resistenza del materiale, il che fa capire come l'asta sia sicura solo per carichi modesti (pari al massimo a 100 kN circa). Conformemente all'intuizione, il peso di 1000 kN che si era immaginato di collocare sulla sommità dell'asta rappresenta quindi una condizione di carico pericolosa.

Nella pratica, la verifica di stabilità di un'asta caricata di punta viene fatta confrontando lo sforzo assiale $\sigma = N/A$ con lo sforzo ammissibile a compressione del materiale, penalizzato mediante un coefficiente ω, maggiore o uguale a uno, dipendente dalla snellezza dell'asta ($\omega = \omega(\lambda)$), i cui valori sono reperibili nelle normative. Tale modo di procedere è noto come 'metodo omega'.

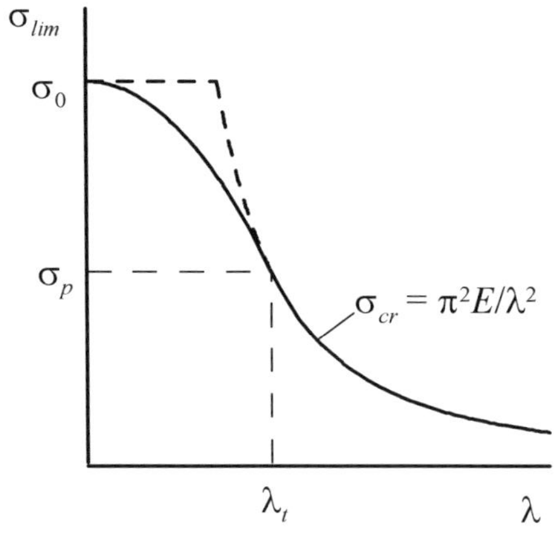

Figura 5.14 – Relazione fra sforzo limite sopportabile da un'asta caricata di punta e la sua snellezza. In tratteggio: caso in cui $\sigma_0 = \sigma_p$.

5.4. Cenno ai fenomeni d'instabilità 'a scatto'

I problemi studiati nei precedenti paragrafi sono caratterizzati dalla comparsa di configurazioni di equilibrio 'non banali' una volta raggiunto un certo valore critico del carico di compressione. Raggiunto il carico critico, il 'percorso di equilibrio' della struttura si <u>bifor-</u>

ca (v. ad es. la Fig. 5.6). I problemi di stabilità di tipo 'biforcativo' sono anche detti Euleriani.

Esistono peraltro altri fenomeni d'instabilità di natura profondamente diversa, fra i quali vanno citati i cosiddetti fenomeni 'a scatto', che rivestono particolare importanza per strutture ad arco ribassato. Per fissare le idee, si consideri il semplice arco a tre cerniere mostrato in Fig. 5.15a, caricato in sommità. Si supponga che, al crescere del carico, gli spostamenti subiti dai punti dell'arco non siano di entità trascurabile, per cui la determinazione delle azioni interne nelle aste va fatta riferendosi alla configurazione deformata[16]. S'immagini che al crescere del carico le due bielle dell'arco si mantengano rettilinee, pur cambiando di lunghezza, senza sbandare lateralmente per problemi d'instabilità Euleriana. Indicando con $\beta = \beta(P)$ l'angolo formato dalle due bielle dell'arco con l'orizzontale, la relazione fra l'azione assiale al loro interno ($N_{AC} = N_{BC} \equiv N$) e il carico applicato si scrive (v. Fig. 5.15b):

$$P = -2N\sin\beta(P).$$

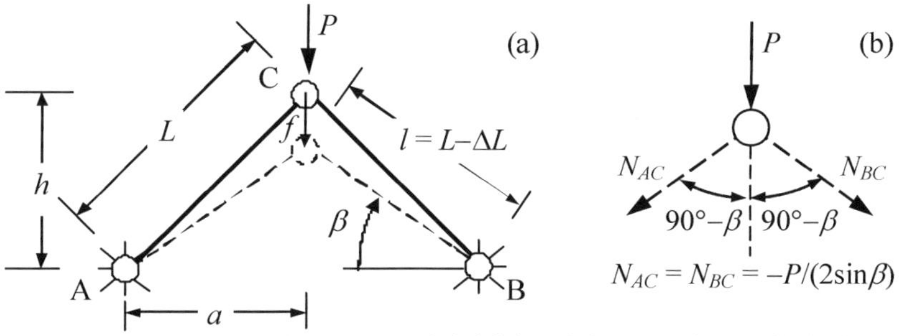

Figura 5.15 – (a) Arco a tre cerniere: geometria iniziale e deformata; (b) equilibrio del nodo C con riferimento alla configurazione deformata.

Per determinare il legame fra P e β, si sfrutta innanzitutto la relazione fra l'accorciamento di ciascuna biella, ΔL, e l'azione assiale in essa agente (v. Par. 4.3.1):

$$N = EA\eta \equiv -EA\Delta L/L,$$

dove la relazione fra ΔL e β si scrive:

$$l \equiv L - \Delta L = (h - f)/\sin\beta,$$

dove f è l'abbassamento (o *freccia*) della sommità dell'arco. Si ha quindi

$$P = 2\frac{EA}{L}\left(L\sin\beta - h + f\right)\cdot$$

Poiché f e β sono legati a loro volta dalla relazione

$$\mathrm{tg}\beta = (h - f)/a,$$

[16] v. anche quanto detto nel Par. 3.7.

eliminando dalle due ultime espressioni l'angolo β si può legare direttamente il valore del carico alla freccia dell'arco.

In Fig. 5.16 è riportato il diagramma carico – freccia (adimensionalizzati) per diverse geometrie dell'arco, caratterizzate dal rapporto h/a. S'immagini di percorrere una qualunque delle curve riportate in figura a partire dall'origine degli assi (arco scarico indeformato). Si può osservare che la curva presenta un punto di massimo (*I*) in corrispondenza di un certo valore del carico P_{lim}, a cui è associata una certa configurazione deformata. Se il carico subisce un incremento infinitesimo a partire dal valore P_{lim}, la struttura non riesce a trovare l'equilibrio in alcuna configurazione prossima a quella appena raggiunta e si porta bruscamente in una nuova configurazione di molto discosta dalla precedente (corrispondente al punto *II* in Fig. 5.16). Si verifica in sostanza un fenomeno di instabilità a scatto (o *snap–through buckling*), che comporta il ribaltamento dell'arco e il contestuale cambiamento di segno delle azioni assiali nelle aste, che da compressioni diventano trazioni.

Il pericolo di fenomeni d'instabilità di questo tipo interessa essenzialmente archi ribassati, nei quali il rapporto h/a è piuttosto piccolo. E' evidente che se la 'monta' dell'arco (h) è grande rispetto alla lunghezza L delle aste, le bielle dell'arco rischiano di andare in crisi per instabilità euleriana o per superamento del limite di proporzionalità prima che il carico raggiunga il valore P_{lim}. Fenomeni analoghi possono verificarsi in strutture a guscio ribassate (quali volte o cupole).

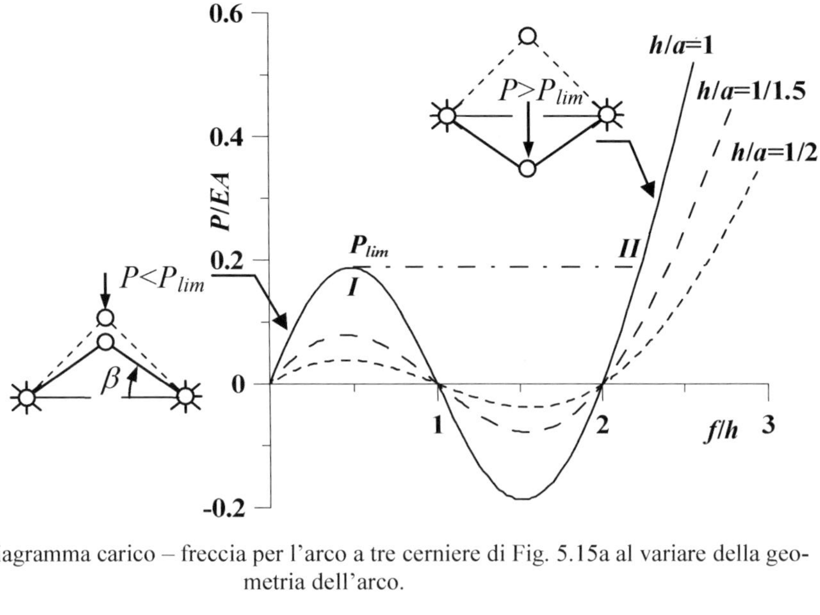

Figura 5.16 – Diagramma carico – freccia per l'arco a tre cerniere di Fig. 5.15a al variare della geometria dell'arco.

Bibliografia

[1] Z.P. Bazant, L. Cedolin 'Stability of Structures', Oxford Univ. Press, 1991.

[2] P. Biscari, T. Ruggeri, G. Saccomandi, M. Vianello 'Meccanica Razionale per l'Ingegnere', Monduzzi, Bologna, 2007.

[3] L. Corradi 'Instabilità delle Strutture', CLUP, Milano, 1975.

[4] L. Corradi 'Meccanica delle Strutture. Volume 1: Il comportamento dei mezzi continui', McGraw–Hill, Milano, 1992.

[5] L. Corradi 'Meccanica delle Strutture – Volume 3: La valutazione della capacità portante', McGraw–Hill, Milano, 1994.

[6] V. Franciosi 'Scienza delle costruzioni. Volume 5: stabilità dell'equilibrio', Liguori, Napoli, 1967.

[7] M.R. Horne, W. Merchant 'The stability of frames', Pergamon Press, Oxford, 1965.

[8] H. Leipholz 'Stability theory: an introduction to the stability of dynamic systems and rigid bodies', John Wiley & Sons, Chichester, 1987.

[9] A. Taliercio 'Introduzione alla Meccanica dei Solidi', Esculapio, Bologna, 2006.

[10] S.P. Timoshenko, J.M. Gere 'Theory of elastic stability', McGraw-Hill, New York, 1961.

[11] H. Ziegler 'Principles of structural stability', Blaisdell Pub. Co., Waltham (Massachusetts), 1968.

ESERCIZI

a. Sistemi discreti (a N gradi di libertà)

a.1 La struttura di Fig. 5.17a è costituita da due aste rigide, collegate fra loro e al terreno da vincoli cedevoli elasticamente, schematizzati mediante molle. La molla rotazionale che collega le due aste ha una rigidezza (k) legata a quella della molla traslazionale nell'estremo di destra della struttura (h) dalla relazione $k = hL^2/3$. Determinare il carico critico della struttura, sia con l'approccio statico che con quello energetico.

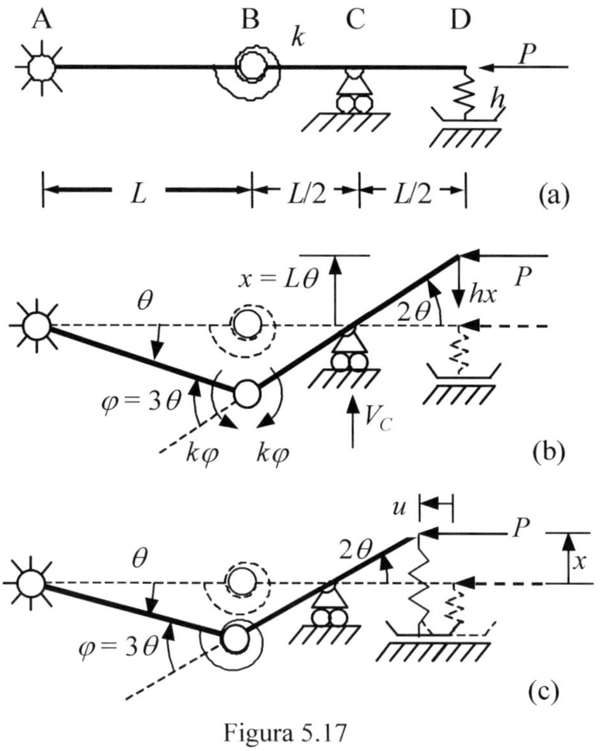

Figura 5.17

Svolgimento:

Utilizzando l'approccio statico (Par. 5.2.2), s'impone l'equilibrio della struttura in una configurazione deformata prossima a quella rettilinea. Si indichi con θ l'angolo di rotazione (geometricamente infinitesimo) dell'asta AB, che viene assunto quale unico grado di libertà del sistema: conseguentemente, l'angolo di rotazione dell'asta BD attorno all'appoggio C è 2θ (v. Fig. 5.17b). Nella molla che collega le aste fra loro nasce un momento di richiamo $3k\theta$, essendo 3θ l'angolo di rotazione relativa fra le due aste. Nella molla che collega l'asta BD al terreno nasce una forza di richiamo $hL\theta$, essendo $L\theta$ l'allungamento della molla. L'equilibrio alla rotazione dell'intera struttura attorno alla cerniera A consente di ricavare la reazione nell'appoggio C:

$$\sum M_A = 0 \Rightarrow V_C \times (3/2)L + PL\theta - hL\theta \times 2L = 0 \Rightarrow V_C = [(4h/L - 2P)/3]\theta.$$

L'equilibrio alla rotazione dell'asta BD attorno alla cerniera B fornisce poi

$$\sum M_B(BD) = 0 \Rightarrow V_C \times (L/2) + P \times (2L\theta) - hL\theta \times L - k \times (3\theta) = 0$$
$$\Rightarrow [(5P - 4hL)/3]\theta = 0.$$

Escludendo la soluzione 'banale' $\theta = 0$, il valore del carico P per cui l'equilibrio della struttura può instaurarsi in una configurazione deformata, di poco discosta da quella rettilinea, è quindi

$$P_{cr} = (4/5)hL.$$

Utilizzando invece l'approccio energetico (Par. 5.2.3) è necessario valutare la variazione dell'energia potenziale totale del sistema nel passaggio dalla configurazione rettilinea (indeformata) ad una generica configurazione deformata, tenendo conto anche della componente orizzontale dello spostamento del punto di applicazione del carico (u), ininfluente sull'equilibrio nell'approccio statico (v. Fig. 5.17c):

$$\Delta\Pi = \Omega - W \quad = ½\, k\varphi^2 + ½\, hx^2 - Pu.$$

Gli spostamenti e la rotazione che compaiono nella formula precedente possono essere espressi tutti in termini dell'unico grado di libertà del sistema (p.es. θ):

$$\varphi = 3\theta, \qquad x = L/2 \times \sin(2\theta), \qquad u = 2L - L\times\cos\theta - L\times\cos(2\theta).$$

Sviluppando in serie di McLaurin le funzioni trigonometriche che figurano nelle precedenti espressioni ed arrestando gli sviluppi ai termini del second'ordine in θ, così da avere una espressione quadratica della variazione dell'EPT, si ha:

$$\Delta\Pi \approx ½\, k(3\theta)^2 + ½\, h(L\theta)^2 - P[2L - L(1-½\,\theta^2) - L(1-½\,(2\theta)^2)]$$
$$= ½\,(4hL^2\theta^2 - 5PL\theta^2).$$

La stazionarietà dell'EPT fornisce l'equazione di equilibrio

$$\frac{d\Pi}{d\theta} = 4hL^2\theta - 5PL\theta = 0,$$

che ammette soluzioni diverse da quella banale $\theta = 0$ solo se $P = (4/5)hL$ ($\equiv P_{cr}$), come già ottenuto per altra via.

a.2 La struttura di Fig. 5.18a è costituita da tre aste rigide, collegate fra loro e al terreno da vincoli cedevoli elasticamente, schematizzati mediante molle. La molla rotazionale che collega le aste AC e CD ha una rigidezza (k) legata a quella della molla traslazionale che collega D al terreno (h) dalla relazione $k = hL^2/2$. Determinare il carico critico della struttura con l'approccio energetico.

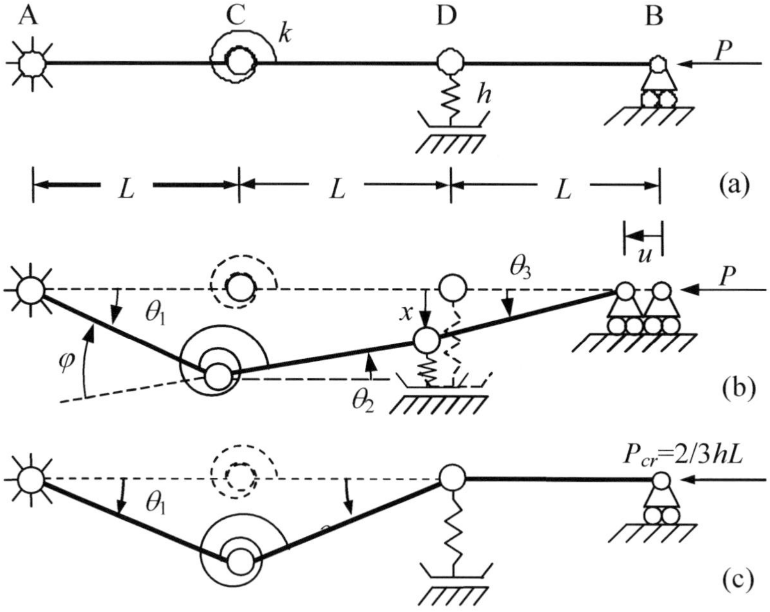

Figura 5.18 – (a) Struttura formata da 3 aste rigide; (b) generica configurazione deformata; (c) deformata critica (caso $k = hL^2/2$).

Svolgimento:
La variazione dell'EPT del sistema nel passaggio dalla configurazione rettilinea ad una generica configurazione deformata ha la stessa espressione dell'esempio precedente, ovvero:

$$\Delta\Pi = \Omega - W \quad = \tfrac{1}{2}\, k\varphi^2 + \tfrac{1}{2}\, hx^2 - Pu.$$

Scegliendo, ad esempio, come gradi di libertà del sistema le rotazioni delle aste AC e CD (θ_1, θ_2 – v. Fig. 5.18b), si ha

$$\varphi = \theta_1 + \theta_2, \quad x = L\sin\theta_1 - L\sin\theta_2 = L\sin\theta_3, \quad u = 3L - L\cos\theta_1 - L\cos\theta_2 - L\cos\theta_3,$$

dove il legame fra la rotazione dell'asta DB, θ_3, e quelle delle altre due aste si ottiene sfruttando le due diverse espressioni fornite per lo spostamento x della cerniera D. Sviluppando le funzioni trigonometriche in serie di McLaurin, arrestando gli sviluppi ai termini del second'ordine e sostituendo le espressioni approssimate di x e u così ottenute nell'EPT del sistema, si ha

$$\Delta\Pi \approx \tfrac{1}{2}\, hL^2/2(\theta_1+\theta_2)^2 + \tfrac{1}{2}\, h(L\theta_1-L\theta_2)^2 - PL[\tfrac{1}{2}\,\theta_1^2+\tfrac{1}{2}\,\theta_2^2+\tfrac{1}{2}\,(\theta_1-\theta_2)^2].$$

La stazionarietà dell'EPT rispetto ai due gradi di libertà del sistema si traduce nelle due equazioni

$$\partial\Pi/\partial\theta_1 = 0 \Rightarrow hL^2/2(\theta_1+\theta_2) + hL^2(\theta_1-\theta_2) - PL(2\theta_1 - \theta_2) = 0,$$

$$\partial\Pi/\partial\theta_2 = 0 \Rightarrow hL^2/2(\theta_1+\theta_2) - hL^2(\theta_1-\theta_2) - PL(2\theta_2 - \theta_1) = 0,$$

che possono riscriversi con notazione matriciale come

$$\begin{bmatrix} 3/2hL^2 - 2PL & -1/2hL^2 + PL \\ -1/2hL^2 + PL & 3/2hL^2 - 2PL \end{bmatrix} \begin{bmatrix} \theta_1 \\ \theta_2 \end{bmatrix} = \begin{bmatrix} 0 \\ 0 \end{bmatrix},$$

ovvero sinteticamente $[K(P)]\{x\} = \{0\}$. Per avere soluzioni diverse da quella banale $\theta_1 = \theta_2 = 0$, la matrice dei coefficienti del sistema dev'essere singolare; P dev'essere dunque tale che risulti

$$\det[K(P)] = 0 \Rightarrow 3P^2 - 5hPL + 2h^2L^2 = 0.$$

La più piccola radice di questa equazione corrisponde al carico critico del sistema e vale

$$P_{cr} = 2/3hL.$$

La deformata critica, caratterizzante le configurazioni di equilibrio prossime a quella rettilinea secondo le quali può atteggiarsi il sistema per $P = P_{cr}$, si ricava da una qualsiasi delle equazioni del sistema $[K(P_{cr})]\{x\} = \{0\}$, che fornisce

$$3hL^2/2\theta_1 - hL^2/2\theta_2 - 2/3hL^2(2\theta_1 - \theta_2) = 0 \Rightarrow \theta_1 = -\theta_2.$$

La deformata critica, di ampiezza indeterminata, è mostrata in Fig. 5.18c.

Si provi a risolvere lo stesso esercizio con l'approccio statico.

a.3 Determinare il carico critico delle due strutture mostrate in Fig. 5.19, formate da aste rigide collegate fra loro o al terreno da vincoli cedevoli elasticamente.

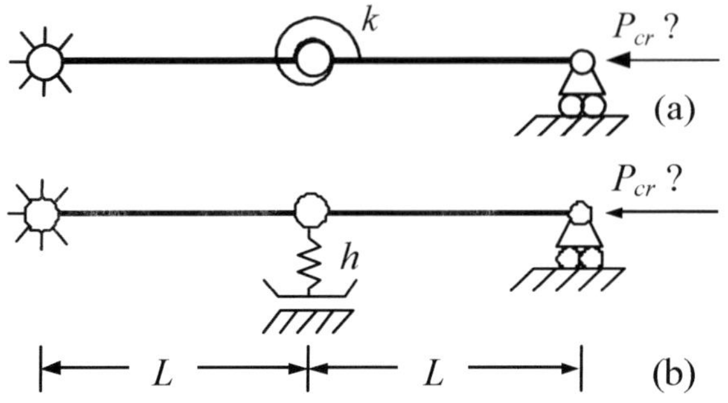

Figura 5.19

(*Sol.: $P_{cr} = 2k/L$ per la struttura di Fig. 5.19a; $P_{cr} = hL/2$ per la struttura di Fig. 5.19b).*

b. Sistemi continui [17]

b.1 Determinare il carico critico dell'asta in Fig. 5.20a e il valore della sua lunghezza di libera inflessione.

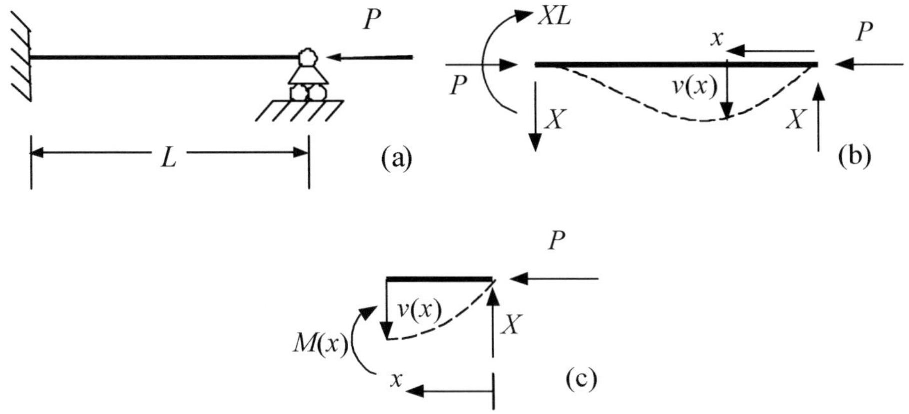

Figura 5.20 – (a) Asta incastro–appoggio caricata di punta; (b) reazioni vincolari (X = incognita iperstatica); (c) equilibrio di un generico tratto nella configurazione deformata.

Svolgimento:

La struttura è una volta iperstatica. Seguendo il procedimento visto per l'asta di Eulero (Par. 5.3.1), per determinarne il carico critico se ne impone l'equilibrio con riferimento ad una configurazione deformata prossima a quella rettilinea. Assunta

[17] Nel seguito, il significato dei simboli già definiti è quello visto con riferimento all'asta di Eulero nel Par. 5.3.1.

come incognita iperstatica la reazione (X) nell'appoggio (v. Fig. 5.20b), dall'equilibrio di un generico tratto si ha (v. Fig. 5.20c):

$$M(x) = Pv(x) + Xx = -EJv''(x) \Rightarrow v''(x) + \alpha^2 v(x) = -\frac{X}{EJ}x.$$

Integrando la precedente equazione differenziale si ottiene

$$v(x) = A\sin(\alpha x) + B\cos(\alpha x) - \frac{X}{\alpha^2 EJ}x.$$

Le condizioni al contorno che devono essere rispettate dalla generica deformata sono:

$$v(0) = 0 \Rightarrow B = 0;$$
$$v(L) = 0 \Rightarrow A\sin(\alpha L) - \frac{X}{\alpha^2 EJ}L = 0;$$
$$v'(L) = 0 \Rightarrow A\alpha\cos(\alpha L) - \frac{X}{\alpha^2 EJ} = 0.$$

Sinteticamente, il sistema formato dalle due ultime condizioni si scrive

$$\begin{bmatrix} \sin\alpha L & -\dfrac{L}{\alpha^2 EJ} \\ \alpha\cos\alpha L & -\dfrac{1}{\alpha^2 EJ} \end{bmatrix} \begin{bmatrix} A \\ X \end{bmatrix} = \begin{bmatrix} 0 \\ 0 \end{bmatrix}.$$

Affinché il sistema ammetta soluzioni diverse da quella banale $A = X = 0$, corrispondente alla configurazione di equilibrio indeformata, il valore del parametro α dev'essere tale da rendere singolare la matrice dei coefficienti. Deve quindi risultare

$$\frac{\sin\alpha L}{\alpha^2 EJ} - \frac{\alpha\cos\alpha L}{\alpha^2 EJ}L = 0;$$

tenuto conto che $\alpha^2 EJ = P > 0$, si ottiene $\mathrm{tg}\alpha L = \alpha L$. La più piccola radice positiva di questa equazione trascendente è $\alpha L = 4.4934\ldots \approx \pi\sqrt{2}$, che corrisponde al più piccolo valore di P per il quale è possibile l'equilibrio dell'asta in una configurazione deformata, prossima a quella rettilinea. Si ha dunque

$$P_{cr} = (4.4934\ldots)^2 \frac{EJ}{L^2} \approx \pi^2 \frac{EJ}{(L/\sqrt{2})^2}.$$

Dal confronto con la formula generale del carico critico per aste ad una campata riportata nel Par. 5.3.2, se ne deduce che la lunghezza di libera inflessione dell'asta (L_0) è circa pari a $L/\sqrt{2}$. In definitiva, il carico critico dell'asta incastro–appoggio è circa pari al doppio di quello di un'asta di Eulero di pari geometria e rigidezza.

b.2 L'asta di Fig. 5.21a ha un vincolo cedevole elasticamente (schematizzato mediante una molla rotazionale di rigidezza k). Determinare il valore del carico critico dell'asta al variare della rigidezza del vincolo.

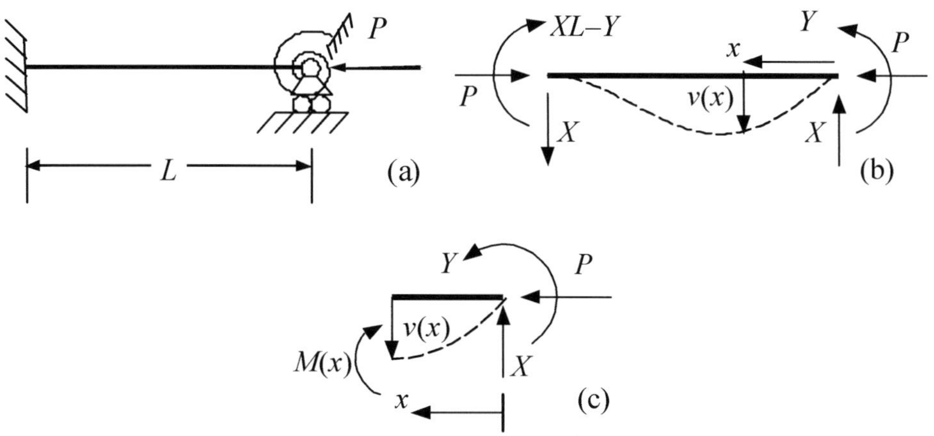

Figura 5.21 – (a) Asta caricata di punta con un vincolo cedevole elasticamente; (b) reazioni vincolari (X, Y = incognite iperstatiche); (c) equilibrio di un generico tratto nella configurazione deformata.

Svolgimento:
Il procedimento è del tutto analogo a quello seguito nell'esempio precedente. Scelte due incognite iperstatiche (p.es., la reazione nell'appoggio X e il momento nel vincolo cedevole Y – v. Fig. 5.21b), s'impone l'equilibrio di una porzione di asta deformata (v. Fig. 5.21c) e si ottiene l'equazione differenziale

$$M(x) = Pv(x) + Xx + Y = -EJv''(x),$$

il cui integrale generale è

$$v(x) = A\sin(\alpha x) + B\cos(\alpha x) - \frac{X}{\alpha^2 EJ}x - \frac{Y}{\alpha^2 EJ}.$$

Le condizioni al contorno cinematiche si scrivono:

$$v(0)=0 \Rightarrow B-\frac{Y}{\alpha^2 EJ}=0;$$
$$v(L)=0 \Rightarrow A\sin(\alpha L)+B\cos(\alpha L)-\frac{X}{\alpha^2 EJ}L-\frac{Y}{\alpha^2 EJ}=0;$$
$$v'(0)=-Y/k \Rightarrow A\alpha-\frac{X}{\alpha^2 EJ}=-\frac{Y}{k};$$
$$v'(L)=0 \Rightarrow A\alpha\cos(\alpha L)-B\alpha\sin(\alpha L)-\frac{X}{\alpha^2 EJ}=0.$$

Tenuto conto che dalla prima consegue immediatamente $B = Y/\alpha^2 EJ$, il sistema formato dalle restanti condizioni si può scrivere in forma compatta

$$\begin{bmatrix} \sin\alpha L & -\frac{L}{\alpha^2 EJ} & -\frac{1-\cos\alpha L}{\alpha^2 EJ} \\ \alpha & -\frac{1}{\alpha^2 EJ} & \frac{L}{cEJ} \\ \alpha\cos\alpha L & -\frac{1}{\alpha^2 EJ} & -\frac{\sin\alpha L}{\alpha EJ} \end{bmatrix} \begin{bmatrix} A \\ X \\ Y \end{bmatrix} = \begin{bmatrix} 0 \\ 0 \\ 0 \end{bmatrix},$$

dove si è posto per comodità $k = cEJ/L$ (c = fattore adimensionale).

Per avere soluzioni diverse da quella banale, corrispondente alla configurazione indeformata, deve annullarsi il determinante della matrice dei coefficienti del sistema precedente. Ciò si traduce nell'equazione

$$2c-[2c+(\alpha L)^2]\cos(\alpha L)+\alpha L(1-c)\sin(\alpha L)=0.$$

La soluzione in forma chiusa di questa equazione in termini di carico critico (ovvero di αL) non è disponibile. Peraltro, è possibile rappresentare graficamente la più piccola radice di tale equazione (corrispondente al carico critico dell'asta adimensionalizzato) in funzione della rigidezza della molla, come mostrato in Fig. 5.22. Per $c \to 0$, si ritrova il valore dell'esercizio precedente ($\alpha L = 4.4934\ldots$); per $c \to \infty$, il vincolo in cui è presente la molla tende a comportarsi come un manicotto non cedevole e si ottiene corrispondentemente il valore $\alpha L = 2\pi$ ottenuto con approccio alternativo nel Par. 5.3.2 per l'asta di Fig. 5.12d. Per un generico valore della rigidezza del vincolo cedevole, il carico critico dell'asta risulta compreso fra i due valori estremi sopra riportati.

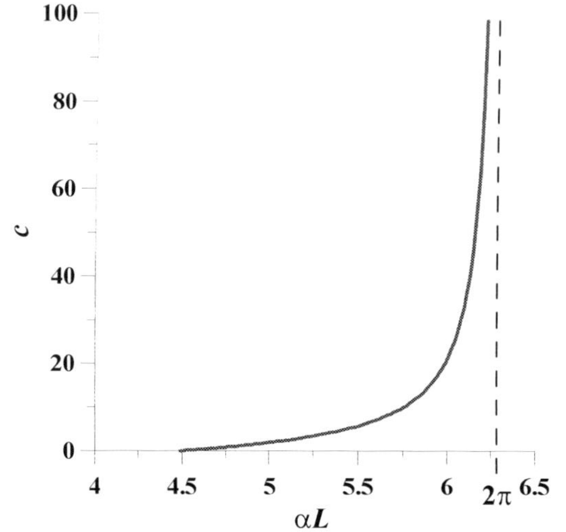

Figura 5.22 – Diagramma carico critico/rigidezza della molla per l'asta di Fig. 5.21a.

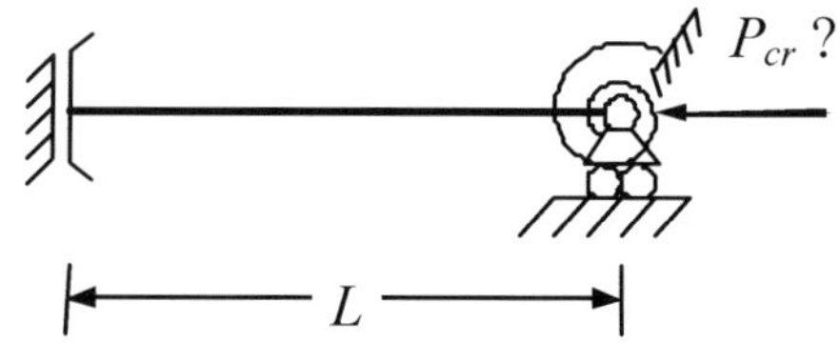

Figura 5.23 – Asta caricata di punta con un vincolo cedevole elasticamente.

b.3 Determinare il valore del carico critico dell'asta di Fig. 5.23, che ha un vincolo cedevole elasticamente in un estremo, al variare della rigidezza $k = cEJ/L$ del vincolo.

Svolgimento parziale:
Il procedimento è del tutto analogo a quello dell'esercizio precedente. Il legame fra rigidezza e carico critico (adimensionalizzati) è rappresentato dalla più piccola radice dell'equazione trascendente $\alpha L + c\ \mathrm{tg}(\alpha L) = 0$ che è $\alpha L = \pi/2$ per $c \to 0$ e $\alpha L = \pi$ per $c \to \infty$ (conformemente a quanto anticipato a fine Par. 5.3.2 – v. anche Fig. 5.13).

b.4 Il portale di Fig. 5.24a è soggetto a due forze verticali d'intensità pari a P applicate negli spigoli. Si indichi con EJ la rigidezza flessionale dei pilastri e con EJ_t quella del traverso, intendendosi con J e J_t i (minimi) momenti principali d'inerzia delle varie travi. Determinare il valore del carico P oltre il quale la configurazione di equilibrio caratterizzata da travi che si mantengono rettilinee cessa di essere stabile.

Svolgimento:
Il problema può essere risolto osservando che, quando i ritti del telaio si instabilizzano, il traverso deve necessariamente inflettersi provocando, alla sommità dei ritti, la comparsa di un momento flettente, come qualitativamente mostrato in Fig. 5.24a. Lo stesso fenomeno si verifica quando s'instabilizza l'asta deformabile di Fig. 5.24b: il carico critico del portale può dunque essere calcolato facendo riferimento a questo più semplice sistema, a patto di assegnare alla rigidezza della molla in sommità all'asta un valore opportuno.

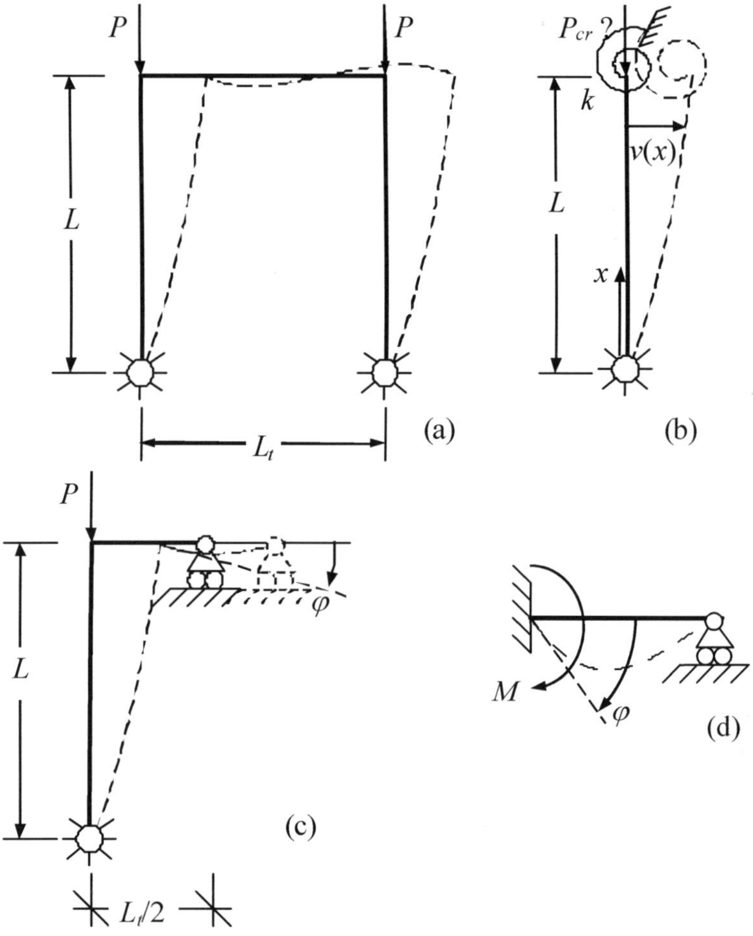

Figura 5.24 – (a) Portale caricato verticalmente negli spigoli e deformata critica qualitativa; (b) semplificazione del problema del calcolo del carico critico del portale; (c) condizioni di vincolo per l'analisi di metà portale; (d) schema strutturale per il calcolo del momento in uno spigolo in funzione della rotazione dello spigolo stesso.

Si determini dapprima il carico critico dell'asta di Fig. 5.24b. Procedendo come negli esercizi precedenti, dall'equilibrio di un tratto di trave deformata si ricava

$$M(x) = Pv(x) = -EJv''(x) \Rightarrow \qquad v''(x) + \alpha^2 v(x) = 0,$$

ovvero, come nel caso dell'asta di Eulero:

$$v(x) = A\sin(\alpha x) + B\cos(\alpha x).$$

Le condizioni al contorno per l'asta di Fig. 5.24b si scrivono:

$$v(0) = 0 \Rightarrow B = 0; \qquad v'(L) = M(L)/k,$$

dove, per equilibrio, il momento alla sommità dell'asta è $M(L) = Pv(L)$. Ricordando che per definizione $P = \alpha^2 EJ$, la seconda c.c. fornisce dunque

$$kA\alpha \cos(\alpha L) = \alpha^2 EJA \sin(\alpha L)$$

che ammette soluzioni non banali ($A \neq 0$) se il carico è tale che

$$k/(\alpha EJ) = \mathrm{tg}(\alpha L).$$

Per determinare la più piccola radice di quest'equazione trascendente, che corrisponde al carico critico dell'asta, bisogna determinare la relazione fra la rigidezza della molla ideale e la rigidezza flessionale del traverso del telaio. Per ottenerla, si può osservare anzitutto che, limitandosi a considerare una delle due metà del telaio (p.es. quella di sinistra, v. Fig. 5.24c) ed inserendo in corrispondenza della sezione di mezzeria un carrello che la colleghi al terreno, la parte di struttura studiata ha le stesse condizioni di carico e la stessa deformata critica del telaio di partenza: il carico critico dei due sistemi è dunque lo stesso. Detta allora φ la rotazione dello spigolo caricato (v. Fig. 5.24d), il momento che nasce nello spigolo è $M = 3EJ_t/(L_t/2)\varphi$, come si può ricavare utilizzando, ad esempio, l'equazione dei lavori virtuali. La rigidezza della molla ideale è, per definizione, il momento di richiamo corrispondente ad una rotazione unitaria; dunque:

$$k = 6EJ_t/L_t.$$

Il carico critico del telaio è pertanto la più piccola radice dell'equazione

$$6J_t/(\alpha JL_t) = \mathrm{tg}(\alpha L).$$

Se in particolare $L_t = 6L$ e $J_t = J$, deve risultare $(\alpha L)^{-1} = \mathrm{tg}(\alpha L)$; ne consegue $P_{cr} \approx (0.8603)^2 EJ/L^2$, corrispondente a una lunghezza di libera inflessione dei ritti del telaio $L_0 \approx 3.65L$.

Simbologia

Si riporta di seguito il significato più comune dei simboli utilizzati nel testo

A = area della sezione di una trave
B = larghezza di una sezione
C = costante d'integrazione
E = modulo elastico
F = forza concentrata
G = modulo di elasticità tangenziale
H = reazione vincolare; altezza di una sezione
J = momento d'inerzia
L = lunghezza di una trave; lavoro di deformazione
M = momento flettente
N = azione assiale
O = origine di un sistema di riferimento
P = punto; carico concentrato
Q = idem
R = reazione vincolare; raggio di una circonferenza
S = generica sezione di una trave
T = azione tagliante; temperatura
U = componente di spostamento
V = reazione vincolare
W = coppia concentrata; lavoro dei carichi esterni
X = forza orizzontale; incognita iperstatica
Y = forza verticale; incognita iperstatica

b = lunghezza di una trave
d = braccio di una forza
f = freccia di una trave
h = indice; rigidezza di una molla
i, j = indici
k = indice; rigidezza di una molla
m = coppie distribuite
n = numero di aste, di carichi ...
p = carico distribuito assiale
q = carico distribuito trasversale
s = spostamento
t = scorrimento angolare medio
u = spostamento assiale
v = spostamento trasversale
x, y, z = assi cartesiani ortogonali

Δ = differenza, variazione
Π = energia potenziale totale
Σ = sommatoria
Ω = energia di deformazione

α = coefficiente di dilatazione termica; coefficiente d'influenza; coefficiente adimensionale
β = angolo, fattore di correzione al taglio
γ = peso specifico
δ = cedimento vincolare; allungamento; variazione infinitesima
η = deformazione assiale
θ = rotazione; angolo
κ = fattore di taglio; fattore adimensionale; configurazione di un sistema
λ = snellezza di una trave
ν = coefficiente di Poisson
π = 3.14159...
ρ = raggio di curvatura
σ = sforzo (normale)
φ = rotazione di una sezione
χ = curvatura
ω = centro d'istantanea rotazione

Made in the USA
Coppell, TX
05 November 2026

11299182R00160